⌐ 轴承座

⌐ 笔前端盖

⌐ 电阻

⌐ 轴承盖

⌐ 微波炉内门

⌐ 抽油烟机壳体

⌐ 低速轴

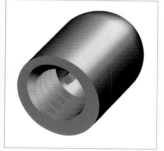

⌐ 笔后端盖

⌐ 油杯

⌐ 电源盒底座

⌐ 矩形弯管

⌐ 适配器

⌐ 适配器2

⌐ 轴衬固定套

⌐ 轴衬套

UG NX 12.0 中文版
从入门到精通
本书部分案例

Series of books
With your good teachers and
helpful friends is the inexhaustible spiritual wealth

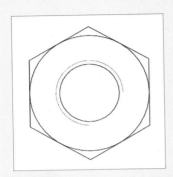

■ 螺母

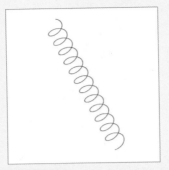

■ 螺旋线

■ 花瓣

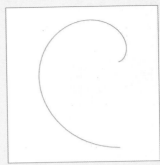

■ 渐开线

■ 笔芯

■ 笔记本电脑

■ 笔

■ 牙膏壳

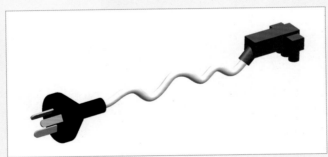

■ 插头

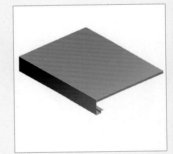

■ 箱体底板

■ 笔壳

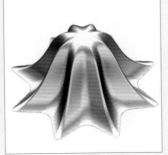

■ 灯罩

■ 扳手曲线

■ 键盘

支架应力云图

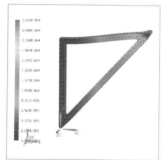

支架位移云图

支架

抱匣盒

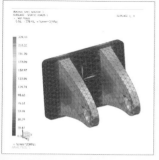

吊座应力云图

吊座

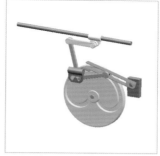

凸轮机构

减速器模型

旋塞

弹簧

咖啡壶

冲床模型

显示器

节能灯泡

齿轮

顶杆帽

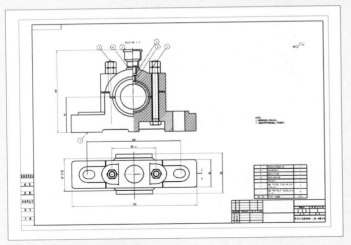

滑动轴承工程图

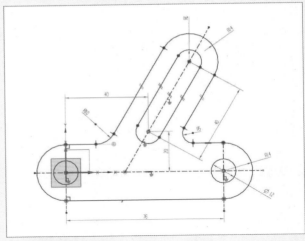

拔叉草图

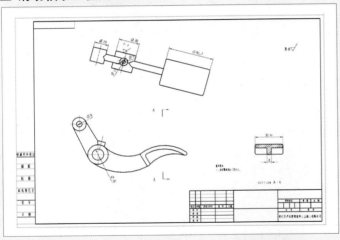

踏脚杆工程图

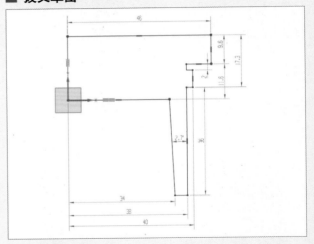

端盖

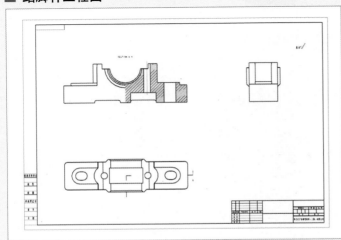

轴承座三视图

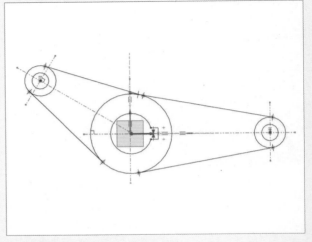

曲柄

清华社"视频大讲堂"大系

CAD/CAM/CAE技术视频大讲堂

UG NX 12.0 中文版从入门到精通

CAD/CAM/CAE 技术联盟　编著

清华大学出版社

北 京

内 容 简 介

本书综合介绍了 UG NX 12.0 中文版的基础知识和应用技巧。全书共 13 章，分别介绍了 UG NX 12.0 入门、基本操作、草图设计、曲线操作、特征建模、特征操作和编辑、曲面功能、测量分析查询、钣金设计、装配建模、工程图绘制、运动仿真和有限元分析等内容。全书解说翔实、由浅入深、从易到难、语言简洁、思路清晰、图文并茂。每一章的知识点都配有案例讲解，使读者对知识点有更进一步的了解，并在每章最后配有巩固练习实例，使读者对全章的知识点能综合运用。

本书除利用传统的纸质书讲解外，还配备了极为丰富的学习资源，包括视频讲解和练习实例的源文件及素材。

本书适合入门级读者学习使用，也适合有一定基础的读者做参考，还可用作职业培训、职业教育的教材。

图书在版编目（CIP）数据

UG NX 12.0 中文版从入门到精通/CAD/CAM/CAE 技术联盟编著 . —北京：清华大学出版社，2019
（2023.9 重印）
（清华社"视频大讲堂"大系 CAD/CAM/CAE 技术视频大讲堂）
ISBN 978-7-302-50563-1

I. ①U… II. ①C… III. ①计算机辅助设计-应用软件 IV. ①TP391.72

中国版本图书馆 CIP 数据核字（2018）第 142056 号

责任编辑：杨静华
封面设计：李志伟
版式设计：楠竹文化
责任校对：何士如
责任印制：宋 林

出版发行：清华大学出版社
　　　　　网　　　址：http://www.tup.com.cn，http://www.wqbook.com
　　　　　地　　　址：北京清华大学学研大厦 A 座　　　　　邮　　编：100084
　　　　　社 总 机：010-83470000　　　　　　　　　　　邮　　购：010-62786544
　　　　　投稿与读者服务：010-62776969，c-service@tup.tsinghua.edu.cn
　　　　　质量反馈：010-62772015，zhiliang@tup.tsinghua.edu.cn
印 装 者：三河市龙大印装有限公司
经　　销：全国新华书店
开　　本：203mm×260mm　　　印　　张：33.25　　插　　页：2　　字　　数：976 千字
版　　次：2019 年 5 月第 1 版　　　　　　　　　　　　　　印　　次：2023 年 9 月第 8 次印刷
定　　价：99.80 元

产品编号：074388-02

前言 Preface

UG 是 Siemens PLM Software 公司推出的一款集成化的 CAD/CAM/CAE 系统软件，它为工程设计人员提供了非常丰富、强大的应用工具，使用这些工具可以对产品进行设计（包括零件设计和装配设计）、工程分析（有限元分析和运动机构分析）、绘制工程图、编制数控加工程序等。目前，UG 软件的最新版本是 UG NX 12.0，随着版本的不断升级和功能的不断扩充，进一步扩展了其应用范围，并向专业化和智能化发展，例如各种模具设计模块（冷冲模、注塑模等）、钣金加工模块、管路布局、实体设计及车辆工具包等。

一、本书的编写目的和特色

为了平衡 UG 软件市场日新月异的变化及广大三维软件用户的需求，本书综合众位经验丰富的老师，从基础讲解软件，知识讲解与实例巩固同行，使读者能更全面地了解、使用 UG 软件。

具体而言，本书具有一些相对明显的特色。

☑ 作者权威

本书的编者都是高校多年从事计算机图形教学研究的一线人员，他们具有丰富的教学实践经验与教材编写经验，有一些执笔作者是国内 UG 图书出版界知名的作者，前期出版的一些相关书籍经过市场检验很受读者欢迎。多年的教学工作使他们能够准确地把握学生的心理与实际需求，本书是作者总结多年的设计经验以及教学的心得体会，历时多年精心准备，力求全面细致地展现 UG 在工业设计应用领域的各种功能和使用方法。

☑ 内容宽泛

就本书而言，我们的目的是编写一本对工科各专业具有普适性的基础应用学习书籍。我们在本书中对知识点的讲解做到尽量全面，在一本书的篇幅内，包罗了 UG 常用功能讲解，内容涵盖了二维草图、曲线、特征建模、特征操作、特征编辑、曲面、钣金、装配图、工程图、运动仿真和有限元分析等知识。对于每个知识点，我们不求过于艰深，只要求读者能够掌握满足一般工程设计的知识就行。因此，在语言上尽量做到浅显易懂、言简意赅。

☑ 实例丰富

本书的实例不管是数量还是种类，都非常丰富。从数量上说，本书结合大量的工业设计实例详细讲解 UG 知识要点，全书共包含 31 个实例，让读者在学习案例的过程中潜移默化地掌握 UG 软件操作技巧。从种类上说，针对本书专业面宽泛的特点，我们在组织实例的过程中，注意实例的行业分布广泛性，以普通工业造型和机械零件造型为主。

☑ 提升技能

本书从全面提升 UG 设计能力的角度出发，结合大量的案例来讲解如何利用 UG 进行工程设计，让读者懂得计算机辅助设计并能够独立完成各种工程设计。

　　本书中有很多实例本身就是工程设计项目案例，经过作者精心提炼和改编，不仅保证了读者能够学好知识点，更重要的是能帮助读者掌握实际的操作技能，同时培养工程设计实践能力。

二、本书的配套资源

　　读者可以扫描封底"文泉云盘"二维码获取配套资源的下载方式，希望广大读者朋友用最短的时间学会并精通这门技术。

1. 237 集高清教学视频

　　为了方便读者学习，本书对大多数实例专门制作了 237 集教学视频，读者可以扫码看视频，像看电影一样轻松愉悦地学习本书内容。

2. 4 大不同类造型的设计实例及其配套的视频文件

　　为了帮助读者拓宽视野，本书特意赠送 4 大不同类造型的设计实例及其配套的视频文件，总时长达 169 分钟。

3. 全书实例的源文件

　　本书附带了很多实例，配套资源中包含实例的源文件和个别用到的素材，读者可以安装 UG NX 12.0 软件，打开并使用它们。

三、关于本书的服务

1. "UG NX 12.0 简体中文版"安装软件的获取

　　按照本书上的实例进行操作练习，以及使用 UG NX 12.0 进行绘图，需要事先在电脑上安装 UG NX 12.0 软件。"UG NX 12.0 简体中文版"安装软件可以登录 UG 官方网站联系购买正版软件，或者使用其试用版。另外，当地电脑城、软件经销商一般有售。

2. 关于本书的技术问题或有关本书信息的发布

　　读者朋友遇到有关本书的技术问题，可以扫描封底"文泉云盘"二维码查看是否已发布相关勘误/解疑文档，如果没有，可在下方寻找作者联系方式，或点击"读者反馈"留下问题，我们会及时回复。

3. 关于手机在线学习

　　扫描文中二维码，可在手机中观看对应教学视频。充分利用碎片化时间，随时随地提升。需要强调的是，书中给出的只是实例的重点步骤，实例详细操作过程还得通过视频来仔细领会。

四、关于作者

　　本书由 CAD/CAM/CAE 技术联盟主编。赵志超、张辉、赵黎黎、朱玉莲、徐声杰、张琪、卢园、杨雪静、孟培、闫聪聪、李兵、甘勤涛、孙立明、李亚莉、王敏、宫鹏涵、左昉、李谨、张亭、秦志霞、井晓翠、解江坤、闫国超、吴秋彦、胡仁喜、刘昌丽、康士廷、毛瑢、王玮、王艳池、王培合、王义发、王玉秋、张红松、王佩凯、陈晓鸽、张日晶、禹飞舟、杨肖、吕波、李瑞、贾燕、刘建英、薄亚、方月、刘浪、穆礼渊、张俊生、郑传文等参与了具体章节的编写或为本书的出版提供了必要的帮助，对他们的付出表示真诚的感谢。

　　另外，在本书的写作过程中，策划编辑柴东先生给予了我们很大的帮助和支持，并提出了很多中肯的建议，在此表示感谢。同时，还要感谢清华大学出版社的所有编审人员为本书的出版所付出的辛勤劳动。本书的成功出版是大家共同努力的结果，谢谢你们。

　　由于时间仓促，加之作者水平有限，疏漏之处在所难免，希望广大读者提出宝贵的批评意见。

编　者

目 录

Contents

第 **1** 章

UG NX 12.0 入门

导读

　　UG（Unigraphics）是 Siemens PLM Softwar 公司推出的集 CAD/CAM/CAE 为一体的三维机械设计平台，也是当今世界广泛应用的计算机辅助设计、分析和制造软件之一，广泛应用于汽车、航空航天、机械、消费产品、医疗器械、造船等行业，它为制造行业产品开发的全过程提供解决方案，功能包括概念设计、工程设计、性能分析和制造。本章主要介绍 UG 软件界面的工作环境，简单介绍如何自定义功能区。

精彩内容

☑ UG NX 12.0 的启动　　　　　　　　　☑ 工作环境

☑ 鼠标和键盘　　　　　　　　　　　　☑ 功能区的定制

☑ 文件操作

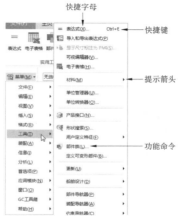

1.1　UG NX 12.0 的启动

启动 UG NX 12.0 中文版，有下面 4 种方法：

☑ 双击桌面上的 UG NX 12.0 的快捷方式按钮 ，即可启动 UG NX 12.0 中文版。

☑ 单击桌面左下方的"开始"按钮，在弹出的菜单中选择"程序"→UG NX 12.0→NX 12.0，启动 UG NX 12.0 中文版。

☑ 将 UG NX 12.0 的快捷方式按钮 拖到桌面下方的快捷启动栏中，只需单击快捷启动栏中 UG NX 12.0 的快捷方式按钮 ，即可启动 UG NX 12.0 中文版。

☑ 直接在启动 UG NX 12.0 的安装目录的 UGII 子目录下双击 ugraf.exe 按钮 ，就可启动 UG NX 12.0 中文版。

UG NX 12.0 中文版的启动画面如图 1-1 所示。

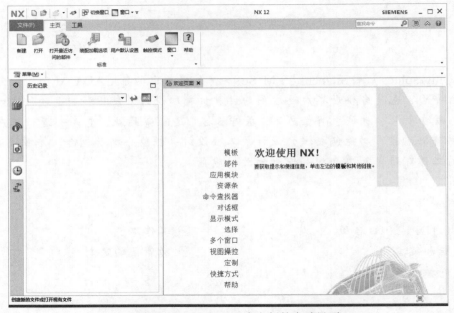

图 1-1　UG NX 12.0 中文版的启动界面

1.2　工作环境

　　本节介绍 UG 的主要工作界面及各部分功能，了解各部分的位置和功能之后才可以进行有效工作设计。UG NX 12.0 主工作窗口如图 1-2 所示，其中包括标题栏、菜单、功能区、坐标系、工作区、全屏按钮、状态栏和资源条等部分。

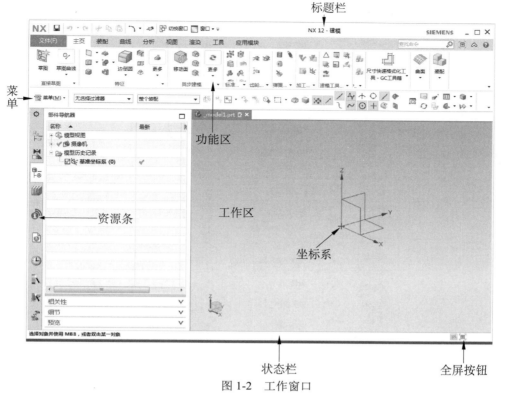

图 1-2　工作窗口

1.2.1　标题栏

用来显示软件版本，以及当前的模块和文件名等信息。

1.2.2　菜单

菜单包含了本软件的主要功能，系统的所有命令或者设置选项都归属到菜单下，它们分别是："文件"菜单、"编辑"菜单、"视图"菜单、"插入"菜单、"格式"菜单、"工具"菜单、"装配"菜单、"信息"菜单、"分析"菜单、"首选项"菜单、"应用模块"菜单、"窗口"菜单、"GC 工具箱"菜单和"帮助"菜单。

当单击菜单时，在其子菜单中就会显示所有与该功能有关的命令选项。图 1-3 为"工具"子菜单的命令，有如下特点。

☑　快捷字母：例如，"文件"菜单后的 F 是系统默认快捷字母命令键，按 Alt+F 快捷键即可调用该命令。如要调用"文件"→"打开"命令，按 Alt+F 快捷键后再按 O 键即可调出该命令。

☑　功能命令：是实现软件各个功能所要执行的各个命令，单击它会调出相应功能。

☑　提示箭头：是指菜单命令中右方的三角箭头，表示该命令含有子菜单。

☑　快捷键：命令右方的按键组合即是该命令的快捷键，在工作过程中直接按快捷键即可自动执行该命令。

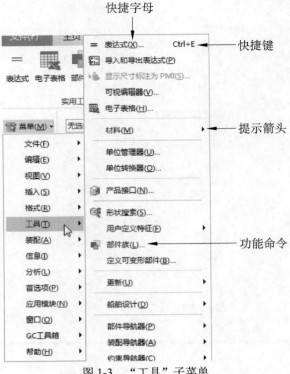

图1-3　"工具"子菜单

1.2.3　功能区

　　功能区中的命令以图形的方式表示命令功能,所有功能区的图形命令都可以在菜单中找到相应的命令,这样可以使用户避免在菜单中查找命令的烦琐,方便操作。

　　常用功能区工具栏和选项卡如下。

　　1."快速访问"工具栏

　　"快速访问"工具栏包含文件系统的基本操作命令,如图1-4所示。

图1-4　"快速访问"工具栏

　　2."视图"选项卡

　　"视图"选项卡是用来对图形窗口的物体进行显示操作的,如图1-5所示。

图1-5　"视图"选项卡

　　3."应用模块"选项卡

　　"应用模块"选项卡用于各个模块的相互切换,如图1-6所示。

图 1-6　"应用模块"选项卡

4."曲线"选项卡

"曲线"选项卡提供建立各种形状曲线和修改曲线形状与参数的工具，如图 1-7 所示。

图 1-7　"曲线"选项卡

5."选择"工具栏

"选择"工具栏提供选择对象和捕捉点的各种工具，如图 1-8 所示。

图 1-8　"选择"工具栏

6."主页"选项卡

"主页"选项卡提供建立参数化特征实体模型的大部分工具，主要用于建立规则和不太复杂的模型，对模型进行进一步细化和局部修改的实体形状特征建立工具，建立一些形状规则但较复杂的实体特征，以及用于修改特征形状、位置及其显示状态等的工具，如图 1-9 所示。

图 1-9　"主页"选项卡

7."曲面"选项卡

"曲面"选项卡提供了构建各种曲面和用于修改曲面形状及参数的工具，如图 1-10 所示。

图 1-10　"曲面"选项卡

1.2.4　工作区

工作区是绘图的主区域。用于创建、显示和修改部件。

1.2.5　坐标系

UG 中的坐标系分为工作坐标系（WCS）、绝对坐标系（ACS）和机械坐标系（MCS），其中工作坐标系是用户在建模时直接应用的坐标系。

1.2.6　快捷菜单

在工作区中右击即可打开快捷菜单，其中含有一些常用命令及视图控制命令，以方便绘图工作。

1.2.7　资源条

资源条（见图 1-11）中包括：装配导航器、部件导航器、Web 浏览器、历史记录、重用库等。

单击资源条上方的"资源条选项"按钮 ⚙，弹出如图 1-12 所示的"资源条"选项菜单，勾选或取消"销住"选项，可以切换页面的固定和滑移状态。

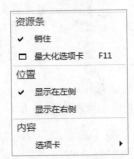

图 1-11　资源条　　　　　　　　　　图 1-12　"资源条"选项菜单

单击"Web 浏览器"按钮 🔘，用它来显示 UG NX 12.0 的在线帮助、CAST、e-vis、iMan，或其他任何网站和网页。也可用"菜单"→"首选项"→"用户界面"来配置浏览器主页，如图 1-13 所示。

单击"历史记录"按钮 🕐，可访问打开过的零件列表，可以预览零件及其他相关信息，如图 1-14 所示。

图 1-13　配置浏览器主页

图 1-14　历史信息

1.2.8　状态栏

状态栏用来提示用户如何操作。执行每个命令时，系统都会在状态栏中显示用户必须执行的下一步操作。对于用户不熟悉的命令，利用状态帮助，一般都可以顺利完成操作。

1.2.9　全屏按钮

单击窗口右下方的▣按钮，用于在标准显示和全屏显示之间切换。在标准显示下单击此按钮，全屏显示如图 1-15 所示。

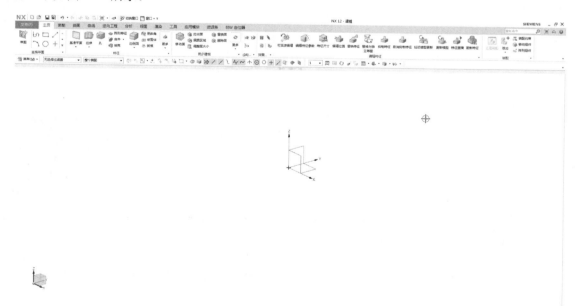

图 1-15　全屏显示 UG 界面

1.3　鼠标和键盘

1.3.1　鼠标

扫码看视频
1.3.1　鼠标

☑ 鼠标左键：可以在菜单或功能区中单击来选择命令或选项，也可以在图形窗口单击来选择对象。

☑ Shift+鼠标左键：在列表框中选择连续的多项。

☑ Ctrl+鼠标左键：选择或取消选择列表中的多个非连续项。

☑ 双击鼠标左键：对某个对象启动默认操作。

☑ 鼠标中键：循环完成某个命令中的所有必需步骤，然后单击"确定"按钮。

☑ Alt+鼠标中键：关闭当前打开的对话框。

☑ 鼠标右键：显示特定于对象的快捷菜单。

☑ Ctrl+鼠标右键：单击图形窗口中的任意位置，弹出视图菜单。

1.3.2　键盘

扫码看视频
1.3.2　键盘

☑ Home 键：在正三轴测视图中定向几何体。

☑ End 键：在正等测图中定向几何体。

☑ Ctrl+F 键：使几何体的显示适合图形窗口。

☑ Alt+Enter 键：在标准显示和全屏显示之间切换。

☑ F1 键：查看关联的帮助。

☑ F4 键：查看信息窗口。

1.4　功能区的定制

UG 中提供的功能区可以为用户工作提供方便，但是进入应用模块之后，UG 只会显示默认的功能区按钮设置，然而用户可以根据自己的习惯定制独特风格的功能区，本节将介绍功能区的设置。

扫码看视频
1.4　功能区的定制

执行功能区的定制，主要有两种调用方法。

☑ 菜单：选择"菜单"→"工具"→"定制"命令，如图 1-16 所示。

☑ 快捷菜单：在"快速访问"工具栏空白处的任意位置右击，在弹出的如图 1-17 所示的快捷菜单中选择"定制"命令。

执行上述方式后，打开"定制"对话框，如图 1-18 所示。对话框中有 4 个功能标签选项：命令、选项卡 / 条、快捷方式、图标 / 工具提示。单击相应的标签后，对话框会随之显示对应的选项卡，即可进行界面的定制。

图 1-16　"工具"→"定制"命令

图 1-17　快捷菜单

图 1-18　"定制"对话框

"定制"对话框中的一些选项含义如下所述。

（1）命令：用于显示或隐藏选项卡中的某些按钮命令，如图 1-19 所示。

在"类别"栏下找到需添加命令的选项卡，然后在"项"栏下找到待添加的命令，将该命令拖至工作窗口的相应位置中即可。对于选项卡上不需要的命令按钮直接拖出，然后释放鼠标即可。命令按钮用同样的方法也可以拖动到菜单的下拉菜单中。

图 1-19 "命令"标签

（2）选项卡/条：用于设置显示或隐藏某些选项卡、新建选项卡，也可以利用"重置"命令来恢复软件默认的选项卡设置，如图 1-20 所示。

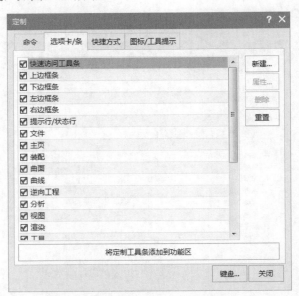

图 1-20 "选项卡/条"标签

（3）快捷方式：在类型列表中选择相应的类型，显示对应的快捷菜单，也可以在图形窗口或导航器中选择对象以定制其快捷菜单或推断式工具条，如图 1-21 所示。

（4）图标/工具提示：用于设置是否显示完全的下拉菜单列表，设置恢复默认菜单，以及功能区和菜单按钮大小的设置，如图 1-22 所示。

图 1-21　"快捷方式"标签

图 1-22　"图标 / 工具提示"标签

☑ 图标大小：指定功能区、窄功能区、上 / 下边框条、左 / 右边框条、快捷工具条 / 圆盘工具条、菜单和资源条选项卡等图标的大小。

☑ 工具提示：各选项说明如下。

　➢ 在功能区和菜单上显示工具提示：将光标移到菜单命令或工具条按钮上方时，会显示图形符号的提示。

　➢ 在对话框选项上显示工具提示：在某些对话框中为需要更多信息的选项显示工具提示。将光标移到标签或按钮上时会出现提示。

1.5　文 件 操 作

本节将介绍文件的操作，包括新建文件、打开和关闭文件、保存文件、导入文件操作设置等。

1.5.1　新建文件

扫码看视频

1.5.1　新建文件

执行新建文件命令，主要有 4 种调用方法。

☑ 菜单：选择"菜单"→"文件"→"新建"命令。

☑ 工具栏：单击"快速访问"工具栏中的"新建"按钮 。

☑ 功能区：单击"主页"选项卡中的"新建"按钮 。

☑ 快捷键：Ctrl+N。

执行上述方式后，打开如图 1-23 所示的"新建"对话框。

"新建"对话框中的选项含义如下所述。

☑ 模板：各选项说明如下。

　➢ 单位：针对某一给定单位类型显示可用的模板。

　➢ 模板列表框：显示选定选项卡的可用模板。

☑ 预览：显示模板或图解的预览，有助于了解选定的模板创建哪些部件文件。

☑ 属性：显示有关模板的信息。

☑ 新文件名：各选项说明如下。

　➢ 名称：指定新文件的名称。默认名称是在用户默认设置中定义的，或者可以输入新名称。

> ➤ 文件夹：指定新文件所在的目录。单击"浏览"按钮 📁，打开"选择目录"对话框，选择目录。
> ☑ 要引用的部件：用于引用不同部件文件的文件。
> ➤ 名称：指定要引用的文件的名称。

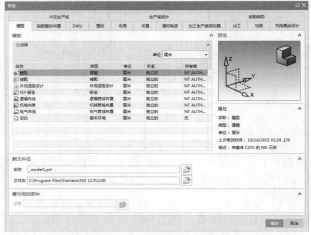

图 1-23   "新建"对话框

1.5.2   打开文件

扫码看视频

1.5.2   打开文件

执行打开文件命令，主要有 4 种调用方法。

☑ 菜单：选择"菜单"→"文件"→"打开"命令。

☑ 工具栏：单击"快速访问"工具栏上的"打开"按钮 📂。

☑ 功能区：单击"主页"选项卡中的"打开"按钮 📂。

☑ 快捷键：Ctrl+O。

执行上述方式后，打开如图 1-24 所示的"打开"对话框，对话框中会列出当前目录下的所有有效文件以供选择，这里所指的有效文件是根据用户在"文件类型"中的设置来决定的。若选中"仅加载结构"复选框，则当打开一个装配零件的时候，不用调用其中的组件。

图 1-24   "打开"对话框

另外，可以选择"菜单"→"文件"→"最近打开的部件"命令来有选择性地打开最近打开过的文件。

1.5.3　保存文件

执行保存文件命令，主要有 3 种调用方法。

- ☑ 菜单：选择"菜单"→"文件"→"保存"命令。
- ☑ 工具栏：单击"快速访问"工具栏上的"保存"按钮 ■。
- ☑ 快捷键：Ctrl+S。

执行上述方式后，打开如图 1-25 所示的"命名部件"对话框。单击"确定"按钮保存文件。若在"新建"对话框中输入文件名称和路径，则直接保存文件即可。

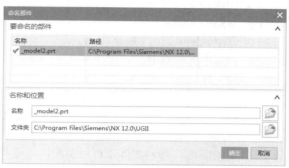

图 1-25　"命名部件"对话框

1.5.4　另存文件

执行另存文件命令，主要有 3 种调用方法。

- ☑ 菜单：选择"菜单"→"文件"→"另存为"命令。
- ☑ 工具栏：单击"快速访问"工具栏上的"另存为"按钮 ■。
- ☑ 快捷键：Ctrl+Shift+A。

执行上述方式后，打开"另存为"对话框，如图 1-26 所示。输入文件名称和选择要保存的位置，单击 OK 按钮，保存文件。

图 1-26　"另存为"对话框

Note

1.5.5　关闭部件文件

执行关闭部件文件的命令，主要有一种方法：选择"菜单"→"文件"→"关闭"→"选定的部件"命令。

执行上述方式后，打开如图 1-27 所示的"关闭部件"对话框。

"关闭部件"对话框中的主要选项说明如下。

☑ 顶层装配部件：用于在文件列表中只列出顶层装配文件，而不列出装配中包含的组件。

☑ 会话中的所有部件：用于在文件列表列出当前进程中所有载入的文件。

☑ 仅部件：仅关闭所选择的文件。

☑ 部件和组件：如果所选择的文件是装配文件，则会一同关闭所有属于该装配文件的组件文件。

☑ 关闭所有打开的部件：可以关闭所有文件，但系统会出现警示对话框，如图 1-28 所示，提示用户已有部分文件做修改，给出选项让用户进一步确定。

扫码看视频

1.5.5　关闭部件文件

图 1-27　"关闭部件"对话框

图 1-28　"关闭所有文件"对话框

其他的命令与之相似，只是关闭之前再保存一下，兹不赘述。

关闭文件可以通过执行"菜单"→"文件"→"关闭"下的子菜单命令来完成，如图 1-29 所示。

图 1-29　"关闭"子菜单

1.5.6　导入部件文件

UG 系统可以将已存在的零件文件导入目前打开的零件文件或新文件中，此外还可以导入 CAM 对象。

执行导入部件文件的命令主要有一种方法：选择"菜单"→"文件"→"导入"→"部件"命令。

执行上述方式后，打开如图 1-30 所示的"导入部件"对话框。"导入部件"对话框中的选项含义如下。

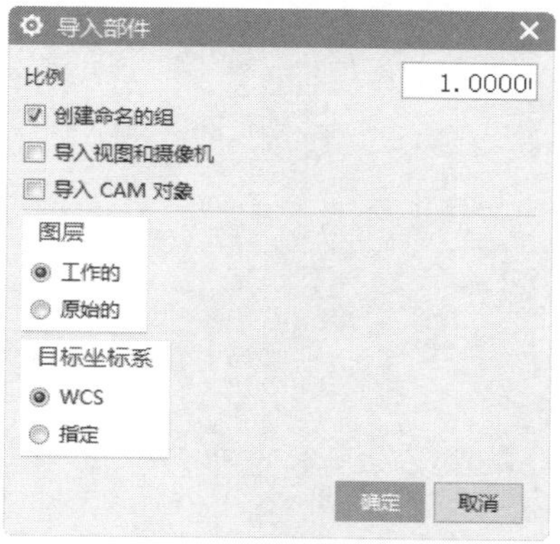

- ☑ 比例：该文本框用于设置导入零件的大小比例。如果导入的零件含有自由曲面，系统将限制比例值为 1。
- ☑ 创建命名的组：选中该复选框后，系统会将导入的零件中的所有对象建立群组，该群组的名称即是该零件文件的原始名称，并且该零件文件的属性将转换为导入的所有对象的属性。
- ☑ 导入视图和摄像机：选中该复选框后，导入的零件中若包含用户自定义布局和查看方式，则系统会将其相关参数和对象一同导入。

图 1-30　"导入部件"对话框

- ☑ 导入 CAM 对象：选中该复选框后，若零件中含有 CAM 对象则将一同导入。
  - ☑ 图层：各选项说明如下。
    - ➢ 工作的：选中该单选按钮后，导入零件的所有对象将属于当前的工作图层。
    - ➢ 原始的：选中该单选按钮后，导入的所有对象还是属于原来的图层。
  - ☑ 目标坐标系：各选项说明如下。
    - ➢ WCS：选中该单选按钮，在导入对象时以工作坐标系为定位基准。
    - ➢ 指定：选中该单选按钮后，系统将在导入对象后显示坐标子菜单，采用用户自定义的定位基准，定义之后，系统将以该坐标系作为导入对象的定位基准。

另外，可以选择"文件"菜单下的"导入"子菜单中的命令来导入其他类型文件。选择"文件"→"导入"命令后，系统会打开如图 1-31 所示子菜单，该菜单提供了 UG 与其他应用程序文件格式的接口，其中常用的有部件、CGM（Computer Graphics Metafile）、DXF/DWG 等格式文件。

- ☑ Parasolid：选择该命令后系统会打开对话框导入（*.x_t）格式文件，允许用户导入含有适当文字格式文件的实体（parasolid），该文字格式文件含有可用说明该实体的数据。导入的实体密度保持不变，表面属性（颜色、反射参数等）除透明度外，保持不变。
- ☑ CGM：选择该命令可导入 CGM 文件，即标准的 ANSI 格式的计算机图形中继文件。
- ☑ IGES：选择该命令可以导入 IGES 格式文件。IGES（Initial Graphics Exchange Specification）是可在一般 CAD/CAM 应用软件间转换的常用格式，可供各 CAD/CAM 相关应用程序转换点、线、曲面等对象。
- ☑ AutoCAD DFX/DWG：选择该命令可以导入 DFX/DWG 格式文件，可将其他 CAD/CAM 相关应用程序导出的 DFX/DWG 文件导入 UG 中，操作与 IGES 相同。

Note

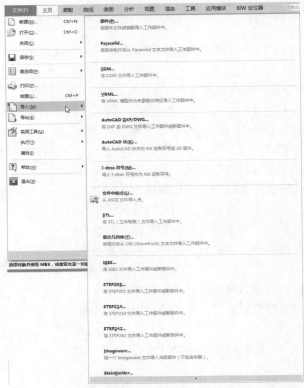

图 1-31　"导入"子菜单

1.5.7　装配加载选项

扫码看视频

1.5.7　装配加载
选项

执行装配加载选项的命令如下。

☑ 菜单：选择"菜单"→"文件"→"选项"→"装配加载选项"命令。

执行上述方式后，打开如图 1-32 所示的"装配加载选项"对话框。

"装配加载选项"对话框中的部分选项含义如下。

☑ 部分版本中的加载：用于设置加载的方式，其下有 3 个
选项。

➢ 按照保存的：用于指定载入的零件目录与保存零件的目
录相同。

➢ 从文件夹：指定加载零件的文件夹与主要组件相同。

➢ 从搜索文件夹：利用此对话框下的"显示会话文件夹"
按钮进行搜寻。

☑ 范围中的加载：用于设置零件的载入方式，该选项有 5 个
下拉选项。

☑ 选项：选中完全加载时，系统会加载所有文件数据；选中
部分加载时，系统只加载活动引用集中的几何体。

☑ 失败时取消加载：该复选框用于控制当系统载入发生错误
时，是否中止载入文件。

☑ 允许替换：选中该复选框，当组件文件载入零件时，即使

图 1-32　"装配加载选项"对话框

该零件不属于该组件文件，系统也允许用户打开该零件。

1.5.8　保存选项

执行保存选项的命令，主要有一种方法：选择"菜单"→"文件"→"选项"→"保存选项"命令。

执行上述方式后，打开图 1-33 所示的"保存选项"对话框，在该对话框中可以进行相关参数设置。

扫码看视频

1.5.8　保存选项

图 1-33　"保存选项"对话框

"保存选项"对话框中的部分选项说明如下。

☑ 保存时压缩部件：选中该复选框后，保存时系统会自动压缩零件文件，文件经过压缩需要花费较长时间，所以一般用于大型组件文件或是复杂文件。

☑ 生成重量数据：该复选框用于更新并保存元件的重量及质量特性，并将其信息与元件一同保存。

☑ 保存图样数据：该选项组用于设置保存零件文件时，是否保存图样数据。

➤ 否：表示不保存。

➤ 仅图样数据：表示仅保存图样数据而不保存着色数据。

➤ 图样和着色数据：表示全部保存。

1.6　上 机 操 作

通过前面的学习，相信对本章知识已有了一个大体的了解，本节将通过 3 个操作练习帮助读者巩固本章所学的知识要点。

1. 熟悉操作界面

操作提示：

（1）启动 UG NX 12.0，进入其工作界面。

（2）调整工作界面大小。

（3）打开和关闭功能区上的面板。

2. 在 UG 中定制自己的环境风格

操作提示：

（1）通过 UG 的"首选项"菜单命令，可以设置不同模块的工作环境。

（2）在 UG NX 12.0 中还可以通过"菜单"→"文件"→"实用工具"→"用户默认设置"命令，在其中的命令面板中可以进行基本环境设置以及各模块的环境设置。

3. 管理图形文件

操作提示：

（1）启动 UG NX 12.0。

（2）新建文件。

（3）尝试绘制图形。

（4）保存文件。

第 2 章

基本操作

导读

　　本章主要介绍 UG 应用中的一些基本操作及经常使用的工具，从而使读者更为熟练 UG 的建模环境。对于建模中常用的工具或命令，要想很好地掌握，要多练多用才行，但对于 UG 所提供的建模工具的整体了解也是必不可少的，因为只有了解了全局，才知道对同一模型可以有多种建模和修改思路，对更为复杂或特殊模型的建立才能游刃有余。

精彩内容

☑ 对象操作　　　　　　　　　☑ 坐标系
☑ 布局　　　　　　　　　　　☑ 图层操作
☑ 常用工具　　　　　　　　　☑ 表达式
☑ 布尔运算

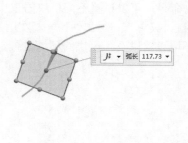

2.1　对象操作

UG 建模过程中的点、线、面、图层、实体等被称为对象，三维实体的创建、编辑操作过程实质上也可以看作是对对象的操作过程。本小节将介绍对象的操作过程。

2.1.1　观察对象

对象的观察一般有以下 3 种途径可以实现。

☑ 菜单：选择"菜单"→"视图"→"操作"命令，如图 2-1 所示。

图 2-1　"操作"子菜单

☑ 选项卡：选择"视图"选项卡，如图 2-2 所示。

图 2-2　"视图"选项卡

☑ 快捷菜单：在工作区右击，弹出如图 2-3 所示的快捷菜单。

"操作"子菜单中的部分命令说明如下。

☑ 适合窗口：用于拟合视图，即调整视图中心和比例，使整合部件拟合在视图的边界内。也可以通过按快捷键 Ctrl+F 实现。

☑ 缩放：用于实时缩放视图，该命令可以通过按下鼠标中键（对于 3 键鼠标而言）不放来拖动鼠标实现；将鼠标指针置于图形界面中，滚动鼠标滚轮就可以对视图进行缩放；或者在按下鼠标滚轮的同时按下 Ctrl 键，然后上下移动鼠标也可以对视图进行缩放。

☑ 旋转：用于旋转视图，该命令可以通过鼠标中键（对于 3 键鼠标而言）不放，再拖动鼠标实现。

☑ 平移：用于移动视图，该命令可以通过同时按下鼠标右键和中键（对于 3 键鼠标而言）不放来拖动鼠标实现；或者在按下鼠标滚轮的同时按下 Shift 键，然后向各个方向移动鼠标也可以对视图进行移动。

快捷菜单中部分命令的说明如下。

☑ 刷新：用于更新窗口显示，包括：更新 WCS 显示、更新由线段逼近的曲线和边缘显示；更新草图和相对定位尺寸 / 自由度指示符、基准平面和平面显示。

图 2-3　快捷菜单

☑ 渲染样式：用于更换视图的显示模式，给出的命令中包含线框、着色、局部着色、面分析、艺术外观等 8 种对象的显示模式。

☑ 定向视图：用于改变对象观察点的位置。子菜单中包括用户自定义视角共有 9 个视图命令。

☑ 设置旋转参考：该命令可以用鼠标在工作区选择合适旋转点，再通过旋转命令观察对象。

2.1.2　隐藏对象

当工作区域内图形太多，导致操作不便时，需要暂时将不需要的对象隐藏，如模型中的草图、基准面、曲线、尺寸、坐标、平面等。

隐藏对象一般有以下两种途径可以实现。

☑ 菜单：选择"菜单"→"编辑"→"显示和隐藏"命令，如图 2-4 所示。

图 2-4　"显示和隐藏"子菜单

☑ 选项卡：单击"视图"选项卡"可见性"组中的按钮。

"显示和隐藏"子菜单中的命令说明如下。

☑ 显示和隐藏：单击该命令，打开如图 2-5 所示的"显示和隐藏"对话框，可控制窗口中对象的可观察性。可以通过暂时隐藏其他对象来关注选定的对象。

☑ 立即隐藏：隐藏选定的对象。

☑ 隐藏：也可以通过按快捷键 Ctrl+B 实现，打开"类选择"对话框，可以通过类型选择需要隐藏的对象或是直接选取。

图 2-5　"显示和隐藏"对话框

☑ 显示：将所选的隐藏对象重新显示出来，执行此命令，打开"类选择"对话框，此时工作区中将显示所有已经隐藏的对象，用户可以在其中选择需要重新显示的对象。

☑ 显示所有此类型对象：该命令将重新显示某类型的所有隐藏对象，打开"选择方法"对话框，如图 2-6 所示。通过类型、图层、其他、重置和颜色 5 个按钮或选项来确定对象类别。

图 2-6　"选择方法"对话框

☑ 全部显示：选择此命令或通过按快捷键 Shift+Ctrl+U 实现，将重新显示所有在可选层上的隐藏对象。

☑ 按名称显示：显示在组件属性对话框中命名的隐藏对象。

☑ 反转显示和隐藏：该命令用于反转当前所有对象的显示或隐藏状态，即显示的全部对象将会隐藏，而隐藏的将会全部显示。

2.1.3　编辑对象显示方式

执行对象显示命令，主要有如下 3 种调用方法。

☑ 菜单：选择"菜单"→"编辑"→"对象显示"命令。

☑ 功能区：单击"视图"选项卡"可视化"组中的"编辑对象显示"按钮

☑ 快捷键：Ctrl+J。

执行上述方式后，打开"类选择"对话框，选择要改变的对象后，打开如图 2-7 所示的"编辑对象显示"对话框，编辑所选择对象的图层、颜色、网格数、透明度或者着色状态等参数。

扫码看视频

2.1.3　编辑对象显示方式

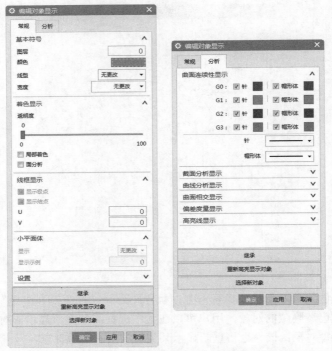

图2-7 "编辑对象显示"对话框

"编辑对象显示"对话框中的选项说明如下。

1. 常规

"常规"选项卡中的选项说明如下。

☑ 基本符号：各选项说明如下。
- 图层：用于指定选择对象放置的层。系统规定的层为1~256层。
- 颜色：用于改变所选对象的颜色，可以调出"颜色"对话框。
- 线型：用于修改所选对象的线型（不包括文本）。
- 宽度：用于修改所选对象的线宽。

☑ 着色显示：各选项说明如下。
- 透明度：控制穿过所选对象的光线数量。
- 局部着色：给所选择的体或面设置局部着色属性。
- 面分析：指定是否将"面分析"属性更改为开或关。

☑ 线框显示：各选项说明如下。
- 显示极点：显示选定样条或曲面的控制多边形。
- 显示结点：显示选定样条的结点或选定曲面的结点线。

☑ 小平面体：各选项说明如下。
- 显示：修改选定小平面体的显示，替换小平面体多边形线的符号。
- 显示示例：可以为显示的样例数量输入一个值。

2. 分析

"分析"选项卡中的部分选项说明如下。
- 曲面连续性显示：指定选定的曲面连续性分析对象的可见性、颜色和线型。
- 截面分析显示：为选定的截面分析对象指定可见性、颜色和线型。

> 曲线分析显示：为选定的曲线分析对象指定可见性、颜色和线型。
> 偏差度量显示：为选定的偏差度量分析对象指定可见性、颜色和线型。
> 高亮线显示：为选定的高亮线分析对象指定颜色和线型。

3. 继承

打开对话框要求选择需要从哪个对象上继承设置，并应用到之后的所选对象上。

4. 重新高亮显示对象

重新高亮显示所选对象。

5. 选择新对象

打开"类对象"对话框，重新选择对象。

2.1.4 对象变换

扫码看视频
2.1.4 对象变换

执行对象变换命令，主要有以下一种方式：菜单：选择"菜单"→"编辑"→"变换"命令。

执行上述方式后，打开"类选择"对话框。选择要变换的对象，打开如图 2-8 所示的对象"变换"对话框。选择变换方式后，进行相关操作，打开如图 2-9 所示的"变换"结果对话框。

图 2-8 "变换"对话框

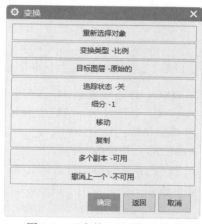

图 2-9 "变换"结果对话框

"变换"对话框选项说明如下。

☑ 比例：该选项用于将选取的对象，相对于指定参考点成比例的缩放尺寸。选取的对象在参考点处不移动。选中该选项后，在系统打开的"点"对话框选择一参考点后，系统打开如图 2-10 所示的"变换"比例对话框。

> 比例：该文本框用于设置均匀缩放。
> 非均匀比例：单击此按钮，打开如图 2-11 所示的"变换"非均匀比例对话框。在其中可以设置 XC-比例、YC-比例和 ZC-比例。

图 2-10 "变换"比例对话框

图 2-11 "变换"非均匀比例对话框

Note

☑ 通过一直线镜像：该选项用于将选取的对象，相对于指定的参考直线作镜像。即在参考线的相反侧建立源对象的一个镜像。单击此按钮，打开如图 2-12 所示"变换"通过一直线镜像对话框。

> 两点：用于指定两点，两点的连线即为参考线。
> 现有的直线：选择一条已有的直线（或实体边缘线）作为参考线。
> 点和矢量：该选项用点构造器指定一点，其后在矢量构造器中指定一个矢量，通过指定点的矢量即作为参考直线。

☑ 矩形阵列：该选项用于将选取的对象，从指定的阵列原点开始，沿坐标系 XC 和 YC 方向（或指定的方位）建立一个等间距的矩形阵列。系统先将源对象从指定的参考点移动或复制到目标点（阵列原点）然后沿 XC、YC 方向建立阵列。单击此按钮，系统打开如上图 2-13 所示"变换"矩形阵列对话框。

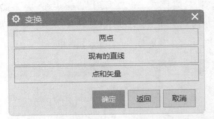

图 2-12　"变换"通过一直线镜像对话框

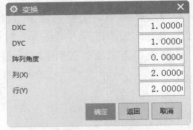

图 2-13　"变换"矩形阵列对话框

> DXC：该选项表示 XC 方向间距。
> DYC：该选项表示 YC 方向间距。
> 阵列角度：指定阵列角度。
> 列(X)：指定阵列列数。
> 行(Y)：指定阵列行数。

☑ 圆形阵列：该选项用于将选取的对象，从指定的阵列原点开始，绕目标点（阵列中心）建立一个等角间距的圆形阵列。单击此按钮，系统打开如图 2-14 所示"变换"圆形阵列对话框。

> 半径：用于设置圆形阵列的半径值，该值也等于目标对象上的参考点到目标点之间的距离。
> 起始角：定位圆形阵列的起始角（于 XC 正向平行为零）。

☑ 通过一平面镜像：该选项用于将选取的对象，相对于指定参考平面作镜像。即在参考平面的相反侧建立源对象的一个镜像。

☑ 点拟合：该选项用于将选取的对象，从指定的参考点集缩放、重定位或修剪到目标点集上。单击此按钮，系统打开如图 2-15 所示"变换"点拟合对话框。

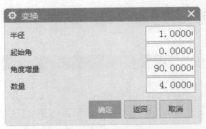

图 2-14　"变换"圆形阵列对话框

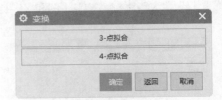

图 2-15　"变换"点拟合对话框

> 3-点拟合：允许用户通过 3 个参考点和 3 个目标点来缩放和重定位对象。

➢ 4-点拟合：允许用户通过 4 个参考点和 4 个目标点来缩放和重定位对象。

"变换"结果对话框选项说明如下。

☑ 重新选择对象：该选项用于重新选择对象，通过类选择器对话框来选择新的变换对象，而保持原变换方法不变。

☑ 变换类型-比例：该选项用于修改变换方法。即在不重新选择变换对象的情况下，修改变换方法，当前选择的变换方法以简写的形式显示在"-"符号后面。

☑ 目标图层-原始的：该选项用于指定目标图层。即在变换完成后，指定新建立的对象所在的图层。单击该选项后，会有以下 3 种选项。

　　➢ 工作的：变换后的对象放在当前的工作图层中。

　　➢ 原先的：变换后的对象保持在源对象所在的图层中。

　　➢ 指定的：变换后的对象被移动到指定的图层中。

☑ 追踪状态-关：该选项是一个开关选项，用于设置跟踪变换过程。

☑ 细分-1：该选项用于等分变换距离。即把变换距离（或角度）分割成几个相等的部分，实际变换距离（或角度）是其等分值。

☑ 移动：该选项用于移动对象。即变换后，将源对象从其原来的位置移动到由变换参数所指定的新位置。

☑ 复制：该选项用于复制对象。即变换后，将源对象从其原来的位置复制到由变换参数所指定的新位置。对于依赖其他父对象而建立的对象，复制后的新对象中数据关联信息将会丢失（即它不再依赖于任何对象而独立存在）。

☑ 多个副本-可用：该选项用于复制多个对象。按指定的变换参数和副本个数在新位置复制源对象的多个副本。相当于一次执行了多个"复制"命令操作。

☑ 撤销上一个-不可用：该选项用于撤销最近变换。即撤销最近一次的变换操作，但源对象依旧处于选中状态。

2.1.5　移动对象

图 2-16　"移动对象"对话框

执行移动对象命令，主要有以下 3 种方式。

☑ 菜单：选择"菜单"→"编辑"→"移动对象"命令。

☑ 功能区：单击"工具"选项卡"实用程序"组中的"移动对象"按钮 。

☑ 快捷键：Ctrl+T。

执行上述方式后，打开如图 2-16 所示的"移动对象"对话框。

"移动对象"对话框中的一些选项说明如下。

☑ 运动：包括距离、角度、点之间的距离、径向距离、点到点、根据三点旋转、将轴与矢量对齐、坐标系到坐标系、动态和增量 XYZ。

　　➢ 距离：是指将选择对象由原来的位置移动到新的位置。

　　➢ 点到点：用户可以选择参考点和目标点，则这两个点之间的距离和由参考点指向目标点的方向将决定对象的平移方向和距离。

　　➢ 根据三点旋转：提供 3 个位于同一个平面内且垂直于矢量轴的参考点，让对象围绕旋转中心，按照这 3 个点同旋转中心连线形成的角度逆时针旋转。

　　➢ 将轴与矢量对齐：将对象绕参考点从一个轴向另外一个轴旋转一定的角度。选择起始轴，

然后确定终止轴，这两个轴决定了旋转角度的方向。此时用户可以清楚地看到两个矢量的箭头，而且这两个箭头首先出现在选择轴上，当单击"确定"按钮以后，该箭头就平移到参考点。

➢ 动态：用于将选取的对象，相对于参考坐标系中的位置和方位移动（或复制）到目标坐标系中，使建立的新对象的位置和方位相对于目标坐标系保持不变。

☑ 结果

➢ 移动原先的：该选项用于移动对象。即变换后，将源对象从其原来的位置移动到由变换参数所指定的新位置。

➢ 复制原先的：用于复制对象。即变换后，将源对象从其原来的位置复制到由变换参数所指定的新位置。对于依赖其他父对象而建立的对象，复制后的新对象中数据关联信息将会丢失，即它不再依赖于任何对象而独立存在。

➢ 非关联副本数：用于复制多个对象。按指定的变换参数和副本个数在新位置复制源对象的多个副本。

2.2 坐 标 系

UG 系统中共包括 3 种坐标系统，分别是绝对坐标系（Absolute Coordinate System，ACS）、工作坐标系（Work Coordinate System，WCS）和机械坐标系（Machine Coordinate System，MCS），它们都是符合右手法则的。

☑ ACS：是系统默认的坐标系，其原点位置永远不变，在用户新建文件时就产生了。

☑ WCS：是 UG 系统提供给用户的坐标系，用户可以根据需要任意移动它的位置，也可以设置属于自己的 WCS 坐标系。

☑ MCS：该坐标系一般用于模具设计、加工、配线等向导操作中。

选择"菜单"→"格式"→"WCS"命令，打开 WCS 子菜单，如图 2-17 所示。

图 2-17　WCS 子菜单

☑ 动态：该命令能通过步进的方式移动或旋转当前的 WCS，用户可以在绘图工作区中移动坐标系到指定位置，也可以设置步进参数使坐标系逐步移动到指定的距离参数，如图 2-18 所示。

☑ 原点：该命令通过定义当前 WCS 的原点来移动坐标系的位置。但该命令仅仅移动坐标系的位置，而不会改变坐标轴的方向。

☑ 旋转：该命令将打开图 2-19 所示的"旋转 WCS 绕"对话框，通过当前的 WCS 绕其某一坐标轴旋转一定角度，来定义一个新的 WCS。

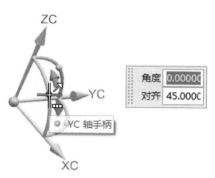

图 2-18 "动态移动"示意图

图 2-19 "旋转 WCS 绕"对话框

用户通过"旋转 WCS 绕"对话框可以选择坐标系绕哪个轴旋转，同时指定从一个轴转向另一个轴，在"角度"文本框中输入需要旋转的角度。角度可以为负值。

> 提示：可以直接双击坐标系使坐标系激活，处于动态移动状态，用鼠标拖动原点处的方块，可以在沿 X、Y、Z 方向任意移动，也可以绕任意坐标轴旋转。

☑ 更改 XC 方向：执行此命令，系统打开"点"对话框，在该对话框中选择点，系统以原坐标系的原点和该点在 XC-YC 平面上的投影点的连线方向作为新坐标系的 XC 方向，而原坐标系的 ZC 轴方向不变。

☑ 更改 YC 方向：执行此命令，系统打开"点"对话框，在该对话框中选择点，系统以原坐标系的原点和该点在 XC-YC 平面上的投影点的连线方向作为新坐标系的 YC 方向，而原坐标系的 ZC 轴方向不变。

☑ 显示：系统会显示或隐藏的工作坐标按钮。

☑ 保存：系统会保存当前设置的工作坐标系，以便在以后的工作中调用。

扫码看视频

2.3 布 局

在绘图工作区中，将多个视图按一定排列规则显示出来，就成为一个布局，每一个布局也有一个名称。UG 预先定义了 6 种布局，称为标准布局，各种布局如图 2-20 所示。

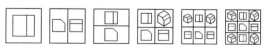

图 2-20 系统标准布局

同一布局中，只有一个视图是工作视图，其他视图都是非工作视图。各种操作都默认为针对工作视图的，用户可以随便改变工作视图。工作视图在其视图中都会显示 WORK 字样。

布局的主要作用是在绘图工作区同时显示多个视角的视图，便于用户更好地观察和操作模型。用户可以定义系统默认的布局，也可以生成自定义的布局。

选择"菜单"→"视图"→"布局"命令，如图 2-21 所示。

图 2-21   "布局"子菜单

"布局"子菜单中的命令说明如下。

☑ 新建：选择该命令后，打开如图 2-22 所示"新建布局"对话框，用户可以在其中设置视图布局的形式和各视图的视角。建议用户在自定义布局时输入自己的布局名称。默认情况下，UG 会按照先后顺序给每个布局命名为 LAY1、LAY2……

☑ 打开：选择该命令后，打开如图 2-23 所示"打开布局"对话框，在当前文件的布局名称列表中选择要打开的某个布局，系统会按该布局的方式来显示图形。选中"适合所有视图"复选框，系统会自动调整布局中的所有视图加以拟合。

☑ 适合所有视图：该功能用于调整当前布局中所有视图的中心和比例，使实体模型最大程度地拟合在每个视图边界内。

☑ 更新显示：当对实体进行修改后，使用了该命令就会对所有视图的模型进行实时更新显示。

☑ 重新生成：该功能用于重新生成布局中的每一个视图。

☑ 替换视图：选择该命令后，打开如图 2-24 所示的"视图替换为"对话框，该对话框用于替换布局中的某个视图。

图 2-22   "新建布局"对话框

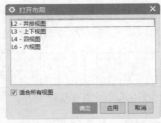

图 2-23   "打开布局"对话框

图 2-24   "视图替换为"对话框

☑ 删除：当存在用户删除的布局时，打开如图 2-25 所示的"删除布局"对话框，该对话框用于从列表框中选择要删除的视图布局后，系统就会删除该视图布局。

☑ 保存：选择该命令后，系统则用当前的视图布局名称保存修改后的布局。

☑ 另存为：选择该命令后，打开如图 2-26 所示的"另存布局"对话框，在列表框中选择要更换名称进行保存的布局，在"名称"文本框中输入一个新的布局名称，则系统会用新的名称保存修改过的布局。

图 2-25　"删除布局"对话框

图 2-26　"另存布局"对话框

2.4　图　层　操　作

　　所谓的图层，就是在空间中使用不同的层次来放置几何体。UG 中的图层功能类似于设计工程师在透明覆盖层上建立模型的方法，一个图层类似于一个透明的覆盖层。图层的最主要功能是在复杂建模的时候可以控制对象的显示、编辑、状态。

　　一个 UG 文件中最多可以有 256 个图层，每个图层上可以含有任意数量的对象。因此一个图层可以含有部件上的所有对象，一个对象上的部件也可以分布在很多图层上。需要注意的是，只有一个图层是当前工作图层，所有的操作只能在工作图层上进行，其他图层可以通过可见性、可选择性等的设置进行辅助工作。

2.4.1　图层的分类

　　对相应图层进行分类管理，可以很方便地通过层类来实现对其中各层的操作，可以提高操作效率。例如，可以设置 model、draft、sketch 等图层种类，model 包括 1～10 层，draft 包括 11～20 层，sketch 包括 21～30 层，等等。用户可以根据自身需要来制定图层的类别。

　　执行图层类别命令，主要有以下两种方式。

☑ 菜单：选择"菜单"→"格式"→"图层类别"命令。

☑ 功能区：单击"视图"选项卡"可见性"组中的"更多"库下"图层类别"按钮 🥞。

　　执行上述方式后，打开如图 2-27 所示"图层类别"对话框，可以对图层进行分类设置。

　　"图层类别"对话框中的选项说明如下。

扫码看视频

2.4.1　图层的分类

图 2-27　"图层类别"对话框

☑ 过滤：该文本框用于输入已存在的图层种类的名称来进行筛选，当输入"*"时则会显示所有的图层种类。用户可以直接在列表框中选取需要编辑的图层种类。

☑ 图层类列表框：用于显示满足过滤条件的所有图层类条目。

☑ 类别：该文本框用于输入图层种类的名称，来新建图层或是对已存在图层种类进行编辑。

☑ 创建/编辑：该选项用于创建和编辑图层，若"类别"中输入的名字已存在则进行编辑，若不存在则进行创建。

☑ 删除/重命名：该选项用于对选中的图层种类进行删除或重命名操作。

☑ 描述：该选项功能用于输入某类图层相应的描述文字，即用于解释该图层种类含义的文字，当输入的描述文字超出规定长度时，系统会自动进行长度匹配。

☑ 加入描述：新建图层类时，若在"描述"下面的文本框中输入了该图层类的描述信息，还需单击该按钮才能使描述信息有效。

图 2-28　"图层设置"对话框

2.4.2　图层的设置

用户可以在任何一个或一组图层中设置该图层是否显示和是否变换工作图层等。

执行图层设置命令，主要有以下 3 种方式。

☑ 菜单：选择"菜单"→"格式"→"图层设置"命令。

☑ 功能区：单击"视图"选项卡"可见性"组中的"图层设置"按钮 🖼。

☑ 快捷键：Ctrl+L。

执行上述操作后，打开如图 2-28 所示的"图层设置"对话框，利用该对话框可以对组件中所有图层或任意一个图层进行工作层、可选取性、可见性等设置，并且可以查询层的信息，同时也可以对图层所属种类进行编辑。

"图层设置"对话框中的选项说明如下。

☑ 工作层：用于输入需要设置为当前工作层的图层号。当输入图层号后，系统会自动将其设置为工作图层。

☑ 按范围/类别选择图层：用于输入范围或图层种类的名称进行筛选操作，在文本框中输入种类名称并确定后，系统会自动将所有属于该种类的图层选取，并改变其状态。

☑ 类别过滤器：在文本框中输入了"*"，表示接受所有图层种类。

☑ 名称：图层信息对话框能够显示此零件文件所有图层和所属种类的相关信息。如图层编号、状态、图层种类等。显示图层的状态、所属图层的种类、对象数目等。可以利用 Ctrl+Shift 组合键进行多项选择。此外，在列表框中双击需要更改状态的图层，系统会自动切换其显示状态。

☑ 仅可见：该选项用于将指定的图层设置为仅可见状态。当图层处于仅可见状态时，该图层的所有对象仅可见但不能被选取和编辑。

☑ 显示：该选项用于控制在图层状态列表框中图层的显示情况。该下拉列表中含有所有图层、含有对象的图层、所有可选图层和所有可见图层 4 个选项。

☑ 显示前全部适合：该选项用于在更新显示前吻合所有的视图，使对象充满显示区域，或在工作区域利用 Ctrl+F 快捷键实现该功能。

2.4.3　图层的其他操作

1. 图层的可见性设置

选择"菜单"→"格式"→"视图中可见图层"命令，打开图 2-29 所示的"视图中可见图层"对话框。

在图 2-29（a）打开的对话框中选择要操作的视图，之后打开如图 2-29（b）的对话框，在列表框中选择可见性图层，然后设置可见 / 不可见选项。

2. 图层中对象的移动

选择"菜单"→"格式"→"移动至图层"命令，选择要移动的对象后，打开如图 2-30 所示的"图层移动"对话框。

在"图层"列表中直接选中目标层，系统就会将所选对象放置在目的层中。

3. 图层中对象的复制

选择"菜单"→"格式"→"复制至图层"命令，选择要复制的对象后，打开"图层复制"对话框，操作过程与图层中对象的移动基本相同，在此不再详述了。

（a）　　　　　　　　　　（b）

图 2-29　"视图中可见图层"选择对话框

图 2-30　"图层移动"对话框

2.5　常　用　工　具

在建模中，经常需要建立创建点、创建平面、创建轴等，下面介绍这些常用工具。

2.5.1　点工具

执行点命令，主要有以下 3 种方式。

☑ 菜单：选择"菜单"→"插入"→"基准/点"→"点"命令。

☑ 功能区：单击"主页"选项卡"特征"组中的"点"按钮 ✛。

☑ 对话框：在相关对话框中单击"点对话框"按钮 ⬚。

执行上述操作后，系统打开如图 2-31 所示的"点"对话框。

"点"对话框中的选项说明如下。

☑ 类型：各选项说明如下。

> ✒ 自动判断的点：根据鼠标所指的位置指定各种点之中离光标最近的点。

> -┆- 光标位置：直接在鼠标左键单击的位置上建立点。

> ✛ 现有点：根据已经存在的点，在该点位置上再创建一个点。

> ╱ 终点：根据鼠标选择位置，在靠近鼠标选择位置的端点处建立点。如果选择的特征为完整的圆，那么端点为零象限点。

> ⌐ 控制点：在曲线的控制点上构造一个点或规定新点的位置。控制点与曲线的类型有关，可以是直线的中点或端点、二次曲线的端点或是样条曲线的定义点或是控制点等。

> ✛ 交点：在两段曲线的交点上、曲线和平面或曲面的交点上创建一个点或规定新点的位置。

> △ 圆弧/椭圆上的角度：在与 X 轴正向成一定角度（沿逆时针方向）的圆弧/椭圆弧上创建一个点或规定新点的位置，在如图 2-32 所示的对话框中输入曲线上的角度。

> ⊙ 圆弧中心/椭圆中心/球心：在所选圆弧、椭圆或者是球的中心建立点。

> ◯ 象限点：即圆弧的四分点，在圆弧或椭圆弧的四分点处创建一个点或规定新点的位置。

> ╱ 曲线/边上的点：在如图 2-33 所示的对话框中设置"弧长参数"值，即可在选择的特征上建立点。

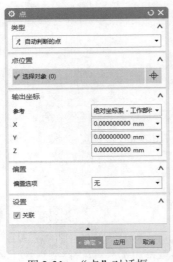

图 2-31　"点"对话框

图 2-32　圆弧/椭圆上的角度

图 2-33　曲线/边上的点

> ⬚ 面上的点：在如图 2-34 所示的对话框中设置"U 向参数"和"V 向参数"的值，即可在面上建立点。

> ➢ ✏两点之间：在如图 2-35 所示的对话框中设置"点之间的位置"的值，即可在两点之间建立点。

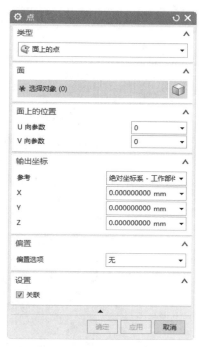

图 2-34　设置 U 向参数和 V 向参数

图 2-35　设置点的位置

☑ 参考：各选项说明如下。

> ➢ WCS：定义相对于工作坐标系的点。
> ➢ 绝对坐标系-工作部件：输入的坐标值是相对于工作部件的。
> ➢ 绝对坐标系-显示部件：定义相对于显示部件的绝对坐标系的点。

☑ 偏置：用于指定与参考点相关的点。

2.5.2　平面工具

执行基准平面命令，主要有以下 3 种方式。

☑ 菜单：选择"菜单"→"插入"→"基准 / 点"→"基准平面"命令。

☑ 功能区：单击"主页"选项卡"特征"组中的"基准平面"按钮。

☑ 对话框：在相关对话框中单击"点对话框"按钮。

执行上述方式，系统打开如图 2-36 所示的"基准平面"对话框。"基准平面"对话框中的选项说明如下。

☑ 类型：各选项说明如下。

> ➢ 自动判断：系统根据所选对象创建基准平面。
> ➢ 点和方向：通过选择一个参考点和一个参考矢量来创建基准平面，如图 2-37 所示。

扫码看视频

2.5.2　平面工具

图 2-36　"基准平面"对话框

➢ 曲线上：通过已存在的曲线，创建在该曲线某点处和该曲线垂直的基准平面，如图 2-38 所示。

图 2-37　"点和方向"示意图

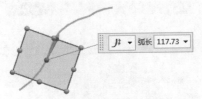

图 2-38　"曲线上"示意图

➢ 按某一距离：通过和已存在的参考平面或基准面进行偏置得到新的基准平面，如图 2-39 所示。

➢ 成一角度：通过与一个平面或基准面成指定角度来创建基本平面，如图 2-40 所示。

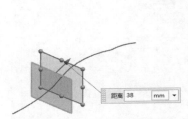

图 2-39　"按某一距离"示意图

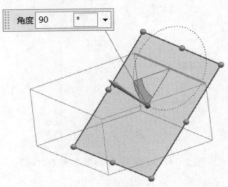

图 2-40　"成一角度"示意图

➢ 二等分：在两个相互平行的平面或基准平面的对称中心处创建基准平面，如图 2-41 所示。

➢ 曲线和点：通过选择曲线和点来创建基准平面，如图 2-42 所示。

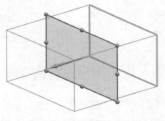

图 2-41　"二等分"示意图

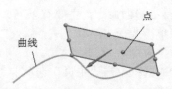

图 2-42　"曲线和点"示意图

➢ 两直线：通过选择两条直线，若两条直线在同一平面内，则以这两条直线所在平面为基准平面；若两条直线不在同一平面内，那么基准平面通过一条直线且和另一条直线平行，如图 2-43 所示。

➢ 相切：通过和一曲面相切，且通过该曲面上点或线或平面来创建基准平面，如图 2-44 所示。

➢ 通过对象：以对象平面为基准平面，如图 2-45 所示。

图 2-43 "两直线"示意图　　　图 2-44 "相切"示意图　　　图 2-45 "通过对象"示意图

系统还提供了 YC-ZC 平面、 XC-ZC 平面、 XC-YC 平面和 按系数共 4 种方法。

☑ 平面方位：使平面法向反向。

☑ 偏置：选中此复选框，可以按指定的方向和距离创建与所定义平面偏置的基准平面。

2.5.3　矢量工具

执行基准轴命令，主要有以下 3 种方式。

☑ 菜单：选择"菜单"→"插入"→"基准 / 点"→"基准轴"命令。

☑ 功能区：单击"主页"选项卡"特征"组中的"基准轴"按钮 ↑。

☑ 对话框：在相关对话框中单击"点对话框"按钮 ⬚。

执行上述方式后，系统打开图 2-46 所示的"基准轴"对话框。

"基准轴"对话框中的选项说明如下。

☑ 自动判断：将按照选中的矢量关系来构造新矢量。

☑ 点和方向：通过选择一个点和方向矢量创建基准轴。

☑ 两点：通过选择两个点来创建基准轴。

☑ 曲线上矢量：通过选择曲线和该曲线上的点创建基准轴。

☑ 曲面 / 面轴：通过选择曲面和曲面上的轴创建基准轴。

☑ 交点：通过选择两相交对象的交点来创建基准轴。

☑ ：可以分别选择和 XC 轴、YC 轴、ZC 轴相平行的方向构造矢量。

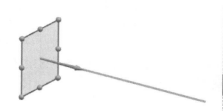

扫码看视频

2.5.3　矢量工具

图 2-46 "基准轴"对话框

2.5.4　坐标系工具

执行基准坐标系命令，主要有以下 3 种方式。

☑ 菜单：选择"菜单"→"插入"→"基准 / 点"→"基准坐标系"命令。

☑ 功能区：单击"主页"选项卡"特征"组中的"基准坐标系"按钮 。

☑ 对话框：在相关对话框中单击"点对话框"按钮 ⬚。

执行上述方式后，打开如图 2-47 所示的"基准坐标系"对话框或"坐标系"对话框，该对话框用于创建基准坐标系，和坐标系不同的是，基准坐标系一次建立 3 个基准面 XY、YZ 和 ZX 面和 3 个基准轴 X、Y 和 Z 轴。

扫码看视频

2.5.4　坐标系工具

图 2-47 "基准坐标系"对话框

"基准坐标系"对话框中的选项说明如下。

- ☑ 🔧自动判断：通过选择的对象或输入沿 X、Y 和 Z 坐标轴方向的偏置值来定义一个坐标系。
- ☑ 🔧动态：可以手动移动坐标系到任何想要的位置或方位。
- ☑ 🔧原点，X 点，Y 点：该方法利用点创建功能先后指定 3 个点来定义一个坐标系。这 3 点应分别是原点、X 轴上的点和 Y 轴上的点。定义的第 1 点为原点，第 1 点指向第 2 点的方向为 X 轴的正向，从第 2 点至第 3 点按右手定则来确定 Z 轴正向。
- ☑ 🔧平面，X 轴，点：该方法利用指定 Z 轴平面、平面上的 X 轴和点定义一个坐标系。
- ☑ 🔧三平面：该方法通过先后选择 3 个平面来定义一个坐标系。3 个平面的交点为坐标系的原点，第一个面的法向为 X 轴，第一个面与第二个面的交线方向为 Z 轴。
- ☑ 🔧X 轴，Y 轴，原点：该方法先利用点创建功能指定一个点作为坐标系原点，再利用矢量创建功能先后选择或定义两个矢量，这样就创建基准坐标系。坐标系 X 轴的正向平行于第一矢量的方向，XOY 平面平行于第一矢量及第二矢量所在的平面，Z 轴正向由从第一矢量在 XOY 平面上的投影矢量至第二矢量在 XOY 平面上的投影矢量按右手法则确定。
- ☑ 🔧绝对坐标系：该方法在绝对坐标系的（0,0,0）点处定义一个新的坐标系。
- ☑ 🔧当前视图的坐标系：该方法用当前视图定义一个新的坐标系。XOY 平面为当前视图的所在平面。
- ☑ 🔧偏置坐标系：该方法通过输入沿 X、Y 和 Z 坐标轴方向，相对于所选择坐标系的偏距来定义一个新的坐标系。

2.6 表 达 式

表达式（Expression）是 UG 的一个工具，可用在多个模块中。通过算术和条件表达式，用户可以控制部件的特性，如控制部件中特征或对象的尺寸。表达式是参数化设计的重要工具，通过表达式不但可以控制部件中特征与特征之间、对象与对象之间、特征与对象之间的相互尺寸与位置关系，而且可以控制装配中的部件与部件之间的尺寸与位置关系。

表达式是参数化设计的重要工具，通过表达式不但可以控制部件中特征与特征之间、对象与对象之间、特征与对象之间的相互尺寸与位置关系，而且可以控制装配中的部件与部件之间的尺寸与位置关系。

2.6.1 表达式的概念

表达式是可以用来控制部件特性的算术或条件语句。它可以定义和控制模型的许多尺寸，如特征或草图的尺寸。表达式在参数化设计中是十分有意义的，它可以用来控制同一个零件上的不同特征之间的关系或者一个装配中不同的零件关系。举一个最简单的例子，如果一个立方体的高度可以用它与长度的关系来表达，那么当立方体的长度变化时，则其高度也随之自动更新。

表达式是定义关系的语句。所有的表达式都有一个赋给表达式左侧的值（一个可能有、也可能没有小数部分的数）。表达式关系式包括表达式等式的左侧和右侧部分（即 a=b+c 形式）。要得出该值，系统就计算表达式的右侧，它可以是算术语句或条件语句。表达式的左侧必须是一个单个的变量。

在表达式关系式的左侧， a 是 a=b+c 中的表达式变量。表达式的左侧也是此表达式的名称。在表达式的右侧，b+c 是 a=b+c 中的表达式字符串，如图 2-48 所示。

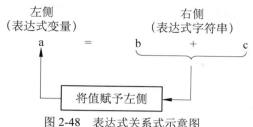

图 2-48　表达式关系式示意图

在创建表达式时必须注意以下几点。

☑ 表达式左侧必须是一个简单变量，等式右侧是一个数学语句或一条件语句。

☑ 所有表达式均有一个值（实数或整数），该值被赋给表达式的左侧变量。

☑ 表达式等式的右侧可以是含有变量、数字、运算符和符号的组合或常数。

执行表达式命令，主要有以下 2 种方式。

☑ 菜单：选择"菜单"→"工具"→"表达式"命令。

☑ 功能区：单击"工具"选项卡"实用工具"组中的"表达式"按钮 ═。

执行上述方式后，打开图 2-49 所示的"表达式"对话框。对话框提供一个当前部件中表达式的列表、编辑表达式的各种选项和控制与其他部件中表达式链接的选项。

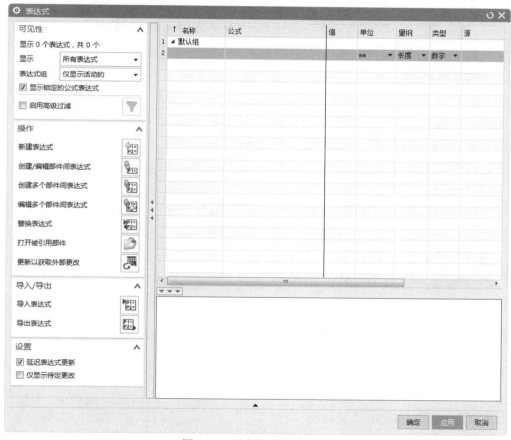

图 2-49　"表达式"对话框

2.6.2 "表达式"对话框中的选项

"表达式"对话框中的选项说明如下。

1. 显示

定义了在表达式对话框中的表达式。用户可以从下拉式菜单中选择一种方式列出表达式，如图 2-50 所示有下列可以选择的方式。

☑ 用户定义的表达式：列出了用户通过对话框创建的表达式。

☑ 命名的表达式：列出用户创建和那些没有创建只是重命名的表达式。包括了系统自动生成的名字如 p0 或 p5。

☑ 未用的表达式：没有被任何特征或其他表达式引用的表达式。

☑ 特征表达式：列出在图形窗口或部件导航中选定的某一特征的表达式。

☑ 测量表达式：列出部件文件中的所有测量表达式。

☑ 属性表达式：列出部件文件中存在的所有部件和对象属性表达式。

☑ 部件间表达式：列出部件文件之间存在的表达式。

☑ 所有表达式：列出部件文件中的所有表达式。

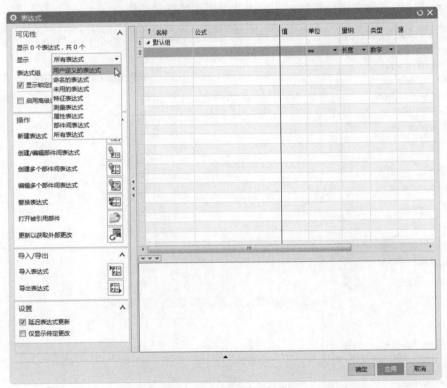

图 2-50　"显示"选项

2. 操作

☑ 　新建表达式：新建一个表达式。

☑ 　创建/编辑部件间表达式：列出作业中可用的单个部件。一旦选择了部件以后，便列出了该部件中的所有表达式。

☑ 　创建多个部件间表达式：列出作业中可用的多个部件。

☑ 编辑多个部件间表达式：控制从一个部件文件到其他部件中的表达式的外部参考。选择该选项将显示包含所有部件列表的对话框，这些部件包含工作部件涉及的表达式。

☑ 替换表达式：允许使用另一个字符串替换当前工作部件中某个表达式的公式字符串的所有实例。

☑ 打开被引用部件：单击该按钮，可以打开任何作业中部分载入的部件，常用于进行大规模加工操作。

☑ 更新以获取外部更改：更新可能在外部电子表格中的表达式值。

3. 表达式列表框

☑ 名称：可以给一个新的表达式命名，重新命名一个已经存在的表达式。表达式命名要符合前面提到的规则。

☑ 公式：可以编辑一个在表达式列表框中选中的表达式，也可给新的表达式输入公式，还可给部件间的表达式创建引用。

☑ 量纲：指定一个新表达式的量纲，但不可以改变已经存在的表达式的量纲，它是一个下拉式可选项，如图 2-51（a）所示。

☑ 单位：对于选定的量纲，指定相应的单位，如图 2-51（b）所示。

（a）　　　　　　　　（b）

图 2-51　表达式列表框中的量纲及单位

2.7　布 尔 运 算

零件模型通常由单个实体组成，但在建模过程中，实体通常是由多个实体或特征组合而成，于是要求把多个实体或特征组合成一个实体，这个操作称为布尔运算（或布尔操作）。

布尔运算在实际建模过程中用得比较多，但一般情况下是系统自动完成或自动提示用户选择合适的布尔运算。布尔运算也可独立操作。

图 2-52　"合并"对话框

扫码看视频

2.7.1　合并

2.7.1　合并

执行合并命令，主要有以下两种方式。

☑ 菜单：选择"菜单"→"插入"→"组合"→"合并"命令。

☑ 功能区：单击"主页"选项卡"特征"组中的"合并"按钮。

执行上述方式后，系统打开如图 2-52 所示的"合并"对话框。该对话框用于将两个或多个实体的体积组合在一起构成单个实体，其公共部分完全合并到一起。

"合并"对话框中的选项说明如下。

☑ 目标：进行布尔"合并"时第一个选择的体对象，运算的结果将加在目标体上，并修改目标体。同一次布尔运算中，目标体只能有一个。布尔运算的结果体类型与目标体类型一致。

☑ 工具：进行布尔运算时第二个以后选择的体对象，这些对象将加在目标体上，并构成目标体的一部分。同一次布尔运算中，工具体可有多个。

◀ 提示：可以将实体和实体进行合并运算，也可以将片体和片体进行求和运算（具有近似公共边缘线），但不能将片体和实体、实体和片体进行合并运算。

2.7.2　求差

扫码看视频

2.7.2　求差

执行求差命令，主要有以下两种方式。

☑ 菜单：选择"菜单"→"插入"→"组合"→"减去"命令。

☑ 功能区：单击"主页"选项卡"特征"组中的"减去"按钮 。

执行上述方式后，系统打开图 2-53 所示的"求差"对话框。该对话框用于从目标体中减去一个或多个刀具体的体积，即将目标体中与刀具体公共的部分去掉。

需要注意的是：

☑ 若目标体和刀具体不相交或相接，在运算结果保持为目标体不变。

☑ 实体与实体、片体与实体、实体与片体之间都可进行减去运算，但片体与片体之间不能进行减去运算。实体与片体的差，其结果为非参数化实体。

☑ 布尔"减去"运算时，若目标体进行差运算后的结果为两个或多个实体，则目标体将丢失数据。也不能将一个片体变成两个或多个片体。

☑ 差运算的结果不允许产生 0 厚度，即不允许目标实体和工具体的表面刚好相切。

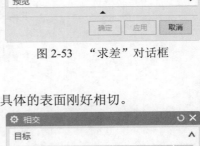

图 2-53　"求差"对话框

2.7.3　相交

扫码看视频

2.7.3　相交

执行求交命令，主要有以下两种方式。

☑ 菜单：选择"菜单"→"插入"→"组合"→"相交"命令。

☑ 功能区：单击"主页"选项卡"特征"组中的"相交"按钮 。

执行上述方式后，系统打开如图 2-54 所示的"相交"对话框。该对话框用于将两个或多个实体合并成单个实体，运算结果取其公共部分体积构成单个实体。

图 2-54　"相交"对话框

2.8　上机操作

通过前面的学习，相信读者对本章知识已经有一个大体的了解，本节将通过 3 个操作练习帮助读

Note

者巩固本章所学的知识要点。

1. 对象操作

操作提示：

（1）打开一个文件。

（2）选择零件，并设置零件颜色以及透明度。

（3）将不需要的对象进行隐藏。

2. 设置基准

操作提示：

（1）创建一个新的基准平面。

（2）创建一个新的基准轴。

（3）创建一个新的基准坐标系。

3. 变换坐标系

操作提示：

（1）将坐标系移到新位置。

（2）将坐标系旋转 90°。

（3）动态移动坐标系。

草图设计

导读

草图是 UG 建模中建立参数化模型的一个重要工具。通常情况下，用户的三维设计应该从草图设计开始，通过 UG 中提供的草图功能建立各种基本曲线，对曲线进行几何约束和尺寸约束，然后对二维草图进行拉伸、旋转或者扫掠就可以很方便地生成三维实体。此后模型的编辑修改，主要在相应的草图中完成后即可更新模型。

精彩内容

☑ 进入草图环境　　　　　　　　　　　☑ 草图的绘制

☑ 编辑草图　　　　　　　　　　　　　☑ 草图约束

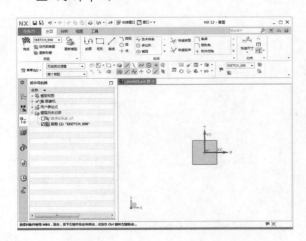

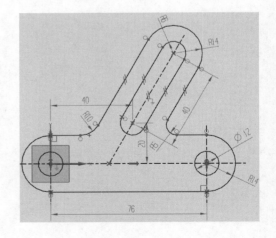

3.1　进入草图环境

　　草图是位于指定平面上的曲线和点所组成的一个特征，其默认特征名为SKETCH。草图由草图平面、草图坐标系、草图曲线和草图约束等组成；草图平面是草图曲线所在的平面，草图坐标系的 XY 平面即为草图平面，草图坐标系由用户在建立草图时确定。一个模型中可以包含多个草图，每一个草图都有一个名称，系统通过草图名称对草图及其对象进行引用的。

　　在"建模"模块中选择"菜单"→"插入"→"在任务环境中绘制草图"命令或单击"曲线"选项卡的"在任务环境中绘制草图"按钮 ，打开如图 3-1 所示的"创建草图"对话框。

　　在"平面方法"下拉列表中选择"自动判断"命令，单击"确定"按钮，进入草图环境，如图 3-2 所示。

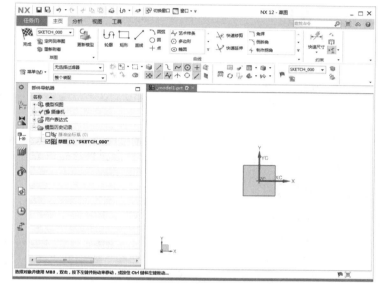

图 3-1　"创建草图"对话框

图 3-2　草图环境

使用草图可以实现对曲线的参数化控制，可以很方便地进行模型的修改，草图可以用于以下几个方面。

☑　需要对图形进行参数化时。

☑　用草图来建立通过标准成型特征无法实现的形状。

☑　将草图作为自由形状特征的控制线。

☑　如果形状可以用拉伸、旋转或沿导引线扫描的方法建立，可将草图作为模型的基础特征。

3.2　草图的绘制

3.2.1　轮廓

　　绘制单一或者连续的直线和圆弧。执行轮廓命令，主要有以下两种方式。

☑ 菜单：选择"菜单"→"插入"→"曲线"→"轮廓"命令。

☑ 功能区：单击"主页"选项卡"曲线"组中的"轮廓"按钮↳。

执行上述方式后，打开如图 3-3 所示的"轮廓"对话框。

"轮廓"对话框中的一些选项说明如下。

☑ 对象类型：各选项说明如下。

➤ 直线 ⎓：在视图区选择两点绘制直线。

➤ 圆弧 ⌒：在视图区选择一点，输入半径，然后再在视图区选择
另一点，或者根据相应约束和扫描角度绘制圆弧。当从直线连
接圆弧时，将创建一个两点圆弧。如果在线串模式下绘制的第一个点是圆弧，则可以创建
一个三点圆弧。

☑ 输入模式：各选项说明如下。

➤ 坐标模式 XY：使用 X 和 Y 坐标值创建曲线点。

➤ 参数模式 ⌂：使用与直线或圆弧曲线类型对应的参数创建曲线点。

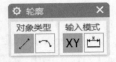

图 3-3 "轮廓"对话框

扫码看视频

3.2.2 直线

3.2.2 直线

执行直线命令，主要有以下两种方式。

☑ 菜单：选择"菜单"→"插入"→"曲线"→"直线"命令。

☑ 功能区：单击"主页"选项卡"曲线"组中的"直线"按钮 ⎓。

执行上述方式，打开如图 3-4 所示的"直线"对话框。

"直线"对话框中的一些选项说明如下。

☑ 坐标模式 XY：使用 XC 和 YC 坐标创建直线起点或终点。

☑ 参数模式 ⌂：使用长度和角度参数创建直线起点或终点。

图 3-4 "直线"对话框

扫码看视频

3.2.3 圆弧

执行圆弧命令，主要有以下两种方式。

☑ 菜单：选择"菜单"→"插入"→"曲线"→"圆弧"命令。

☑ 功能区：单击"主页"选项卡"曲线"组中的"圆弧"按钮 ⌒。

执行上述方式，打开图 3-5 所示的"圆弧"对话框。

"圆弧"对话框中的一些选项说明如下。

☑ 圆弧方法：各选项说明如下。

➤ 三点定圆弧 ⌒：创建一条经过 3 个点的圆弧。

➤ 中心和端点定圆弧 ⌒：用于通过定义中心、起点和终点来创
建圆弧。

☑ 输入模式：各选项说明如下。

➤ 坐标模式 XY：允许使用坐标值来指定圆弧的点。

➤ 参数模式 ⌂：用于指定三点定圆弧的半径参数。

图 3-5 "圆弧"对话框

扫码看视频

3.2.4 圆

3.2.4 圆

执行圆命令，主要有以下两种方式。

☑ 菜单：选择"菜单"→"插入"→"曲线"→"圆"命令。

☑ 功能区：单击"主页"选项卡"曲线"组中的"圆"按钮 ○。

执行上述方式后，打开如图 3-6 所示的"圆"对话框。

图 3-6 "圆"对话框

"圆"对话框中的一些选项说明如下。

☑ 圆方法：各选项说明如下。

> 圆心和直径定圆 ⊙：通过指定圆心和直径绘制圆。

> 三点定圆 ○：通过指定三点绘制圆。

☑ 输入模式：各选项说明如下。

> 坐标模式 XY：允许使用坐标值来指定圆的点。

> 参数模式 ㄥ：用于指定圆的直径参数。

3.2.5 圆角

使用此命令可以在两条或 3 条曲线之间创建一个圆角。执行圆角命令，主要有以下两种方式。

☑ 菜单：选择"菜单"→"插入"→"曲线"→"圆角"命令。

☑ 功能区：单击"主页"选项卡"曲线"组中的"角焊"按钮 ㄱ。

执行上述方式后，打开图 3-7 所示的"圆角"对话框，创建圆角示意图如图 3-8 所示。

"圆角"对话框中的一些选项说明如下。

☑ 圆角方法：各选项说明如下。

> 修剪 ㄱ：修剪输入曲线。

> 取消修剪 ㄱ：使输入曲线保持取消修剪状态。

☑ 选项：各选项说明如下。

> 删除第三条曲线 ㄱ：删除选定的第三条曲线。

> 创建备选圆角 ㄢ：预览互补的圆角。

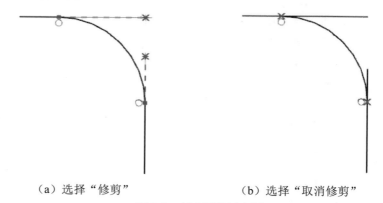

（a）选择"修剪" （b）选择"取消修剪"

图 3-7 "圆角"对话框　　　　　　　　　　图 3-8 创建圆角示意图

3.2.6 倒斜角

使用此命令可斜接两条草图线之间的尖角。执行倒斜角命令，主要有以下两种方式。

☑ 菜单：选择"菜单"→"插入"→"曲线"→"倒斜角"命令。

☑ 功能区：单击"主页"选项卡"曲线"组中的"倒斜角"按钮 ㄱ。

执行上述操作后，打开如图 3-9 所示的"倒斜角"对话框，创建倒斜角示意图如图 3-10 所示。

图 3-9 "倒斜角"对话框

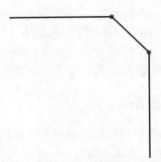

图 3-10 创建倒斜角示意图

"倒斜角"对话框中的选项说明如下。

1. 要倒斜角的曲线

> 选择直线：通过在相交直线上方拖动光标以选择多条直线，或按照一次选择一条直线的方法选择多条直线。

> 修剪输入曲线：选中此复选框，修剪倒斜角的曲线。

2. 偏置

☑ 倒斜角

> 对称：指定倒斜角与交点有一定距离，且垂直于等分线。

> 非对称：指定沿选定的两条直线分别测量的距离值。

> 偏置和角度：指定倒斜角的角度和距离值。

☑ 距离：指定从交点到第一条直线的倒斜角的距离。

☑ 距离 1 / 距离 2：设置从交点到第 1 条 / 第 2 条直线的倒斜角的距离。

☑ 角度：设置从第一条直线到倒斜角的角度。

3. 指定点：指定倒斜角的位置。

扫码看视频

3.2.7 矩形

3.2.7 矩形

执行矩形命令，主要有以下两种方式。

☑ 菜单：选择"菜单"→"插入"→"曲线"→"矩形"命令。

☑ 功能区：单击"主页"选项卡"曲线"组中的"矩形"按钮 □。

执行上述方式后，打开图 3-11 所示的"矩形"对话框。

"矩形"对话框中的一些选项说明如下。

图 3-11 "矩形"对话框

☑ 矩形方法：各选项说明如下。

> 按 2 点：根据对角点上的两点创建矩形，如图 3-12 所示。

> 按 3 点：根据起点和决定宽度、宽度和角度的两点来创建矩形，如图 3-13 所示。

> 从中心：从中心点、决定角度和宽度的第二点以及决定高度的第三点来创建矩形，如图 3-14 所示。

☑ 输入模式
> 坐标模式 XY：用 XC、YC 坐标为矩形指定点。
> 参数模式 凸：用于相关参数值为矩形指定点。

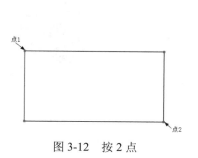

图 3-12　按 2 点

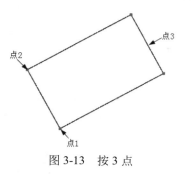

图 3-13　按 3 点

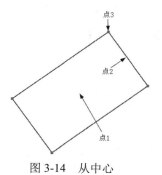

图 3-14　从中心

3.2.8　多边形

执行多边形命令，主要有以下两种方式。

☑ 菜单：选择"菜单"→"插入"→"曲线"→"多边形"命令。

☑ 功能区：单击"主页"选项卡"曲线"组中的"多边形"按钮⬡。

扫码看视频
3.2.8　多边形

执行上述方式后，打开如图 3-15 所示的"多边形"对话框，创建多边形示意图如图 3-16 所示。

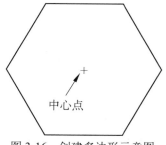

图 3-15　"多边形"对话框

图 3-16　创建多边形示意图

（1）中心点：在适当的位置单击或通过点对话框确定中心点。

（2）边：输入多边形的边数。

（3）大小：各选项说明如下。

☑ 指定点：选择点或者通过点对话框定义多边形的半径。

☑ 大小：包含 3 个选项，说明如下。

> 内切圆半径：指定从中心点到多边形中心的距离。

> 外接圆半径：指定从中心点到多边形拐角的距离。

➢ 边长：指定多边形的长度。

☑ 半径：设置多边形内切圆和外接圆半径的大小。

☑ 旋转：设置从草图水平轴开始测量的旋转角度。

☑ 长度：设置多边形边长的长度。

扫码看视频

3.2.9 椭圆

3.2.9 椭圆

执行椭圆命令，主要有以下两种方式。

☑ 菜单：选择"菜单"→"插入"→"曲线"→"椭圆"命令。

☑ 功能区：单击"主页"选项卡"曲线"组中的"椭圆"按钮 ⊕。

执行上述方式后，打开如图 3-17 所示的"椭圆"对话框，创建椭圆示意图如图 3-18 所示。

"椭圆"对话框中的选项说明如下。

☑ 中心：在适当的位置单击或通过点对话框确定椭圆中心点。

☑ 大半径：直接输入长半轴长度，也可以通过"点"对话框来确定长轴长度。

☑ 小半径：直接输入短半轴长度，也可以通过"点"对话框来确定短轴长度。

☑ 封闭：勾选此复选框，创建整圆。若取消此复选框的勾选，输入起始角和终止角创建椭圆弧。

☑ 角度：椭圆的旋转角度是主轴相对于 XC 轴，沿逆时针方向倾斜的角度。

图 3-17 "椭圆"对话框

图 3-18 创建椭圆示意图

3.2.10 艺术样条

扫码看视频

3.2.10 艺术样条

用于在工作窗口定义样条曲线的各定义点来生成样条曲线。执行艺术样条命令，主要有以下两种方式。

☑ 菜单：选择"菜单"→"插入"→"曲线"→"艺术样条"命令。

☑ 功能区：单击"主页"选项卡"曲线"组中的"艺术样条"按钮 ⌇。

执行上述方式后，打开如图 3-19 所示的"艺术样条"对话框，创建艺术样条示意图如图 3-20 所示。

图 3-19　"艺术样条"对话框

图 3-20　创建艺术样条示意图

"艺术样条"对话框中选项说明如下。

1. 类型

☑ 通过点：用于通过延伸曲线使其穿过定义点来创建样条。

☑ 根据极点：用于通过构造和操控样条极点来创建样条。

2. 点／极点位置

定义样条点或极点位置。

3. 参数化

☑ 次数：指定样条的阶次。样条的极点数不得少于次数。

☑ 匹配的结点位置：选中此复选框，定义点所在的位置放置结点。

☑ 封闭：选中此复选框，用于指定样条的起点和终点在同一个点，形成闭环。

4. 移动

在指定的方向上或沿指定的平面移动样条点和极点。

☑ WCS：在工作坐标系的指定 X、Y 或 Z 方向上或沿 WCS 的一个主平面移动点或极点。

☑ 视图：相对于视图平面移动极点或点。

☑ 矢量：用于定义所选极点或多段线的移动方向。

☑ 平面：选择一个基准平面、基准 CSYS 或使用指定平面来定义一个平面，以在其中移动选定的极点或多段线。

☑ 法向：沿曲线的法向移动点或极点。

5. 延伸

☑ 对称：选中此复选框，在所选样条的指定开始和结束位置上展开对称延伸。

☑ 起点／终点：各选项说明如下。

➢ 无：不创建延伸

➢ 按值：用于指定延伸的值。

➢ 按点：用于定义延伸的延展位置。

6. 设置

☑ 自动判断的类型：各选项说明如下。

➢ 等参数：将约束限制为曲面的 U 和 V 向。

> ➤ 截面：允许约束同任何方向对齐。
> ➤ 法向：根据曲线或曲面的正常法向自动判断约束。
> ➤ 垂直于曲线或边：从点附着对象的父级自动判断 G1、G2 或 G3 约束。

☑ 固定相切方位：选中此复选框，与邻近点相对的约束点的移动就不会影响方位，并且方向保留为静态。

3.3 编辑草图

建立草图之后，可以对草图进行很多操作，包括镜像、拖动等命令，下面进行介绍。

扫码看视频

3.3.1 快速修剪

3.3.1 快速修剪

该命令可以将曲线修剪至任何方向最近的实际交点或虚拟交点。执行快速修剪命令，主要有以下两种方式。

☑ 菜单：选择"菜单"→"编辑"→"曲线"→"快速修剪"命令。

☑ 功能区：单击"主页"选项卡"曲线"组中的"快速修剪"按钮。

执行上述方式后，打开如图 3-21 所示"快速修剪"对话框。在单条曲线上修剪多余部分，或者拖动光标划过曲线，划过的曲线都被修剪。

"快速修剪"对话框中的一些选项说明如下。

☑ 边界曲线：选择位于当前草图中或者出现在该草图前面的曲线、边、基本平面等。

☑ 要修剪的曲线：选择一条或多条要修剪的曲线。

☑ 修剪至延伸线：指定是否修剪至一条或多余边界曲线的虚拟延伸线。

图 3-21 "快速修剪"对话框

3.3.2 快速延伸

该命令可以将曲线延伸至它与另一条曲线的实际交点或虚拟交点。

执行快速延伸命令，主要有以下两种方式。

☑ 菜单：选择"菜单"→"编辑"→"曲线"→"快速延伸"命令。

☑ 功能区：单击"主页"选项卡"曲线"组中的"快速延伸"按钮。

执行上述方式后，打开如图 3-22 所示"快速延伸"对话框。

"快速延伸"对话框中的一些选项说明如下。

☑ 边界曲线：选择位于当前草图中或者出现该草图前面的任何曲线、边、基本平面等。

☑ 要延伸的曲线：选择要延伸的曲线。

☑ 延伸至延伸线：指定是否延伸到边界曲线的虚拟延伸线。

扫码看视频

3.3.2 快速延伸

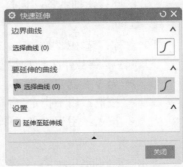

图 3-22 "快速延伸"对话框

3.3.3　镜像曲线

该选项通过草图中现有的任一条直线来镜像草图几何体。

执行镜像命令，主要有以下两种方式。

☑ 菜单：选择"菜单"→"插入"→"来自曲线集的曲线"→"镜像曲线"命令。

☑ 功能区：单击"主页"选项卡"曲线"组中的"镜像曲线"按钮 。

执行上述方式后，打开如图 3-23 所示"镜像曲线"对话框，镜像曲线示意图如图 3-24 所示。

图 3-23　"镜像曲线"对话框

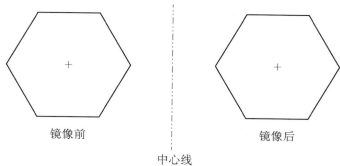

镜像前　　　　中心线　　　　镜像后

图 3-24　镜像曲线示意图

"镜像曲线"对话框中的选项说明如下。

☑ 选择曲线：指定一条或多条要进行镜像的草图曲线。

☑ 选择中心线：选择一条已有直线作为镜像操作的中心线（在镜像操作过程中，该直线将成为参考直线）。

☑ 设置：各选项说明如下。

➢ 中心线转换为参考：将活动中心线转换为参考。

➢ 显示终点：显示端点约束以便移除和添加端点。如果移除端点约束，然后编辑原先的曲线，则未约束的镜像曲线将不会更新。

3.3.4　偏置

将选择的曲线链、投影曲线或曲线进行偏置。执行偏置命令，主要有以下两种方式。

☑ 菜单：选择"菜单"→"插入"→"来自曲线集的曲线"→"偏置曲线"命令。

☑ 功能区：单击"主页"选项卡"曲线"组中的"偏置曲线"按钮 。

执行上述方式后，打开如图 3-25 所示的"偏置曲线"对话框，偏置曲线示意图如图 3-26 所示。

"偏置曲线"对话框中的一些选项说明如下。

1. 要偏置的曲线

☑ 选择曲线：选择要偏置的曲线或曲线链。曲线链可以是开放的、封闭的或者一段开放一段封闭。

☑ 添加新集：在当前的偏置链中创建一个新的自链。

2. 偏置

☑ 距离：指定偏置距离。

图 3-25 "偏置曲线"对话框

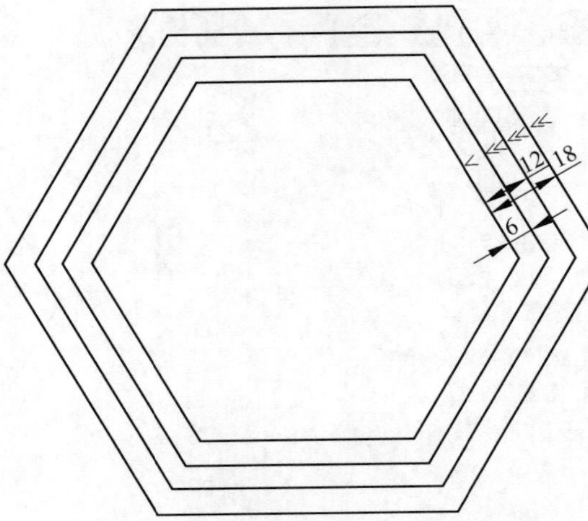

图 3-26 偏置曲线示意图

☑ 反向：使偏置链的方向反向。

☑ 对称偏置：在基本链的两端各创建一个偏置链。

☑ 副本数：指定要生成的偏置链的副本数。

☑ 端盖选项：各选项说明如下。

    ➤ 延伸端盖：通过沿着曲线的自然方向将其延伸到实际交点来封闭偏置链。

    ➤ 圆弧帽形体：通过为偏置链曲线创建圆角来封闭偏置链。

3. 链连续性和终点约束

☑ 显示拐角：选中此复选框，在链的每个角上都显示角的手柄。

☑ 显示终点：选中此复选框，在链的每一端都显示一个端约束手柄。

4. 设置

☑ 输入曲线转换为参考：将输入曲线转换为参考曲线。

☑ 次数：在偏置艺术样条时指定阶次。

3.3.5 阵列曲线

利用此命令可将草图曲线进行阵列。执行阵列曲线命令，主要有以下两种方式。

☑ 菜单：选择"菜单"→"插入"→"来自曲线集的曲线"→"阵列曲线"命令。

☑ 功能区：单击"主页"选项卡"曲线"组中的"阵列曲线"按钮 。

执行上述方式后，打开如图 3-27 所示的"阵列曲线"对话框。可以对图形进行线性、圆形和常规阵列。

扫码看视频

3.3.5 阵列曲线

图 3-27　"阵列曲线"对话框

"阵列曲线"对话框中的选项说明如下。

☑ 线性：使用一个或两个方向定义布局，如图 3-28 所示为线性阵列示意图。

☑ 圆形：使用旋转点和可选径向间距参数定义布局，如图 3-29 所示为圆形阵列示意图。

☑ 常规：使用一个或多个目标点或坐标系定义的位置来定义布局，如图 3-30 所示为常规阵列示意图。

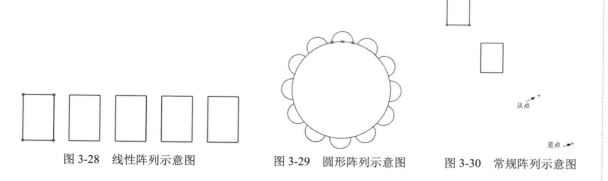

图 3-28　线性阵列示意图　　　　图 3-29　圆形阵列示意图　　　　图 3-30　常规阵列示意图

3.3.6　派生曲线

选择一条或几条直线后，系统自动生成其平行线、中线或角平分线。执行派生曲线命令，主要有以下两种方式。

☑ 菜单：选择"菜单"→"插入"→"来自曲线集的曲线"→"派生曲线"命令。

☑ 功能区：单击"主页"选项卡"曲线"组中的"派生直线"按钮。

执行上述方式后，选择要偏置的曲线，在适当位置单击或输入偏置距离，如图 3-31 所示。

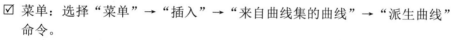

扫码看视频

3.3.6　派生曲线

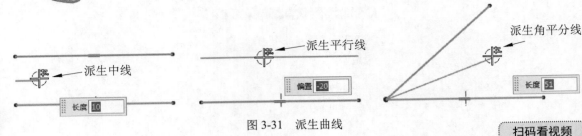

图 3-31　派生曲线

3.3.7　添加现有曲线

执行添加现有曲线命令，主要有以下两种方式。

☑ 菜单：选择"菜单"→"插入"→"来自曲线集的曲线"→"现有曲线"命令。

☑ 功能区：单击"主页"选项卡"曲线"组中的"添加现有曲线"按钮 凸○。

用于将绝大多数已有的曲线和点，以及椭圆、抛物线和双曲线等二次曲线添加到当前草图。该选项只是简单地将曲线添加到草图，而不会将约束应用于添加的曲线，几何体之间的间隙没有闭合。要使系统应用某些几何约束，可使用"自动约束"功能。

3.3.8　投影曲线

该命令用于将选中的对象沿草图平面的法向投影到草图的平面上。通过选择草图外部的对象，可以生成抽取的曲线或线串。能够抽取的对象包括：曲线（关联或非关联的）、边、面、其他草图或草图内的曲线、点。执行投影曲线命令，主要有以下两种方式。

☑ 菜单：选择"菜单"→"插入"→"配方曲线"→"投影曲线"命令。

☑ 功能区：单击"主页"选项卡"曲线"组中的"投影曲线"功能区 圙。

执行上述方式后，打开如图 3-32 所示的"投影曲线"对话框。

"投影曲线"对话框中的选项说明如下。

（1）要投影的对象：选择要投影的曲线或点。

（2）设置：各选项说明如下。

☑ 关联：选中此复选框，如果原始几何体发生更改，则投影曲线也发生改变。

☑ 输出曲线类型：各选项说明如下。

➢ 原先：使用其原始几何体类型创建抽取曲线。

➢ 样条段：使用单个样条表示抽取曲线。

图 3-32　"投影曲线"对话框

扫码看视频

3.3.7　添加现有曲线

扫码看视频

3.3.8　投影曲线

3.3.9　相交曲线

该命令用于创建一个平滑的曲线链，其中的一组切向连续面与草图平面相交。执行相交曲线命令，主要有以下两种方式。

☑ 菜单：选择"菜单"→"插入"→"配方曲线"→"相交曲线"命令。

☑ 功能区：单击"主页"选项卡"曲线"组中的"相交曲线"按钮 。

执行上述方式后，打开图 3-33 所示的"相交曲线"对话框。

图 3-33　"相交曲线"对话框

"相交曲线"对话框中的一些选项说明如下。

☑ 要相交的面：选择要在其上创建相交曲线的面。

☑ 设置：各选项说明如下。

➢ 忽略孔：选中此复选框，在该面中创建通过任意修剪孔的相交曲线。

➢ 连结曲线：选中此复选框，将多个面上的曲线合并成单个样条曲线。

3.4　草　图　约　束

约束能够用于精确控制草图中的对象。草图约束有两种类型：尺寸约束（也称之为草图尺寸）和几何约束。

尺寸约束建立起草图对象的大小（如直线的长度、圆弧的半径等）或是两个对象之间的关系（如两点之间的距离）。尺寸约束看上去更像是图纸上的尺寸。

几何约束建立起草图对象的几何特性（如要求某一直线具有固定长度）、两个或更多草图对象的关系类型（如要求两条直线垂直或平行，或是几个弧具有相同的半径）。在图形区无法看到几何约束，但是用户可以使用"显示 / 删除约束"显示有关信息，并显示代表这些约束的直观标记。

3.4.1　建立尺寸约束

建立草图尺寸约束是限制草图几何对象的大小和形状，也就是在草图上标注草图尺寸，并设置尺寸标注线，与此同时在建立相应的表达式，以便在后续的编辑工作中实现尺寸的参数化驱动。执行尺寸约束命令，主要有以下两种方式。

☑ 菜单栏：选择"菜单"→"插入"→"尺寸"命令。

☑ 功能区：单击"主页"选项卡"约束"组中的"快速尺寸"按钮 ⊢✕ 。

执行上述操作后，尺寸列表如图 3-34 所示。选择一种尺寸命令，打开相应尺寸对话框。选择要标注的对象，将尺寸放置到适当位置。

尺寸列表中各按钮说明如下。

☑ ⊢✕ 快速：使用该命令，打开"快速尺寸"对话框，如图 3-35 所示，在选择几何体后，由系统自动根据所选择的对象搜寻合适的尺寸类型进行匹配。

图 3-34　尺寸列表　　　　　　　　　　　　图 3-35　"快速尺寸"对话框

☑ ⊢✕ 线性：使用该命令，打开"线性尺寸"对话框，用于指定与约束两对象或两点间距离，示意图如图 3-36 所示。

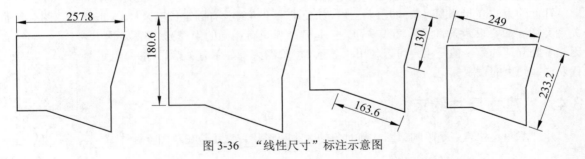

图 3-36　"线性尺寸"标注示意图

☑ 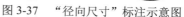径向：使用该命令，打开"径向尺寸"对话框，该选项用于为草图的弧/圆指定直径或半径尺寸，示意图如图 3-37 所示。

☑ 角度：使用该命令，打开"角度尺寸"对话框，该选项用于指定两条线之间的角度尺寸。相对于工作坐标系按照逆时针方向测量角度，示意图如图 3-38 所示。

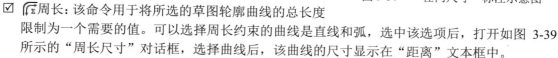

图 3-37 "径向尺寸"标注示意图

☑ 周长：该命令用于将所选的草图轮廓曲线的总长度限制为一个需要的值。可以选择周长约束的曲线是直线和弧，选中该选项后，打开如图 3-39 所示的"周长尺寸"对话框，选择曲线后，该曲线的尺寸显示在"距离"文本框中。

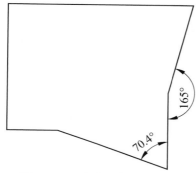

图 3-38 "角度"标注示意图

图 3-39 "周长尺寸"对话框

3.4.2 建立几何约束

使用几何约束可以指定草图对象必须遵守的条件，或草图对象之间必须维持的关系。执行几何约束命令，主要有以下两种方式。

☑ 菜单：选择"菜单"→"插入"→"几何约束"命令。

☑ 功能区：单击"主页"选项卡"约束"组中的"几何约束"按钮 。

执行上述方式后，系统会打开如图 3-40 所示"几何约束"对话框。用户可以在其上单击图标以确定要添加的约束，依次选择需要添加的几何约束对象。

图 3-40 "几何约束"对话框

3.4.3 建立自动约束

自动约束在可行的地方自动应用到草图的几何约束类型（水平、竖直、平行、垂直、相切、点在曲线上、等长、等半径、重合、同心）。执行建立自动约束命令，主要有一种方式：单击"主页"选项卡"约束"面组中的"自动约束"按钮 。

执行上述方式后，系统打开如图 3-41 所示"自动约束"对话框。

扫码看视频
3.4.2 建立几何约束

扫码看视频
3.4.3 建立自动约束

图 3-41 "自动约束"对话框

"自动约束"对话框中的一些选项说明如下。

☑ 全部设置：选中所有约束类型。

☑ 全部清除：清除所有约束类型。

☑ 距离公差：用于控制对象端点的距离必须达到的接近程度才能重合。

☑ 角度公差：用于控制系统要应用水平、竖直、平行或垂直约束，直线必须达
　　到的接近程度。

扫码看视频

3.4.4 转换至／自
参考对象

3.4.4 转换至／自参考对象

在给草图添加几何约束和尺寸约束的过程中，有时会引起约束冲突，删除多余的几何约束和尺寸
约束可以解决约束冲突，另外的一种办法就是通过将草图几何对象或尺寸对象转换为参考对象可以解
决约束冲突。

执行转换至／自参考对象命令，主要有以下两种方式。

☑ 菜单：选择"菜单"→"工具"→"约束"→"转换
　　至／自参考对象"命令。

☑ 功能区：单击"主页"选项卡"曲线"组中的"转换
　　至／自动参考对象"按钮。

执行上述方式后，打开如图 3-42 所示的"转换至／自动
参考对象"对话框。该选项能够将草图曲线（但不是点）或
草图尺寸由激活转换为参考，或由参考转换回激活。参考尺
寸显示在用户的草图中，虽然其值被更新，但是它不能控制
草图几何体。显示参考曲线，但它的显示已变灰，并且采用
双点画线线型。在拉伸或回转草图时，没有用到它的参考
曲线。

"转换至／自参考对象"对话框中的一些选项说明如下。

图 3-42 "转换至／自参考对象"对话框

☑ 要转换的对象：各选项说明如下。

　　➤ 选择对象：选择要转换的草图曲线或草图尺寸。

　　➤ 选择投影曲线：转换草图曲线投影的所有输出曲线。

☑ 转换为：各选项说明如下。

　　➤ 参考曲线或尺寸：该选项用于将激活对象转换为参考状态。

　　➤ 活动曲线或驱动尺寸：该选项用于将参考对象转换为激活状态。

3.5　综合实例——拨叉草图

本例首先绘制构造线构建大致轮廓，然后对其进行修剪和倒圆角操作，最后标注图形尺寸，完成草图的绘制，如图 3-43 所示。

1. 新建文件

选择"文件"→"新建"命令，或单击"快速访问"工具栏中的"新建"按钮 ，弹出"新建"对话框，如图 3-44 所示。在"模板"选项组中选择"模型"选项，在"名称"文本框中输入"bochacaotu"，单击"确定"按钮，进入 UG 主界面。

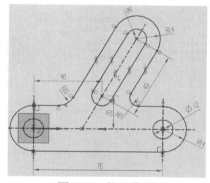

图 3-43　拨叉草图

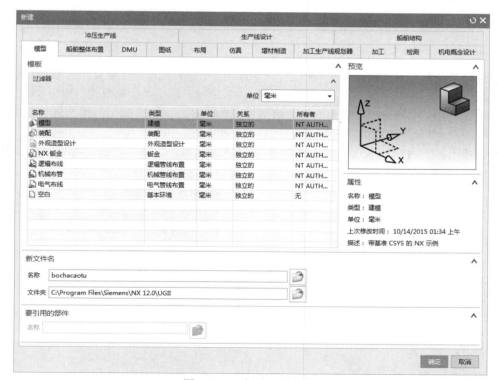

图 3-44　"新建"对话框

2. 创建草图

（1）选择"菜单"→"首选项"→"草图"命令，弹出如图 3-45 所示的"草图首选项"对话框。根据需要进行设置，然后单击"确定"按钮，完成草图预设。

（2）选择"菜单"→"插入"→"在任务环境中绘制草图"命令，或单击"曲线"选项卡中的"在任务环境中绘制草图"按钮，弹出如图 3-46 所示的"创建草图"对话框，选择 XC-YC 平面作为草图绘制平面，单击"确定"按钮，进入草图绘制环境。

图 3-45　"草图首选项"对话框

图 3-46　"创建草图"对话框

（3）选择"菜单"→"插入"→"曲线"→"直线"命令，或单击"主页"选项卡"曲线"组中的"直线"按钮，弹出"直线"对话框，如图 3-47 所示。单击"坐标模式"按钮 XY，在 XC 和 YC 文本框中分别输入-15 和 0；接着单击"参数模式"按钮，在"长度"和"角度"文本框中分别输入 110 和 0，绘制的直线如图 3-48 所示。

同理，按照 XC、YC、"长度"和"角度"文本框的输入顺序，分别绘制 0、80、100、270 和 76、80、100、270 的两条直线。

图 3-47　"直线"对话框

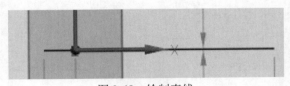

图 3-48　绘制直线

（4）选择"菜单"→"插入"→"基准/点"→"点"命令，或单击"主页"选项卡"曲线"组中的"点"按钮，弹出如图 3-49 所示的"草图点"对话框。单击"点对话框"按钮，弹出如图 3-50 所示"点"对话框，从中输入点的坐标（40,20,0），完成点的创建。

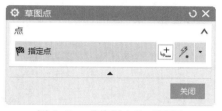

图 3-49 "草图点"对话框   图 3-50 "点"对话框

（5）选择"菜单"→"插入"→"曲线"→"直线"命令，弹出"直线"对话框。利用该对话框绘制通过基准点且与水平直线成 60° 角的直线，如图 3-51 所示。

3. 添加约束

选择"菜单"→"插入"→"几何约束"命令，或单击"主页"选项卡"约束"组中的"几何约束"按钮，为图 3-51 中的所有直线添加固定约束，如图 3-52 所示。

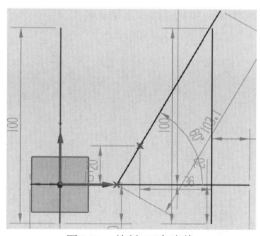

图 3-51 绘制 60° 角直线

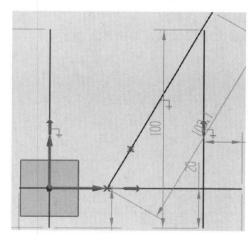

图 3-52 添加约束

4. 编辑对象特征

（1）选择所有草图对象，把光标放在其中一个草图对象上并右击，在弹出的如图 3-53 所示快捷菜单中选择"编辑显示"命令，弹出如图 3-54 所示的"编辑对象显示"对话框。

（2）在"线型"下拉列表框中选择"中心线"选项，在"宽度"下拉列表框中选择"0.18"选项，单击"确定"按钮，则所选草图对象发生变化，如图 3-55 所示。

图 3-53　快捷菜单　　　　　　　　图 3-54　"编辑对象显示"对话框

注意：也可以利用"转换至/自参考对象"命令将所选的实线转换为参考线。

5. 补充草图

（1）选择"菜单"→"插入"→"曲线"→"圆"命令，或单击"主页"选项卡"曲线"组中的"圆"按钮○，弹出"圆"对话框。单击"圆心和直径定圆"按钮⊙，以确定圆心和直径的方式绘制圆。单击"选择"工具栏中的"相交"按钮✛，分别捕捉两竖直直线和水平直线的交点为圆心，绘制直径为 12 的圆，如图 3-56 所示。

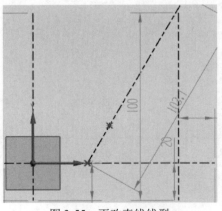

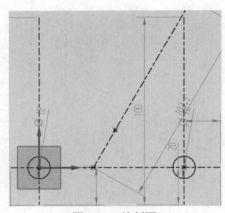

图 3-55　更改直线线型　　　　　　　　　图 3-56　绘制圆

（2）选择"菜单"→"插入"→"曲线"→"圆弧"命令，或单击"主页"选项卡"曲线"组中的"圆弧"按钮⌒，弹出"圆弧"对话框。单击"中心和端点定圆弧"按钮⌒，以步骤（1）中所绘圆的圆心为圆心，半径为 14，扫掠角度为 180°，绘制面圆弧，如图 3-57 所示。

（3）选择"菜单"→"插入"→"来自曲线集的曲线"→"派生直线"命令，将斜中心线分别向左、右偏移量为 6，并将其转换为实线，结果如图 3-58 所示。

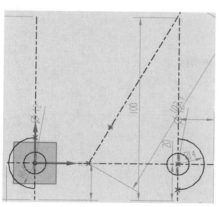

图 3-57　绘制圆弧

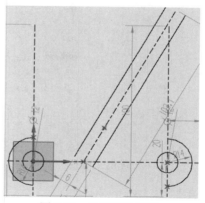

图 3-58　绘制派生直线

（4）选择"菜单"→"插入"→"曲线"→"圆"命令，或单击"主页"选项卡"曲线"组中的"圆"按钮 ◯ ，弹出"圆"对话框。以步骤（2）中创建的基准点为圆心，绘制直径为 12 的圆，然后在适当的位置绘制直径为 12 和 28 的同心圆。

（5）选择"菜单"→"插入"→"曲线"→"直线"命令，单击"主页"选项卡"曲线"组中的"直线"按钮 ╱ ，弹出"直线"对话框。利用该对话框绘制直线，如图 3-59 所示。

6. 编辑草图

（1）选择"菜单"→"插入"→"几何约束"命令，或单击"主页"选项卡"约束"组中的"几何约束"按钮 ╱⊥ ，为直线和圆添加相切关系，为 4 条斜直线添加平行约束，如图 3-60 所示。

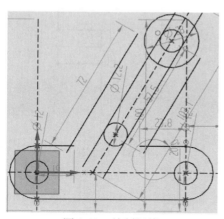

图 3-59　绘制切线

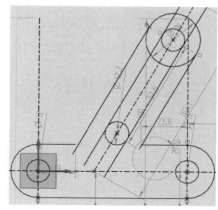

图 3-60　创建约束

（2）选择"菜单"→"插入"→"曲线"→"圆角"命令，对左边的斜直线和水平直线进行倒圆角，圆角半径为 10；再对右边的斜直线和水平直线进行倒圆角，圆角半径为 5。

（3）选择"菜单"→"编辑"→"曲线"→"快速修剪"命令，或单击"主页"选项卡"曲线"组中的"快速修剪"按钮 ╲ ，修剪不需要的曲线。结果如图 3-61 所示。

（4）单击"主页"选项卡"约束"组中的"快速尺寸"按钮 ╱ ，对图中的各个尺寸进行标注，如图 3-62 所示。

Note

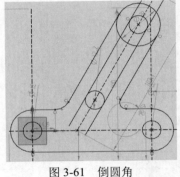

图 3-61　倒圆角

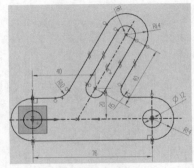

图 3-62　标注尺寸

3.6　上机操作

通过前面的学习，相信读者对本章知识已有了一个大体的了解，本节将通过两个操作练习帮助读者巩固本章所学的知识要点。

1. 绘制如图 3-63 所示的端盖草图

操作提示：

（1）利用"轮廓"命令绘制端盖草图大体轮廓，如图 3-64 所示。

（2）利用"尺寸"命令标注尺寸。

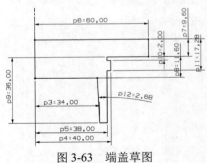

图 3-63　端盖草图

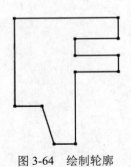

图 3-64　绘制轮廓

2. 绘制如图 3-65 所示的曲柄

操作提示：

（1）利用"直线"命令绘制线段，并标注尺寸，如图 3-66 所示。

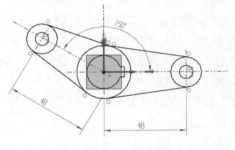

图 3-65　曲柄

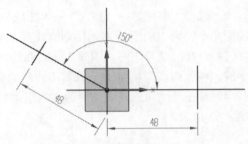

图 3-66　绘制线段

（2）利用"转换至 / 自参考对象"命令，将步骤（1）绘制的线段转换为中心线，如图 3-67 所示。

（3）利用"直线"和"圆"命令绘制如图 3-68 所示的图形。

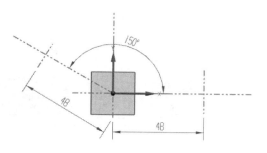
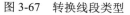

图 3-67　转换线段类型

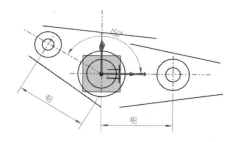

图 3-68　绘制图形

（4）利用"约束"命令为图形添加等半径和相切约束；利用"快速修剪"命令修剪多余线段，如图 3-69 所示。

（5）利用"尺寸"命令标注其他尺寸。

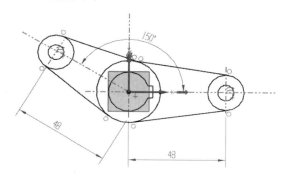

图 3-69　约束并修剪草图

曲线操作

导读

在所有的三维建模中，曲线是构建模型的基础。只有曲线构造的质量良好，才能保证以后的面或实体质量好。曲线功能主要包括曲线的生成、编辑和操作方法。

精彩内容

☑ 曲线　　　　　　　　　　　　☑ 派生的曲线

☑ 曲线编辑

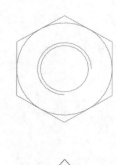

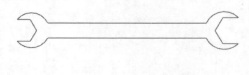

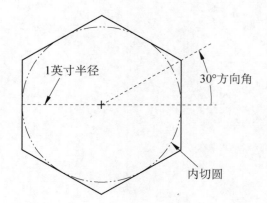

1英寸半径

30°方向角

内切圆

4.1　曲　　线

4.1.1　基本曲线

执行基本曲线命令的方式如下。

扫码看视频

4.1.1　基本曲线

☑ 菜单：选择"菜单"→"插入"→"曲线"→"基本曲线（原有）"命令。

执行上述方式后，打开如图 4-1 所示的"基本曲线"对话框。

图 4-1　"基本曲线"对话框

"基本曲线"对话框中的选项说明如下。

1. 直线

在"基本曲线"对话框中选中"直线"按钮 ✐，对话框如图 4-1 所示。

☑ 无界：当该选项设置为"打开"时，不论生成方式如何，所生成的任何直线都会被限制在视
　　图的范围内（"线串模式"变灰）。

☑ 增量：该选项用于以增量的方式生成直线，即在选定一点后，分别在绘图区下方跟踪栏的 XC、
　　YC、ZC 文本框中，如图 4-2 所示。输入坐标值作为后一点相对于前一点的增量。

对于大多数直线生成方式，可以通过在跟踪条的文本框中键入值并在生成直线后立即按 Enter 键，
建立精确的直线角度值或长度值。

图 4-2　跟踪条

☑ 点方法：该选项菜单能够相对于已有的几何体，通过指定光标位置或使用点构造器来指定点。
　　该菜单上的选项与点对话框中选项的作用相似。

☑ 线串模式：能够生成未打断的曲线串。

☑ 打断线串：在选择该选项的地方打断曲线串。

☑ 锁定模式：当生成平行于、垂直于已有直线或与已有直线成一定角度的直线时，如果选择"锁定模式"，则当前在图形窗口中以橡皮线显示的直线生成模式将被锁定。当下一步操作通常会导致直线生成模式发生改变，而又想避免这种改变时，可以使用该选项。当选择"锁定模式"后，该按钮会变为"解锁模式"。可选择"解锁模式"来解除对正在生成的直线的锁定，使其能切换到另外的模式中。

☑ 平行于 XC、YC、ZC：这些按钮用于生成平行于 XC、YC 或 ZC 轴的直线。指定一个点，选择所需轴的按钮，并指定直线的终点。

☑ 原始的：选中该单选按钮后，新创建的平行线的距离由原先选择线算起。

☑ 新的：选中该单选按钮后，新创建的平行线的距离由新选择线算起。

☑ 角度增量：如果指定了第一点，然后在图形窗口中拖动光标，则该直线就会捕捉至该字段中指定的每个增量度数处。

2. 圆

在"基本曲线"对话框中选中"圆"按钮○，对话框如图 4-3 所示。

☑ 多个位置：选中此复选框，每定义一个点，都会生成先前生成的圆的一个副本，其圆心位于指定点。

3. 圆弧

在"基本曲线"对话框中选中"圆弧"按钮↷，对话框如图 4-4 所示。

 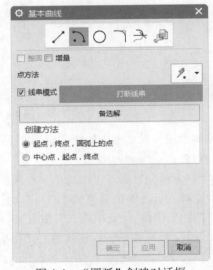

图 4-3　"圆"创建对话框　　　　图 4-4　"圆弧"创建对话框

☑ 整圆：当选中该复选框时，不论其生成方式如何，所生成的任何弧都是完整的圆。

☑ 备选解：生成当前所预览的弧的补弧，只能在预览弧的时候使用。

☑ 创建方法：弧的生成方式有以下两种。

➢ 起点，终点，圆弧上的点：利用这种方式，可以生成通过 3 个点的弧，或通过两个点并与选中对象相切的弧。选中的要与弧相切的对象不能是抛物线、双曲线或样条（但是，可以选择其中的某个对象与完整的圆相切），如图 4-5 所示。

➢ 中心点，起点，终点：使用这种方式，应首先定义中心点，然后定义弧的起始点和终止点，如图 4-6 所示。

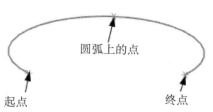

图 4-5 "起点，终点，圆弧上的点"示意图

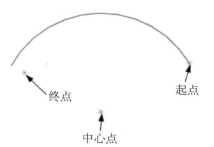

图 4-6 "中心点，起点，终点"示意图

☑ 跟踪条：如图 4-7 所示，在弧的生成和编辑期间，跟踪对话条中有以下字段可用：XC、YC
和 ZC 栏各显示弧的起始点的位置。第 4 项"半径"字段显示弧的半径。第 5 项"直径"字段
显示弧的直径。第 6 项"起始角"字段显示弧的起始角度，从 XC 轴开始测量，按逆时针方向
移动。第 7 项"终止角"字段显示弧的终止角度，从 XC 轴开始测量，按逆时针方向移动。

图 4-7 跟踪条

📣 提示：在使用"起始点，终止点，圆弧上的点"生成方式时，后两项"起始角"和"终止角"字
段将变灰。

4. 圆角

在"基本曲线"对话框中选中"圆角"按钮 ⌐，对话框如图 4-8 所示。

☑ ⌐ 简单圆角：在两条共面非平行直线之间生成圆角。通过输入半径值确定圆角的大小。直线
将被自动修剪至与圆弧的相切点。生成的圆角与直线的选择位置直接相关。要同时选择两条
直线。必须以同时包括两条直线的方式放置选择球，如图 4-9 所示。

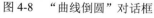

图 4-8 "曲线倒圆"对话框

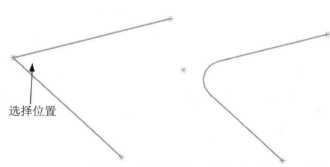

图 4-9 "简单圆角"示意图

通过指定一个点选择两条直线。该点确定如何生成圆角，并指示圆弧的中心。将选择球的中心放
置到最靠近要生成圆角的交点处。各条线将延长或修剪到圆弧处，如图 4-10 所示。

☑ ⌐2 曲线圆角：在两条曲线（包括点、线、圆、二次曲线或样条）之间构造一个圆角。两条
曲线间的圆角是沿逆时针方向从第一条曲线到第二条曲线生成的一段弧。通过这种方式生成
的圆角同时与两条曲线相切，如图 4-11 所示。

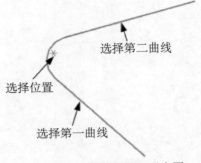

图 4-10　"圆角方向"示意图　　　　　　　图 4-11　"2 曲线倒圆"示意图

☑ ⌒3 曲线圆角：该选项可在 3 条曲线间生成圆角，这 3 条曲线可以是点、线、圆弧、二次曲线和样条的任意组合。

　　3 条曲线倒出的圆角是沿逆时针方向从第一条曲线到第三条曲线生成的一段圆弧。该圆角是按圆弧的中心到所有 3 条曲线的距离相等的方式构造的。3 条曲线不必位于同一个平面内，如图 4-12 所示。

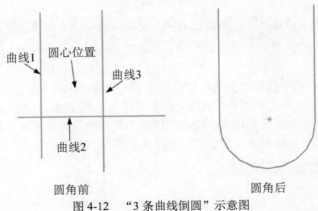

图 4-12　"3 条曲线倒圆"示意图

☑ 半径：定义倒圆角的半径。

☑ 继承：能够通过选择已有的圆角来定义新圆角的值。

☑ 修剪选项：如果选择生成两条或三条曲线倒圆，则需要选择一个修剪选项。修剪可缩短或延伸选中的曲线以便与该圆角连结起来。根据选中的圆角选项的不同，某些修剪选项可能会发生改变或不可用。点是不能进行修剪或延伸，如果修剪后的曲线长度等于 0 并且没有与该曲线关联的连接，则该曲线会被删除。

4.1.2　直线

　　该命令用于创建直线段。执行直线命令，主要有以下两种方式。

☑ 菜单：选择"菜单"→"插入"→"曲线"→"直线"命令。

☑ 功能区：单击"曲线"选项卡"曲线"组中的"直线"按钮 ╱。

执行上述方式后，系统打开如图 4-13 所示"直线"对话框。

"直线"对话框中的选项说明如下。

扫码看视频

4.1.2　直线

☑ 起点 / 终点选项：各选项说明如下。

　　➤ 　自动判断：根据选择的对象来确定要使用的起点和终点选项。

　　➤ ＋点：通过一个或多个点来创建直线。

　　➤ 　相切：用于创建与弯曲对象相切的直线。

☑ 平面选项：各选项说明如下。

　　➤ 　自动平面：根据指定的起点和终点来自动判断临时平面。

　　➤ 　锁定平面：选择此选项，如果更改起点或终点，自动平面不可移动。锁定的平面以基准平面对象的颜色显示。

　　➤ 　选择平面：通过指定平面下拉列表或 "平面" 对话框来创建平面。

☑ 起始 / 终止限制：各选项说明如下。

　　➤ 值：用于为直线的起始或终止限制指定数值。

　　➤ 在点上：通过 "捕捉点" 选项为直线的起始或终止限制指定点。

　　➤ 直至选定：用于在所选对象的限制处开始或结束直线。

图 4-13　"直线" 对话框

4.1.3　圆弧 / 圆

扫码看视频

4.1.3　圆弧 / 圆

该命令用于创建关联的圆弧和圆曲线。执行圆弧 / 圆命令，主要有以下两种方式。

☑ 菜单：选择 "菜单" → "插入" → "曲线" → "圆弧 / 圆" 命令。

☑ 功能区：单击 "曲线" 选项卡 "曲线" 组中的 "圆弧 / 圆" 按钮　。

执行上述方式后，系统会打开如图 4-14 所示的 "圆弧 / 圆" 对话框。

"圆弧 / 圆" 对话框中的选项说明如下。

1. 类型

☑ 　三点画圆弧：通过指定的 3 个点或指定两个点和半径来创建圆弧。

☑ 　从中心开始的圆弧 / 圆：通过圆弧中心及第二点或半径来创建圆弧。

2. 起点 / 端点 / 中点选项

☑ 　自动判断：根据选择的对象来确定要使用的起点 / 端点 / 中点选项。

☑ ＋点：用于指定圆弧的起点 / 端点 / 中点。

☑ 　相切：用于选择曲线对象，以从其派生与所选对象相切的起点 / 端点 / 中点。

图 4-14　"圆弧 / 圆" 对话框

3. 平面选项

☑ 🔍 自动平面：根据圆弧或圆的起点和终点来自动判断临时平面。

☑ 🔒 锁定平面：选择此选项，如果更改起点或终点，自动平面不可移动。可以双击解锁或锁定自动平面。

☑ ▢ 选择平面：用于选择现有平面或新建平面。

4. 限制

☑ 起始 / 终止限制

➢ 值：用于为圆弧的起始或终止限制指定数值。

➢ 在点上：通过"捕捉点"选项为圆弧的起始或终止限制指定点。

➢ 直至选定：用于在所选对象的限制处开始或结束圆弧。

☑ 整圆：用于将圆弧指定为完整的圆。

☑ 补弧：用于创建圆弧的补弧。

扫码看视频

4.1.4　倒斜角

4.1.4　倒斜角

该命令用于在两条共面的直线或曲线之间生成斜角。执行倒斜角命令，主要有以下一种方式。

☑ 菜单：选择"菜单"→"插入"→"曲线"→"倒斜角（原）"命令。

执行上述方式后，系统会打开如图 4-15 所示的"倒斜角"对话框。

"倒斜角"对话框中的选项说明如下。

☑ 简单倒斜角：该选项用于建立简单倒斜角，其产生的两边偏置值必须相同，且角度为45°。并且该选项只能用于两共面的直线间倒角。选中该选项后系统会要求输入倒角尺寸，而后选择两直线交点即可完成倒角，如图 4-16 所示。

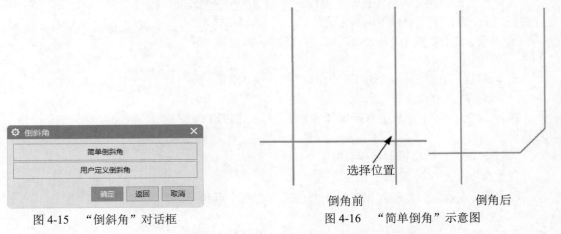

图 4-15　"倒斜角"对话框　　　　图 4-16　"简单倒角"示意图

☑ 用户定义倒斜角：在两个共面曲线（包括圆弧、样条和三次曲线）之间生成斜角。该选项比生成简单倒角时具有更多的修剪控制。单击此按钮，打开如图 4-17 所示的"倒斜角"对话框。

➢ 自动修剪：该选项用于使两条曲线自动延长或缩短以连接倒角曲线，如图 4-18 所示。

如果原有曲线未能如愿修剪，可恢复原有曲线（使用"取消"，或按 Ctrl+Z 快捷键）并选择手工修剪。

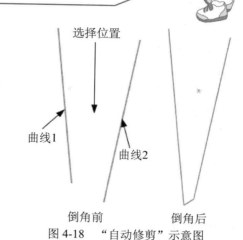

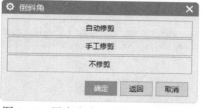

图 4-17　用户定义"倒斜角"对话框

图 4-18　"自动修剪"示意图

> 手工修剪：该选项可以选择想要修剪的倒角曲线。然后指定是否修剪曲线，并且指定要修剪倒角的哪一侧。选取的倒角侧将被从几何体中切除。如图 4-19 所示，以偏置和角度方式进行倒角。

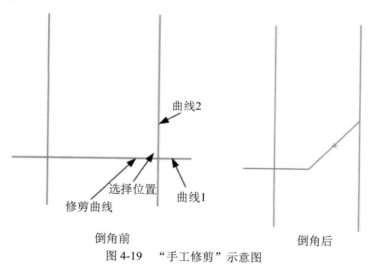

图 4-19　"手工修剪"示意图

> 不修剪：该选项用于保留原有曲线不变。

当用户选定某一倒角方式后，系统会打开如图 4-20 所示"倒斜角"对话框，要求用户输入偏置值和角度（该角度是从第二条曲线测量的）或者全部输入偏置值来确定倒角范围，以上两选项可以通过"偏置值"和"偏置和角度"按钮来进行切换。

图 4-20　"倒斜角"对话框

"偏置"是两曲线交点与倒角线起点之间的距离。对于简单倒角，沿两条曲线的偏置相等。对于线性倒角偏置而言，偏置值是直线距离，但是对于非线性倒角偏置而言，偏置值不一定是直线距离。

4.1.5 多边形

执行多边形命令，主要有以下方式。

☑ 菜单：选择"菜单"→"插入"→"曲线"→"多边形（原有）"命令。

执行上述方式后，系统打开"多边形"对话框，如图 4-21 所示。输入多边形的边数，单击"确定"按钮，打开如图 4-22 所示的"多边形"（生成方式）对话框。

图 4-21 "多边形"对话框

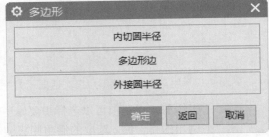

图 4-22 "多边形"（生成方式）对话框

"多边形"（生成方式）对话框中的一些选项说明如下。

☑ 内切圆半径：单击此按钮，打开如图 4-23 所示的对话框。可以通过输入内切圆的半径定义多边形的尺寸及方位角来创建多边形，如图 4-24 所示。

图 4-23 "多边形"（内切圆半径）对话框

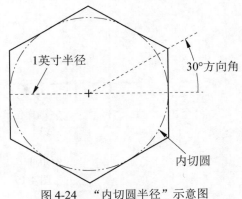

图 4-24 "内切圆半径"示意图

➢ 内切圆半径：是原点到多边形边的中点的距离。

➢ 方位角：多边形从 XC 轴逆时针方向旋转的角度。

☑ 多边形边：单击此按钮，打开如图 4-25 所示对话框。该选项用于输入多边形一边的边长及方位角来创建多边形。该长度将应用到所有边。

图 4-25 "多边形"（多边形边）对话框

☑ 外接圆半径：单击此按钮，打开如图 4-26 所示的对话框。通过指定外接圆半径定义多边形的尺寸及方位角来创建多边形。外接圆半径是原点到多边形顶点的距离，如图 4-27 所示。

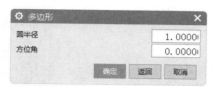

图 4-26 "多边形"（外接圆半径）对话框

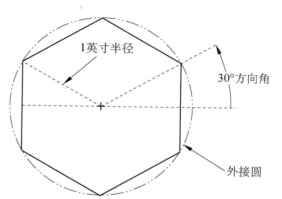

图 4-27 "外接圆半径"示意图

4.1.6 椭圆

扫码看视频

4.1.6 椭圆

执行椭圆命令的方式如下。

☑ 菜单：选择"菜单"→"插入"→"曲线"→"椭圆（原有）"命令。

执行上述方式后，打开"点"对话框，输入椭圆原点，单击"确定"按钮，打开如图 4-28 所示"椭圆"对话框，创建椭圆，如图 4-29 所示。

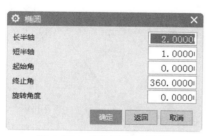

图 4-28 "椭圆"对话框

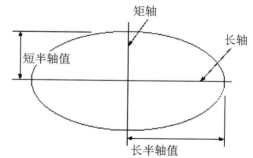

图 4-29 "长半轴和短半轴"示意图

"椭圆"对话框中的选项说明如下。

☑ 长半轴和短半轴：椭圆有长轴和短轴两根轴（每根轴的中点都在椭圆的中心）。椭圆的最长直径就是主轴，最短直径就是副轴。长半轴和短半轴的值指的是这些轴长度的一半，如图 4-29 所示。

☑ 起始角和终止角：椭圆是绕 ZC 轴正向沿着逆时针方向生成的。起始角和终止角确定椭圆的起始和终止位置，它们都是相对于主轴测算的，如图 4-30 所示。

☑ 旋转角度：椭圆的旋转角度是主轴相对于 XC 轴，沿逆时针方向倾斜的角度。除非改变了旋转角度，否则主轴一般是与 XC 轴平，如图 4-31 所示。

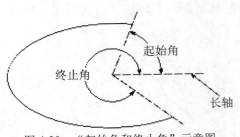

图 4-30　"起始角和终止角"示意图

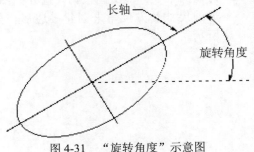

图 4-31　"旋转角度"示意图

4.1.7　抛物线

执行抛物线命令，主要有以下两种方式。

☑ 菜单：选择"菜单"→"插入"→"曲线"→"抛物线"命令。

☑ 功能区：单击"曲线"选项卡"更多"库下的"抛物线"按钮 。

扫码看视频

4.1.7　抛物线

执行上述方式后，打开"点"对话框，输入抛物线顶点，单击"确定"按钮。打开如图 4-32 所示的"抛物线"对话框，在该对话框中输入用户所需的数值，单击"确定"按钮，创建抛物线，如图 4-33 所示。

"抛物线"对话框中的一些选项说明如下。

☑ 焦距：是指从顶点到焦点的距离。必须大于 0。

☑ 最小 DY / 最大 DY：通过限制抛物线的显示宽度来确定该曲线的长度。

☑ 旋转角度：是指对称轴与 XC 轴之间所成的角度。

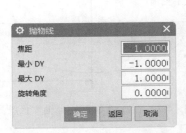

图 4-32　"抛物线"对话框

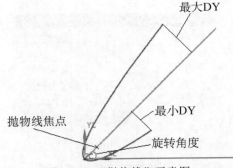

图 4-33　"抛物线"示意图

4.1.8　双曲线

执行双曲线命令，主要有以下两种方式。

☑ 菜单：选择"菜单"→"插入"→"曲线"→"双曲线"命令。

☑ 功能区：单击"曲线"选项卡"更多"库下的"双曲线"按钮 。

扫码看视频

4.1.8　双曲线

执行上述方式后，打开"点"对话框，输入双曲线中心点，打开如图 4-34 所示的"双曲线"对话框，在该对话框中输入用户所需的数值，单击"确定"按钮，创建双曲线，如图 4-35 所示。

图 4-34 "双曲线"对话框

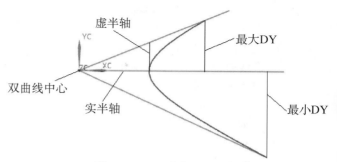

图 4-35 "双曲线"示意图

"双曲线"对话框中的选项说明如下。

☑ 实半轴 / 虚半轴：实半轴 / 虚半轴参数指实轴和虚轴长度的一半。这两个轴之间的关系确定了曲线的斜率。

☑ 最小 DY / 最大 DY：DY 值决定曲线的长度。最大 DY / 最小 DY 限制双曲线在对称轴两侧的扫掠范围。

☑ 旋转角度：由实半轴与 XC 轴组成的角度。旋转角度从 XC 正向开始计算。

4.1.9 规律曲线

扫码看视频

4.1.9 规律曲线

执行规律曲线命令，主要有以下两种方式。

☑ 菜单：选择"菜单"→"插入"→"曲线"→"规律曲线"命令。

☑ 功能区：单击"曲线"选项卡"曲线"组中的"规律曲线"按钮 。

执行上述方式后，打开如图 4-36 所示"规律曲线"对话框，为 X/Y/Z 各分量选择并定义一个规律选项，创建曲线，如图 4-37 所示。

图 4-36 "规律曲线"对话框

图 4-37 规律曲线

"规律曲线"对话框中的选项说明如下。

☑ X/Y/Z 规律类型：各选项说明如下。

➢ 恒定：该选项能够给整个规律功能定义一个常数值。系统提示用户只输入一个规律值（即该常数）。

➢ 线性：该选项能够定义从起始点到终止点的线性变化率。

➢ 三次：该选项能够定义从起始点到终止点的三次变化率。

> ➤ 沿脊线的线性：该选项能够使用两个或多个沿着脊线的点定义线性规律功能。选择一条脊线曲线后，可以沿该曲线指出多个点。系统会提示用户在每个点处输入一个值。
> ➤ 沿脊线的三次：该选项能够使用两个或多个沿着脊线的点定义三次规律功能。选择一条脊线曲线后，可以沿该脊线指出多个点。系统会提示用户在每个点处输入一个值。
> ➤ 根据方程：该选项可以用表达式和"参数表达式变量"来定义规律。必须事先定义所有变量（变量定义可以使用"工具"→"表达式"来定义），并且公式必须使用参数表达式变量 t。
> ➤ 根据规律曲线：该选项利用已存在的规律曲线来控制坐标或参数的变化。选择该选项后，按照系统在提示栏给出的提示，先选择一条存在的规律曲线，再选择一条基线来辅助选定曲线的方向。如果没有定义基准线，默认的基准线方向就是绝对坐标系的 X 轴方向。
> ☑ 坐标系：通过指定坐标系来控制样条的方位。

> 提示：规律样条是根据建模首选项对话框中的距离公差和角度公差设置而近似生成的。另外可以使用"信息"→"对象"来显示关于规律样条的非参数信息或特征信息。

任何大于 360°的规律曲线都必须使用螺旋线选项或根据公式规律子功能来构建。

4.1.10 螺旋线

扫码看视频

通过定义圈数、螺距、半径方式（规律或恒定）、旋转方向和适当的方向，可以生成螺旋线。执行螺旋线命令，主要有以下两种方式。

☑ 菜单：选择"菜单"→"插入"→"曲线"→"螺旋"命令。

☑ 功能区：单击"曲线"选项卡"曲线"组中的"螺旋"按钮。

4.1.10　螺旋线

执行上述方式后，系统打开如图 4-38 所示"螺旋"对话框，创建螺旋线，如图 4-39 所示。

图 4-38　"螺旋"对话框

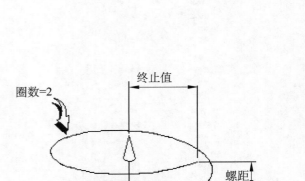

图 4-39　"螺旋线"示意图

"螺旋"对话框中的一些选项说明如下。

☑ 大小：指定螺旋的定义方式，可通过使用"规律类型"或"输入半径 / 直径"来定义半径 / 直径。

　　➤ 规律类型：能够使用规律函数来控制螺旋线的半径 / 直径变化。在下拉列表中选择一种规律来控制螺旋线的半径 / 直径。

　　➤ 值：该选项为默认值，输入螺旋线的半径 / 直径值，该值在整个螺旋线上都是常数。

☑ 螺距：相邻的圈之间沿螺旋轴方向的距离。"螺距"必须大于或等于 0。

☑ 方法：指定长度方法为限制或圈数。

☑ 圈数：用于指定螺旋线绕螺旋轴旋转的圈数。必须大于 0。可以接受小于 1 的值（例如，0.5 可生成半圈螺旋线）。

☑ 旋转方向：该选项用于控制旋转的方向。

　　➤ 右手：螺旋线起始于基点向右卷曲（逆时针方向）。

　　➤ 左手：螺旋线起始于基点向左卷曲（顺时针方向）。

☑ 方位：该选项能够使用坐标系工具的 Z 轴、X 点选项来定义螺旋线方向。可以使用点对话框或通过指出光标位置来定义基点。

4.1.11　实例——绘制螺母

本例采用"多边形""圆"及"圆弧"等命令创建螺母平面图，如图 4-40 所示。操作步骤如下。

图 4-40　螺母

1. 创建新文件

选择"文件"→"新建"命令或单击"快速访问"工具栏中的"新建"按钮 🗋，弹出"新建"对话框。在"模板"选项组中选择"模型"，在"名称"文本框中输入 luomu，单击"确定"按钮，进入建模环境。

2. 创建多边形

（1）选择"菜单"→"插入"→"曲线"→"多边形（原有）"命令，弹出如图 4-41 所示"多边形"对话框，在"边数"文本框中输入"6"，单击"确定"按钮。

（2）打开"多边形"（生成方式）对话框，单击"内切圆半径"按钮。

（3）打开"多边形"（内切圆半径）对话框，在"内切圆半径"和"方位角"文本框中分别输入 8 和 30，单击"确定"按钮，如图 4-42 所示。

图 4-41　"多边形"对话框

图 4-42　"多边形"（内切圆半径）对话框

（4）打开"点"对话框，以原点作为多边形的圆心，单击"确定"按钮，如图 4-43 所示。至此，完成六边形的绘制，如图 4-44 所示。

图 4-43 "点"对话框

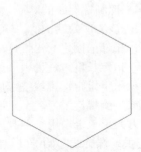

图 4-44 绘制的六边形

3. 创建圆

（1）选择"菜单"→"插入"→"曲线"→"基本曲线（原有）"命令，弹出如图 4-45 所示的"基本曲线"对话框。

（2）在对话框中单击"圆"按钮○，在"点方法"下拉列表中选择"点构造器"选项↓﹍。

（3）弹出"点"对话框，在其中设置以坐标原点为圆心，单击"确定"按钮。返回"基本曲线"对话框后，以同样方法再设置点（8,0,0）为圆上的点，然后单击"确定"按钮，生成的圆如图 4-46 所示。

图 4-45 "基本曲线"对话框

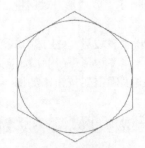

图 4-46 绘制的圆

（4）同理，在圆心处绘制一个半径为 4 的圆，如图 4-47 所示。

4. 创建圆弧

（1）选择"菜单"→"插入"→"曲线"→"基本曲线（原有）"命令，弹出如图 4-45 所示的"基本曲线"对话框。

（2）在"基本曲线"对话框中单击"圆弧"按钮 ↷，选择以"中心点，起点，终点"为创建方式，在"点方法"下拉列表中选择"点构造器"选项↓﹍。

（3）弹出"点"对话框，在其中设置中点坐标为（0,0,0），起点坐标为（4.5,0,0），终点坐标（0,-4.5,0），然后单击"确定"按钮，绘制的圆弧如图 4-48 所示。

图 4-47　绘制一个半径为 4 的圆

图 4-48　绘制的圆弧

4.2　派生的曲线

　　一般情况下，曲线创建完成后并不能满足用户需求，还需要进一步的处理工作，本小节中将进一步介绍曲线的操作功能，如简化、偏置、桥接、连结、截面和在面上偏置等。

4.2.1　偏置曲线

扫码看视频

4.2.1　偏置曲线

　　此命令能够通过从原先对象偏置的方法，生成直线、圆弧、二次曲线、样条和边。偏置曲线是通过垂直于选中基曲线上的点来构造的。可以选择是否使偏置曲线与其输入数据相关联。

　　执行偏置命令，主要有以下两种方式。

　　☑　菜单：选择"菜单"→"插入"→"派生曲线"→"偏置"命令。

　　☑　功能区：单击"曲线"选项卡"派生曲线"组中的"偏置曲线"按钮 。

　　执行上述方式后，系统打开如图 4-49 所示"偏置曲线"对话框，单击"确定"按钮，创建偏置曲线特征，如图 4-50 所示。

图 4-49　"偏置曲线"对话框

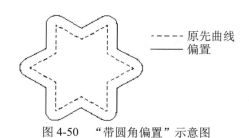

----- 原先曲线
—— 偏置

图 4-50　"带圆角偏置"示意图

"偏置曲线"对话框中的一些选项说明如下。

1. 偏置类型

☑ 距离：此方式在选取曲线的平面上偏置曲线。

- ➤ 偏置平面上的点：指定偏置平面上的点。
- ➤ 距离：在箭头矢量指示的方向上与选中曲线之间的偏置距离。负的距离值将在反方向上偏置曲线。
- ➤ 副本数：该选项能够构造多组偏置曲线。
- ➤ 反向：该选项用于反转箭头矢量标记的偏置方向。

☑ 拔模：在平行于选取曲线平面，并与其相距指定距离的平面上偏置曲线。

- ➤ 高度：是从输入曲线平面到生成的偏置曲线平面之间的距离。
- ➤ 角度：是偏置方向与原曲线所在平面的法向的夹角。
- ➤ 副本数：该选项能够构造多组偏置曲线。

☑ 规律控制：此方式在规律定义的距离上偏置曲线，该规律是用规律子功能选项对话框指定的。

- ➤ 规律类型：在下拉列表中选择规律类型来创建偏置曲线。
- ➤ 副本数：该选项能够构造多组偏置曲线。
- ➤ 反向：该选项用于反转箭头矢量标记的偏置方向。

☑ 3D 轴向：此方式在三维空间内指定矢量方向和偏置距离来偏置曲线。

- ➤ 距离：在箭头矢量指示的方向上与选中曲线之间的偏置距离。
- ➤ 指定方向：在下拉列表中选择方向的创建方式或单击"矢量对话框"按钮来创建偏置方向矢量。

2. 曲线

选择要偏置的曲线。

3. 设置

☑ 关联：选中此复选框，则偏置曲线会与输入曲线和定义数据相关联。

☑ 输入曲线：该选项能够指定对原先曲线的处理情况。对于关联曲线，某些选项不可用：

- ➤ 保留：在生成偏置曲线时，保留输入曲线。
- ➤ 隐藏：在生成偏置曲线时，隐藏输入曲线。
- ➤ 删除：在生成偏置曲线时，删除输入曲线。取消选中"关联"复选框，则该选项能用。
- ➤ 替换：该操作类似于移动操作，输入曲线被移至偏置曲线的位置。取消选中"关联"复选框，则该选项能用。

☑ 修剪：该选项将偏置曲线修剪或延伸到它们的交点处的方式。

- ➤ 无：既不修剪偏置曲线，也不将偏置曲线倒成圆角。
- ➤ 相切延伸：将偏置曲线延伸到它们的交点处。
- ➤ 圆角：构造与每条偏置曲线的终点相切的圆弧。

☑ 距离公差：当输入曲线为样条或二次曲线时，可确定偏置曲线的精度。

4.2.2 在面上偏置曲线

该命令用于在一表面上由一存在曲线按指定的距离生成一条沿面的偏置曲线。执行在面上偏置命令，主要有以下两种方式。

☑ 菜单：选择"菜单"→"插入"→"派生曲线"→"在面上偏置"命令。

扫码看视频

4.2.2 在面上偏置曲线

☑ 功能区：单击"曲线"选项卡"派生曲线"组中的"在面上偏置曲线"按钮 。

执行上述方式后，系统打开如图 4-51 所示"在面上偏置曲线"对话框，创建在面上偏置，如图 4-52 所示。

图 4-51　"在面上偏置曲线"对话框

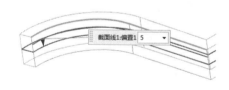

图 4-52　"在面上偏置曲线"示意图

"在面上偏置曲线"对话框中的一些选项说明如下。

1. 类型

☑ 恒定：生成具有面内原始曲线恒定偏置的曲线。

☑ 可变：用于指定与原始曲线上点位置之间的不同距离，以在面中创建可变曲线。

2. 曲线

☑ 选择曲线：用于选择要在指定面上偏置的曲线或边。

☑ 截面线 1：偏置 1：输入偏置值。

3. 面或平面

☑ 选择面或平面：用于选择面与平面在其上创建偏置曲线。

4. 方向和方法

☑ 偏置方向：各选项说明如下。

> 垂直于曲线：沿垂直于输入曲线相切矢量的方向创建偏置曲线。
> 垂直于矢量：用于指定一个矢量，确定与偏置垂直的方向。

☑ 偏置法：各选项说明如下。
> 弦：使用线串曲线上各点之间的线段，基于弦距离创建偏置曲线。
> 弧长：沿曲线的圆弧创建偏置曲线。
> 测地线：沿曲面上最小距离创建偏置曲线。
> 相切：沿曲线最初所在面的切线，在一定距离处创建偏置曲线，并将其重新投影在该面上。
> 投影距离：用于按指定的法向矢量在虚拟平面上指定偏置距离。

5. 倒圆尖角

圆角：各选项说明如下。

☑ 无：不添加任何倒圆。
☑ 矢量：用于定义输入矢量作为虚拟倒圆圆柱的轴方向。
☑ 最适合：根据垂直于圆柱和曲线之间最终接触点的曲面，确定虚拟倒圆圆柱的轴方向。
☑ 投影矢量：将投影方向用作虚拟倒圆圆柱的轴方向。

6. 修剪和延伸偏置曲线

☑ 在截面内修剪至彼此：修剪同一截面内两条曲线之间的拐角。延伸两条曲线的切线形成拐角，并对切线进行修剪。
☑ 在截面内延伸至彼此：延伸同一截面内两条曲线之间的拐角。延伸两条曲线的切线以形成拐角。
☑ 修剪至面的边：将曲线修剪至面的边。
☑ 延伸至面的边：将偏置曲线延伸至面边界。
☑ 移除偏置曲线内的自相交：修剪偏置曲线的相交区域。

7. 设置

☑ 关联：选中此复选框，新偏置的曲线与偏置前的曲线相关。
☑ 从曲线自动判断体的面：选中此复选框，偏置体的面由选择要偏置的曲线自动确定。
☑ 高级曲线拟合：用于为要偏置的曲线指定曲线拟合方法。
> 次数和段数：指定输出曲线的阶次和段数。
> 次数和公差：指定最大次数和公差来控制输出曲线的参数化。
> 保持参数化：从输入曲线继承阶次、段数、极点结构和结点结构，并将其应用到输出曲线。
> 自动拟合：指定最小阶次、最大阶次、最大段数和公差数，以控制输出曲线的参数化。
☑ 连结曲线：用于连结多个面的曲线。
> 否：使跨多个面或平面创建的曲线在每个面或平面上均显示为单独的曲线。
> 三次：连结输出曲线以形成 3 次多项式样条曲线。
> 常规：连结输出曲线以形成常规样条曲线。
> 五次：连结输出曲线以形成 5 次多项式样条曲线。
☑ 公差：该选项用于设置偏置曲线公差，其默认值是在建模预设置对话框中设置的。公差值决定了偏置曲线与被偏置曲线的相似程度，选用默认值即可。

4.2.3　桥接曲线

该命令用来桥接两条不同位置的曲线，边也可以作为曲线来选择。执行桥接命令，主要有以下两种方式。

扫码看视频

4.2.3　桥接曲线

☑ 菜单：选择"菜单"→"插入"→"派生曲线"→"桥接"命令。

☑ 功能区：单击"曲线"选项卡"派生曲线"组中的"桥接曲线"按钮。

执行上述方式后，系统打开如图 4-53 所示"桥接曲线"对话框，生成桥接曲线，如图 4-54 所示。

图 4-53　"桥接曲线"对话框

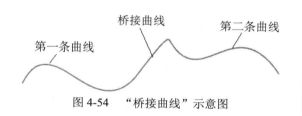

图 4-54　"桥接曲线"示意图

"桥接曲线"对话框中的一些选项说明如下。

1. 起始对象

☑ 截面：选择一个可以定义曲线起点的截面。

☑ 对象：选择一个对象以定义曲线的起点。

☑ 选择曲线：用于选择曲线或对象来作为起始对象。

2. 终止对象

☑ 基准：用于选择一个基准作为曲线端点，曲线与该基准垂直。

☑ 矢量：选择一个矢量作为定义曲线终点的矢量。

☑ 选择曲线：用于选择对象或矢量来定义曲线的端点。

3. 连接

☑ 连续性：各选项说明如下。

　➢ 相切：表示桥接曲线与第一条曲线、第二条曲线在连接点处相切连续，且为三阶样条曲线。

　➢ 曲率：表示桥接曲线与第一条曲线、第二条曲线在连接点处曲率连续，且为五阶或七阶样条曲线。

☑ 位置：确定点在曲线的百分比位置。

☑ 方向：通过"点构造器"来确定点在曲线的位置。

4. 约束面

用于限制桥接曲线所在面。

5. 半径约束

用于限制桥接曲线的半径的类型和大小。输入的曲线必须共面。

6. 形状控制

☑ **方法**：用于以交互方式对桥接曲线重新定型。

> 相切幅值：通过改变桥接曲线与第一条曲线和第二条曲线连接点的切矢量值，来控制桥接曲线的形状。

> 深度和歪斜度：当选择该控制方式时，"桥接曲线"对话框的变化如图 4-55 所示。

深度：是指桥接曲线峰值点的深度，即影响桥接曲线形状的曲率的百分比，其值可拖动下面的滑尺或直接在"深度""文本框"中输入百分比实现。

歪斜度：是指桥接曲线峰值点的倾斜度，即设定沿桥接曲线从第一条曲线向第二条曲线度量时峰值点位置的百分比。

图 4-55   "深度和歪斜度"选项

☑ 模板曲线：用于选择现有样条来控制桥接曲线的整体形状。

4.2.4   简化曲线

该命令以一条最合适的逼近曲线来简化一组选择曲线（最多可选择 512 条曲线），它将这组曲线简化为圆弧或直线的组合，即将高次方曲线降成二次或一次方曲线。执行简化命令，主要有以下两种方式。

☑ 菜单：选择"菜单"→"插入"→"派生的曲线"→"简化"命令。

☑ 功能区：单击"曲线"选项卡"更多"库下的"简化曲线"按钮。

执行上述方式后，系统打开如图 4-56 所示"简化曲线"对话框。"简化曲线"对话框中的一些选项说明如下。

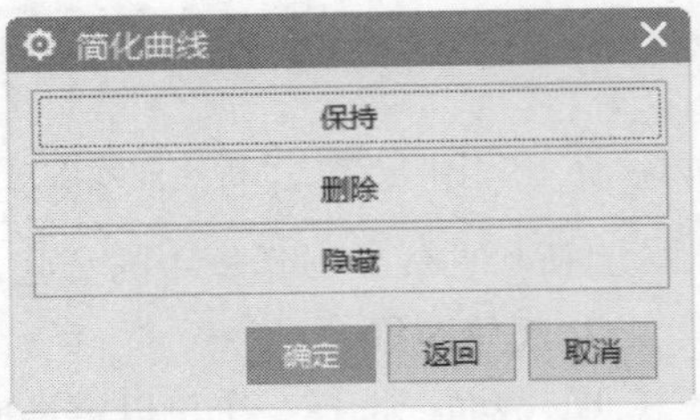

☑ 保持：在生成直线和圆弧之后保留原有曲线。在选中曲线的上面生成曲线。

☑ 删除：简化之后删除选中曲线。删除选中曲线之后，不能再恢复。

☑ 隐藏：生成简化曲线之后，将选中的原有曲线从屏幕上移除，但并未被删除。

图 4-56   "简化曲线"对话框

4.2.5   连结曲线

该命令可将一链曲线和 / 或边合并到一起以生成一条 B 样条曲线。其结果是与原先的曲线链近似的多项式样条，或者是完全表示原先的曲线链的一般样条。执行连结命令的方式如下。

☑ 菜单：选择"菜单"→"插入"→"派生曲线"→"连结（即将失效）"命令。

执行上述方式后，系统打开如图 4-57 所示"连结曲线（即将失效）"对话框。

图 4-57   "连结曲线（即将失效）"
对话框

"连结曲线（即将失效）"对话框中的选项说明如下。

1. 选择曲线

用于选择一连串曲线、边及草图曲线。

2. 设置

☑ 关联：选中此复选框，输出样条将与其输入曲线关联，并且当修改这些曲线时会相应更新。

☑ 输入曲线：该选项的子选项用于处理原先的曲线。

➢ 保留：保留输入曲线。新曲线创建于输入曲线之上。

➢ 隐藏：隐藏输入曲线。

➢ 删除：删除输入曲线。

➢ 替换：将第一条输入曲线替换为输出样条，然后删除其他所有输入曲线。

☑ 输出曲线类型：用于指定样条类型。

➢ 常规：创建可精确标示输入曲线的样条。

➢ 三次：使用 3 次多项式样条逼近输入曲线。

➢ 五次：使用 5 次多项式样条逼近输入曲线。

➢ 高阶：仅使用一个分段重新构建曲线，直至达到最高阶次参数所指定的阶次数。

☑ 距离 / 角度公差：该选项用于设置连结曲线的公差，其默认值是在建模预设置对话框中设置的。

4.2.6 投影曲线

扫码看视频

4.2.6 投影曲线

该命令能够将曲线和点投影到片体、面、平面和基准面上。点和曲线可以沿着指定矢量方向、与指定矢量成某一角度的方向、指向特定点的方向或沿着面法线的方向进行投影。所有投影曲线在孔或面边界处都要进行修剪。执行投影命令，主要有以下两种方式。

☑ 菜单：选择"菜单"→"插入"→"派生曲线"→"投影"命令。

☑ 功能区：单击"曲线"选项卡"派生曲线"组中的"投影曲线"按钮。

执行上述方式后，系统打开如图 4-58 所示"投影曲线"对话框。"投影曲线"对话框中的选项说明如下。

1. 选择要投影的曲线或点

用于确定要投影的曲线、点、边或草图。

2. 要投影的对象

☑ 选择对象：用于选择面、小平面化的体或基准平面以在其上投影。

☑ 指定平面：通过在下拉列表中或在平面对话框选择平面构造方法来创建目标平面。

3. 方向

用于指定如何定义将对象投影到片体、面和平面上时所使用的方向。

☑ 沿面的法向：该选项用于沿着面和平面的法向投影对象，如图 4-59 所示。

图 4-58 "投影曲线"对话框

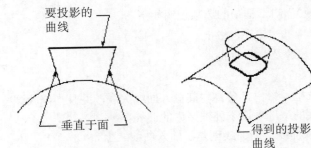

图4-59 "沿面的法向"示意图

☑ 朝向点：该选项可向一个指定点投影对象。对于投影的点，可以在选中点与投影点之间的直线上获得交点。

☑ 朝向直线：该选项可沿垂直于一指定直线或基准轴的矢量投影对象。对于投影的点，可以在通过选中点垂直于与指定直线的直线上获得交点。

☑ 沿矢量：该选项可沿指定矢量（该矢量是通过矢量构造器定义的）投影选中对象。可以在该矢量指示的单个方向上投影曲线，或者在两个方向上（指示的方向和它的反方向）投影。

☑ 与矢量成角度：该选项可将选中曲线按与指定矢量成指定角度的方向投影，该矢量是使用矢量构造器定义的。根据选择的角度值（向内的角度为负值），该投影可以相对于曲线的近似形心按向外或向内的角度生成。对于点的投影，该选项不可用。

4. 间隙

☑ 创建曲线以桥接缝隙：桥接投影曲线中任何两个段之间的小缝隙，并将这些段连结为单条曲线。

☑ 缝隙列表：列出缝隙数、桥接的缝隙数、非桥接的缝隙数等信息。

5. 设置

☑ 高级曲线拟合：用于为要投影的曲线指定曲线拟合方法。选中此复选框，显示创建曲线的拟合方法。

　➤ 次数和段数：指定输出曲线的阶次和段数。

　➤ 次数和公差：指定最大次数和公差来控制输出曲线的参数化。

　➤ 保持参数化：从输入曲线继承阶次、段数、极点结构和结点结构，并将其应用到输出曲线。

　➤ 自动拟合：指定最小阶次、最大阶次、最大段数和公差数，以控制输出曲线的参数化。

☑ 对齐曲线形状：将输入曲线的极点分布应用到投影曲线，而不考虑已使用的曲线拟合方法。

4.2.7　组合投影

该命令用于组合两个已有曲线的投影，生成一条新的曲线。需要注意的是，这两个曲线投影必须相交。可以指定新曲线是否与输入曲线关联，以及将对输入曲线做哪些处理。执行组合投影命令，主要有以下两种方式。

扫码看视频

4.2.7　组合投影

☑ 菜单：选择"菜单"→"插入"→"派生曲线"→"组合投影"命令。

☑ 功能区：单击"曲线"选项卡"派生曲线"组中的"组合投影"按钮 。

执行上述方式后，系统打开如图4-60所示"组合投影"对话框。创建组合曲线投影，如图4-61所示。"组合投影"对话框中的选项说明如下。

1. 曲线1 / 曲线2

☑ 选择曲线：用于选择第一个和第二个要投影的曲线链。

☑ 反向：单击此按钮，反转显示方向。

☑ 指定原始曲线：用于指定的选择曲线中的原始曲线。

2. 投影方向 1 / 投影方向 2

投影方向：分别为选择的曲线 1 和曲线 2 指定方向。

☑ 垂直于曲线平面：设置曲线所在平面的法向。

☑ 沿矢量：使用矢量对话框或矢量下拉列表选项来指定所需的方向。

图 4-60 "组合投影"对话框

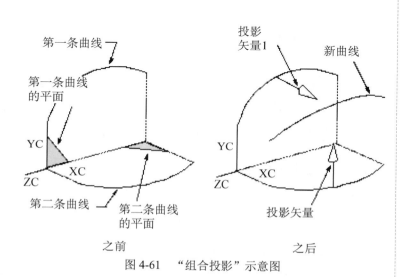

图 4-61 "组合投影"示意图

4.2.8 缠绕 / 展开曲线

扫码看视频

4.2.8 缠绕 / 展开曲线

该命令将曲线从平面缠绕到圆锥或圆柱面上，或者将曲线从圆锥或圆柱面展开到平面上。输出曲线是 3 次 B 样条，并且与其输入曲线、定义面和定义平面相关。执行缠绕 / 展开命令，主要有以下两种方式。

☑ 菜单：选择"菜单"→"插入"→"派生曲线"→"缠绕 / 展开曲线"命令。

☑ 功能区：单击"曲线"选项卡"派生曲线"组中的"缠绕 / 展开曲线"按钮 ▨。

执行上述方式后，系统打开如图 4-62 所示的"缠绕 / 展开曲线"对话框，创建缠绕曲线，如图 4-63 所示。

"缠绕 / 展开"对话框中的选项说明如下。

☑ 类型：各选项说明如下。

➤ 缠绕：将曲线从一个平面缠绕到圆柱面或圆锥面上。

➤ 展开：将曲线从圆柱面或圆锥面上中展开到平面。

☑ 曲线或点：选择要缠绕或展开的一条或多条曲线。

☑ 面：可选择曲线将缠绕到或从其上展开的圆锥或圆柱面。

☑ 平面：可选择一个与圆柱面或圆锥面相切的基准平面或平面。

☑ 设置：此选项组中的参数与其他对话框中的设置参数相同，下面主要介绍切割线角度。

> 切割线角度：指定切线绕圆锥或圆柱轴线旋转的角度（0°～360°）。

图 4-62　"缠绕／展开曲线"对话框

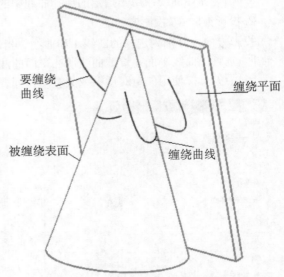

图 4-63　"缠绕曲线"示意图

4.2.9　相交曲线

该命令用于在两组对象之间生成相交曲线。相交曲线是关联的，会根据其定义对象的更改而更新。执行相交命令，主要有以下两种方式。

☑ 菜单：选择"菜单"→"插入"→"派生曲线"→"相交"命令。

☑ 功能区：单击"曲线"选项卡"派生曲线"组中的"相交曲线"按钮 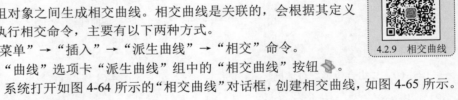。

执行上述操作后，系统打开如图 4-64 所示的"相交曲线"对话框，创建相交曲线，如图 4-65 所示。

图 4-64　"相交曲线"对话框

图 4-65　"相交曲线"示意图

"相交曲线"对话框中的选项说明如下。

☑ 选择面：用于选择一个、多个面或基准平面进行求交。

☑ 指定平面：用于定义基准平面包含在一组要求交的对象中。

☑ 保持选定：勾选此复选框，用于在创建相交曲线后重用为后续相交曲线而选定的一组对象。

扫码看视频

4.2.10　等参数曲线

4.2.10　等参数曲线

该功能用于沿着给定的 U/V 线方向在面上生成曲线。等参数曲线表示所选曲面的几何体。执行等参数曲线命令，主要有以下两种方式。

☑ 菜单：选择"菜单"→"插入"→"派生曲线"→"等参数曲线"命令。

☑ 功能区：单击"曲线"选项卡"派生曲线"组中的"等参数曲线"按钮 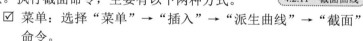。

执行上述方式后，系统打开如图 4-66 所示的"等参数曲线"对话框，创建等参数曲线。

"等参数曲线"对话框中的选项说明如下。

1. 面

☑ 选择面：用于选择要在其上创建等参数曲线的面。

2. 等参数曲线

☑ 方向：用于选择要沿其创建等参数曲线的 U 方向/V 方向。

☑ 位置：用于指定将等参数曲线放置在所选面上的位置方法。

➤ 均匀：将等参数曲线按相等的距离放置在所选面上。

➤ 通过点：将等参数曲线放置在所选面上，使其通过每个指定的点。

➤ 在点之间：在两个指定的点之间按相等的距离放置等参数曲线。

☑ 数量：指定要创建的等参数曲线的总数。

☑ 间距：指定各等参数曲线之间的恒定距离。

图 4-66　"等参数曲线"对话框

4.2.11　截面曲线

扫码看视频

4.2.11　截面曲线

在指定平面与体、面、平面和 / 或曲线之间生成相交几何体。平面与曲线之间相交生成一个或多个点。执行截面命令，主要有以下两种方式。

☑ 菜单：选择"菜单"→"插入"→"派生曲线"→"截面"命令。

☑ 功能区：单击"曲线"选项卡"派生曲线"组中的"截面曲线"按钮 。

执行上述方式后，系统打开如图 4-67 所示的"截面曲线"对话框。

"截面曲线"对话框中的选项说明如下。

1. 选定的平面

该选项用于指定单独平面或基准平面来作为截面。

☑ 要剖切的对象：该选择步骤用来选择将被截取的对象。需要时，可以使用"过滤器"选项辅助选择所需对象。可以将过滤器选项设置为任意、体、面、

图 4-67　"截面曲线"对话框

曲线、平面或基准平面。

☑ 剖切平面：该选择步骤用来选择已有平面或基准平面，或者使用平面子功能定义临时平面。

2. 平行平面

该选项用于设置一组等间距的平行平面作为截面。当激活该选项后，再选择指定截面操作（图中黑色箭头所示）时，对话框如图 4-68 所示。

☑ 步进：指定每个临时平行平面之间的相互距离；

☑ 起点 / 终点：是从基本平面测量的，正距离为显示的矢量方向。系统将生成适合指定限制的平面数。这些输入的距离值不必恰好是步长距离的偶数倍。

3. 径向平面

该选项从一条普通轴开始以扇形展开生成按等角度间隔的平面，以用于选中体、面和曲线的截取。选择该类型，对话框如图 4-69 所示。

☑ 径向轴：该选择步骤用来定义径向平面绕其选转的轴矢量。

☑ 参考平面上的点：该选择步骤通过使用点方式或点构造器工具，指定径向参考平面上的点。径向参考平面是包含该轴线和点的唯一平面。

☑ 平面位置：各选项说明如下。

➤ 起点：表示相对于基平面的角度，径向面由此角度开始。按右手法则确定正方向。限制角不必是步长角度的偶数倍。

➤ 终点：表示相对于基础平面的角度，径向面在此角度处结束。

➤ 步进：表示径向平面之间所需的夹角。

4. 垂直于曲线的平面

该选项用于设定一个或一组与所选定曲线垂直的平面作为截面。选择该类型，对话框如图 4-70 所示。

图 4-68 "平行平面"类型

图 4-69 "径向平面"类型

图 4-70 "垂直于曲线的平面"类型

☑ 选择曲线或边：该选择步骤用来选择沿其生成垂直平面的曲线或边。使用"过滤器"选项来辅助对象的选择。可以将过滤器设置为"曲线"或"边"。

☑ 间距：各选项说明如下。

  ➢ 等弧长：沿曲线路径以等弧长方式间隔平面。

  ➢ 等参数：根据曲线的参数化法来间隔平面。

  ➢ 几何级数：根据几何级数比间隔平面。

  ➢ 弦公差：根据弦公差间隔平面。

  ➢ 增量弧长：以沿曲线路径递增的方式间隔平面。

4.3　曲　线　编　辑

当曲线创建之后，经常还需要对曲线进行修改和编辑，需要调整曲线的很多细节，本节主要介绍曲线编辑的操作。其操作包括：编辑曲线、编辑曲线参数、修剪曲线、修剪拐角、分割曲线、编辑圆角、拉长曲线、曲线长度、光顺样条等操作。

4.3.1　编辑曲线参数

执行编辑曲线参数命令，主要有以下 3 种调用方式。

☑ 菜单：选择"菜单"→"编辑"→"曲线"→"参数"命令。

☑ 功能区：单击"曲线"选项卡"更多"库下的"编辑曲线参数"按钮 。

☑ 对话框：单击"基本曲线"对话框中的"编辑曲线参数"按钮 。

执行上述方式后，系统会打开如图 4-71 所示的"编辑曲线参数"对话框。

扫码看视频

4.3.1　编辑曲线参数

图 4-71　"编辑曲线参数"对话框

该选项可编辑大多数类型的曲线。在编辑对话框中设置了相关项后，当选择了不同的对象类型系统会给出相应的对话框。

4.3.2　修剪曲线

根据边界实体和选中进行修剪的曲线的分段来调整曲线的端点。执行修剪曲线命令，主要有以下 3 种调用方式。

扫码看视频

4.3.2　修剪曲线

☑ 菜单：选择"菜单"→"编辑"→"曲线"→"修剪"命令。

☑ 功能区：单击"曲线"选项卡"编辑曲线"组中的"修剪曲线"按钮 。

☑ 对话框：单击"基本曲线"对话框中的"修剪"按钮 。

执行上述方式后，系统打开如图 4-72 所示的"修剪曲线"对话框。

图 4-72　"修剪曲线"对话框

"修剪曲线"对话框中的选项说明如下。

1. 要修剪的曲线

选择曲线：用于选择要修剪的一条或多条曲线。

2. 边界对象

选择对象作为第一边界，相对于该对象修剪或延伸曲线。

3. 修剪或分割

☑ 方向：指定查找对象交点时使用的方向。

> 最短的 3D 距离：将曲线修剪或延伸到与边界对象的相交处，并以三维尺寸标记最短距离。

> 沿方向-将曲线修剪、分割或延伸至与边界对象的相交处，这些边界对象沿指定矢量的方向投影。

4. 设置

☑ 曲线延伸：如果正修剪一个要延伸到它的边界对象的样条，则可以选择延伸的形状。

> 自然：从样条的端点沿它的自然路径延伸它。

> 线性：把样条从它的任一端点延伸到边界对象，样条的延伸部分是直线的。

> 圆形：把样条从它的端点延伸到边界对象，样条的延伸部分是圆弧形的。

> 无：对任何类型的曲线都不执行延伸。

☑ 输入曲线：该选项让用户指定想让输入曲线的被修剪的部分处于何种状态。

> 隐藏：输入曲线被渲染成不可见。

> 保留：输入曲线不受修剪曲线操作的影响，被"保持"在它们的初始状态。

> 删除：通过修剪曲线操作把输入曲线从模型中删除。

> 替换：输入曲线被已修剪的曲线替换或"交换"。当使用"替换"时，原始曲线的子特征成为已修剪曲线的子特征。

☑ 修剪边界曲线：每个边界对象所修剪的部分取决于边界对象与曲线相交的位置。

4.3.3　分割曲线

扫码看视频

4.3.3　分割曲线

该命令把曲线分割成一组同样的段（即，直线到直线，圆弧到圆弧）。每个生成的段是单独的实体并赋予和原先的曲线相同的线型。新的对象和原先的曲线放在同一层上。执行分割命令，主要有以下两种方式。

☑ 菜单：选择"菜单"→"编辑"→"曲线"→"分割"命令。

☑ 功能区：单击"曲线"选项卡"更多"库下的"分割曲线"按钮 ⌡。

执行上述方式后，系统打开如图 4-73 所示"分割曲线"对话框。

"分割曲线"对话框中的选项说明如下。

☑ 等分段：该选项使用曲线长度或特定的曲线参数把曲线分成相等的段。

> 等参数：该选项是根据曲线参数特征把曲线等分。曲线的参数随各种不同的曲线类型而变化。

> 等弧长：该选项根据选中的曲线被分割成等长度的单独曲线，各段的长度是通过把实际的曲线长度分成要求的段数计算出来的。

☑ 按边界对象：该选项使用边界实体把曲线分成几段，边界实体可以是点、曲线、平面和 / 或面等。选择此类型，打开如图 4-74 所示对话框。

图 4-73　"分割曲线"对话框

图 4-74　"按边界对象"类型

➤ 现有曲线：用于选择现有曲线作为边界对象。

➤ 投影点：用于选择点作为边界对象。

➤ 2 点定直线：用于选择两点之间的直线作为边界对象。

➤ 点和矢量：用于选择点和矢量作为边界对象。

➤ 按平面：用于选择平面作为边界对象。

☑ 弧长段数：该选项是按照各段定义的弧长分割曲线。选中该类型，打开如图 4-75 所示的对话框，要求输入分段弧长值，其后会显示分段数目和剩余部分弧长值。

➤ 弧长：按照各段定义的弧长分割曲线。

➤ 段数：根据曲线的总长和为每段输入的弧长，显示所创建的完整分段的数目。

➤ 部分长度：当所创建的完整分段的数目基于曲线的总长度和为每段输入的弧长时，显示曲线的任何剩余部分的长度。

☑ 在结点处：该选项使用选中的结点分割曲线，其中结点是指样条段的端点。选择该类型，打开如图 4-76 所示的对话框。

图 4-75　"弧长段数"类型

图 4-76　"在结点处"类型

➤ 按结点号：通过输入特定的结点号码分割样条。

➤ 选择结点：通过用图形光标在结点附近指定一个位置来选择分割结点。当选择样条时会显示结点。

➤ 所有结点：自动选择样条上的所有结点来分割曲线。

☑ 在拐角上：该选项在角上分割样条，其中角是指样条折弯处（即，某样条段的终止方向不同于下一段的起始方向）的节点。

➢ 按拐角号：根据指定的拐角号将样条分段。

➢ 选择拐角：用于选择分割曲线所依据的拐角。

➢ 所有角：选择样条上的所有拐角以将曲线分段。

4.3.4 实例——花瓣

本例首先采用多边形和弧线创建花瓣轮廓，然后通过分割操作实

现最终花瓣效果，如图 4-77 所示。

操作步骤如下。

图 4-77 花瓣

1. 创建新文件

选择"文件"→"新建"命令或单击"快速访问"工具栏中的"新建"按钮，弹出"新建"对话框。在"模板"选项组中选择"模型"，在"名称"文本框中输入 huaban，单击"确定"按钮，进入建模环境。

2. 创建正方形

（1）选择"菜单"→"插入"→"曲线"→"多边形（原有）"命令，弹出如图 4-78 所示"多边形"对话框。在"边数"文本框中输入 4，单击"确定"按钮。

（2）弹出"多边形"（生成方式）对话框，单击"内切圆半径"按钮，如图 4-79 所示。

图 4-78 "多边形"对话框

图 4-79 "多边形"（生成方式）对话框

（3）弹出"多边形"（内切圆半径）对话框，如图 4-80 所示。在"内切圆半径"文本框中输入 1，单击"确定"按钮。

（4）弹出"点"对话框，输入坐标（0,0,0），将生成的多边形定位于原点上，单击"确定"按钮，完成多边形的创建，如图 4-81 所示。

图 4-80 "多边形"（内切圆半径）对话框

图 4-81 多边形

3. 创建圆弧

（1）选择"菜单"→"插入"→"曲线"→"圆弧/圆"命令或单击"曲线"选项卡"曲线"面组中的"圆弧/圆"按钮，弹出如图 4-82 所示的"圆弧/圆"对话框。

（2）在"类型"下拉列表框中选择"从中心开始的圆弧/圆"选项，选择正方形右顶点为圆弧中心，选择上顶点为通过点，然后将"起始限制角度"和"终止限制角度"分别设置为 0、90，单击"应用"按钮，生成如图 4-83 所示圆弧。

（3）以同样的方法绘制其他 3 条圆弧线，如图 4-84 所示。

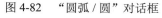

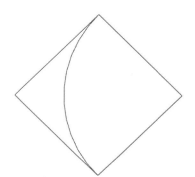

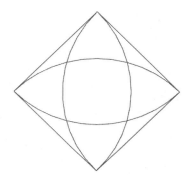

图 4-82　"圆弧 / 圆"对话框　　　图 4-83　绘制圆弧　　　图 4-84　绘制多段圆弧

4. 分割曲线

（1）选择"菜单"→"编辑"→"曲线"→"分割"命令或单击"曲线"选项卡"更多"库下的"分割曲线"按钮 ∫ ，弹出如图 4-85 所示的"分割曲线"对话框。

（2）在"类型"下拉列表框中选择"等分段"选项，选择一段圆弧，弹出如图 4-86 所示的提示对话框，单击"是"按钮。

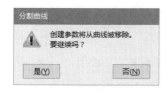

图 4-85　"分割曲线"对话框　　　　　图 4-86　提示对话框

（3）在"分割曲线"对话框中选择"等弧长"类型，并设置"段数"为3，单击"确定"按钮，完成分割曲线操作。重复上述步骤，完成另外 3 条圆弧的分割。

5. 隐藏曲线

（1）选择"菜单"→"编辑"→"显示和隐藏"→"隐藏"命令，弹出"类选择"对话框，如图 4-87 所示。

（2）分别选择正方形各边和圆弧中间各段圆弧（见图4-88），单击"确定"按钮，隐藏所选曲线，完成花瓣造型的创建，如图4-89所示。

图4-87 "类选择"对话框

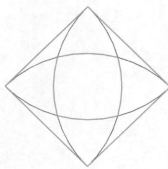

图4-88 选择圆弧

图4-89 花瓣造型

📢 提示：本例中的最后两步也可以利用修剪命令创建花瓣造型。

4.3.5 编辑圆角

扫码看视频

4.3.5 编辑圆角

该命令选项用于编辑已有的圆角。执行编辑圆角命令，主要有以下两种方式。

☑ 菜单：选择"菜单"→"编辑"→"曲线"→"圆角（原有）"命令。

☑ 功能区：单击"曲线"选项卡"编辑圆角（原有）"按钮 ⌐。

执行上述方式后，打开如图4-90所示的"编辑圆角"对话框。选择一种编辑圆角的方式，在依次选择对象1、圆角、对象2之后，打开如图4-91所示的"编辑圆角"对话框，定义圆角的参数，编辑圆角，如图4-92所示。

图4-90 "编辑圆角"对话框

图4-91 "编辑圆角"对话框

"编辑圆角"对话框中的选项说明如下。

☑ 半径：指定圆角的新的半径值。半径值默认为被选圆角的半径或用户最近指定的半径。

☑ 默认半径：各选项说明如下。

➤ 圆角：当每编辑一个圆角，半径值就默认为它的半径。

➤ 模态：该选项用于使半径值保持恒定，直到输入新的半径或半径默认值被更改为"圆角"。

➤ 新的中心：让用户选择是否指定新的近似中心点。选中此复选框，当前圆角的圆弧中心用于开始计算修改的圆角。

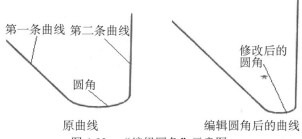

第一条曲线　第二条曲线　　　　　　　修改后的
圆角

圆角

原曲线　　　　　　　　编辑圆角后的曲线

图 4-92　"编辑圆角"示意图

扫码看视频

4.3.6　拉长曲线

4.3.6　拉长曲线

该命令用于移动几何对象，同时拉伸或缩短选中的直线。可以移动大多数几何类型，但只能拉伸或缩短直线。"缩放曲线"取代此命令，执行拉长曲线命令，主要有以下两种方式。

- ☑ 菜单：选择"菜单"→"编辑"→"曲线"→"拉长（即将失效）"命令。

执行上述方式后，打开如图 4-93 所示的"拉长曲线"对话框。

"拉长曲线"对话框中的选项说明如下。

- ☑ XC 增量 /YC 增量 /ZC 增量：该选项要求输入 XC、YC 和 ZC 的增量。按这些增量值移动或拉伸几何体。
- ☑ 重置值：该选项用于将上述增量值重设为 0。
- ☑ 点到点：该选项用于显示"点"对话框让用户定义参考点和目标点。
- ☑ 撤销：该选项用于把几何体改变成先前的状态。

图 4-93　"拉长曲线"对话框

4.3.7　曲线长度

该命令可以通过给定的圆弧增量或总弧长来修剪曲线。执行曲线长度命令，主要有以下两种方式。

- ☑ 菜单：选择"菜单"→"编辑"→"曲线"→"长度"命令。
- ☑ 功能区：单击"曲线"选项卡"编辑曲线"组中的"曲线长度"按钮 。

执行上述方式后，系统打开如图 4-94 所示的"曲线长度"对话框。

"曲线长度"对话框中的选项说明如下。

1. 选择曲线

用于选择要修剪或拉伸的曲线。

2. 延伸

- ☑ 长度：各选项说明如下。
  - ➢ 总数：此方式为利用曲线的总弧长来修剪它。总弧长是指沿着曲线的精确路径，从曲线的起点到终点的距离。
  - ➢ 增量：此方式为利用给定的弧长增量来修剪曲线。弧长增量是指从初始曲线上修剪的长度。
- ☑ 侧：各选项说明如上。
  - ➢ 起点和终点：从圆弧的起始点和终点修剪或延伸它。
  - ➢ 对称：从圆弧的起点和终点修剪和延伸它。

扫码看视频

4.3.7　曲线长度

图 4-94　"曲线长度"对话框

☑ 方法：该选项用于确定所选样条延伸的形状。

➤ 自然：从样条的端点沿它的自然路径延伸它。

➤ 线性：从任意一个端点延伸样条，它的延伸部分是线性的。

➤ 圆形：从样条的端点延伸它，它的延伸部分是圆弧的。

3. 限制

该选项用于输入一个值作为修剪掉的或延伸的圆弧的长度。

☑ 开始：起始端修建或延伸的圆弧的长度。

☑ 结束：终端修建或延伸的圆弧的长度。

扫码看视频

4.3.8 光顺样条

4.3.8 光顺样条

该命令用来光顺曲线的斜率，使得 B-样条曲线更加光顺。执行光顺样条命令，主要有以下两种方式。

☑ 菜单：选择"菜单"→"编辑"→"曲线"→"光顺样条"命令。

☑ 功能区：单击"曲线"选项卡"编辑曲线"组中的"光顺样条"按钮 。

执行上述方式后，打开如图 4-95 所示的"光顺样条"对话框。

"光顺样条"对话框中的选项说明如下。

☑ 类型：各选项说明如下。

➤ 曲率：通过最小化曲率值的大小来光顺曲线。

➤ 曲率变化：通过最小化整条曲线的曲率变化来光顺曲线。

☑ 要光顺的曲线：各选项说明如下。

➤ 选择曲线：指定要光顺的曲线。

➤ 光顺限制：指定部分样条或整个样条的光顺限制。

☑ 约束：各选项说明如下。

➤ 起点 / 终点：约束正在修改样条的任意一端。

☑ 光顺因子：拖动滑块来决定光顺操作的次数。

☑ 修改百分比：拖动滑块将决定样条的全局光顺的百分比。

☑ 结果：各选项说明如下。

➤ 最大偏差：显示原始样条和所得样条之间的偏差。

图 4-95 "光顺样条"对话框

扫码看视频

4.4 扳手曲线

4.4 综合实例——扳手曲线

本例采用基本曲线、多边形等建立扳手平面曲线，然后进行拉伸操作，生成固定开口扳手。

本例利用上面的多边形命令及圆命令绘制扳手轮廓，最后利用修剪命令修剪图形。其绘制效果如图 4-96 所示。

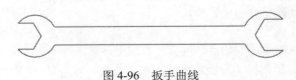

图 4-96 扳手曲线

操作步骤如下。

1.创建新文件

选择"文件"→"新建"命令或单击"快速访问"工具栏中的"新建"按钮 📄，弹出"新建"对话框。在"模板"选项组中选择"模型"，在"名称"文本框中输入 banshou，单击"确定"按钮，进入建模环境。

2.创建六边形

（1）选择"菜单"→"插入"→"曲线"→"多边形（原有）"命令，弹出如图 4-97 所示的"多边形"对话框，在"边数"文本框中输入 6，单击"确定"按钮。

（2）弹出"多边形"（生成方式）对话框，单击"外接圆半径"按钮，如图 4-98 所示。

图 4-97　"多边形"对话框

图 4-98　"多边形"（生成方式）对话框

（3）弹出"多边形"（外接圆半径）对话框，在"圆半径"文本框中输入 5，单击"确定"按钮，如图 4-99 所示。

（4）弹出"点"对话框，输入坐标（0,0,0），将生成的多边形定位于原点上，然后单击"确定"按钮，完成多边形的创建。

（5）以同样的方法再创建一个定位于（80,0,0）、外接半径为 6 的正六边形。生成的两个六边形如图 4-100 所示。

图 4-99　"多边形"（外接圆半径）对话框

图 4-100　创建的两个多边形

3.建立外圆轮廓

（1）选择"菜单"→"插入"→"曲线"→"直线和圆弧"→"圆（点-点-点）"命令，弹出点坐标输入框。系统依次提示输入圆的起点、终点和中点，单击多边形上的 A 点、B 点并输入坐标点（10,0,0），生成一个经过上述 3 点的圆。

（2）以同样的方法生成一个经过 C 点、D 点和坐标点（70,0,0）的圆，如图 4-101 所示。

图 4-101　创建圆

4.建立两条平行直线

（1）选择"菜单"→"插入"→"曲线"→"基本曲线（原有）"命令，弹出如图 4-102 所示"基本曲线"对话框。

（2）在"点方法"下拉列表中选择"点构造器"按钮 ，弹出"点"对话框，输入点（5,3,0），单击"确定"按钮；接着输入点（75,3,0），单击"确定"按钮，生成线段 1。

（3）以同样的方法输入点（5,-3,0）和（75,-3,0）生成线段 2。创建的两条平行直线如图 4-103 所示。

图 4-102   "基本曲线"对话框

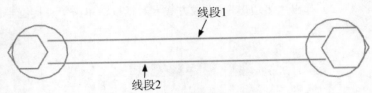

线段1

线段2

图 4-103   创建的两条平行直线

5. 裁剪线段

（1）选择"菜单"→"编辑"→"曲线"→"修剪"命令或单击"曲线"选项卡"编辑曲线"组中的"修剪曲线"按钮，弹出"修剪曲线"对话框，如图 4-104 所示。

（2）选择左侧的圆为边界对象 1、右侧的圆为边界对象 2，然后单击左侧圆中的 a 和 b 线段，将其裁剪掉；接着，以同样的方法将右侧圆中的 c 和 d 线段裁剪掉。最后单击"取消"按钮，关闭对话框。生成曲线如图 4-105 所示。

6. 裁剪圆弧

（1）选择"菜单"→"编辑"→"曲线"→"修剪"命令或单击"曲线"选项卡"编辑曲线"组中的"修剪曲线"按钮，弹出"修剪曲线"对话框。

（2）分别选择两条平行线作为边界对象 1 和边界对象 2，并选择两条线段间的圆弧为裁剪对象，完成对它们的裁剪。

（3）以同样的方法，分别选择两侧六边形作边界对象 1 和边界对象 2，并选择两边界间的圆弧为裁剪对象，完成对它们的裁剪。

（4）最后，删除两个六边形的外侧边线，效果如图 4-106 所示。

图 4-104   "修剪曲线"对话框

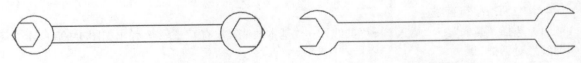

图 4-105   生成曲线

图 4-106   最终效果

4.5 上 机 操 作

通过前面的学习，相信读者对本章知识已经有一个大体的了解，本节将通过两个操作练习帮助读者巩固本章所学的知识要点。

1. 绘制如图 4–107 所示的螺旋线

操作提示：

利用"螺旋线"命令，创建转数为 12.5、螺距为 8、半径为 5 的螺旋线。

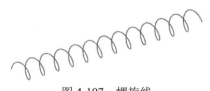

图 4-107 螺旋线

2. 绘制如图 4–108 所示的渐开线

图 4-108 渐开线

操作提示：

（1）利用"表达式"命令，输入模数为 0.7、齿数为 15 的渐开线表达式，如图 4-109 所示。

（2）利用"规律曲线"命令，采用"根据方程"规律类型，根据上步输入的表达式创建渐开线。

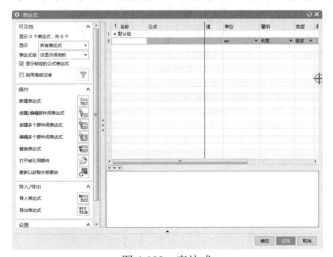

图 4-109 表达式

第 **5** 章

特征建模

导读

相对于单纯的实体建模和参数化建模，UG 采用的是复合建模方法。该方法是基于特征的实体建模方法，是在参数化建模方法的基础上采用了一种所谓"变量化技术"的设计建模方法，对参数化建模技术进行了改进。

本章主要介绍 UG NX 12.0 中基础三维建模工具的用法。

精彩内容

☑ 基本特征

☑ 特征设计

☑ 扫描特征

☑ GC 工具箱

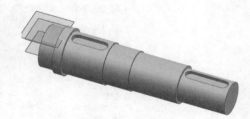

5.1　基 本 特 征

5.1.1　长方体

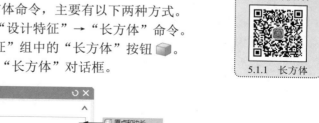
该命令用于创建基本块实体。执行长方体命令，主要有以下两种方式。

☑ 菜单：选择"菜单"→"插入"→"设计特征"→"长方体"命令。

☑ 功能区：单击"主页"选项卡"特征"组中的"长方体"按钮 。

执行上述方式后，打开如图 5-1 所示的"长方体"对话框。

图 5-1　"长方体"对话框

"长方体"对话框中的选项说明如下。

1. 原点和边长

该方式允许用户通过原点和 3 边长度来创建长方体，如图 5-2 所示。

☑ 指定点：通过捕捉点选项或者"点"对话框来定义长方体的原点。

☑ 尺寸：各选项说明如下。

　➤ 长度：指定长方体长度的值。

　➤ 宽度：指定长方体宽度的值。

　➤ 高度：指定长方体高度的值。

☑ 布尔：各选项说明如下。

　➤ 无：新建与任何现有实体无关的长方体。

　➤ 合并：将新建的长方体与目标体进行合并操作。

　➤ 减去：将新建的长方体从目标体中减去。

　➤ 相交：通过块与相交目标体共用的体积创建新长方体。

☑ 关联原点：选中此复选框，使块原点和任何偏置点与定位几何体相关联。

2. 两点和高度

该方式允许用户通过高度和底面的两对角点来创建长方体，如图 5-3 所示。

从原点出发的点 XC，YC：用于将基于原点的相对拐角指定为块的第二点。

3. 两个对角点

该方式允许用户通过两个对角顶点来创建长方体，如图 5-4 所示。

从原点出发的点 XC，YC，ZC：用于指定块的 3D 对角相对点。

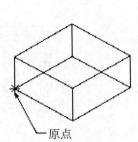

图 5-2 "原点和边长"示意图

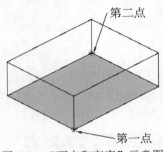

图 5-3 "两点和高度"示意图

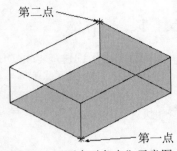

图 5-4 "两个对角点"示意图

5.1.2 圆柱

执行圆柱命令，主要有以下两种方式。

☑ 菜单：选择"菜单"→"插入"→"设计特征"→"圆柱"命令。

☑ 功能区：单击"主页"选项卡"特征"组中的"圆柱"按钮 🛢。

执行上述方式后，打开如图 5-5 所示的"圆柱"对话框。

扫码看视频

5.1.2 圆柱

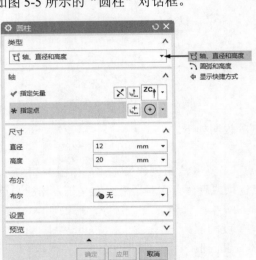

图 5-5 "圆柱"对话框

"圆柱"对话框中的选项说明如下。

1. 轴、直径和高度

该方式允许用户通过定义直径和圆柱高度值以及底面圆心来创建圆柱体，如图 5-6 所示。

☑ 轴：各选项说明如下。

➢ 指定矢量：在矢量下拉列表或者矢量对话框指定圆柱轴的矢量。

➢ 指定点：用于指定圆柱的原点。

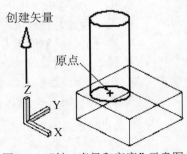

图 5-6 "轴、直径和高度"示意图

☑ 尺寸：各选项说明如下。

   ➤ 直径：指定圆柱的直径。

   ➤ 高度：指定圆柱的高度。

☑ 布尔：各选项说明如下。

   ➤ 无：新建与任何现有实体无关的圆体。

   ➤ 合并：组合新圆柱与相交目标体的体积。

   ➤ 减去：将新圆柱的体积从相交目标体中减去。

   ➤ 相交：通过圆柱与相交目标体共用的体积创建新圆柱。

☑ 关联轴：使圆柱轴原点及其方向与定位几何体相关联。

2. 圆弧和高度

该方式允许用户通过定义圆柱高度值，选择一段已有的圆弧并定义创建方向来创建圆柱体。用户选取的圆弧不一定需要是完整的圆，且生成圆柱与弧不关联，圆柱方向可以选择是否反向，如图 5-7 所示。

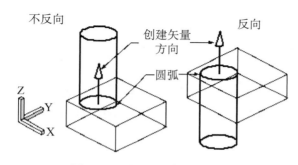

图 5-7　"圆弧和高度"示意图

选择圆弧：选择圆弧或圆。圆柱的轴垂直于圆弧的平面，且穿过圆弧中心。

5.1.3　实例——轴衬套

首先创建一个圆柱体作为主体，然后在主体利用"圆柱"命令创建孔等操作，如图 5-8 所示。

操作步骤如下。

图 5-8　轴承套

1. 创建新文件

选择"文件"→"新建"命令或单击"标准"组中的"新建"按钮，弹出"新建"对话框。在"模板"选项组中选择"模型"，在"名称"文本框中输入 zhouchen，单击"确定"按钮，进入建模环境。

2. 创建圆柱体 1

（1）选择"菜单"→"插入"→"设计特征"→"圆柱"命令，或者单击"主页"选项卡"特征"组中的"圆柱"按钮，弹出"圆柱"对话框。

（2）在"类型"下拉列表框中选择"轴、直径和高度"，在"指定矢量"下拉列表中选择 ᶻᶜ↑，如图 5-9 所示。

（3）单击 ↥ 按钮，弹出"点"对话框，将原点坐标设置为（0,0,0），单击"确定"按钮。

（4）返回"圆柱"对话框后，在"直径"和"高度"数值框中分别输入 60 和 80，最后单击"确定"按钮，生成模型如图 5-10 所示。

图 5-9 "圆柱"对话框

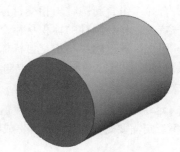

图 5-10 模型

3. 创建圆柱体 2

（1）选择"菜单"→"插入"→"设计特征"→"圆柱"命令，或者单击"主页"选项卡"特征"组中的"圆柱"按钮 ，弹出"圆柱"对话框。

（2）在"类型"下拉列表框中选择"轴、直径和高度"，如图 5-11 所示。

（3）在"指定矢量"下拉列表中选择 zc ；单击 按钮，弹出"点"对话框，将原点坐标设置为（0,0,0），单击"确定"按钮。

（4）在"直径"和"高度"数值框中分别输入 70 和 7.5，在"布尔"下拉列表框中选择"合并"，系统将自动选择圆柱体 1，最后单击"确定"按钮，生成圆柱体。

在另一侧坐标（0,0,80）处创建相同参数的圆柱体，如图 5-12 所示。

图 5-11 "圆柱"对话框

图 5-12 创建孔

4. 创建孔

（1）选择"菜单"→"插入"→"设计特征"→"圆柱"命令，或者单击"主页"选项卡"特征"组中的"圆柱"按钮 ，弹出"圆柱"对话框。

（2）在"类型"下拉列表框中选择"轴、直径和高度"，如图 5-13 所示。

（3）在"指定矢量"下拉列表中选择 ZC↑；在"指定点"下拉列表中单击"圆心"按钮 ⊙，选取步骤 3 创建的圆柱体边线。

（4）在"直径"和"高度"数值框中分别输入 50 和 80，在"布尔"下拉列表框中选择"减去"，系统将自动选择圆柱体，最后单击"确定"按钮，生成孔如图 5-14 所示。

图 5-13 "圆柱"对话框

图 5-14 创建孔

5. 创建孔

（1）选择"菜单"→"插入"→"设计特征"→"圆柱"命令，或者单击"主页"选项卡"特征"组中的"圆柱"按钮 █，弹出"圆柱"对话框。

（2）在"类型"下拉列表框中选择"轴、直径和高度"，如图 5-15 所示。

（3）在"指定矢量"下拉列表中选择 XC；单击 █ 按钮，弹出"点"对话框，将原点坐标设置为（0,0,40），单击"确定"按钮。

（4）在"直径"和"高度"数值框中分别输入 10 和 50，在"布尔"下拉列表框中选择"减去"，系统将自动选择实体，最后单击"确定"按钮，生成孔如图 5-16 所示。

图 5-15 "圆柱"对话框

图 5-16 创建孔

Note

🔊 提示：本例也可以利用"旋转"命令创建主体，然后对其拉伸生成轴衬。

扫码看视频

5.1.4　圆锥

5.1.4　圆锥

执行圆锥命令，主要有以下两种方式。

☑ 菜单：选择"菜单"→"插入"→"设计特征"→"圆锥"命令。

☑ 功能区：单击"主页"选项卡"特征"组中的"圆锥"按钮 🔺。

执行上述方式后，打开如图 5-17 所示的"圆锥"对话框。

图 5-17　"圆锥"对话框

"圆锥"对话框中的选项说明如下。

1. 直径和高度

该选项通过定义底部直径、顶部直径和高度值生成实体圆锥，如图 5-18 所示。

☑ 轴：各选项说明如下。

➢ 指定矢量：在矢量下拉列表或者矢量对话框指定圆锥的轴。

➢ 指定点：在点下拉列表或者点对话框指定圆锥的原点。

☑ 尺寸：各选项说明如下。

➢ 顶部直径：设置圆锥顶面圆弧直径的值。

➢ 高度：设置圆锥高度的值。

➢ 底部直径：设置圆锥底面圆弧直径的值。

2. 直径和半角

该选项通过定义底部直径、顶直径和半角值生成圆锥。

☑ 半角：设置在圆锥轴顶点与其边之间测量的半角值。

3. 底部直径、高度和半角

该选项通过定义底部直径、高度和半顶角值生成圆锥。

4. 顶部直径、高度和半角

该选项通过定义顶直径、高度和半顶角值生成圆锥。在生成圆锥的过程中，有一个经过原点的圆形平表面，其直径由顶直径值给出。底部直径值必须大于顶直径值。

5. 两个共轴的圆弧

该选项通过选择两条弧生成圆锥特征。两条弧不一定是平行的，如图 5-19 所示。

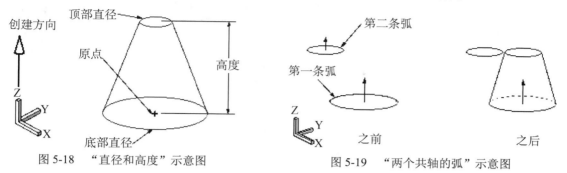

图 5-18 "直径和高度"示意图   图 5-19 "两个共轴的弧"示意图

☑ 底部圆弧：选择一个现有圆弧为底部圆弧。

☑ 顶面圆弧：选择一个现有圆弧为顶部圆弧。

选择了基弧和顶弧之后，就会生成完整的圆锥。所定义的圆锥轴位于弧的中心，并且处于基弧的法向上。圆锥的底部直径和顶直径取自两个弧。圆锥的高度是顶弧的中心与基弧的平面之间的距离。

如果选中的弧不是共轴的，系统会将第二条选中的弧（顶弧）平行投影到由基弧形成的平面上，直到两个弧共轴为止。另外，圆锥不与弧相关联。

5.1.5 球

执行球命令，主要有以下两种方式。

☑ 菜单：选择"菜单"→"插入"→"设计特征"→"球"命令。

☑ 功能区：单击"主页"选项卡"特征"组中的"球"按钮 ⬤。

执行上述方式后，打开如图 5-20 所示"球"对话框。

扫码看视频

5.1.5　球

图 5-20 "球"对话框

"球"对话框中的选项说明如下。

☑ 中心点和直径：该选项通过定义直径值和中心生成球体。

➢ 指定点：在点下拉列表或点对话框中指定点为球的中心点。

➢ 直径：输入球的直径值。

☑ 圆弧：该选项通过选择圆弧来生成球体（见图 5-21），所选的弧不必为完整的圆弧。系统基于任何弧对象生成完整的球体。选定的弧定义球体的中心和直径。另外，球体不与弧相关；这意味着如果编辑弧的大小，球体不会更新以匹配弧的改变。

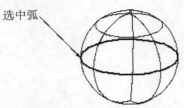

图 5-21　"圆弧"创建示意图

5.2　扫描特征

扫码看视频

5.2.1　拉伸

5.2.1　拉伸

该命令通过在指定方向上将截面曲线扫掠一个线性距离来生成体。执行拉伸命令，主要有以下两种方式。

☑ 菜单：选择"菜单"→"插入"→"设计特征"→"拉伸"命令。

☑ 功能区：单击"主页"选项卡"特征"组中的"拉伸"按钮。执行上述方式后，打开如图 5-22 所示"拉伸"对话框。

"拉伸"对话框中的选项说明如下。

☑ 表区域驱动：各选项说明如下。

➢ 选择曲线：用于选择被拉伸的曲线，如果选择的面则自动进入到草绘模式。

➢ 绘制截面：用户可以通过该选项首先绘制拉伸的轮廓，然后进行拉伸。

☑ 方向：各选项说明如下。

➢ 指定矢量：用户通过该按钮选择拉伸的矢量方向，可以单击旁边的下拉菜单选择矢量选择列表。

➢ 反向：如果在生成拉伸体之后，更改了作为方向轴的几何体，拉伸也会相应的更新，以实现匹配。显示的默认方向矢量指向选中几何体平面的法向。如果选择了面或片体，默认方向是沿着选中面端点的面法向。如果选中曲线构成了封闭环，在选中曲线的质心处显示方向矢量。如果选中曲线没有构成封闭环，开放环的端点将以系统颜色显示为星号。

图 5-22　"拉伸"对话框

☑ 限制：各选项说明如下。

开始 / 结束：用于沿着方向矢量输入生成几何体的起始位置和结束位置，可以通过动态箭头来调整。其下有 6 个选项。

➢ 值：由用户输入拉伸的起始和结束距离的数值，如图 5-23 所示。

> 对称值：用于约束生成的几何体关于选取的对象对称，如图 5-24 所示。

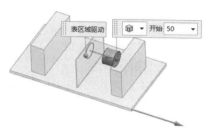

图 5-23　开始条件为"值"

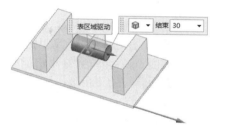

图 5-24　开始条件为"对称值"

> 直至下一个：沿矢量方向拉伸至下一对象，如图 5-25 所示。
> 直至选定：拉伸至选定的表面、基准面或实体，如图 5-26 所示。

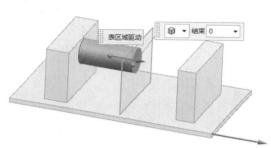

图 5-25　开始条件为"直至下一个"

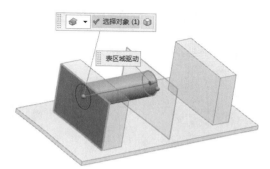

图 5-26　开始条件为"直至选定"

> 直至延伸部分：允许用户裁剪扫略体至一选中表面，如图 5-27 所示。
> 贯通：允许用户沿拉伸矢量完全通过所有可选实体生成拉伸体，如图 5-28 所示。

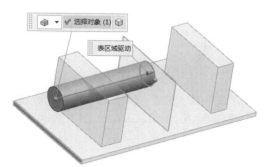

图 5-27　开始条件为"直至延伸部分"

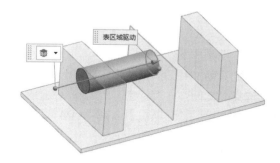

图 5-28　开始条件为"贯通"

☑ 布尔：该选项用于指定生成的几何体与其他对象的布尔运算，包括无、相交、合并、减去等几种方式。
> 无：创建独立的拉伸实体。
> 合并：将拉伸体积与目标体合并为单个体。
> 减去：从目标体移除拉伸体
> 相交：创建包含拉伸特征和与它相交的现有体共享的体积。
> 自动判断：根据拉伸的方向矢量及正在拉伸的对象位置来确定概率最高的布尔运算。
☑ 拔模：该选项用于对面进行拔模。正角使得特征的侧面向内拔模（朝向选中曲线的中心）。负

角使得特征的侧面向外拔模（背离选中曲线的中心）。

> 从起始限制：允许用户从起始点至结束点创建拔模。
> 从截面：允许用户从起始点至结束点创建的锥角与截面对齐。
> 从截面-不对称角：允许用户沿截面至起始点和结束点创建的不对称锥角。
> 从截面-对称角：允许用户沿截面至起始点和结束点创建的对称锥角。
> 从截面匹配的终止处：允许用户沿轮廓线至起始点和结束点创建的锥角，在两端面处的锥面保持一致。

☑ 偏置：该选项组可以生成特征，该特征由曲线或边的基本设置偏置一个常数值。

> 单侧：用于生成以单侧偏置实体。
> 两侧：用于生成以双侧偏置实体。
> 对称：用于生成以对称偏置实体示。

扫码看视频
5.2.2 轴衬固定套

5.2.2 实例——轴衬固定套

本例采用基本曲线建立固定套底面曲线，然后进行拉伸操作，如图 5-29 所示。

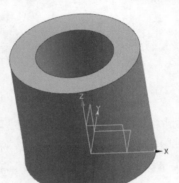

图 5-29 轴衬固定套

操作步骤如下。

1. 创建新文件

选择"文件"→"新建"命令或单击"快速访问"工具栏中的"新建"按钮 ，弹出"新建"对话框。在"模板"选项组中选择"模型"，在"名称"文本框中输入 gu ding tao，单击"确定"按钮，进入建模环境。

2. 创建固定套曲线

（1）选择"菜单"→"插入"→"曲线"→"基本曲线（原有）"命令，弹出"基本曲线"对话框。

（2）单击"圆"按钮○，"基本曲线"对话框刷新为如图 5-30 所示。在"点方法"下拉列表中选择"点构造器"按钮 ，弹出"点"对话框。

（3）在"点"对话框中输入圆心（0,0,0），单击"确定"按钮，然后在对话框中输入半径坐标（3,0,0），单击"确定"按钮，完成第一圆的绘制。

（4）同理，在坐标原点创建半径为 5 的第二个圆，如图 5-31 所示。

图 5-30 "基本曲线"对话框

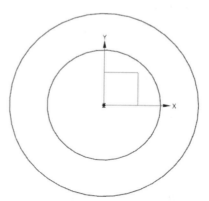

图 5-31 固定套端面曲线

3. 拉伸操作

（1）选择"菜单"→"插入"→"设计特征"→"拉伸"命令，或者单击"主页"选项卡"特征"组中的"拉伸"按钮 ，弹出如图 5-32 所示的"拉伸"对话框。

（2）选择步骤 2 创建的曲线为拉伸截面，然后在"指定矢量"下拉列表中选择 （ZC 轴），在"限制"选项组中将"开始"和"结束"均设置为"值"，将其"距离"分别设置为 0 和 10，其他保持默认。最后单击"确定"按钮，完成拉伸操作，生成的圆头平键如图 5-33 所示。

图 5-32 "拉伸"对话框

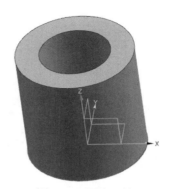

图 5-33 圆头平键

扫码看视频

5.2.3 旋转

5.2.3 旋转

该命令通过绕给定的轴以非零角度旋转截面曲线来生成一个特征。可以从基本横截面开始并生成圆或部分圆的特征。执行旋转命令，主要有以下两种方式。

☑ 菜单：选择"菜单"→"插入"→"设计特征"→"旋转"命令。

☑ 功能区：单击"主页"选项卡"特征"组中的"旋转"按钮 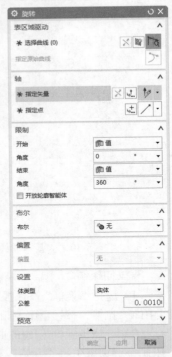。

执行上述方式后，打开图 5-34 所示"旋转"对话框。

"旋转"对话框中的选项说明如下。

☑ 表区域驱动：各选项说明如下。

➢ 曲线：用于选择旋转的曲线，如果选择的是面则自动进入草绘模式。

➢ 绘制截面：用户可以通过该选项首先绘制旋转的轮廓，然后进行旋转。

☑ 轴：各选项说明如下。

➢ 指定矢量：该选项让用户指定旋转轴的矢量方向，也可以通过下拉菜单调出矢量构成选项。

➢ 指定点：该选项让用户通过指定旋转轴上的一点，来确定定旋转轴的具体位置。

➢ 反向：与拉伸中的方向选项类似，其默认方向是生成实体的法线方向。

☑ 限制：该选项方式让用户指定旋转的角度。其功能如下：

➢ 值：在开始／结束下拉列表中选择"值"选项，在"角度"文本框中指定旋转的开始／结束角度。总数量不能超过360°。结束角度大于起始角旋转方向为正方向，否则为反方向。

图 5-34　"旋转"对话框

➢ 直至选定：在开始／结束下拉列表中选择"直至选定"选项，该选项让用户把截面集合体旋转到目标实体上的选定面或基准平面。

☑ 布尔：该选项用于指定生成的几何体与其他对象的布尔运算，包括：无、相交、合并、减去等几种方式。配合起始点位置的选取可以实现多种拉伸效果。

☑ 偏置：该选项方式让用户指定偏置形式，分为无和两侧。

➢ 无：直接以截面曲线生成旋转特征，如图 5-35 所示。

➢ 两侧：指在截面曲线两侧生成旋转特征，以结束值和起始值之差为实体的厚度，如图 5-36所示。

图 5-35　"无"偏置

图 5-36　"两侧"偏置

5.2.4　实例——矩形弯管

本例首先采用基本曲线创建矩形弯管截面轮廓，然后进行旋转操作，如图 5-37 所示。

扫码看视频

5.2.4　矩形弯管

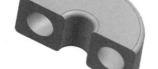

图 5-37　矩形弯管

操作步骤如下。

1. 创建新文件

选择"文件"→"新建"命令或单击"快速访问"工具栏中的"新建"按钮，弹出"新建"对话框。在"模板"选项组中选择"模型"，在"名称"文本框中输入 juxingwanguan，单击"确定"按钮，进入建模环境。

2. 创建矩形

（1）选择"菜单"→"插入"→"曲线"→"矩形（原有）"命令，弹出"点"对话框。

（2）在该对话框中输入（0,0,0）作为矩形顶点 1，单击"确定"按钮。

（3）在该对话框中输入（10,10,0）作为矩形顶点 2，单击"确定"按钮，完成矩形的创建，如图 5-38 所示。

3. 创建圆

（1）选择"菜单"→"插入"→"曲线"→"基本曲线（原有）"命令，在弹出的"基本曲线"对话框中单击"圆"按钮 ○，如图 5-39 所示。

图 5-38　绘制矩形

图 5-39　"基本曲线"对话框

（2）在"点方法"下拉列表中选择"点构造器"，输入（5,5,0）为圆心，接着按系统提示输入（8,5,0）为圆弧上的点，单击"确定"按钮，生成如图 5-40 所示的圆。

4. 创建圆角

（1）选择"菜单"→"插入"→"曲线"→"基本曲线（原有）"命令，弹出"基本曲线"对话框。

（2）单击"圆角"按钮 ，弹出如图5-41所示的"曲线倒圆"对话框。

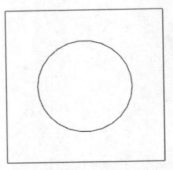

图5-40　圆

图5-41　"曲线倒圆"对话框

（3）在"半径"文本框中输入1，在视图中选择矩形四角，即可进行倒圆角，如图5-42所示。

5. 创建旋转特征

（1）选择"菜单"→"插入"→"设计特征"→"旋转"命令，或者单击"主页"选项卡"特征"组中的"旋转"按钮 ，弹出如图5-43所示的"旋转"对话框。

（2）在"限制"选项组中，将"开始"和"结束"均设置为"值"，将其"角度"分别设置为0、180，然后选择屏幕中的矩形和圆为旋转截面。

（3）在"指定矢量"下拉列表中单击 图标（YC轴），单击"点对话框"按钮 ，在弹出的"点"对话框中输入旋转基点（-3,0,0），单击"确定"按钮，返回"旋转"对话框。

（4）单击"确定"按钮，完成旋转操作，如图5-44所示。

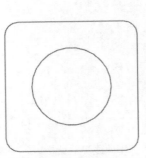

图5-42　绘制圆角

图5-43　"旋转"对话框

图5-44　创建旋转特征

5.2.5　沿引导线扫掠

通过沿着由一个或一系列曲线、边或面构成的引导线串（路径）拉伸开放的或封闭的边界草图、曲线、边或面来生成单个体。执行沿引导线扫掠命令，主要有以下两种方式。

☑ 菜单：选择"菜单"→"插入"→"扫掠"→"沿引导线扫掠"命令。

☑ 功能区：单击"曲面"选项卡"曲面"组中的"沿引导线扫掠"按钮 。

执行上述方式后，打开如图 5-45 所示的"沿引导线扫掠"对话框。"沿引导线扫掠"对话框中的选项说明如下。

☑ 截面：选择曲线、边或者曲线链，或是截面的边为截面。

☑ 引导：选择曲线、边或曲线链，或是引导线的边。引导线串中的所有曲线都必须是连续的。

☑ 偏置：各选项说明如下。

➢ 第一偏置：增加扫掠特征的厚度。

➢ 第二偏置：使扫掠特征的基础偏离于截面线串。

图 5-45　"沿引导线扫掠"对话框

✍ 提示：（1）如果截面对象有多个环，则引导线串必须由线 / 圆弧构成。

（2）如果沿着具有封闭的、尖锐拐角的引导线串扫掠，建议把截面线串放置到远离尖锐拐角的位置。

（3）如果引导路径上两条相邻的线以锐角相交，或者如果引导路径中的圆弧半径对于截面曲线来说太小，则不会发生扫掠面操作。换言之，路径必须是光顺的、切向连续的。

5.2.6　管

通过沿着由一个或一系列曲线构成的引导线串（路径）扫掠出简单的管道对象。执行管命令，主要有以下两种方式。

☑ 菜单：选择"菜单"→"插入"→"扫掠"→"管"命令。

☑ 功能区：单击"曲面"选项卡"曲面"组中的"管"按钮 。

执行上述方式后，打开如图 5-46 所示的"管"对话框。

"管"对话框中的选项说明如下。

☑ 选择路径曲线：指定管道的中心线路径。可以选择多条曲线或边，且必须是光顺并相切连续。

☑ 横截面：各选项说明如下。

➢ 外径：用于输入管道的外直径的值，其中外径不能为 0。

➢ 内径：用于输入管道的内直径的值。

☑ 输出：各选项说明如下。

➢ 单段：只具有一个或两个侧面，此侧面为 B 曲面。如果内直径是 0，那么管具有一个侧面，如图 5-47 所示。

➢ 多段：沿着引导线串扫成一系列侧面，这些侧面可以是柱面或环面，如图 5-48 所示。

图 5-46　"管"对话框

图 5-47 单段管道

图 5-48 多段管道

扫码看视频

5.3.1 凸台

5.3 特 征 设 计

5.3.1 凸台

该命令让用户能在平面或基准面上生成一个简单的凸台。执行凸台命令，其方式如下。

☑ 菜单：选择"菜单"→"插入"→"设计特征"→"凸台（原有）"命令。

执行上述方式后，打开如图 5-49 所示的"支管"对话框。使用"定位"对话框来精确定位凸台，如图 5-50 所示。

图 5-49 "支管"对话框

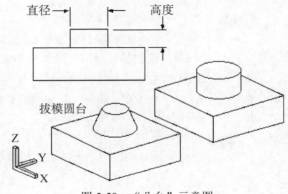

图 5-50 "凸台"示意图

"支管"对话框中的选项说明如下。

☑ 选择步骤-放置面：用于指定一个平的面或基准平面，以在其上定位凸台。

☑ 过滤：通过限制可用的对象类型帮助您选择需要的对象。这些选项是：任意、面和基准平面。

☑ 直径：输入凸台直径的值。

☑ 高度：输入凸台高度的值。

☑ 锥角：输入凸台的柱面壁向内倾斜的角度。该值可正可负。零值产生没有锥度的垂直圆柱壁。

☑ 反侧：如果选择了基准面作为放置平面，则此按钮成为可用。单击此按钮使当前方向矢量反向，同时重新生成凸台的预览。

5.3.2 实例——电阻

本例首先创建圆柱体，然后在圆柱体两端面中心位置创建凸台，如图 5-51 所示。

操作步骤如下。

1. 创建新文件

选择"文件"→"新建"命令或单击"快速访问"工具栏中的"新

扫码看视频

5.3.2 电阻

图 5-51 电阻

建"按钮 📄，弹出"新建"对话框。在"模板"选项组中选择"模型"，在"名称"文本框中输入 dianzu，单击"确定"按钮，进入建模环境。

2. 创建圆柱体

（1）选择"菜单"→"插入"→"设计特征"→"圆柱"命令，或者单击"主页"选项卡"特征"组中的"圆柱"按钮 🗄，弹出"圆柱"对话框。

（2）在"类型"下拉列表框中选择"轴、直径和高度"，如图 5-52 所示。

（3）在"指定矢量"下拉列表中选择 ᶻᶜ↑（ZC 轴）为圆柱体创建方向。单击"点对话框"按钮 🔚，在弹出的"点"对话框中设置原点坐标为（0,0,0），单击"确定"按钮。

（4）返回"圆柱"对话框，在"直径"和"高度"数值框中分别输入 4 和 5，单击"确定"按钮，生成的圆柱体如图 5-53 所示。

图 5-52　"圆柱"对话框

图 5-53　圆柱体

3. 创建顶面凸台

（1）选择"菜单"→"插入"→"设计特征"→"凸台（原有）"命令，弹出如图 5-54 所示"支管"对话框。

（2）选择圆柱顶面为凸台放置面，在"直径""高度"和"锥角"数值框中分别输入 1、3 和 0，单击"确定"按钮。在弹出的"定位"对话框（见图 5-55）中单击"点落在点上"按钮 ⸜，弹出"点落在点上"对话框，如图 5-56 所示。

图 5-54　"支管"对话框

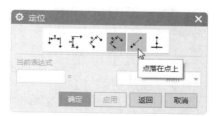

图 5-55　"定位"对话框

（3）选择圆柱顶面圆弧边为目标对象，弹出"设置圆弧的位置"对话框，如图 5-57 所示。单击"圆弧中心"按钮，将生成的凸台定位于圆柱体顶面圆弧中心，如图 5-58 所示。

图 5-56 "点落在点上"对话框

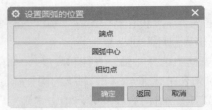

图 5-57 "设置圆弧的位置"对话框

图 5-58 凸台 1

4. 创建底面凸台

（1）选择"菜单"→"插入"→"设计特征"→"凸台（原有）"命令，弹出如图 5-54 所示"支管"对话框。

（2）选择圆柱底面为凸台放置面，在"直径""高度"和"锥角"数值框中分别输入 1、3 和 0，单击"确定"按钮。在弹出的"定位"对话框（见图 5-55）中单击"点落在点上"按钮 ✓，弹出"点落在点上"对话框，如图 5-56 所示。

（3）选择圆柱底面圆弧边为目标对象，弹出"设置圆弧的位置"对话框，如图 5-57 所示。单击"圆弧中心"按钮，将生成的凸台定位于圆柱体底面圆弧中心，如图 5-59 所示。

图 5-59 凸台 2

5.3.3 腔

执行腔命令，方式如下。

☑ 菜单：选择"菜单"→"插入"→"设计特征"→"腔（原有）"命令。

执行上述方式后，打开如图 5-60 所示的"腔"对话框。"腔"对话框中的选项说明如下。

1. 圆柱形

选中该选项，在选定放置平面后，打开如图 5-61 所示的"圆柱腔"对话框，该选项让用户定义一个圆形的腔体，有一定的深度，有或没有圆角的底面，具有直面或斜面，如图 5-62 所示。

扫码看视频

5.3.3 腔

图 5-60 "腔"对话框

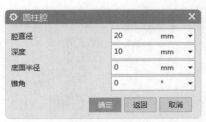

图 5-61 "圆柱腔"对话框

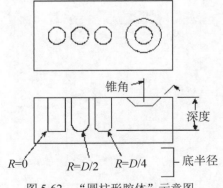

图 5-62 "圆柱形腔体"示意图

☑ 腔直径：输入腔体的直径。

☑ 深度：沿指定方向矢量从原点测量的腔体深度。

☑ 底面半径：输入腔体底边的圆形半径。此值必须等于或大于零。

☑ 锥角：应用到腔壁的拔模角。此值必须等于或大于零。

◀》 提示：深度值必须大于底半径。

2. 矩形

单击该按钮，在选定放置平面及水平参考面后系统会打开如图 5-63 所示的"矩形腔"对话框。该选项让用户定义一个矩形的腔体，按照指定的长度、宽度和深度，按照拐角处和底面上的指定的半径，具有直边或锥边（见图 5-64）。"矩形腔"对话框各选项说明如下。

☑ 长度 / 宽度 / 深度：输入腔体的长度 / 宽度 / 高度值。

☑ 角半径：腔体竖直边的圆半径（大于或等于 0）。

☑ 底面半径：腔体底边的圆半径（大于或等于 0）。

☑ 锥角：腔体的四壁以这个角度向内倾斜。该值不能为负。为 0 值导致竖直的壁。

◀》 提示：拐角半径必须大于或等于底半径。

图 5-63 "矩形腔"对话框

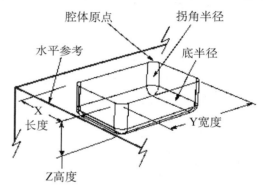

图 5-64 "矩形腔体"示意图

3. 常规

该选项所定义的腔体具有更大的灵活性，如图 5-65 所示。

☑ 选择步骤：各选项说明如下。

➤ 放置面 ▣：该选项是一个或多个选中的面，或是单个平面或基准平面。腔体的顶面会遵循放置面的轮廓。必要的话，将放置面轮廓曲线投影到放置面上。如果没有指定可选的目标体，第一个选中的面或相关的基准平面会标识出要放置腔体的实体或片体（如果选择了固定的基准平面，则必须指定目标体）。面的其余部分可以来自部件中的任何体。

➤ 放置面轮廓 ▣：该选项是在放置面上构成腔体顶部轮廓的曲线。放置面轮廓曲线必须是连续的（即端到端相连）。

➤ 底面 ▣：该选项是一个或多个选中的面，或是单个平面或基准平面，用于确定腔体的底部。选择底面的步骤是可选的，腔体的底部可以由放置面偏置而来。

➤ 底面轮廓曲线 ▣：该选项是底面上腔体底部的轮廓线。与放置

图 5-65 "常规腔"对话框

Note

面轮廓一样，底面轮廓线中的曲线（或边）必须是连续的。

➢ 目标体 ：如果希望腔体所在的体与第一个选中放置面所属的体不同，则选择"目标体"。这是一个可选的选择如果没有选择目标体，则将由放置面进行定义。

➢ 放置面轮廓线投影矢量 ：如果放置面轮廓曲线已经不在放置面上，则该选项用于指定如何将它们投影到放置面上。

➢ 底面平移矢量 ：该选项指定了放置面或选中底面将平移的方向。

➢ 底面轮廓曲线投影矢量 ：如果底部轮廓曲线已经不在底面上，则底面轮廓投影矢量指定如何将它们投影到底面上。其他用法与"放置面轮廓投影矢量"类似。

➢ 放置面上的对齐点 ：该选项是在放置面轮廓曲线上选择的对齐点。

➢ 底面对齐点 ：该选项是在底面轮廓曲线上选择的对齐点。

☑ 轮廓对齐方法：如果选择了放置面轮廓和底面轮廓，则可以指定对齐放置面轮廓曲线和底面轮廓曲线的方式。

☑ 放置面半径：该选项定义放置面（腔体顶部）与腔体侧面之间的圆角半径。

➢ 恒定：用户为放置面半径输入恒定值。

➢ 规律控制：用户通过为底部轮廓定义规律来控制放置面半径。

☑ 底面半径：该选项定义腔体底面（腔体底部）与侧面之间的圆角半径。

☑ 角半径：该选项定义放置在腔体拐角处的圆角半径。拐角位于两条轮廓曲线／边之间的运动副处，这两条曲线／边的切线偏差的变化范围要大于角度公差。

☑ 附着腔：该选项将腔体缝合到目标片体，或由目标实体减去腔体。如果没有选择该选项，则生成的腔体将成为独立的实体。

5.3.4 孔

执行孔命令，主要有以下两种方式。

☑ 菜单：选择"菜单"→"插入"→"设计特征"→"孔"命令。

扫码看视频

5.3.4 孔

☑ 功能区：单击"主页"选项卡"特征"组中的"孔"按钮 。

执行上述方式后，打开如图 5-66 所示的"孔"对话框。"孔"对话框中的选项说明如下。

1. 常规孔

创建指定尺寸的简单孔、沉头孔、埋头孔或锥孔特征。

☑ 位置：选择现有点或创建草图点来指定孔的中心。

☑ 方向：指定孔方向。

➢ 垂直于面：沿着与公差范围内每个指定点最近的面法向的反向定义孔的方向。

➢ 沿矢量：沿指定的矢量定义孔方向。

☑ 形状和尺寸：各选项说明如下。

➢ 成形：指定孔特征的形状。

➢ 简单孔：创建具有指定直径、深度和尖端顶锥

图 5-66 "孔"对话框

角的简单孔，如图 5-67 所示。

➤ 沉头：创建具有指定直径、深度、顶锥角、沉头直径和沉头深度和沉头孔，如图 5-68 所示。

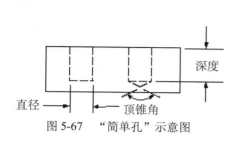

图 5-67　"简单孔"示意图

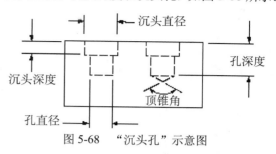

图 5-68　"沉头孔"示意图

➤ 埋头：创建有指定直径、深度、顶锥角、埋头直径和埋头角度的埋头孔，如图 5-69 所示。
➤ 锥孔：创建具有指定锥角和直径的锥孔。
➤ 尺寸：设置相关参数。

2. 钻形孔

使用 ANSI 或 ISO 标准创建简单钻形孔特征。

☑ 大小：用于创建钻形孔特征的钻孔尺寸。
☑ 等尺寸配对：指定孔所需的等尺寸配对。
☑ 起始倒斜角：将起始倒斜角添加到孔特征。
☑ 终止倒斜角：将终止倒斜角添加到孔特征。

图 5-69　"埋头孔"示意图

3. 螺钉间隙孔

创建简单、沉头或埋头通孔，为具体应用而设计。

☑ 螺钉类型：螺钉类型列表中可用的选项取决于将形状设置为简单孔、沉头还是埋头。
☑ 螺丝规格：在类型设置为螺钉间隙孔时可用。为用于创建螺钉间隙孔特征的选定螺钉类型指定螺丝规格。
☑ 等尺寸配对：指定孔所需的等尺寸配对。

4. 螺纹孔

创建螺纹孔，其尺寸标注由标准、螺纹尺寸和径向进刀定义。

☑ 大小：指定螺纹尺寸的大小。
☑ 径向进刀：选择径向进刀百分比，用于计算丝锥直径值的近似百分比。
☑ 攻丝直径：指定丝锥的直径。
☑ 旋向：指定螺纹为右手（顺时针方向）或是左手（逆时针方向）。

5. 孔系列

创建起始、中间和结束孔尺寸一致的多形状、多目标体的对齐孔。

☑ 起始选项卡：指定起始孔参数。起始孔是在指定中心处开始的，具有简单、沉头或埋头孔形状的螺钉间隙通孔。
☑ 中间选项卡：指定中间孔参数。中间孔是与起始孔对齐的螺钉间隙通孔。
☑ 端点选项卡：指定终止孔参数。结束孔可以是螺钉间隙孔或螺钉孔。

5.3.5　实例——适配器

扫码看视频

5.3.5　适配器

适配器就是一个接口转换器，它可以是一个独立的硬件接口设备，允许硬件或电子接口与其他硬件或电子接口相连，也可以是信息接口。本例将首先创建长方体，然后进行垫块、腔体和孔等操作，如图5-70所示。

操作步骤如下。

1. 创建新文件

选择"文件"→"新建"命令或单击"快速访问"工具栏中的"新建"按钮🗋，弹出"新建"对话框。在"模板"选项组中选择"模型"，在"名称"文本框中输入shipeiqi，单击"确定"按钮，进入建模环境。

图5-70 适配器

2. 绘制草图

（1）选择"菜单"→"插入"→"草图"命令，或者单击"主页"选项卡"直接草图"组中的"草图"按钮🗒，在弹出的"创建草图"对话框中设置XC-YC平面为草图绘制平面，单击"确定"按钮，进入草图绘制界面。

（2）利用草图命令绘制如图5-71所示的草图。

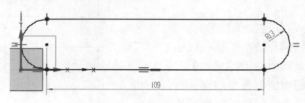

图5-71 绘制草图

3. 拉伸操作

（1）选择"菜单"→"插入"→"设计特征"→"拉伸"命令，或者单击"主页"选项卡"特征"组中的"拉伸"按钮🗐，弹出如图5-72所示的"拉伸"对话框。

（2）选择步骤2创建的曲线为拉伸截面，然后在"指定矢量"下拉列表中选择 ᶻᶜ↑（ZC轴），在"限制"选项组中将"开始"和"结束"均设置为"值"，将其"距离"分别设置为0和55，在"布尔"下拉列表中选择"合并"选项，系统自动选择实体。最后单击"确定"按钮，完成拉伸操作，如图5-73所示。

图5-72 "拉伸"对话框

图5-73 边倒圆结果

4. 创建基准平面

（1）选择"菜单"→"插入"→"基准/点"→"基准平面"命令或单击"主页"选项卡"特征"组中的"基准平面"按钮 □，弹出"基准平面"对话框。

（2）在"类型"下拉列表框中选择 YC-ZC，设置距离为127，单击"应用"按钮，生成基准平面1。

（3）在"类型"下拉列表框中选择"曲线和点"，捕捉圆弧的圆心，单击"应用"按钮，创建基准平面2。

（4）在"类型"下拉列表框中选择"曲线和点"，捕捉圆角边线中点，单击"确定"按钮，创建基准平面3，如图5-74所示。

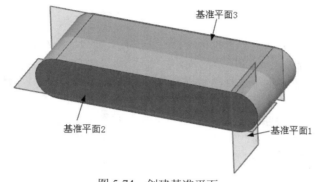

图 5-74　创建基准平面

5. 创建腔体

（1）选择"菜单"→"插入"→"设计特征"→"腔（原有）"命令，弹出"腔"对话框，如图5-75所示。

（2）单击"矩形"按钮，弹出"矩形腔"（放置面选择）对话框，选择基准平面1为腔体放置面。弹出"水平参考"对话框，选择圆角边线为水平参考。

（3）弹出如图5-76所示的"矩形腔"（输入参数）对话框，在"长度""宽度""深度"数值框中分别输入17、26、12，其他参数设置为0，单击"确定"按钮。

图 5-75　"腔"对话框

图 5-76　"矩形腔"（输入参数）对话框

（4）弹出"定位"对话框，单击"垂直"按钮 ⟨⟩，按照提示选择基准平面2为基准，选择腔体短中心线为工具边，在弹出的"创建表达式"对话框中输入0，单击"应用"按钮。

（5）选择基准平面3为基准，腔体长中心线为工具边，在弹出的"创建表达式"对话框中输入0，单击"确定"按钮，完成定位并完成腔体1的创建。

（6）重复上述步骤，在基准平面1上创建腔体2，"长度""宽度""深度"分别为34、15、12，定位方式同上，生成模型如图5-77所示。

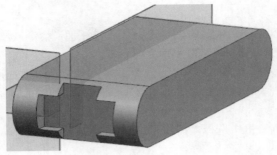

图 5-77　模型

6. 创建简单孔

（1）选择"菜单"→"插入"→"设计特征"→"孔"命令，或单击"主页"选项卡"特征"组中的"孔"按钮 ，打开如图 5-78 所示的"孔"对话框。

（2）在"类型"下拉列表框中选择"常规孔"类型，在"形状和尺寸"选项组的"成形"下拉列表框中选择"简单"。

（3）单击"绘制截面"按钮 ，选择腔体的表面为草图放置面。

（4）进入草图绘制界面，打开"草图点"对话框，在腔体表面上单击一点，标注尺寸确定点位置，如图 5-79 所示。单击"完成"按钮 ，草图绘制完毕。

图 5-78　"孔"对话框

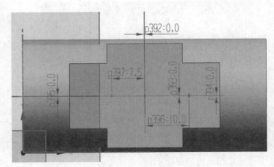

图 5-79　标注尺寸

（5）在"孔方向"下拉列表框中选择"垂直于面"。

（6）在"直径""深度"和"顶锥角"数值框中分别输入 9、20 和 0，单击"应用"按钮，完成简单孔的创建，如图 5-80 所示。

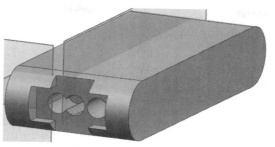

图 5-80　创建的简单孔

7. 创建腔

（1）选择"菜单"→"插入"→"设计特征"→"腔"命令，弹出"腔"对话框。

（2）单击"矩形"按钮，弹出"矩形腔"（放置面选择）对话框，选择基准平面 1 为腔体放置面。弹出"水平参考"对话框，选择圆角边线为水平参考。

（3）弹出如图 5-81 所示的"矩形腔"（输入参数）对话框，在"长度""宽度""深度"数值框中分别输入 15、6 和 15，其他参数设置为 0，单击"确定"按钮。

（4）弹出"定位"对话框，单击"垂直"按钮 ，按照提示选择基准平面 2 为基准，选择腔体短中心线为工具边，在弹出的"创建表达式"对话框中输入 0，单击"应用"按钮。

（5）选择基准平面 3 为基准，腔体长中心线为工具边，在弹出的"创建表达式"对话框中输入 0，单击"确定"按钮，完成定位，创建的腔体，如图 5-82 所示。

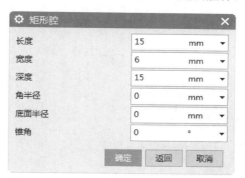

图 5-81　"矩形腔"（输入参数）对话框

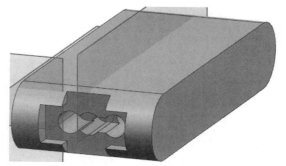

图 5-82　完成腔体的创建

8. 创建凸台

（1）选择"菜单"→"插入"→"设计特征"→"凸台（原有）"命令，弹出如图 5-83 所示的"支管"对话框。

（2）选择孔底面为凸台放置面，在"直径""高度""锥角"数值框中分别输入 1.5、18、0，单击"确定"按钮。

（3）弹出"定位"对话框，如图 5-84 所示。在其中单击"点落在点上"按钮 ，弹出"点落在点上"对话框，如图 5-85 所示。

（4）选择孔边线为目标对象，弹出"设置圆弧的位置"对话框，如图 5-86 所示。单击"圆弧中心"按钮，将生成的凸台 1 定位于圆柱体顶面圆弧中心。

图 5-83 "支管"对话框

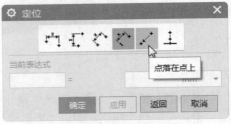

图 5-84 "定位"对话框

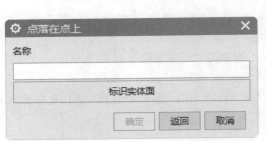

图 5-85 "点落在点上"对话框

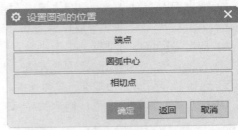

图 5-86 "设置圆弧的位置"对话框

（5）以同样的方法，创建相同形状参数和定位参数的凸台 2 和凸台 3，如图 5-87 所示。

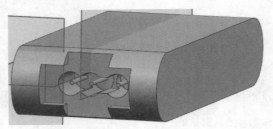

图 5-87 创建凸台

9. 创建球体

（1）选择"菜单"→"插入"→"设计特征"→"球"命令，或者单击"主页"选项卡"特征"组中的"球"按钮 ●，打开"球"对话框。

（2）在"类型"下拉列表框中选择"中心点和直径"，如图 5-88 所示。在"直径"数值框中输入 1.5。

（3）在视图中选择凸台上表面圆心为球的中心位置，在"布尔"下拉列表中选择"合并"选项，系统自动选择视图中的实体。

（4）在"球"对话框中单击"应用"按钮，在凸台上创建球特征。

（5）重复步骤（3），捕捉另外两个凸台的圆心创建球，如图 5-89 所示。

图 5-88　"球"对话框

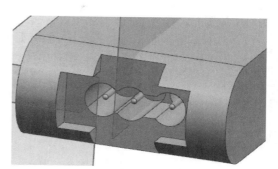

图 5-89　创建的球体

10. 创建孔

（1）选择"菜单"→"插入"→"设计特征"→"圆柱"命令，或者单击"主页"选项卡"特征"组中的"圆柱"按钮 ，打开如图 5-90 所示的"圆柱"对话框。

（2）在"指定矢量"下拉列表中选择 ^{ZC}（ZC 轴），单击"点对话框"按钮 ，在弹出的"点"对话框中设置坐标点为（0,27.5,0），单击"确定"按钮。

（3）返回"圆柱"对话框，设置"直径"和"高度"为 24 和 26，在"布尔"下拉列表框中选择"减去"，系统将自动选择视图中的实体，单击"确定"按钮，即可创建孔，如图 5-91 所示。

图 5-90　"圆柱"对话框

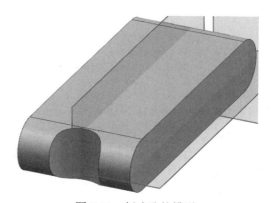

图 5-91　创建孔的模型

11. 创建基准平面

（1）选择"菜单"→"插入"→"基准 / 点"→"基准平面"命令或单击"主页"选项卡"特征"

组中的"基准平面"按钮 □，弹出"基准平面"对话框。

（2）在"类型"下拉列表框中选择YC-ZC，设置距离为8，单击"确定"按钮，生成基准平面4。

12. 创建垫块

（1）选择"菜单"→"插入"→"设计特征"→"垫块（原有）"命令，打开如图5-92所示的"垫块"对话框。

（2）单击"矩形"按钮，打开"矩形垫块"（放置面选择）对话框。选择步骤11创建的基准平面4为垫块放置面，打开"水平参考"对话框。

（3）选择基准平面3为水平参考，打开如图5-93所示的"矩形垫块"（输入参数）对话框。

图5-92　"垫块"对话框

图5-93　"矩形垫块"（参数输入）对话框

（4）在"长度""宽度""高度""角半径""锥角"数值框中分别输入24、23、5、0、0。

（5）单击"确定"按钮，打开如图5-94所示的"定位"对话框。

（6）单击"垂直"按钮 ，按照提示选择基准平面2为基准，选择垫块短中心线为工具边，在弹出的"创建表达式"对话框中输入0，单击"应用"按钮。

（7）选择基准平面3为基准，垫块长中心线为工具边，在弹出的"创建表达式"对话框中输入0，单击"确定"按钮，完成定位，创建的垫块如图5-95所示。

图5-94　"定位"对话框

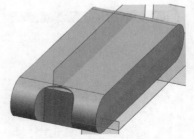

图5-95　创建矩形垫块

13. 创建简单孔

（1）选择"菜单"→"插入"→"设计特征"→"孔"命令，或单击"主页"选项卡"特征"面组上的"孔"按钮 ，打开"孔"对话框。

（2）在"类型"下拉列表框中选择"常规孔"，在"形状和尺寸"选项组的"成形"下拉列表框中选择"简单孔"。

（3）单击"绘制截面"按钮 ，选择垫块的表面为草图放置面。

（4）进入草图绘制界面，打开"草图点"对话框，在腔体表面上单击一点，标注尺寸确定点位置，如图5-96所示。单击"完成"按钮 ，草图绘制完毕。

（5）返回"孔"对话框，在"孔方向"下拉列表框中选择"垂直于面"。

（6）在"直径""深度""顶锥角"数值框中分别输入 4、20、0，单击"应用"按钮，完成简单孔的创建，如图 5-97 所示。

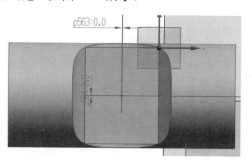

图 5-96 标注尺寸

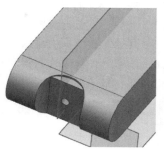

图 5-97 完成简单孔的创建

14. 创建埋头孔

（1）选择"菜单"→"插入"→"设计特征"→"孔"命令，或单击"主页"选项卡"特征"组中的"孔"按钮，打开如图 5-98 所示的"孔"对话框。

（2）在"类型"下拉列表框中选择"常规孔"，在"形状和尺寸"选项组的"成形"下拉列表框中选择"埋头"。

（3）单击"绘制截面"按钮，选择长方体的上表面为草图放置面。

（4）进入草图绘制界面，打开"草图点"对话框，在腔体表面上单击一点，标注尺寸确定点位置，如图 5-99 所示。单击"完成"按钮，草图绘制完毕。

（5）在"孔"对话框中，将"埋头直径""埋头角度""直径""深度""顶锥角"分别设置为 3、90、2、1、0，单击"确定"按钮，完成埋头孔的创建，如图 5-100 所示。

图 5-98 "孔"对话框

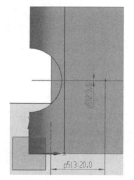

图 5-99 标注尺寸

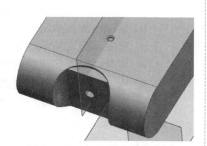

图 5-100 完成埋头孔的创建

...

15. 创建球体

（1）选择"菜单"→"插入"→"设计特征"→"球"命令，或者单击"主页"选项卡"特征"组中的"球"按钮 ⬤，打开"球"对话框。

（2）在"类型"下拉列表框中选择"中心点和直径"，如图 5-101 所示。

（3）在"直径"数值框中输入 2。

（4）在视图中选择埋头孔大圆中心为球的中心位置。

（5）在"球"对话框中单击"确定"按钮，完成球体的创建，如图 5-102 所示。

图 5-101　"球"对话框

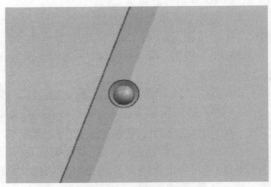

图 5-102　创建的球体

5.3.6　垫块

执行垫块命令，方式如下。

☑ 菜单：选择"菜单"→"插入"→"设计特征"→"垫块（原有）"命令。

扫码看视频

5.3.6　垫块

图 5-103　"垫块"对话框

执行上述方式后，打开如图 5-103 所示的"垫块"对话框。

"垫块"对话框中的选项说明如下。

☑ 矩形：选中该按钮，在选定放置平面及水平参考面后，打开
　　如图 5-104 所示的"矩形垫块"对话框。让用户定义一个有指定长度、宽度和深度，在拐角处有指定半径，具有直面或斜面的垫块。

　　➢ 长度：输入垫块的长度。

　　➢ 宽度：输入垫块的宽度。

　　➢ 高度：输入垫块的高度。

　　➢ 角半径：输入垫块竖直边的圆角半径。

　　➢ 锥角：输入垫块的四壁向里倾斜的角度。

☑ 常规：选中该按钮，打开如图 5-105 所示的"常规垫块"对话框。与矩形垫块相比，该选项所定义的垫块具有更大的灵活性。该选项各功能与"腔体"的"常规"选项类似，此处从略。

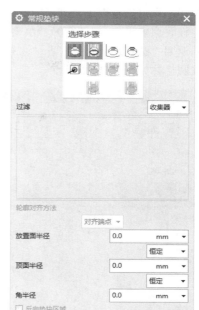

图 5-104　"矩形垫块"参数对话框

图 5-105　"常规垫块"对话框

5.3.7　实例——插头

扫码看视频

5.3.7　插头

插座一般指固定（在面板或底盘上）的那一半。带阳性接触体的插座称为公插座；带阴性接触体的插座称为母插座。在本例中，首先在圆柱体的基础上创建垫块并进行镜像等操作；接下来，通过软管操作创建电缆线；然后在长方体的基础上创建凸台，并进行孔等操作；最后生成插头模型，如图 5-106 所示。

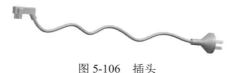

图 5-106　插头

操作步骤如下。

1. 创建新文件

选择"文件"→"新建"命令或单击"快速访问"工具栏中的"新建"按钮 ，弹出"新建"对话框。在"模板"选项组中选择"模型"，在"名称"文本框输入 chatou，单击"确定"按钮，进入建模环境。

2. 创建圆柱体

（1）选择"菜单"→"插入"→"设计特征"→"圆柱"命令，或者单击"主页"选项卡"特征"组中的"圆柱"按钮 ，弹出"圆柱"对话框。

（2）在"类型"下拉列表框中选择"轴、直径和高度"，如图 5-107 所示。

（3）在"指定矢量"下拉列表中选择 ᶻᶜ↑（ZC 轴）。单击"点对话框"按钮 ⬆，在弹出的"点"对话框中设置原点坐标为（0,0,0），单击"确定"按钮。

（4）返回"圆柱"对话框，在"直径"和"高度"数值框中分别输入 40 和 6，单击"确定"按钮，生成圆柱体如图 5-108 所示。

图 5-107　设置圆柱参数

图 5-108　生成圆柱体

3. 创建凸台

（1）选择"菜单"→"插入"→"设计特征"→"凸台（原有）"命令，弹出如图 5-109 所示"支管"对话框。

（2）选择圆柱体顶面为凸台放置面；在"直径""高度"和"锥角"数值框中分别输入 40、16 和 41，单击"确定"按钮。

（3）在弹出的"定位"对话框中单击"点落在点上"按钮 ⟋，弹出"点落在点上"对话框。

（4）选择圆柱体顶面圆弧边为目标对象，弹出"设置圆弧的位置"对话框，如图 5-110 所示。单击"圆弧中心"按钮，将生成的凸台 1 定位于圆柱体顶面圆弧中心，如图 5-111 所示。

图 5-109　"支管"对话框

图 5-110　"设置圆弧的位置"对话框

（5）以同样的方法创建凸台 2，位于圆柱体顶端面，直径、高度和锥角分别为 12、20 和 0。此时的模型如图 5-112 所示。

图 5-111　创建凸台 1

图 5-112　模型

4. 创建基准平面

（1）选择"菜单"→"插入"→"基准 / 点"→"基准平面"命令或单击"主页"选项卡"特征"组中的"基准平面"按钮 ▯，弹出"基准平面"对话框。

（2）在"类型"下拉列表框中选择 XC-YC，单击"应用"按钮，创建基准平面 1。

（3）在"类型"下拉列表框中选择 YC-ZC，单击"应用"按钮，创建基准平面 2。

（4）在"类型"下拉列表框中选择 XC-ZC，单击"确定"按钮，创建基准平面 3，如图 5-113 所示。

图 5-113　创建基准平面

5. 创建基准轴

（1）选择"菜单"→"插入"→"基准 / 点"→"基准轴"命令或单击"主页"选项卡"特征"组中的"基准轴"按钮 ↑，弹出如图 5-114 所示的"基准轴"对话框。

图 5-114　"基准轴"对话框

・137・

（2）在"类型"下拉列表框中选择"点和方向"；单击"点对话框"按钮，在弹出的"点"对话框中输入原点坐标（0,0,0），作为基准轴起始点。

（3）单击"矢量对话框"按钮，弹出"矢量"对话框，如图 5-115 所示。在"类型"下拉列表框中选择"与 XC 成一角度"，在"角度"数值框中输入 30，连续单击"确定"按钮，完成基准轴 1 的创建。

（4）以同样的方法，在"角度"数值框中输入-60，创建基准轴 2，如图 5-116 所示。

图 5-115　"矢量"对话框

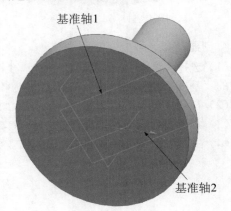

图 5-116　基准轴

6. 创建垫块

（1）选择"菜单"→"插入"→"设计特征"→"垫块（原有）"命令，弹出"垫块"对话框。

（2）单击"矩形"按钮，弹出"矩形垫块"（放置面选择）对话框。

（3）选择圆柱体的下表面为垫块放置面，弹出如图 5-117 所示的"矩形垫块"（输入参数）对话框。

（4）在"长度""宽度""高度""角半径""锥角"数值框中分别输入 6、1.5、21、0、0。

（5）单击"确定"按钮，弹出如图 5-118 所示的"定位"对话框。

图 5-117　"矩形垫块"（输入参数）对话框

图 5-118　"定位"对话框

（6）单击"垂直"按钮，选择 XC-ZC 基准平面为目标边 1，垫块长中心线为工具边 1，输入距离参数 0；选择 YC-ZC 基准平面为目标边 2，垫块短中心线为工具边 2，输入距离参数 8.5，单击"确定"按钮，完成垫块 1 的创建。

（7）以同样的方法，选择圆柱体底面为垫块放置面，选择基准轴 1 为水平参考，长度、宽度和高度分别为 6、1.5 和 20；选择基准轴 1 和基准轴 2 为定位基准，垫块的中心线为定位工具边，设置距离参数分别为 7.5 和 0，完成垫块 2 的创建，如图 5-119 所示。

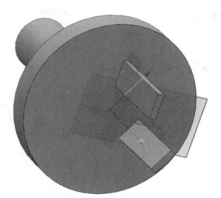

图 5-119　完成垫块的创建

7. 创建镜像特征

（1）选择"菜单"→"插入"→"关联复制"→"镜像特征"命令，弹出如图 5-120 所示的"镜像特征"对话框。

（2）在视图中选择"矩形垫块"特征为要镜像的特征。

（3）选择 XC-ZC 基准平面为镜像平面。

（4）在"镜像特征"对话框中单击"确定"按钮，镜像垫块，如图 5-121 所示。

图 5-120　"镜像特征"对话框

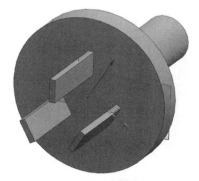

图 5-121　镜像实体

8. 边倒圆

（1）选择"菜单"→"插入"→"细节特征"→"边倒圆"命令，单击"主页"选项卡"特征"组中的"边倒圆"按钮 ，弹出如图 5-122 所示的"边倒圆"对话框。

（2）在"形状"下拉列表框中选择"圆形"。

（3）在视图中选择如图 5-123 所示要倒圆的边，并在"半径 1"数值框中输入 3。

图 5-122　"边倒圆"对话框

图 5-123　选择要倒圆的边

（4）在"边倒圆"对话框中单击"确定"按钮，结果如图 5-124 所示。

9. 绘制草图

（1）选择"菜单"→"插入"→"草图"命令，或者单击"主页"选项卡"直接草图"组中的"草图"按钮 ，在弹出的"创建草图"对话框中设置 XC-ZC 平面为草图绘制平面，单击"确定"按钮，进入草图绘制界面。

（2）单击"直接草图"面组上的"艺术样条"按钮 ，弹出"艺术样条"对话框，如图 5-125 所示。样条第一点为凸台 2 上端面中心，其他适合位置输入 12 点，单击"确定"按钮，完成样条曲线的创建，如图 5-126 所示。

图 5-124　边倒圆操作

图 5-125　"艺术样条"对话框

图 5-126　绘制样条曲线

（3）单击"直接草图"组中的"完成草图"按钮 ，草图绘制完毕。

10. 创建电线

（1）选择"菜单"→"插入"→"扫掠"→"管"命令或单击"曲面"选项卡"曲面"组中的"管"按钮 ，弹出如图 5-127 所示的"管"对话框。

（2）在"外径"和"内径"数值框中分别输入 6 和 2，在"输出"下拉列表框中选择"多段"选项。

（3）选择样条曲线为路径曲线，单击"确定"按钮，结果如图 5-128 所示。

图 5-127　"管"对话框

图 5-128　创建电线

11. 创建凸台

（1）选择"菜单"→"插入"→"设计特征"→"凸台（原有）"命令，弹出"支管"对话框。

（2）选择软管端面为凸台放置面，在"直径""高度""锥角"数值框中分别输入 10、20、0，单击"确定"按钮。

（3）在弹出的"定位"对话框中单击"点落在点上"按钮 ，打开"点落在点上"对话框。

（4）选择软管圆弧边为目标对象，弹出"设置圆弧的位置"对话框。单击"圆弧中心"按钮，将生成的凸台定位于管道顶面圆弧中心，如图 5-129 所示。

12. 动态调整坐标系

选择"菜单"→"格式"→WCS→"动态"命令，选择凸台上端面中心作为坐标系原点，如图 5-130 所示。

图 5-129　创建凸台

图 5-130　调整坐标系

13. 创建长方体

（1）选择"菜单"→"插入"→"设计特征"→"长方体"命令，或者单击"主页"选项卡"特征"组中的"长方体"按钮 ，打开"长方体"对话框。

（2）在"类型"下拉列表框中选择"原点和边长"。

（3）单击"点对话框"按钮 ，在弹出的"点"对话框中设置坐标点为（-5,-7,-9），单击"确定"按钮。

（4）返回"长方体"对话框，在"长度""宽度""高度"数值框中分别输入 14、14、42。

（5）单击"确定"按钮，即可创建长方体，如图 5-131 所示。

14. 创建基准平面

（1）选择"菜单"→"插入"→"基准 / 点"→"基准平面"命令，或单击"主页"选项卡"特征"组中的"基准平面"按钮 ，弹出"基准平面"对话框。

（2）在"类型"下拉列表框中选择"按某一距离"，选择长方体的上表面为参考面，设置距离为 -3，单击"确定"按钮，创建的基准平面如图 5-132 所示。

图 5-131　创建长方体

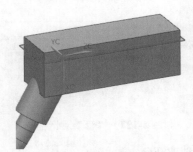

图 5-132　创建基准平面

15. 创建垫块

（1）选择"菜单"→"插入"→"设计特征"→"垫块（原有）"命令，打开"垫块"对话框。

（2）单击"矩形"按钮，打开"矩形垫块"（放置面选择）对话框。

（3）选择步骤 14 创建的基准平面为垫块放置面，打开"水平参考"对话框。

（4）选择与"YC 轴"方向一致的边为水平参考，打开如图 5-133 所示的"矩形垫块"（输入参数）对话框。

（5）在"长度""宽度""高度""拐角半径""锥角"数值框中分别输入 31、11、11、0、0。

（6）单击"确定"按钮，打开如图 5-134 所示的"定位"对话框。

图 5-133　"矩形垫块"（输入参数）对话框　　　　图 5-134　"定位"对话框

（7）单击"垂直"按钮 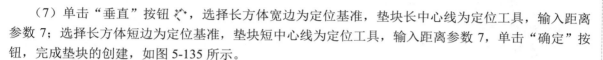，选择长方体宽边为定位基准，垫块长中心线为定位工具，输入距离参数 7；选择长方体短边为定位基准，垫块短中心线为定位工具，输入距离参数 7，单击"确定"按钮，完成垫块的创建，如图 5-135 所示。

16. 创建基准平面

（1）选择"菜单"→"插入"→"基准 / 点"→"基准平面"命令或单击"主页"选项卡"特征"组中的"基准平面"按钮，弹出"基准平面"对话框。

（2）在"类型"下拉列表框中选择"二等分"，选择步骤 15 创建的垫块两侧面，单击"应用"按钮，生成基准平面 5。

（3）在"类型"下拉列表框中选择"XC-ZC"平面，单击"确定"按钮，生成基准平面 6，如图 5-136 所示。

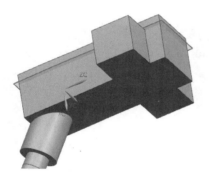

图 5-135　创建垫块

图 5-136　创建基准平面

17. 创建凸台

（1）选择"菜单"→"插入"→"设计特征"→"凸台（原有）"命令，弹出"支管"对话框，如图 5-137 所示。

（2）选择垫块下表面为凸台放置面。

（3）在"支管"对话框的"直径""高度""锥角"数值框中分别输入 8.5、10、0。

（4）单击"确定"按钮，打开"定位"对话框。选择基准平面 5 和基准平面 6 为定位参考，距离设置为 0，完成凸台 1 的创建。

（5）重复上述步骤，创建参数相同、至基准平面 6 和基准平面 5 的距离分别为（7,0）（-10,0）的两个凸台，如图 5-138 所示。

图 5-137　"支管"对话框

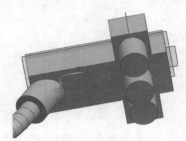

图 5-138　创建凸台

18. 创建简单孔

（1）选择"菜单"→"插入"→"设计特征"→"孔"命令，或单击"主页"选项卡"特征"组中的"孔"按钮 🔲，打开"孔"对话框。

（2）在"类型"下拉列表框中选择"常规孔"，在"形状和尺寸"选项组的"成形"下拉列表框中选择"简单孔"。

（3）捕捉步骤 17 创建的 3 个凸台的圆心为孔位置。

（4）在"孔"对话框中，将孔的"直径""深度""锥角"分别设置为 2、10、0，单击"确定"按钮，完成简单孔的创建，如图 5-139 所示。

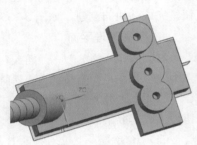

图 5-139　绘制简单孔

19. 隐藏基准

（1）选择"菜单"→"编辑"→"显示和隐藏"→"隐藏"命令，弹出"类选择"对话框。

（2）单击"类型过滤器"按钮 🔘，在弹出的如图 5-140 所示"按类型选择"对话框中选择"基准"选项，单击"确定"按钮。

（3）返回"类选择"对话框，单击"全选"按钮 ⊞，将视图中的基准平面和基准轴全部选取，然后单击"确定"按钮，隐藏基准后的效果如图 5-141 所示。

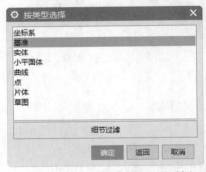

图 5-140　"按类型选择"对话框

图 5-141　模型

5.3.8　键槽

执行该命令可生成一个直槽的通道，通过实体或通到实体里面。在当前目标实体上自动在菜单栏中选择减去操作。所有槽类型的深度值按垂直于平面放置面的方向测量。执行键槽命令，方式如下。

扫码看视频

5.3.8　键槽

☑ 菜单：选择"菜单"→"插入"→"设计特征"→"键槽（原有）"命令。
执行上述方式后，打开如图 5-142 所示的"键槽"对话框。

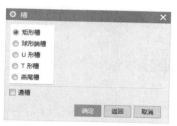

图 5-142　"键槽"对话框

Note

☑ 矩形槽：选中该选项，在选定放置平面及水平参考面后，打开如图 5-143 所示"矩形槽"对
话框。选择该选项让用户沿着底边生成有尖锐边缘的槽，如图 5-144 所示。

图 5-143　"矩形槽"对话框

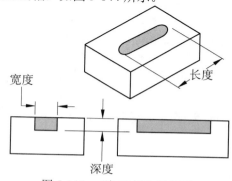

图 5-144　"矩形槽"示意图

➤ 长度：槽的长度，按照平行于水平参考的方向测量。此值必须是正值。

➤ 宽度：槽的宽度值。

➤ 深度：槽的深度，按照和槽的轴相反的方向测量，是从原点到槽底面的距离。此值必须是
正值。

☑ 球形端槽：选中该选项，在选定放置平面及水平参考面后，打开如图 5-145 所示的"球形槽"
对话框。该选项让用户生成一个有完整半径底面和拐角的槽，如图 5-146 所示。

图 5-145　"球形槽"对话框

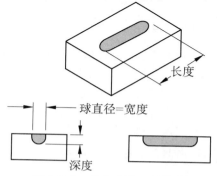

图 5-146　"球形槽"示意图

☑ U 形槽：选中该选项，在选定放置平面及水平参考面后系统会打开如图 5-147 所示的"U
形键槽"对话框。可以用此选项生成 U 形的槽。这种槽留下圆的转角和底面半径，如图 5-148
所示。

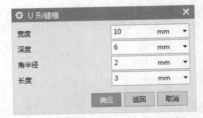

图 5-147 "U 形键槽"对话框

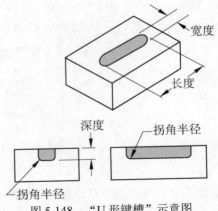

图 5-148 "U 形键槽"示意图

> 宽度：槽的宽度（即切削工具的直径）。
> 深度：槽的深度，在槽轴的反方向测量，即从原点到槽底的距离。这个值必须为正。
> 角半径：槽的底面半径（即切削工具边半径）。
> 长度：槽的长度，在平行于水平参考的方向上测量。这个值必须为正。

☑ T 形槽：选中该选项，在选定放置平面及水平参考面，打开如图 5-149 所示的"T 形槽"对话框。能够生成横截面为倒 T 字形的槽，如图 5-150 所示。

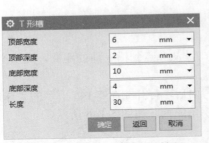

图 5-149 "T 形槽"对话框

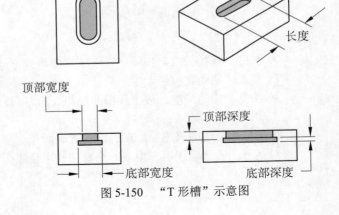

图 5-150 "T 形槽"示意图

> 顶部宽度：槽的较窄的上部宽度。
> 顶部深度：槽顶部的深度，在槽轴的反方向上测量，即从槽原点到底部深度值顶端的距离。
> 底部宽度：槽的较宽的下部宽度。
> 底部深度：槽底部的深度，在刀轴的反方向上测量，即从顶部深度值的底部到槽底的距离。
> 长度：槽的长度，在平行于水平参考的方向上测量。这个值必须为正值。

◀» 提示：底部宽度要大于顶部宽度。

☑ 燕尾槽：选中该选项，在选定放置平面及水平参考面后，打开如图 5-151 所示"燕尾槽"对话框。该选项生成"燕尾"形的槽。这种槽留下尖锐的角和有角度的壁，如图 5-152 所示。

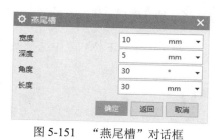

图 5-151　"燕尾槽"对话框

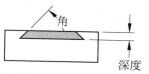

图 5-152　"燕尾槽"示意图

- ➤ 宽度：实体表面上槽的开口宽度，在垂直于槽路径的方向上测量，以槽的原点为中心。
- ➤ 深度：槽的深度，在刀轴的反方向测量，即从原点到槽底的距离。
- ➤ 角度：槽底面与侧壁的夹角。
- ➤ 长度：槽的长度，在平行于水平参考的方向上测量。这个值必须为正。
- ☑ 通槽：该复选框让用户生成一个完全通过两个选定面的槽。有时，如果在生成特殊的槽时碰到麻烦，尝试按相反的顺序选择通过面。槽可能会多次通过选定的面，这取决于选定面的形状，如图 5-153 所示。

图 5-153　"通过键"示意图

5.3.9　实例——低速轴

根据轴类零件的特点，综合运用圆柱体特征、凸台特征等来创建轴的基本轮廓；然后在实体上绘制键槽并倒角，完成低速轴的绘制，如图 5-154 所示。

扫码看视频

5.3.9　低速轴

图 5-154　低速轴

操作步骤如下。

1. 创建新文件

选择"文件"→"新建"命令或单击"快速访问"工具栏中的"新建"按钮 📄，弹出"新建"对话框。在"模板"选项组中选择"模型"，在"名称"文本框中输入 disuzhou，单击"确定"按钮，进入建模环境。

2. 创建圆柱体

（1）选择"菜单"→"插入"→"设计特征"→"圆柱"命令，或者单击"主页"选项卡"特征"组中的"圆柱"按钮 ，弹出"圆柱"对话框。

（2）在"类型"下拉列表框中选择"轴、直径和高度"，在"指定矢量"下拉列表中选择 （XC轴）为圆柱创建方向，如图 5-155 所示。

图 5-155　"圆柱"对话框

（3）单击"点对话框"按钮 ，弹出"点"对话框，设置原点坐标为（0,0,0），单击"确定"按钮。

（4）返回"圆柱"对话框，在"直径"和"高度"数值框中分别输入 58、21，单击"确定"按钮，创建的圆柱体如图 5-156 所示。

3. 创建凸台

（1）选择"菜单"→"插入"→"设计特征"→"凸台（原有）"命令，弹出如图 5-157 所示"支管"对话框。

图 5-156　创建的圆柱体

（2）选择圆柱体顶面为凸台放置面，在"直径""高度""锥角"数值框中分别输入 65、12、0，单击"确定"按钮。在弹出的"定位"对话框（见图 5-158）中单击"点落在点上"按钮 ，弹出"点落在点上"对话框，如图 5-159 所示。

图 5-157　"支管"对话框

图 5-158　"定位"对话框

（3）选择圆柱体顶面圆弧边为目标对象，弹出"设置圆弧的位置"对话框，如图 5-160 所示。单击"圆弧中心"按钮，将生成的凸台定位于圆柱体顶面圆弧中心，如图 5-161 所示。

图 5-159　"点落在点上"对话框

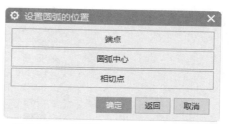

图 5-160　"设置圆弧的位置"对话框

4. 继续创建凸台

重复步骤 3，创建阶梯轴的剩余部分。剩余部分凸台特征的尺寸按 XC 轴正向顺序分别为（58,57）、（55,36）、（52,67）、（45,67）（括号内逗号前的数字表示凸台直径，逗号后的数字表示凸台高度），完成后轴的外形如图 5-162 所示。

图 5-161　创建的凸台

图 5-162　轴

5. 创建基准平面 1 和基准平面 2

（1）选择"菜单"→"插入"→"基准 / 点"→"基准平面"命令或单击"主页"选项卡"特征"组中的"基准平面"按钮 ，弹出"基准平面"对话框，如图 5-163 所示。

（2）在"类型"下拉列表框中选择"XC-YC 平面"，单击"应用"按钮，创建基准平面 1。

（3）选择刚创建的基准平面 1，设置距离为 22.5，单击"确定"按钮，创建基准平面 2，如图 5-164 所示。

图 5-163　"基准平面"对话框

图 5-164　基准平面

6. 创建键槽

（1）选择"菜单"→"插入"→"设计特征"→"键槽（原有）"命令，弹出"槽"对话框，如图 5-165 所示。

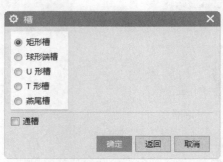

图 5-165 "槽"对话框

（2）选中"矩形槽"单选按钮，取消选中"通槽"复选框。

（3）单击"确定"按钮，弹出"矩形槽"（放置面选择）对话框。

（4）选择基准平面 2 为键槽放置面，弹出"矩形槽"（深度方向选择）对话框。

（5）单击"接受默认边"按钮或直接单击"确定"按钮，弹出"水平参考"对话框。

（6）在实体中选择轴上任意一段圆柱面为水平参考，弹出如图 5-166 所示的"矩形槽"（参数输入）对话框。

（7）在"长度""宽度""深度"数值框中分别输入 60、14、5.5。

（8）单击"确定"按钮，弹出如图 5-167 所示的"定位"对话框。

图 5-166 "矩形槽"（参数输入）对话框

图 5-167 "定位"对话框

（9）单击"水平"按钮，设置小圆柱边与键槽长中心线的水平距离为 64。

（10）在"定位"对话框中单击"竖直"按钮，设置小圆柱边与键槽长中心线的竖直距离为 0。单击"确定"按钮，创建矩形键槽，如图 5-168 所示。

7. 创建基准平面 3

（1）选择"菜单"→"插入"→"基准／点"→"基准平面"命令或单击"主页"选项卡"特征"组中的"基准平面"按钮，弹出"基准平面"对话框。

（2）在"类型"下拉列表框中选择"XC-YC 平面"，设置距离为 29，单击"确定"按钮，创建基准平面 3。

8. 创建键槽

（1）选择"菜单"→"插入"→"设计特征"→"键槽（原有）"命令，弹出"槽"对话框，如图 5-169 所示。

图 5-168 矩形键槽

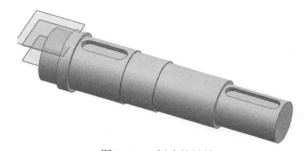

图 5-169 "槽"对话框

（2）选中"矩形槽"单选按钮，取消选中"通槽"复选框。

（3）单击"确定"按钮，弹出"矩形槽"（放置面选择）对话框。

（4）选择基准平面 3 为键槽放置面，弹出"矩形槽"（深度方向选择）对话框。

（5）单击"接受默认边"按钮或直接单击"确定"按钮，弹出"水平参考"对话框。

（6）在实体中选择轴上任意一段圆柱面为水平参考，弹出如图 5-170 所示的"矩形槽"（参数输入）对话框。

（7）在"长度""宽度""深度"数值框中分别输入 50、16、6。

（8）单击"确定"按钮，弹出"定位"对话框。

（9）单击"水平"按钮 ，设置小圆柱边与键槽短中心线的水平距离为 199。

（10）单击"竖直"按钮 ，设置小圆柱边与键槽长中心线的竖直距离为 0。单击"确定"按钮，创建矩形键槽，如图 5-171 所示。

图 5-170 "矩形槽"（参数输入）对话框

图 5-171 创建的键槽

5.3.10 槽

该选项让用户在实体上生成一个槽，就好像一个成形刀具在旋转部件上向内（从外部定位面）或向外（从内部定位面）移动，如同车削操作。执行槽命令，主要有以下两种方式。

☑ 菜单：选择"菜单"→"插入"→"设计特征"→"槽"命令。

☑ 功能区：单击"主页"选项卡"特征"组中的"槽"按钮 。

执行上述方式后，打开如图 5-172 所示的"槽"对话框。

"槽"对话框中的选项说明如下。

扫码看视频

5.3.10 槽

图 5-172 "槽"对话框

☑ 矩形：选中该选项，在选定放置平面后系统会打开如图 5-173 所示的"矩形槽"对话框。该选项让用户生成一个周围为尖角的槽，如图 5-174 所示。

➤ 槽直径：生成外部槽时，指定槽的内径，而当生成内部槽时，指定槽的外径。

➤ 宽度：槽的宽度，沿选定面的轴向测量。

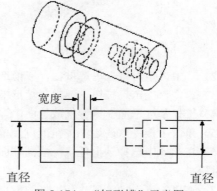

图 5-173　"矩形槽"对话框

图 5-174　"矩形槽"示意图

☑ 球形端槽：选中该选项，在选定放置平面后系统会打开如图 5-175 所示的"球形端槽"对话框。该选项让用户生成底部有完整半径的槽，如图 5-176 所示。

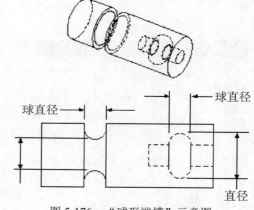

图 5-175　"球形端槽"对话框

图 5-176　"球形端槽"示意图

➤ 槽直径：生成外部槽时，指定槽的内径，而当生成内部槽时，指定槽的外径。

➤ 球直径：槽的宽度。

☑ U 形槽：选中该选项，在选定放置平面后系统打开如图 5-177 所示的"U 形槽"对话框。该选项让用户生成在拐角有半径的槽，如图 5-178 所示。

➤ 槽直径：生成外部槽时，指定槽的内部直径，而当生成内部槽时，指定槽的外部直径。

➤ 宽度：槽的宽度，沿选择面的轴向测量。

➤ 角半径：槽的内部圆角半径。

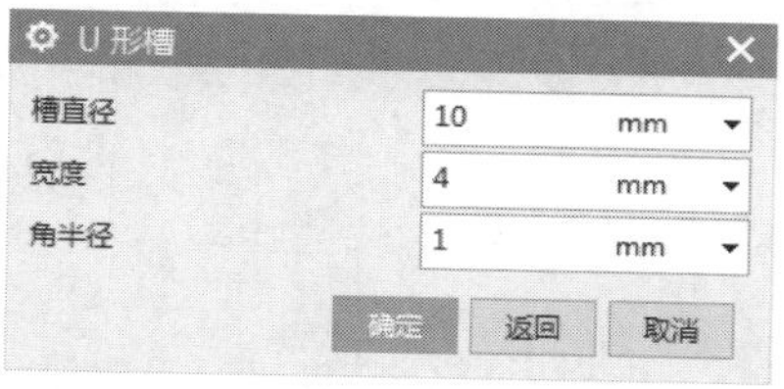

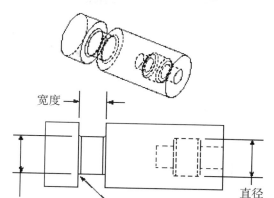

U 形槽			
槽直径	10	mm	▼
宽度	4	mm	▼
角半径	1	mm	▼

确定　返回　取消

图 5-177　"U 形槽"对话框

图 5-178　"U 形槽"示意图

5.3.11　实例——顶杆帽

扫码看视频

5.3.11　顶杆帽

顶杆帽分 3 步完成：首先由草图曲线旋转生成头部；然后通过凸台和孔操作创建杆部；最后创建杆部的开槽部分。其绘制结果如图 5-179 所示。

操作步骤如下。

1. 创建新文件

选择"文件"→"新建"命令或单击"快速入门"工具栏中的"新建"按钮 📄，弹出"新建"对话框。在"模板"选项组中选择"模型"，在"名称"文本框中输入 dingganmao，单击"确定"按钮，进入建模环境。

2. 绘制草图

（1）选择"菜单"→"插入"→"草图"命令，或者单击"主页"选项卡"直接草图"组中的"草图"按钮 📇，在弹出的"创建草图"对话框中设置 XC-YC 平面为草图绘制平面，单击"确定"按钮，进入草图绘制界面。

图 5-179　顶杆帽

（2）单击"直接草图"面组上的"圆"按钮 ○、"直线"按钮 ╱ 和"快速修剪"按钮 ⟍，绘制草图并修改尺寸，如图 5-180 所示。

3. 创建旋转体

（1）选择"菜单"→"插入"→"设计特征"→"旋转"命令，或者单击"主页"选项卡"特征"组中的"旋转"按钮 🍶，弹出如图 5-181 所示"旋转"对话框。

（2）选择步骤 2 绘制的草图为旋转截面。

（3）在"指定矢量"下拉列表中单击 ℃ 图标，在视图中选择原点为基准点；或者单击"点对话框"按钮 ⬆，在弹出的"点"对话框中设置坐标点为（0,0,0），单击"确定"按钮，返回"旋转"对话框。

（4）在"限制"选项组中，将"开始"设置为"值"，在其下"角度"数值框中输入 0；设置"结束"为"值"，在其下"角度"数值框中输入 360，效果如图 5-182 所示。

Note

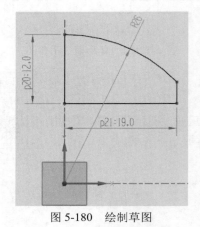

图 5-180　绘制草图

图 5-181　"旋转"对话框

4. 绘制草图

（1）选择"菜单"→"插入"→"草图"命令，或者单击"主页"选项卡"直接草图"组中的"草图"按钮 ，在弹出的"创建草图"对话框中选择旋转体的底面为草图绘制平面，单击"确定"按钮，进入草图绘制界面。

（2）单击"主页"选项卡"直接草图"组中的"投影曲线"按钮 、"直线"按钮 和"快速修剪"按钮 ，绘制草图并修改尺寸，如图 5-183 所示。

图 5-182　创建旋转体

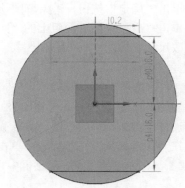

图 5-183　绘制草图

5. 创建拉伸特征

（1）选择"菜单"→"插入"→"设计特征"→"拉伸"命令，或者单击"主页"选项卡"特征"组中的"拉伸"按钮 ，弹出如图 5-184 所示的"拉伸"对话框。选择如图 5-183 所示草图作为拉伸截面，在"指定矢量"下拉列表中选择 （YC 轴）为拉伸方向。

（2）在"限制"选项组中，将"开始"和"结束"均设置为"值"，将其距离分别设置为 0 和 30；在"布尔"下拉列表框中选择"减去"，系统将自动选择视图中的实体。

（3）单击"确定"按钮，即可创建拉伸特征，如图 5-185 所示。

图 5-184　"拉伸"对话框

图 5-185　创建的拉伸特征

6. 创建凸台

（1）选择"菜单"→"插入"→"设计特征"→"凸台（原有）"命令，弹出如图 5-186 所示"支管"对话框。

（2）选择旋转体的底面为凸台放置面，在"直径""高度""锥角"数值框中分别输入 19、80、0，单击"确定"按钮。在弹出的"定位"对话框（见图 5-187）中单击"点落在点上"按钮，弹出"点落在点上"对话框。

图 5-186　"支管"对话框

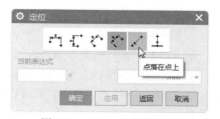

图 5-187　"定位"对话框

（3）选择旋转体的圆弧边为目标对象，弹出"设置圆弧的位置"对话框。单击"圆弧中心"按钮，将生成的凸台定位于圆柱体顶面圆弧中心，如图 5-188 所示。

7. 创建简单孔 1

（1）选择"菜单"→"插入"→"设计特征"→"孔"命令，或单击"主页"选项卡"特征"组中的"孔"按钮 ，弹出如图 5-189 所示的"孔"对话框。

（2）在"类型"下拉列表框中选择"常规孔"，在"形状和尺寸"选项组的"成形"下拉列表框中选择"简单孔"。

（3）单击"点"按钮 ，拾取凸台的边线，捕捉圆心为孔位置。

（4）在"孔"对话框中将孔的"直径""深度"和"顶锥角"分别设置为 10、77 和 120，然后单击"确定"按钮，完成简单孔 1 的创建，如图 5-190 所示。

图 5-188　创建凸台

图 5-189　"孔"对话框

图 5-190　创建简单孔 1

8. 创建基准平面

（1）选择"菜单"→"插入"→"基准 / 点"→"基准平面"命令或单击"主页"选项卡"特征"组中的"基准平面"按钮 ，弹出"基准平面"对话框。

（2）在"类型"下拉列表框中选择 YC-ZC，单击"应用"按钮，创建基准平面 1。

（3）在"类型"下拉列表框中选择 XC-YC，单击"应用"按钮，创建基准平面 2。

（4）在"类型"下拉列表框中选择 XC-ZC，单击"应用"按钮，创建基准平面 3。

（5）在"类型"下拉列表框中选择 YC-ZC，设置距离为 9.5，单击"确定"按钮，创建基准平面 4，如图 5-191 所示。

9. 创建简单孔 2

（1）选择"菜单"→"插入"→"设计特征"→"孔"命令，或单击"主页"选项卡"特征"组中的"孔"按钮 📦，弹出"孔"对话框。

（2）在"类型"下拉列表框中选择"常规孔"，在"形状和尺寸"选项组的"成形"下拉列表框中选择"简单孔"。

（3）单击"绘制截面"按钮 🔳，选择步骤 8 创建的基准平面 4 为草图绘制面，绘制基准点，如图 5-192 所示。单击"完成"按钮 🏁，草图绘制完毕。

图 5-191 创建基准平面

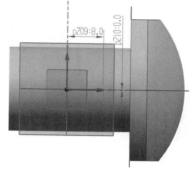

图 5-192 绘制草图

（4）在"孔"对话框中，将孔的"直径""深度"和"顶锥角"分别设置为 4、20、0，单击"确定"按钮，完成简单孔 2 的创建，如图 5-193 所示。

10. 创建键槽

（1）选择"菜单"→"插入"→"设计特征"→"键槽（原有）"命令，弹出"槽"对话框。

（2）选中"矩形槽"单选按钮，取消选中"通槽"复选框。

（3）单击"确定"按钮，弹出"矩形槽"（放置面选择）对话框。

（4）选择基准平面 4 为键槽放置面，弹出"矩形槽"（深度方向选择）对话框。

（5）单击"接受默认边"按钮或直接单击"确定"按钮，弹出"水平参考"对话框。

（6）在实体中选择圆柱面为水平参考，弹出如图 5-194 所示的"矩形槽"（参数输入）对话框，在"长度""宽度"和"深度"数值框中分别输入 14、5.5 和 20。

（7）单击"确定"按钮，弹出"定位"对话框。

图 5-193 创建简单孔 2

图 5-194 "矩形槽"（参数输入）对话框

（8）选择"垂直" 定位方式，设置 XC-YC 基准平面和矩形键槽长中心线距离为 0。设置 XC-ZC 基准平面和矩形键槽短中心线距离为-28。

（9）单击"确定"按钮，完成垂直定位，创建的矩形键槽 1，如图 5-195 所示。

（10）重复上述步骤，创建参数相同、矩形键槽短中心线距离 XC-ZC 基准平面为-54 的键槽 2。

11. 创建沟槽 1

（1）选择"菜单"→"插入"→"设计特征"→"槽"命令，或者单击"主页"选项卡"特征"组中的"槽"按钮，弹出"槽"对话框，如图 5-196 所示。

图 5-195　创建键槽

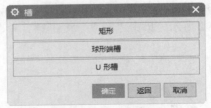

图 5-196　"槽"对话框

（2）单击"矩形"按钮，弹出"矩形槽"（放置面选择）对话框。

（3）在视图中选择圆柱面为沟槽的放置面，弹出"矩形槽"（参数输入）对话框。

（4）在"槽直径"和"宽度"数值框中分别输入 18 和 2，如图 5-197 所示。

图 5-197　设置矩形槽的槽直径和宽度

（5）单击"确定"按钮，弹出"定位槽"对话框。

（6）在视图中依次选择圆弧 1 和圆弧 2 为定位边缘，如图 5-198 所示。

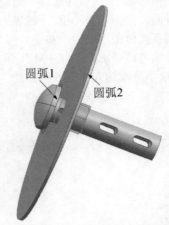

图 5-198　选择圆弧 1 和圆弧 2

（7）在弹出的"创建表达式"对话框中输入 0，单击"确定"按钮，创建沟槽 1，如图 5-199 所示。

12. 创建沟槽 2

（1）选择"菜单"→"插入"→"设计特征"→"槽"命令，或者单击"主页"选项卡"特征"组中的"槽"按钮，弹出"槽"对话框，如图 5-196 所示。

（2）单击"矩形"按钮，弹出"矩形槽"（放置面选择）对话框。

（3）在视图中选择第一孔表面为沟槽的放置面，弹出"矩形槽"（参数输入）对话框。

（4）在"槽直径"和"宽度"数值框中分别输入 11 和 2，如图 5-200 所示。

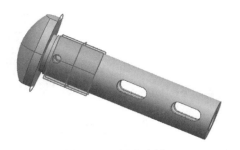

图 5-199　创建沟槽 1

图 5-200　参数输入对话框

（5）单击"确定"按钮，弹出"定位槽"对话框。

（6）在视图中依次选择圆弧 1 和圆弧 2 为定位边缘，如图 5-201 所示。

（7）在弹出的"创建表达式"对话框中输入 62，单击"确定"按钮，创建沟槽 2，如图 5-202 所示。

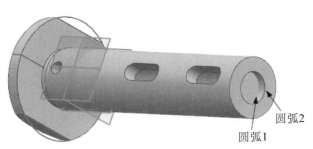

图 5-201　选择圆弧 1 和圆弧 2

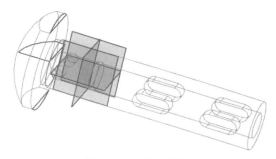

图 5-202　创建沟槽 2

5.3.12　三角形加强筋

5.3.12　三角形加强筋

该命令用于沿着两个相交面的交线创建一个三角形加强筋特征。执行三角形加强筋命令，方式如下。

☑ 菜单：选择"菜单"→"插入"→"设计特征"→"三角形加强筋（原有）"命令。

执行上述方式后，打开如图 5-203 所示"三角形加强筋"对话框。

"三角形加强筋"对话框中的选项说明如下。

☑ 选择步骤：各参数说明如下。

➤ 第一组：单击该图标，在视图区选择三角形加强筋的第一组放置面。

➤ 第二组：单击该图标，在视图区选择三角形加强筋的第二组放置面。

➤ 位置曲线：在第二组放置面的选择超过两个曲面时，该按钮被激活，用于选择两组面多条交线中的一条交线作为三角形加强筋的位置曲线。

➤ 位置平面：单击该图标，用于指定与工作坐标系或绝对坐标系相关的平行平面或在视图区指定一个已存在的平面位置来定位三角形加强筋。

➤ 方位平面：单击该图标，用于指定三角形加强筋倾斜方向的平面，如图 5-204 所示。方向平面可以是已存在平面或基准平面，默认的方向平面是已选两组平面的法向平面。

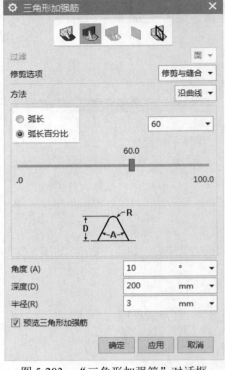

图 5-203　"三角形加强筋"对话框

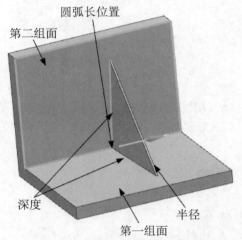

图 5-204　三角形加强筋示意图

☑ 方法：用于设置三角加强筋的定位方法，包括"沿曲线"和"位置"定位两种方法。

 ➢ 沿曲线：用于通过两组面交线的位置来定位。可通过指定"圆弧长"或"%圆弧长"值来定位。

 ➢ 位置：选择该选项，对话框的变化如图 5-205 所示。此时可单击 □ 图标来选择定位方式。

图 5-205　位置选项

 ➢ 弧长：用于为相交曲线上的基点输入参数值或表达式。

 ➢ 弧长百分比：用于对相交处的点前后切换参数，即从弧长切换到弧长百分比。

 ➢ 尺寸：指定三角形加强筋特征的尺寸。

5.3.13　螺纹

执行螺纹命令，主要有以下两种方式。

☑ 菜单：选择"菜单"→"插入"→"设计特征"→"螺纹"命令。

☑ 功能区：单击"主页"选项卡"特征"组中的"螺纹刀"按钮 ▓ 。

执行上述方式后，打开如图 5-206 所示的"螺纹切削"对话框。

扫码看视频

5.3.13　螺纹

图 5-206　"螺纹切削"对话框

"螺纹切削"对话框中的选项说明如下。

☑ 螺纹类型：各参数说明如下。

➤ 符号：该类型螺纹以虚线圆的形式显示在要攻螺纹的一个或几个面上。符号螺纹使用外部螺纹表文件（可以根据特殊螺纹要求来定制这些文件），以确定默认参数。符号螺纹一旦生成就不能复制或阵列，但在生成时可以生成多个复制和可阵列复制，如图 5-207 所示。

➤ 详细：该类型螺纹看起来更实际（见图 5-208），但由于其几何形状及显示的复杂性，生成和更新都需要长得多的时间。详细螺纹使用内嵌的默认参数表，可以在生成后复制或引用。详细螺纹是完全关联的，如果特征被修改，螺纹也相应更新。

图 5-207　"符号螺纹"示意图

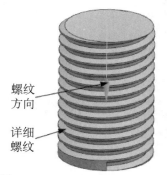

图 5-208　"详细螺纹"示意图

☑ 大径：为螺纹的最大直径。对于符号螺纹，提供默认值的是查找表。对于符号螺纹，这个直径必须大于圆柱面直径。只有当"手工输入"选项打开时才能在这个字段中为符号螺纹输入值。

☑ 小径：螺纹的最小直径。

☑ 螺距：从螺纹上某一点到下一螺纹的相应点之间的距离，平行于轴测量。

☑ 角度：螺纹的两个面之间的夹角，在通过螺纹轴的平面内测量。

☑ 标注：引用为符号螺纹提供默认值的螺纹表条目。当"螺纹类型"是"详细"，或者对于符号螺纹而言"手工输入"选项可选时，该选项不出现。

☑ 螺纹钻尺寸：轴尺寸出现于外部符号螺纹；丝锥尺寸出现于内部符号螺纹。

☑ 方法：该选项用于定义螺纹加工方法，如切削、轧制、研磨和铣削。选择可以由用户在用户默认值中定义，也可以不同于这些例子。该选项只出现于"符号"螺纹类型。

☑ 螺纹头数：该选项用于指定是要生成单头螺纹还是多头螺纹。

☑ 锥孔：选中此复选框，则符号螺纹带锥度。

☑ 完整螺纹：选中此复选框，则当圆柱面的长度改变时符号螺纹将更新。

☑ 长度：从选中的起始面到螺纹终端的距离，平行于轴测量。对于符号螺纹，提供默认值的是查找表。

☑ 手工输入：该选项为某些选项输入值，否则这些值要由查找表提供。选中此复选框，"从表格中选择"选项不能用。

☑ 从表格中选择：对于符号螺纹，该选项可以从查找表中选择标准螺纹表条目。

☑ 旋转：用于指定螺纹应该是"右旋"的（顺时针）还是"左旋"的（逆时针），如图 5-209 所示。

☑ 选择起始：该选项通过选择实体上的一个平面或基准面来为符号螺纹或详细螺纹指定新的起始位置，如图 5-210 所示。单击此按钮，打开如图 5-211 所示的"螺纹切削"选择对话框，在视图中选择起始面，打开如图 5-212 所示的"螺纹切削"对话框。

右旋　　　　　左旋

图 5-209　"旋转"示意图

图 5-210　选择起始面

图 5-211　"螺纹切削"选择对话框

图 5-212　"螺纹切削"对话框

➢ 螺纹轴反向：能指定相对于起始面攻螺纹的方向。

➢ 延伸通过起点：使系统生成详细螺纹直至起始面以外。

➢ 不延伸：使系统从起始面起生成螺纹。

5.4　GC 工具箱

扫码看视频

5.4.1　齿轮建模

5.4.1　齿轮建模

执行齿轮建模命令，方式如下。

☑ 菜单：选择"菜单"→"GC 工具箱"→"齿轮建模"子菜单命令。

下面以圆柱齿轮为例，介绍齿轮建模。执行圆柱齿轮方式，打开"渐开线圆柱齿轮建模"对话框，如图 5-213 所示。

1. 创建齿轮

创建新的齿轮。选择该选项，单击"确定"按钮，打开如图 5-214 所示"渐开线圆柱齿轮类型"对话框。

图 5-213　"渐开线圆柱齿轮建模"对话框

图 5-214　"渐开线圆柱齿轮类型"对话框

"渐开线圆柱齿轮类型"对话框中的选项说明如下。

☑ 直齿轮：指轮齿平行于齿轮轴线的齿轮。

☑ 斜齿轮：指轮齿与轴线成一角度的齿轮。

☑ 外啮合齿轮：指齿顶圆直径大于齿根圆直径的齿轮。

☑ 内啮合齿轮：指齿顶圆直径小于齿根圆直径的齿轮。

☑ 加工：各参数说明如下。

➢ 滚齿：用齿轮滚刀按展成法加工齿轮的齿面。

➢ 插齿：用插齿刀按展成法或成形法加工内、外齿轮或齿条等的齿面。

选择适当参数后，单击"确定"按钮，打开如图 5-215 所示的"渐开线圆柱齿轮参数"对话框。

➢ 标准齿轮：根据标准的模数、齿宽以及压力角创建的齿轮为标准齿轮。

➢ 变位齿轮：选择此选项卡，如图 5-216 所示。改

图 5-215　"渐开线圆柱齿轮参数"对话框

变刀具和轮坯的相对位置来切制的齿轮为变位齿轮。

2. 修改齿轮参数

选择此选项，单击"确定"按钮，打开"选择齿轮进行操作"对话框，选择要修改的齿轮，在"渐开线圆柱齿轮参数"对话框中修改齿轮参数。

3. 齿轮啮合

选择此选项，单击"确定"按钮，打开如图 5-217 所示的"选择齿轮啮合"对话框，选择要啮合的齿轮，分别设置为主动齿轮和从动齿轮。

4. 移动齿轮

选择要移动的齿轮，将其移动到适当位置。

5. 删除齿轮

删除视图中不要的齿轮。

6. 信息

显示选择的齿轮的信息。

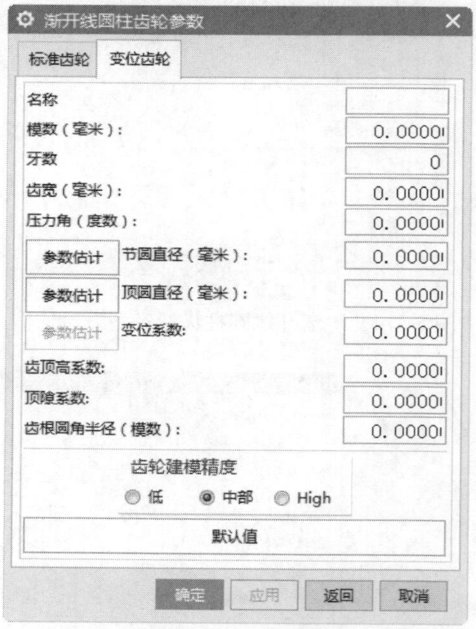

图 5-216 "渐开线圆柱齿轮参数"对话框

图 5-217 "选择齿轮啮合"对话框

5.4.2 实例——齿轮

本例创建如图 5-218 所示的齿轮。本例采用 GC 工具箱中的齿轮建模工具创建齿轮主体，然后通过"孔""腔"等建模工具，最后生成齿轮。

扫码看视频

5.4.2 齿轮

图 5-218 齿轮

操作步骤如下。

1. 新建文件

单击"菜单"→"文件"→"新建"命令，或单击"快速访问"工具栏中的"新建"按钮，打开"新建"对话框，在"模板"列表框中选择"模型"选项，在"名称"文本框中输入 chilun，单击"确定"按钮，进入 UG 主界面。

2. 创建齿轮模型

（1）单击"菜单"→"GC 工具箱"→"齿轮建模"→"柱齿轮"命令，打开"渐开线圆柱齿轮建模"对话框，如图 5-219 所示。

（2）在对话框中选中"创建齿轮"单选按钮，单击"确定"按钮，打开"渐开线圆柱齿轮类型"对话框，如图 5-220 所示。

图 5-219 "渐开线圆柱齿轮建模"对话框

图 5-220 "渐开线圆柱齿轮类型"对话框

（3）在对话框中选择"直齿轮""外啮合齿轮"和"滚齿"单选钮，单击"确定"按钮，打开"渐开线圆柱齿轮参数"对话框。

（4）分别在"名称""模数""牙数""齿宽"和"压力角"文本框中输入 chilun、3、18、10 和 20，其他采用默认设置，如图 5-221 所示。单击"确定"按钮。

（5）打开"矢量"对话框，在"类型"下拉列表中选择"ZC"轴，如图 5-222 所示。单击"确定"按钮。

图 5-221　"渐开线圆柱齿轮参数"对话框

图 5-222　"矢量"对话框

（6）打开"点"对话框，选择坐标原点为齿轮创建基点，单击"确定"按钮，创建的齿轮模型如图 5-223 所示。

3. 创建基准平面

（1）单击"菜单"→"插入"→"基准/点"→"基准平面"命令，或单击"主页"选项卡"特征"组中的"基准平面"按钮 ，打开"基准平面"对话框，如图 5-224 所示。

（2）在"类型"下拉列表框中选择"XC-YC 平面"选项，单击"应用"按钮，完成基准平面 1 的创建。

（3）同上，在"类型"下拉列表框中选择"XC-ZC 平面"选项，单击"应用"按钮，完成基准平面 2 的创建。

图 5-223　齿轮

（4）在"类型"下拉列表框中选择"YC-ZC 平面"选项，单击"应用"按钮，完成基准平面 3 的创建，并创建与"YC-ZC 平面"平行且相距 7mm 的基准面 4，结果如图 5-225 所示。

图 5-224　"基准平面"对话框

图 5-225　创建基准平面

4. 创建简单孔特征

（1）单击"菜单"→"插入"→"设计特征"→"孔"命令，单击"主页"选项卡"特征"组中的"孔"按钮，打开"孔"对话框，如图 5-226 所示。

（2）在"孔"对话框的"类型"下拉列表中选择"常规孔"类型，在"成形"下拉列表中选择"简单孔"选项，分别在"直径""深度""顶锥角"文本框中输入 15、10、0。

（3）单击"绘制截面"按钮，选择如图 5-227 所示的齿轮上表面为孔放置面。

图 5-226　"孔"对话框

图 5-227　选择孔的放置面

（4）打开"草图点"对话框，在坐标原点处创建点，单击"完成"按钮，退出草图环境。

（5）返回到"孔"对话框，单击"确定"按钮，完成简单孔特征的创建，如图 5-228 所示。

图 5-228　创建简单孔特征

5. 创建腔体特征

（1）单击"菜单"→"插入"→"设计特征"→"腔（原有）"命令，打开"腔"对话框，如图 5-229 所示。

图 5-229 "腔"对话框

（2）单击"矩形"按钮，打开"矩形腔"对话框，如图 5-230 所示。

图 5-230 "矩形腔"对话框

（3）选择齿轮上表面为腔体的放置面，如图 5-231 所示，系统自动选择 XC 轴方向作为水平参考，如图 5-232 所示。

图 5-231 选择腔体放置面

（4）打开"矩形腔"参数对话框，分别在"长度""宽度""深度"文本框中输入 5、5、10，其他选项都输入 0，如图 5-233 所示，单击"确定"按钮。

图 5-232 水平参考

图 5-233 设置腔体参数

（5）打开"定位"对话框，如图 5-234 所示，选择"垂直" 定位方式，根据系统提示选择基准平面 2 作为目标边，选择腔体中心线作为工具边，打开"创建表达式"对话框，在文本框中输入 0，单击"应用"按钮，完成垂直定位。

（6）同上，选择基准平面 4 作为目标边，选择腔体的另一中心线作为工具边，在打开的"创建表达式"对话框中输入 0，单击"确定"按钮完成水平定位。生成的腔体特征如图 5-235 所示。

图 5-234　"定位"对话框

图 5-235　创建腔体特征

6. 边倒角

（1）单击"菜单"→"插入"→"细节特征"→"倒斜角"命令，或单击"主页"选项卡"特征"组中的"倒斜角"按钮 🗊，打开"倒斜角"对话框。

（2）在对话框中选择"对称"方式，并在"距离"文本框中输入 1。

（3）在绘图窗口中选择孔的上下边缘，如图 5-236 所示，单击"确定"按钮完成对齿轮中心孔的倒角，如图 5-237 所示。

图 5-236　选择边缘

图 5-237　齿轮中心孔倒角

（4）隐藏基准平面和曲线，创建的齿轮如图 5-238 所示。

图 5-238　创建齿轮结果

5.4.3 弹簧设计

扫码看视频

5.4.3 弹簧设计

执行弹簧设计命令，方式如下。

☑ 菜单：选择"菜单"→"GC 工具箱"→"弹簧设计"子菜单命令。

下面以圆柱压缩弹簧为例介绍弹簧设计。

（1）执行"圆柱压缩弹簧"命令后，打开"圆柱压缩弹簧"对话框，如图 5-239 所示。

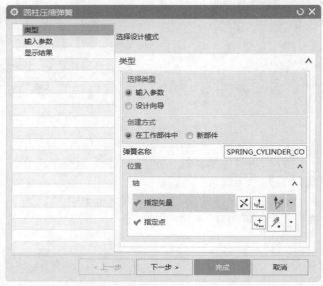

图 5-239 "圆柱压缩弹簧"对话框 1

（2）选择类型和创建方式，并输入弹簧名称，指定弹簧方向和基点。

（3）单击"下一步"按钮，输入弹簧参数，如图 5-240 所示。

图 5-240 "圆柱压缩弹簧"对话框 2

（4）单击"下一步"按钮，显示结果，如图 5-241 所示。单击"完成"按钮，创建圆柱压缩弹簧。

图 5-241　"圆柱压缩弹簧"对话框 3

"圆柱压缩弹簧"对话框中的选项说明如下。

☑ 类型：在对话框中选择类型和创建方式。

☑ 输入参数：输入弹簧的各个参数。

☑ 显示结果：显示设计好的弹簧各个参数。

5.4.4　实例——弹簧

利用 GC 工具箱中的圆柱压缩弹簧命令，在相应的对话框中输入弹簧参数，直接创建弹簧，如图 5-242 所示。

操作步骤如下。

（1）创建新文件。选择"菜单"→"文件"→"新建"命令或单击"快速访问"工具栏中的"新建"图标 □，弹出"新建"对话框。在模板列表中选择"模型"，输入名称为 tanhuang，单击"确定"按钮，进入建模环境。

（2）选择"菜单"→"GC 工具箱"→"弹簧设计"→"圆柱压缩弹簧"命令，弹出如图 5-243 所示的"圆柱压缩弹簧"对话框。

图 5-242　弹簧

图 5-243　"圆柱压缩弹簧"对话框

Note

（3）选择"选择类型"为"输入参数"，选择创建方式为"在工作部件中"，指定矢量为 ZC 轴，指定坐标原点为弹簧起始点，名称采用默认，单击"下一步"按钮。

（4）弹出"输入参数"选项卡，如图 5-244 所示。在对话框选择选项为"右旋"，选择端部结构为"并紧磨平"，输入中间直径为 30，钢丝直径为 4，自由高度为 80，有效圈数为 8，支撑圈数为 11。单击"下一步"按钮。

图 5-244　"输入参数"选项卡

弹出"显示结果"选项卡，如图 5-245 所示。显示弹簧的各个参数，单击"完成"按钮，完成弹簧的创建，如图 5-246 所示。

图 5-245　"显示结果"选项卡

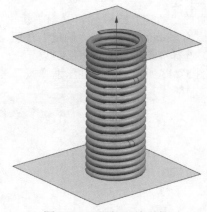

图 5-246　圆柱压缩弹簧

5.5　上 机 操 作

通过前面的学习，相信读者对本章知识已经有一个大体的了解，本节将通过两个操作练习帮助读者巩固本章的知识要点。

1. 绘制如图 5-247 所示的笔芯

操作提示：

（1）利用"圆柱"命令，在坐标原点绘制直径为 4、高度为 150 的圆柱体。

（2）利用"圆柱"命令，在坐标点（0,0,150）处绘制直径为 2、高度为 4 的圆柱体。重复"圆柱"命令，在坐标点（0,0,154）处绘制直径为 1、高度为 2.5 的圆柱体。

（3）利用"球"命令，在第二个凸台上端面中心创建直径为 1 的球，并进行求和操作。

图 5-247　笔芯

2. 绘制如图 5-248 所示的笔前端盖

操作提示：

（1）利用"圆柱"命令，在坐标原点处绘制直径为 11、高度为 44.5 的圆柱体。

（2）利用"球"命令，在圆柱体的上端面中心创建直径为 11 的球，并进行求和操作，如图 5-249 所示。

图 5-248　笔前端盖

图 5-249　创建球体

（3）利用"圆柱"命令，在圆柱体的下端面中心创建直径为 9、高度为 40 的圆柱体，并进行求差操作。

（4）利用"基准平面"命令创建 XC-YC 平面、YC-ZC 平面和 XC-ZC 平面。

（5）以 XC-ZC 平面为草图绘制平面，利用"圆弧"命令，以（0,40）为圆心，绘制半径为 8.5、角度为 90 的圆弧；利用"直线"命令，以圆弧端点为起点，绘制长度为 25、角度为 270 的直线，如图 5-250 所示。

（6）以 YC-ZC 平面为草图绘制平面，利用"矩形"命令，以（-2,49.5）为角点，绘制宽度为 4、高度为 2 的矩形，如图 5-251 所示。

图 5-250　绘制草图 1

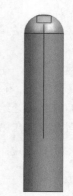

图 5-251　绘制草图 2

（7）利用"沿引导线扫掠"命令，以步骤（5）绘制的草图为引导线，步骤（6）绘制的草图为截面，创建实体。

（8）利用"圆锥"命令，在坐标（7.5,0,18）处创建底部直径为 3、顶部直径为 1、半角为 30 的圆锥，并进行求和操作。

第 **6** 章

特征操作和编辑

导读

特征操作是在特征建模基础上的进一步细化。

实体建模后，发现有的特征建模不符合要求，可以通过特征编辑对特征不满意的地方进行编辑，也可以通过分析查看不符合要求的地方。用户可以重新调整尺寸、位置及先后顺序，以满足新的设计要求。

精彩内容

☑ 边特征操作 ☑ 面特征操作

☑ 关联复制特征 ☑ 体特征操作

☑ 特征编辑

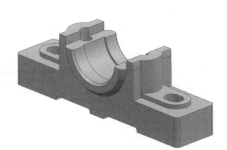

6.1　边特征操作

6.1.1　边倒圆

该命令用于在实体沿边缘去除材料或添加材料,使实体上的尖锐边缘变成圆滑表面（圆角面）。可以沿一条边或多条边同时进行倒圆操作。沿边的长度方向,倒圆半径可以不变也可以是变化的。执行边倒圆命令,主要有以下两种方式。

☑ 菜单:选择"菜单"→"插入"→"细节特征"→"边倒圆"命令。

☑ 功能区:单击"主页"选项卡"特征"组中的"边倒圆"按钮。

执行上述方式后,打开如图 6-1 所示的"边倒圆"对话框,"边倒圆"如图 6-2 所示。

图 6-1　"边倒圆"对话框

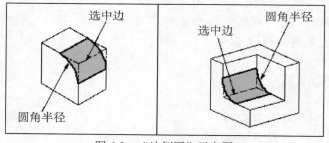

图 6-2　"边倒圆"示意图

"边倒圆"对话框中的选项说明如下。

1. 边

☑ 选择边:用于为边倒圆集选择边。

☑ 形状:用于指定圆角横截面的基础形状。

➢ 圆形:创建圆形倒圆。在半径中输入半径值。

➢ 二次曲线:控制对称边界边半径、中心半径和 Rho 值的组合,创建二次曲线倒圆。

☑ 二次曲线法:允许使用高级方法控制圆角形状,创建对称二次曲线倒圆。

➢ 边界和中心:指定边界半径中心半径定义二次曲线倒圆截面。

➢ 边界和 Rho:通过指定对称边界半径和 Rho 值来定义二次曲线倒圆截面。

➢ 中心和 Rho:通过指定中心半径和 Rho 值来定义二次曲线倒圆截面。

2. 变半径

通过沿着选中的边缘指定多个点并输入每一个点上的半径,可以生成一个可变半径圆角。其选项组如图 6-3 所示;从而生成了一个半径沿着其边缘变化的圆角,如图 6-4 所示。

指定点（每点处应用一个半径）

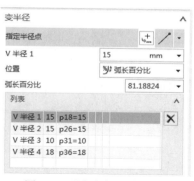

图 6-3 "变半径"选项组

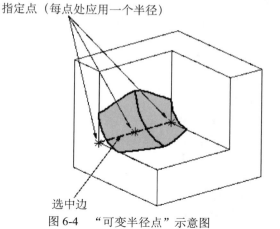

选中边

图 6-4 "可变半径点"示意图

☑ 指定半径点：通过"点"对话框或点下拉列表中来添加新的点。

☑ V 半径 1：指定选定点的半径值。

☑ 位置：各选项说明如下。

➤ 弧长：设置弧长的指定值。

➤ 弧长百分比：将可变半径点设置为边的总弧长的百分比。

➤ 通过点：指定可变半径点。

3. 拐角倒角

该选项可以生成一个拐角圆角，也称为球状圆角。该选项用于指定所有圆角的偏置值（这些圆角一起形成拐角），从而能控制拐角的形状。拐角的用意是作为非类型表面钣金冲压的一种辅助，并不意味着要用于生成曲率连续的面，其选项组如图 6-5 所示。

☑ 选择端点：在边集中选择拐角终点。

☑ 点 1 倒角 3：在列表中选择倒角，输入倒角值。

4. 拐角突然停止

该选项通过添加中止倒角点，来限制边上的倒角范围，其选项组如图 6-6 所示。示意图如图 6-7 所示。

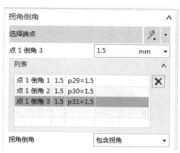

图 6-5 "拐角倒角"选项组

图 6-6 "拐角突然停止"选项组

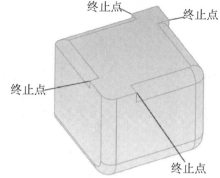

图 6-7 "拐角突然停止"示意图

☑ 选择端点：选择要倒圆的边上的倒圆终点及停止位置。

☑ 限制：各选项说明如下。

➤ 距离：在终点处突然停止倒圆。

➤ 倒圆相交：在多个倒圆相交的选定顶点处停止倒圆。

☑ 位置：各选项说明如下。

➤ 弧长：用于指定弧长值以在该处选择停止点。

➤ 弧长百分比：指定弧长的百分比用于在该处选择停止点。

➤ 通过点：用于选择模型上的点。

5. 长度限制

其选项组如图6-8所示。

☑ 启用长度限制：选中此复选框，可以指定用于修剪圆角面的对象和位置。

☑ 限制对象：列出使用指定的对象修剪边倒圆的方法。

➤ 平面：使用面集中的一个或多个平面修剪边倒圆。

➤ 面：使用面集中的一个或多个面修剪边倒圆。

➤ 边：使用边集中的一条或多条边修剪边倒圆。

☑ 按限制对象修剪：使用平面或面来截断圆角。

☑ 指定修剪位置点：在点对话框或指定点下来列表来指定离待截断倒圆的交点最近的点。

6. 溢出

其选项组如图6-9所示。

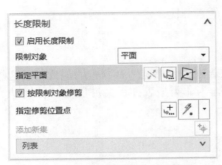

图6-8　"长度限制"选项组

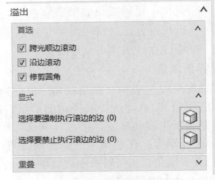

图6-9　"溢出"选项组

☑ 允许的溢出解：各选项说明如下。

➤ 跨光顺边滚动：该选项允许用户倒角遇到另一表面时，实现光滑倒角过渡，如图6-10所示。

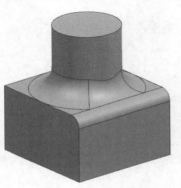

不选中"跨光顺边滚动"复选框

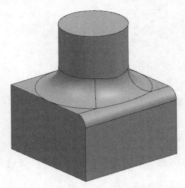

选中"跨光顺边滚动"复选框

图6-10　"跨光顺边滚动"示意图

> 沿边滚动（光顺或尖锐）：该选项即以前版本中的允许陡峭边缘溢出，在溢出区域保留尖锐的边缘，如图6-11所示。

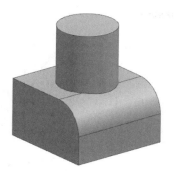

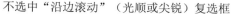

不选中"沿边滚动"（光顺或尖锐）复选框　　　　选中"沿边滚动"（光顺或尖锐）复选框

图6-11　沿边滚动（光顺或尖锐）

> 修剪圆角：该选项允许用户在倒角过程中与定义倒角边的面保持相切，并移除阻碍的边。
☑ 显式：各选项说明如下。
  > 选择要强制执行滚边的边：用于选择边以对其强制应用在边上滚动（光顺或尖锐）选项。
  > 选择要禁止执行滚边的边：用于选择边以不对其强制应用在边上滚动（光顺或尖锐）选项。

7. 设置

其选项组如图6-12所示。

☑ 修补混合凸度拐角：在连续性＝G1（相切）时显示。同时应用凸度相反的圆角时修补拐角。当相对凸面的邻近边上的两个圆角相交三次或更多次时，边缘顶点和圆角的默认外形将从一个圆角滚动到另一个圆角上，Y形顶点圆角提供在顶点处可选的圆角形状，如图6-13所示。

图6-12　"设置"选项组

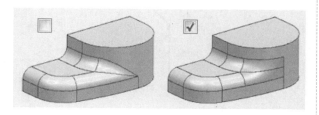

图6-13　"修补混合凸度拐角"示意图

☑ 移除自相交：由于圆角的创建精度等原因从而导致了自相交面，该选项允许系统自动利用多边形曲面来替换自相交曲面。
☑ 复杂几何体的补片区域：选中此复选框，不必手动创建小的圆角分段和桥接补片，以混合不能正常支持边倒圆的复杂区域。
☑ 限制圆角以避免失败区域：选中此复选框，将限制圆角以避免出现无法进行圆角处理的区域。
☑ 段倒圆以和面段匹配：选中此选项可用于创建分段的面，以与拥有定义边的面中的各段相匹配。否则，相邻的面会合并。

6.1.2　倒斜角

该选项通过定义所需的倒角尺寸来在实体的边上形成斜角。执行倒斜角命令，主要有以下两种方式。

扫码看视频

6.1.2　倒斜角

☑ 菜单：选择"菜单"→"插入"→"细节特征"→"倒斜角"命令。

☑ 功能区：单击"主页"选项卡"特征"组中的"倒斜角"按钮 📇。

执行上述方式后，打开如图6-14所示"倒斜角"对话框，创建倒角，如图6-15所示。

图6-14　"倒斜角"对话框

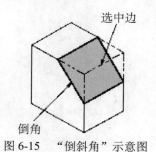

图6-15　"倒斜角"示意图

"倒斜角"对话框中的选项说明如下。

☑ 选择边：选择要倒斜角的一条或多条边。

☑ 横截面：各选项说明如下。

➤ 对称：该选项让用户生成一个简单的倒角，它沿着两个面的偏置是相同的。必须输入一个正的偏置值，如图6-16所示。

➤ 非对称：用于与倒角边邻接的两个面分别采用不同偏置值来创建倒角，必须输入"距离1"值和"距离2"值。这些偏置是从选择的边沿着面测量的。这两个值都必须是正的，如图6-17所示。在生成倒角以后，如果倒角的偏置和想要的方向相反，可以选择"反向"。

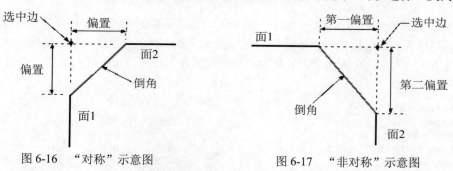

图6-16　"对称"示意图　　　　　　　图6-17　"非对称"示意图

➤ 偏置和角度：该选项可以用一个角度来定义简单的倒角，如图6-18所示。

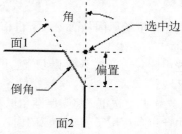

图6-18　"偏置和角度"示意图

☑ 偏置法：指定一种方法以使用偏置距离值来定义新倒斜角面的边。

➤ 沿面偏置边：通过沿所选边的邻近面测量偏置距离值，定义新倒斜角面的边。

➤ 偏置面并修剪：通过偏置相邻面以及将偏置面的相交处垂直投影到原始面，定义新倒斜角面的边。

6.1.3　实例——轴承座

首先创建一个圆柱体作为主体，然后在主体利用圆柱命令创建孔等操作，如图 6-19 所示。

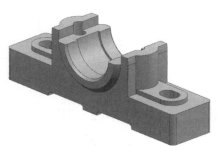

图 6-19　轴承座

操作步骤如下。

1. 创建新文件

选择"文件"→"新建"命令或单击"快速访问"工具栏中的"新建"按钮 📄，弹出"新建"对话框。在"模板"选项组中选择"模型"，在"名称"文本框中输入 zhouchengzuo，单击"确定"按钮，进入建模环境。

2. 创建圆柱体

（1）选择"菜单"→"插入"→"设计特征"→"圆柱"命令，或者单击"主页"选项卡"特征"组中的"圆柱"按钮 🛢，弹出"圆柱"对话框。

（2）在"类型"下拉列表框中选择"轴、直径和高度"，在"指定矢量"下拉列表中选择 ᶻᶜ↑，如图 6-20 所示。

（3）单击 ⬚ 按钮，弹出"点"对话框，将原点坐标设置为（0,0,0），单击"确定"按钮。

（4）返回"圆柱"对话框后，在"直径"和"高度"数值框中分别输入 80 和 65，最后单击"确定"按钮，生成圆柱体 1。

（5）同上步骤，在坐标点（0,0,5）处创建直径和高度为 110 和 55 的圆柱体 2，并与圆柱体 1 进行求和操作，如图 6-21 所示。

图 6-20　"圆柱"对话框

图 6-21　创建圆柱体

3. 绘制草图

（1）选择"菜单"→"插入"→"草图"命令，或者单击"主页"选项卡"直接草图"组中的"草图"按钮 📓，在弹出的"创建草图"对话框中设置 XC-YC 平面为草图绘制平面，单击"确定"按钮，进入草图绘制界面。

（2）利用草图命令绘制如图 6-22 所示的草图。

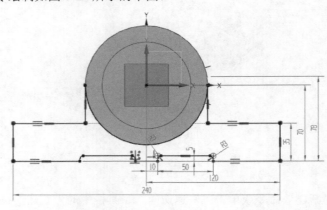

图 6-22　绘制草图

4. 拉伸操作

（1）选择"菜单"→"插入"→"设计特征"→"拉伸"命令，或者单击"主页"选项卡"特征"组中的"拉伸"按钮 📖，弹出如图 6-23 所示的"拉伸"对话框。

（2）选择步骤 3 创建的曲线为拉伸截面，然后在"指定矢量"下拉列表中选择 ᶻᶜ↑（ZC 轴），在"限制"选项组中将"开始"和"结束"均设置为"值"，将其"距离"分别设置为 5 和 60，在"布尔"下拉列表中选择"合并"选项，系统自动选择实体。最后单击"确定"按钮，完成拉伸操作，如图 6-24 所示。

图 6-23　"拉伸"对话框

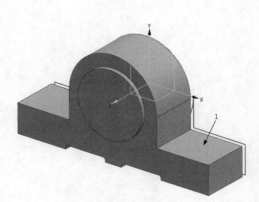

图 6-24　拉伸操作

5. 绘制草图

（1）选择"菜单"→"插入"→"草图"命令，或者单击"主页"选项卡"直接草图"组中的"草图"按钮 图，在弹出的"创建草图"对话框中设置如图 6-24 所示面 1 为草图绘制平面，单击"确定"按钮，进入草图绘制界面。

（2）利用草图命令绘制如图 6-25 所示的草图。

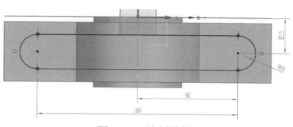

图 6-25　绘制草图

6. 拉伸操作

（1）选择"菜单"→"插入"→"设计特征"→"拉伸"命令，或者单击"主页"选项卡"特征"组中的"拉伸"按钮 ，弹出如图 6-26 所示的"拉伸"对话框。

（2）选择步骤 5 创建的曲线为拉伸截面，然后在"指定矢量"下拉列表中选择 （YC 轴），在"限制"选项组中将"开始"和"结束"均设置为"值"，将其"距离"分别设置为 0 和 5，在"布尔"下拉列表中选择"合并"选项，系统自动选择实体。最后单击"确定"按钮，完成拉伸操作，如图 6-27 所示。

图 6-26　"拉伸"对话框

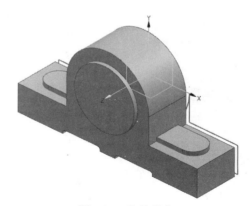

图 6-27　拉伸操作

7. 绘制草图

（1）选择"菜单"→"插入"→"草图"命令，或者单击"主页"选项卡"直接草图"组中的"草图"按钮 图，在弹出的"创建草图"对话框中设置如图 6-24 所示面 1 为草图绘制平面，单击"确定"按钮，进入草图绘制界面。

（2）利用草图命令绘制如图 6-28 所示的草图。

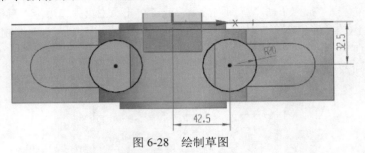

图 6-28　绘制草图

8. 拉伸操作

（1）选择"菜单"→"插入"→"设计特征"→"拉伸"命令，或者单击"主页"选项卡"特征"组中的"拉伸"按钮 📖，弹出如图 6-29 所示的"拉伸"对话框。

（2）选择步骤 7 创建的曲线为拉伸截面，然后在"指定矢量"下拉列表中选择 ⥾（YC 轴），在"限制"选项组中将"开始"和"结束"均设置为"值"，将其"距离"分别设置为 0 和 80，在"布尔"下拉列表中选择"合并"选项，系统自动选择实体。最后单击"确定"按钮，完成拉伸操作，如图 6-30 所示。

图 6-29　"拉伸"对话框

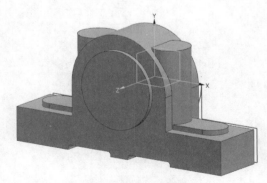

图 6-30　拉伸操作

9. 创建简单孔

（1）选择"菜单"→"插入"→"设计特征"→"孔"命令，或单击"主页"选项卡"特征"组中的"孔"按钮 🔘，打开如图 6-31 所示的"孔"对话框。

图 6-31 "孔"对话框

（2）在"类型"下拉列表框中选择"常规孔"，在"形状和尺寸"选项组的"成形"下拉列表框中选择"简单孔"。

（3）捕捉上步绘制的拉伸体的两端圆弧圆心为孔放置位置，如图 6-32 所示。

（4）在"孔"对话框中，将"直径"和"深度限制"分别设置为 13、贯通体，单击"确定"按钮，完成孔的创建，如图 6-33 所示。

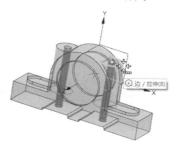

图 6-32 捕捉圆心

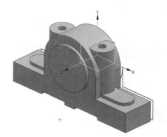

图 6-33 完成孔的创建

（5）同上步骤，捕捉如图 6-34 所示的圆柱体圆心为孔位置，创建直径为 60 的通孔，结果如图 6-35 所示。

图 6-34 捕捉圆心

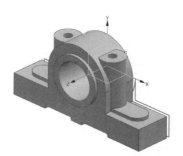

图 6-35 创建孔

10. 绘制草图

（1）选择"菜单"→"插入"→"草图"命令，或者单击"主页"选项卡"直接草图"组中的"草图"按钮 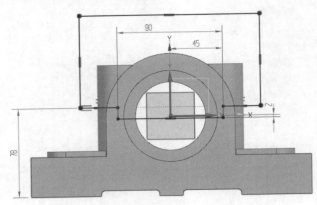，在弹出的"创建草图"对话框中设置 XC-YC 基准平面为草图绘制平面，单击"确定"按钮，进入草图绘制界面。

（2）利用草图命令绘制如图 6-36 所示的草图。

图 6-36　绘制草图

11. 拉伸操作

（1）选择"菜单"→"插入"→"设计特征"→"拉伸"命令，或者单击"主页"选项卡"特征"组中的"拉伸"按钮 ▦ ，弹出如图 6-37 所示的"拉伸"对话框。

（2）选择步骤 10 创建的曲线为拉伸截面，然后在"指定矢量"下拉列表中选择 ᶻᶜ↑（ZC 轴），在"限制"选项组中将"开始"和"结束"均设置为"值"，将其"距离"分别设置为 0 和 65，在"布尔"下拉列表中选择"减去"选项，系统自动选择实体。最后单击"确定"按钮，完成拉伸操作，如图 6-38 所示。

图 6-37　"拉伸"对话框

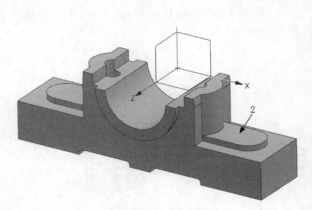

图 6-38　拉伸操作

12. 绘制草图

（1）选择"菜单"→"插入"→"草图"命令，或者单击"主页"选项卡"直接草图"组中的"草图"按钮 🖾，在弹出的"创建草图"对话框中设置如图 6-38 所示面 2 为草图绘制平面，单击"确定"按钮，进入草图绘制界面。

（2）利用草图命令绘制如图 6-39 所示的草图。

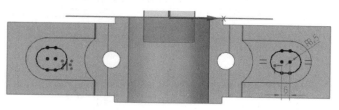

图 6-39　绘制草图

13. 拉伸操作

（1）选择"菜单"→"插入"→"设计特征"→"拉伸"命令，或者单击"主页"选项卡"特征"组中的"拉伸"按钮 🖾，弹出如图 6-40 所示的"拉伸"对话框。

（2）选择步骤 12 创建的曲线为拉伸截面，然后在"指定矢量"下拉列表中选择 ✙（-YC）轴，在"限制"选项组中将"结束"设置为"贯通"，在"布尔"下拉列表中选择"减去"选项，系统自动选择实体。最后单击"确定"按钮，完成拉伸操作，如图 6-41 所示。

图 6-40　"拉伸"对话框

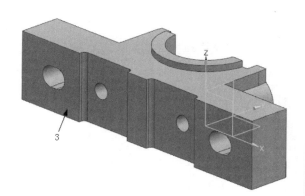

图 6-41　拉伸操作

14. 绘制草图

（1）选择"菜单"→"插入"→"草图"命令，或者单击"主页"选项卡"直接草图"组中的"草图"按钮 🖾，在弹出的"创建草图"对话框中设置如图 6-41 所示的面 3 为草图绘制平面，单击"确定"按钮，进入草图绘制界面。

（2）利用草图命令绘制如图6-42所示的草图。

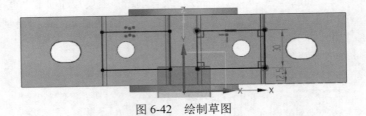

图6-42　绘制草图

15. 拉伸操作

（1）选择"菜单"→"插入"→"设计特征"→"拉伸"命令，或者单击"主页"选项卡"特征"组中的"拉伸"按钮 🔲，弹出如图6-43所示的"拉伸"对话框。

（2）选择步骤14创建的曲线为拉伸截面，然后在"指定矢量"下拉列表中选择 ⎰（YC轴），在"限制"选项组中将"开始"和"结束"均设置为"值"，将其"距离"分别设置为0和20，在"布尔"下拉列表中选择"减去"选项，系统自动选择实体。最后单击"确定"按钮，完成拉伸操作，如图6-44所示。

图6-43　"拉伸"对话框

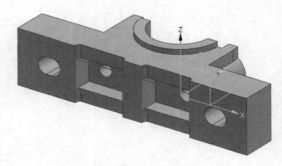

图6-44　拉伸操作

16. 创建圆柱体

（1）选择"菜单"→"插入"→"设计特征"→"圆柱"命令，或者单击"主页"选项卡"特征"组中的"圆柱"按钮 🛢，弹出"圆柱"对话框。

（2）在"类型"下拉列表框中选择"轴、直径和高度"，在"指定矢量"下拉列表中选择 ⎰，如图6-45所示。

（3）单击按钮 🔢，弹出"点"对话框，将原点坐标设置为（0,0,17），单击"确定"按钮。

（4）返回"圆柱"对话框后，在"直径"和"高度"数值框中分别输入 65 和 31，在布尔下拉列表中选择"减去"选项，单击"确定"按钮，生成槽，如图 6-46 所示。

图 6-45　"圆柱"对话框

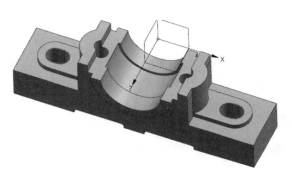

图 6-46　创建圆柱体

17. 创建倒斜角

（1）选择"菜单"→"插入"→"细节特征"→"倒斜角"命令，或者单击"主页"选项卡"特征"组中的"倒斜角"按钮 ，弹出"倒斜角"对话框。

（2）在"横截面"下拉列表框中选择"对称"，在"距离"数值框中分别输入 2.5，如图 6-47 所示。

（3）在视图中选择如图 6-48 所示的边。

图 6-47　"倒斜角"对话框

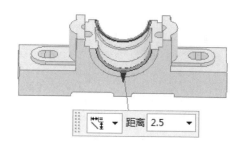

图 6-48　选择倒角边

（4）在"倒斜角"对话框中单击"应用"按钮。

（5）在视图中选择如图6-49所示的边，输入距离为5，单击"确定"按钮，结果如图6-50所示。

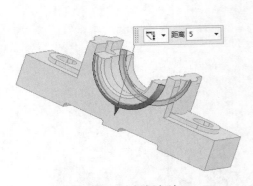

图6-49　选择倒角边

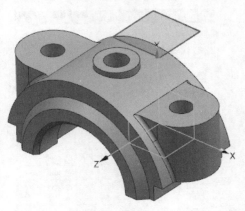

图6-50　倒斜角

18. 边倒圆

（1）选择"菜单"→"插入"→"细节特征"→"边倒圆"命令，单击"主页"选项卡"特征"组中的"边倒圆"按钮 🍜，打开"边倒圆"对话框，如图6-51所示。

（2）在"形状"下拉列表框中选择"圆形"；在视图中选择如图6-52所示的边，并在"半径1"数值框中输入5。

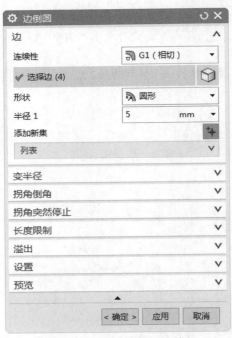

图6-51　"边倒圆"对话框

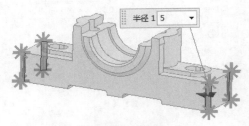

图6-52　选择边

（3）在"边倒圆"对话框中单击"确定"按钮，完成倒圆角处理，结果如图6-19所示。

6.2 面特征操作

6.2.1 抽壳

扫码看视频

6.2.1 抽壳

使用此命令来进行抽壳来挖空实体或在实体周围建立薄壳。执行抽壳命令，主要有以下两种方式。

☑ 菜单：选择"菜单"→"插入"→"偏置/缩放"→"抽壳"命令。

☑ 功能区：单击"主页"选项卡"特征"组中的"抽壳"按钮 。

执行上述方式后，打开"抽壳"对话框，如图 6-53 所示。

图 6-53 "抽壳"对话框

"抽壳"对话框中的选项说明如下。

☑ 类型：各选项说明如下。

➤ 移除面，然后抽壳：选择该方法后，所选目标面在抽壳操作后将被移除，如图 6-54 所示。

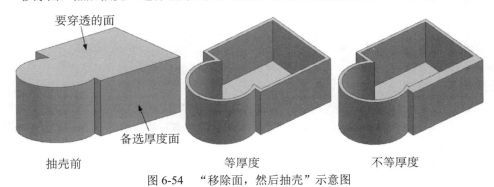

图 6-54 "移除面，然后抽壳"示意图

> 对所有面抽壳：选择该方法后，需要选择一个实体，系统将按照设置的厚度进行抽壳，抽壳后原实体变成一个空心实体，如图 6-55 所示。

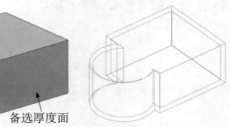

备选厚度面

抽壳前　　　　　　　　　　　　等厚度　　　　　　　　　　不等厚度

图 6-55　"对所有面抽壳"示意图

☑ 要穿透的面：从要抽壳的实体中选择一个或多个面移除。
☑ 要抽壳的体：选择要抽壳的实体。
☑ 厚度：设置壁的厚度。

扫码看视频

6.2.2　油杯

6.2.2　实例——油杯

本例首先绘制截面轮廓，然后进行旋转操作创建主体，最后进行抽壳和斜角处理。其绘制效果如图 6-56 所示。

图 6-56　油杯

操作步骤如下。

1. 创建新文件

选择"文件"→"新建"命令或单击"标准"工具栏中的"新建"按钮 ，弹出"新建"对话框。在"模板"选项组中选择"模型"，在"名称"文本框中输入 youbei，单击"确定"按钮，进入建模环境。

2. 绘制草图

（1）选择"菜单"→"插入"→"草图"命令，或者单击"主页"选项卡"直接草图"组中的"草图"按钮 ，在弹出的"创建草图"对话框中设置 XC-ZC 平面为草图绘制平面，单击"确定"按钮，进入草图绘制界面。

（2）利用草图命令绘制如图 6-57 所示的草图。

3. 创建旋转特征

（1）选择"菜单"→"插入"→"设计特征"→"旋转"命令，或者单击"主页"选项卡"特征"组中的"旋转"按钮 ，弹出如图 6-58 所示的"旋转"对话框。

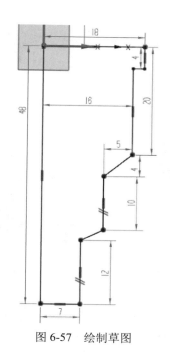

图 6-57　绘制草图

图 6-58　"旋转"对话框

（2）在"限制"选项组中，将"开始"和"结束"均设置为"值"，将其"角度"分别设置为 0 和 360，然后选择上步绘制的草图为旋转截面。

（3）在"指定矢量"下拉列表中单击 （YC 轴）图标，单击"点对话框"按钮 ，在弹出的"点"对话框中输入旋转基点（0,0,0），单击"确定"按钮，返回"旋转"对话框。

（4）单击"确定"按钮，完成旋转操作，如图 6-59 所示。

图 6-59　创建旋转特征

4. 抽壳操作

（1）选择"菜单"→"插入"→"偏置/缩放"→"抽壳"命令，或者单击"主页"选项卡"特征"组中的"抽壳"按钮 ，弹出如图 6-60 所示的"抽壳"对话框。

（2）在"类型"下拉列表框中选择"移除面，然后抽壳"选项，在"厚度"数值框中输入 2，选择上步创建的旋转体底面为要穿透的面，如图 6-61 所示。

（3）单击"确定"按钮，完成抽壳操作，如图 6-62 所示。

图 6-60　"抽壳"对话框

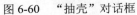

图 6-61　选择要穿透的面

图 6-62　抽壳操作

5. 边倒圆

（1）选择"菜单"→"插入"→"细节特征"→"边倒圆"命令，单击"主页"选项卡"特征"组中的"边倒圆"按钮 ，弹出"边倒圆"对话框，如图 6-63 所示。

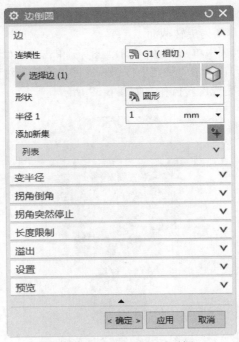

图 6-63　"边倒圆"对话框

（2）在"形状"下拉列表框中选择"圆形"；在视图中选择如图 6-64 所示的边，并在"半径 1"数值框中输入 1。

（3）在"边倒圆"对话框中单击"确定"按钮，完成倒圆角处理，结果如图 6-65 所示。

图 6-64　选择边

图 6-65　倒圆角结果

6. 创建倒斜角

（1）选择"菜单"→"插入"→"细节特征"→"倒斜角"命令，或者单击"主页"选项卡"特征"组中的"倒斜角"按钮 ，弹出如图 6-66 所示的"倒斜角"对话框。

（2）在"横截面"下拉列表框中选择"对称"，在"距离"数值框中分别输入 1，如图 6-66 所示。

（3）在视图中选择如图 6-67 所示的边。

图 6-66　"倒斜角"对话框

图 6-67　选择倒角边

（4）在"倒斜角"对话框中单击"确定"按钮。

6.2.3　偏置面

扫码看视频

6.2.3　偏置面

使用此命令可沿面的法向偏置一个或多个面。执行偏置面命令，主要有以下两种方式。

☑ 菜单：选择"菜单"→"插入"→"偏置 / 缩放"→"偏置面"命令。

☑ 功能区：单击"主页"选项卡"特征"组中的"偏置面"按钮 。

执行上述方式后，打开如图 6-68 所示的"偏置面"对话框，创建偏置面特征，如图 6-69 所示。

图 6-68　"偏置面"对话框

之前　　　　之后

☐ 选中面　图 6-69　"偏置面"示意图

"偏置面"对话框中的选项说明如下。

☑ 要偏置的面：选择要偏置的面。

☑ 偏置：输入偏置距离。

扫码看视频

6.2.4　拔模

6.2.4　拔模

该命令让用户相对于指定矢量和可选的参考点将拔模应用于面或边。执行拔模命令，主要有以下两种方式。

☑ 菜单：选择"菜单"→"插入"→"细节特征"→"拔模"命令。

☑ 功能区：单击"主页"选项卡"特征"组中的"拔模"按钮 。

执行上述方式后，打开如图 6-70 所示的"拔模"对话框。

图 6-70　"拔模"对话框

"拔模"对话框中的选项说明如下。

☑ 面：该选项能将选中的面倾斜，如图 6-71 所示。

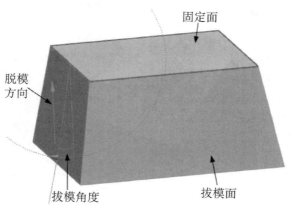

图 6-71 "面"示意图

➢ 脱模方向：定义拔模方向矢量。
➢ 选择固定面：定义拔模时不改变的平面。
➢ 要拔模的面：选择拔模操作所涉及的各个面。
➢ 角度 1：定义拔模的角度。

◀» 提示：用同样的固定面和方向矢量来拔模内部面和外部面，则内部面拔模和外部面拔模是相反的。

☑ 边：能沿一组选中的边，按指定的角度拔模。该选项能沿选中的一组边按指定的角度和参考点拔模，对话框如图 6-72 所示。

图 6-72 "边"选项

> ➤ 固定边：该图标用于指定实体拔模的一条或多条实体边作为拔模的参考边。
> ➤ 可变拔模点：该图标用于在参考边上设置实体拔模的一个或多个控制点，再为各控制点设置相应的角度和位置，从而实现沿参考边对实体进行变角度的拔模。其可变角定义点的定义可通过"捕捉点"工具栏来实现。

如果选择的边是平滑的，则将被拔模的面是在拔模方向矢量所指一侧的面，如图 6-73 所示。

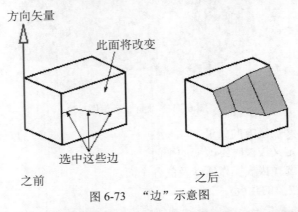

图 6-73　"边"示意图

☑ 与面相切：能以给定的拔模角拔模，开模方向与所选面相切。该选项按指定的拔模角进行拔模，拔模与选中的面相切，对话框如图 6-74 所示。用此角度来决定用作参考对象的等斜度曲线。然后就在离开方向矢量的一侧生成拔模面，如图 6-75 所示。

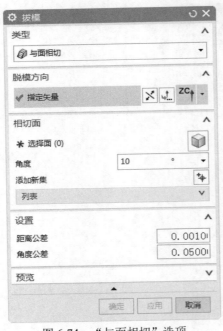

图 6-74　"与面相切"选项

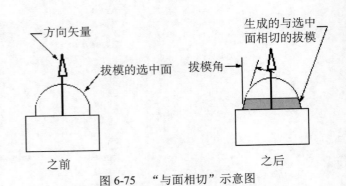

图 6-75　"与面相切"示意图

该拔模类型对于模铸件和浇注件特别有用，可以弥补任何可能的拔模不足。

> ➤ 相切面：该图标用于一个或多个相切表面作为拔模表面。

☑ 分型边：能沿一组选中的边，用指定的多个角度和一个参考点拔模，对话框如图 6-76 所示。

图 6-76　"分型边"选项

该选项能沿选中的一组边用指定的角度和一个固定面生成拔模。分隔线拔模生成垂直于参考方向和边的扫掠面，如图 6-77 所示。在这种类型的拔模中，改变了面但不改变分隔线。当处理模铸塑料部件时这是一个常用的操作。

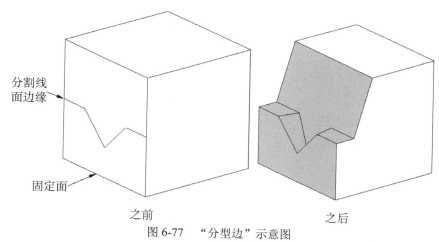

分割线
面边缘

固定面

之前　　　　　　　　　　　　之后

图 6-77　"分型边"示意图

> 固定面：该图标用于指定实体拔模的参考面。在拔模过程中，实体在该参考面上的截面曲线不发生变化。
> 选择边：该图标用于选择一条或多条分割边作为拔模的参考边。其使用方法和通过边拔模实体的方法相同。

6.2.5　面倒圆

此命令通过可选的圆角面的修剪生成一个相切于指定面组的圆角。执行面倒圆

扫码看视频

6.2.5　面倒圆

命令，主要有以下两种方式。

☑ 菜单：选择"菜单"→"插入"→"细节特征"→"面倒圆"命令。

☑ 功能区：单击"主页"选项卡"特征"组中的"库"下的"面倒圆"按钮 。

执行上述方式后，打开如图 6-78 所示的"面倒圆"对话框。

图 6-78 "面倒圆"对话框

"面倒圆"对话框中的选项说明如下。

1. 类型

☑ 双面：选择两个面链和半径来创建圆角，如图 6-79 所示。

☑ 三面：选择两个面链和中间面来完全倒圆角，如图 6-80 所示。

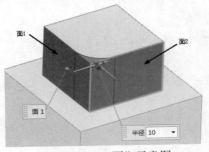

图 6-79 "双面"示意图

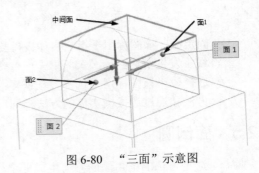

图 6-80 "三面"示意图

2. 面

☑ 选择面 1：用于选择面倒圆的第一个面链。

☑ 选择面 2：用于选择面倒圆的第二个面链。

3. 横截面

☑ 方位：各选项说明如下。

> 滚球：它的横截面位于垂直于选定的两组面的平面上。

> 扫掠圆盘：和滚动球不同的是在倒圆横截面中多了脊曲线。

☑ 形状：各选项说明如下。

> 圆形：用定义好的圆盘与倒角面相切来进行倒角。

> 对称相切：横截面是与面对称且相切的二次曲线。

> 非对称相切：横截面为锥形，与面非对称且相切。其形状由指定的偏置（恒定或可变）和
指定的 Rho（恒定、可变或自动计算得出）定义。

☑ 半径方法：各选项说明如下。

> 恒定：对于恒定半径的圆角，只允许使用正值。

> 可变：根据规律类型和规律值，基于脊线上两个或多个个体点改变圆角半径。

> 限制曲线：半径由限制曲线定义，且该限制曲线始终与倒圆保持接触，并且始终与选定曲
线或边相切。该曲线必须位于一个定义面链内。

4. 宽度限制

☑ 选择尖锐限制曲线：选择一条约束曲线。

☑ 选择相切限制曲线：倒圆与选择的曲线和面集保持相切。

5. 设置

☑ 跨相切边倒圆：当方位设置为滚球时可用，选中后，系统会沿着倒圆路径，跨相邻的面倒圆。

☑ 在锐边终止：允许面倒圆延伸穿过倒圆中间或端部的凹口。

☑ 移除自相交：用补片替换倒圆中导致自相交的面链。

☑ 跨锐边倒圆：延伸面倒圆以跨过稍稍不相切的边。

6.3　关联复制特征

6.3.1　镜像特征

通过基准平面或平面镜像选定特征的方法来生成对称的模型，镜像特征可以在
体内镜像特征。执行镜像特征命令，主要有以下两种方式。

☑ 菜单：选择"菜单"→"插入"→"关联复制"→"镜像特征"命令。

☑ 功能区：单击"主页"选项卡"特征"组中的"更多"库下的"镜像特征"
按钮。

执行上述方式后，打开如图 6-81 所示的"镜像特征"对话框，创建镜像特征，如图 6-82
所示。

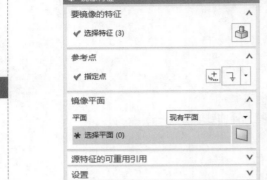

图 6-81　"镜像特征"对话框

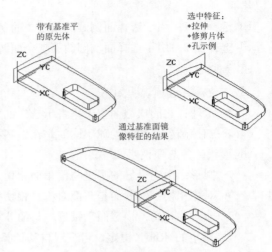

图 6-82　"镜像特征"示意图

"镜像特征"对话框中的选项说明如下。

☑ 选择特征：该选项用于选择想要进行镜像的部件中的特征。

☑ 参考点：用于指定源参考点。如果不想使用在选择源特征时系统自动判断的默认点，则使用此选项。

☑ 镜像平面：该选项用于指定镜像选定特征所用的平面或基准平面。

☑ 设置：各选项说明如下。

➢ 坐标系镜像方法：选择坐标系特征时可用。用于指定要镜像坐标系的那两个轴，为产生右旋的坐标系，系统将派生第三个轴。

➢ 保持螺纹旋向：选择螺纹特征时可用。用于指定镜像螺纹是否与源特征具有相同的选项。

➢ 保持螺旋旋向：选择螺旋线特征时可用。用于指定镜像螺旋线是否与源特征具有相同的旋向。

6.3.2　实例——轴承盖

扫码看视频

6.3.2　轴承盖

首先创建圆柱体作为主体，然后在主体利用拉伸、孔命令添加其他主要特征，最后对其倒斜角和圆角操作，如图 6-83 所示。

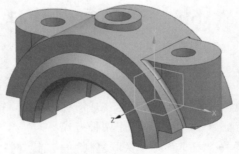

图 6-83　轴承盖

操作步骤如下。

1. 创建新文件

选择"文件"→"新建"命令或单击"标准"组中的"新建"按钮 ，弹出"新建"对话框。

在"模板"选项组中选择"模型",在"名称"文本框中输入 zhouchenggai,单击"确定"按钮,进入建模环境。

2. 创建圆柱体

(1)选择"菜单"→"插入"→"设计特征"→"圆柱"命令,或者单击"主页"选项卡"特征"组中的"圆柱"按钮 ,弹出"圆柱"对话框。

(2)在"类型"下拉列表框中选择"轴、直径和高度",在"指定矢量"下拉列表中选择 ᶻᶜ↑(ZC 轴),如图 6-84 所示。

(3)单击 按钮,弹出"点"对话框,将原点坐标设置为(0,0,0),单击"确定"按钮。

(4)返回"圆柱"对话框后,在"直径"和"高度"数值框中分别输入 80 和 65,最后单击"确定"按钮,生成圆柱体 1。

(5)同上步骤,在坐标点(0,0,5)处创建直径和高度为 110 和 55 的圆柱体 2,并与圆柱体 1 进行求和操作,如图 6-85 所示。

图 6-84 "圆柱"对话框

图 6-85 创建圆柱体

3. 绘制草图

(1)选择"菜单"→"插入"→"草图"命令,或者单击"主页"选项卡"直接草图"组中的"草图"按钮 ,在弹出的"创建草图"对话框中设置 XC-ZC 平面为草图绘制平面,单击"确定"按钮,进入草图绘制界面。

(2)利用草图命令绘制如图 6-86 所示的草图。

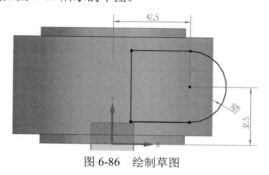

图 6-86 绘制草图

4. 拉伸操作

(1)选择"菜单"→"插入"→"设计特征"→"拉伸"命令,或者单击"主页"选项卡"特征"

组中的"拉伸"按钮 ，弹出如图 6-87 所示的"拉伸"对话框。

（2）选择步骤 3 创建的曲线为拉伸截面，然后在"指定矢量"下拉列表中选择 ^{YC}（YC轴），在"限制"选项组中将"开始"和"结束"均设置为"值"，将其"距离"分别设置为 0 和 46，在"布尔"下拉列表中选择"合并"选项，系统自动选择实体。最后单击"确定"按钮，完成拉伸操作，如图 6-88 所示。

图 6-87　"拉伸"对话框

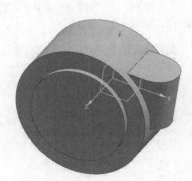

图 6-88　拉伸操作

5. 创建埋头孔

（1）选择"菜单"→"插入"→"设计特征"→"孔"命令，或单击"主页"选项卡"特征"组中的"孔"按钮 ，打开如图 6-89 所示的"孔"对话框。

图 6-89　"孔"对话框

（2）在"类型"下拉列表框中选择"常规孔"，在"形状和尺寸"选项组的"成形"下拉列表框中选择"简单孔"。

（3）捕捉上步绘制的拉伸体的圆弧圆心为孔放置位置，如图 6-90 所示。

（4）在"孔"对话框中，将"直径""深度""顶锥角"分别设置为 13、50、0，单击"确定"按钮，完成孔的创建，如图 6-91 所示。

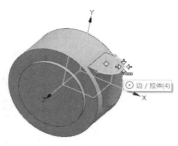

图 6-90　捕捉圆心

图 6-91　完成孔的创建

6. 创建镜像特征

（1）选择"菜单"→"插入"→"关联复制"→"镜像特征"命令，或单击"主页"选项卡"特征"组中的"更多"库下"镜像特征"按钮 ，打开如图 6-92 所示的"镜像特征"对话框。

（2）在视图或部件导航器中选择步骤 4 和步骤 5 创建的特征，选 YC-ZC 基准平面为镜像平面，单击"确定"按钮，创建镜像特征，如图 6-93 所示。

图 6-92　"镜像特征"对话框

图 6-93　创建镜像特征

7. 创建简单孔

（1）选择"菜单"→"插入"→"设计特征"→"孔"命令，或单击"主页"选项卡"特征"组中的"孔"按钮 ，打开如图 6-94 所示的"孔"对话框。

（2）在"类型"下拉列表框中选择"常规孔"，在"形状和尺寸"选项组的"成形"下拉列表框中选择"简单孔"。

（3）捕捉如图 6-95 所示的拉伸体圆弧圆心为孔放置位置。

（4）在"孔"对话框中，将"直径""深度"和"顶锥角"分别设置为 60、65 和 0，单击"确定"按钮，完成孔的创建，如图 6-96 所示。

图 6-94 "孔"对话框

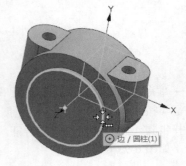

图 6-95 捕捉圆心

图 6-96 完成孔的创建

8. 绘制草图

（1）选择"菜单"→"插入"→"草图"命令，或者单击"主页"选项卡"直接草图"组中的"草图"按钮 ，在弹出的"创建草图"对话框中设置 XC-YC 平面为草图绘制平面，单击"确定"按钮，进入草图绘制界面。

（2）利用草图命令绘制如图 6-97 所示的草图。

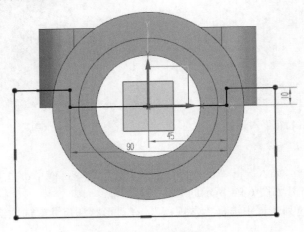

图 6-97 绘制草图

9. 拉伸操作

（1）选择"菜单"→"插入"→"设计特征"→"拉伸"命令，或者单击"主页"选项卡"特征"

组中的"拉伸"按钮 ，弹出如图 6-98 所示的"拉伸"对话框。

（2）选择步骤 8 创建的曲线为拉伸截面，然后在"指定矢量"下拉列表中选择 ᶻᶜ↑（ZC 轴），在"限制"选项组中将"开始"和"结束"均设置为"值"，将其"距离"分别设置为 0 和 65，在"布尔"下拉列表中选择"减去"选项，系统自动选择实体。最后单击"确定"按钮，完成拉伸操作，隐藏草图后如图 6-99 所示。

图 6-98　"拉伸"对话框

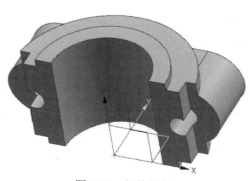

图 6-99　拉伸操作

10. 创建基准平面

（1）选择"菜单"→"插入"→"基准 / 点"→"基准平面"命令，或者单击"主页"选项卡"特征"组中的"基准平面"按钮 ，弹出"基准平面"对话框，如图 6-100 所示。

（2）在"类型"下拉列表框中选择 XC-ZC 平面，设置距离为 58，单击"确定"按钮，生成基准平面 1，如图 6-101 所示。

图 6-100　"基准平面"对话框

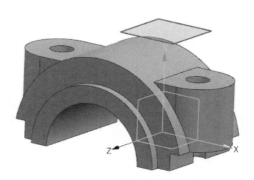

图 6-101　创建基准平面 1

11. 创建凸台

（1）选择"菜单"→"插入"→"设计特征"→"凸台（原有）"命令，弹出如图 6-102 所示的"支管"对话框。

（2）选择上步创建的基准平面 1 为凸台放置面，在"直径""高度""锥角"数值框中分别输入 25、10、0，单击"反侧"按钮，单击"确定"按钮。

（3）弹出"定位"对话框，如图 6-103 所示。在其中单击"垂直"按钮 ，选择 XC-YC 基准平面，输入表达式为 32.5，单击"应用"按钮。

图 6-102 "支管"对话框

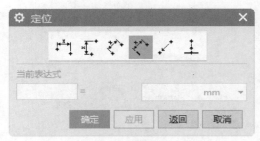

图 6-103 "定位"对话框

（4）选择 YC-ZC 基准平面，输入表达式为 0，单击"确定"按钮，结果如图 6-104 所示。

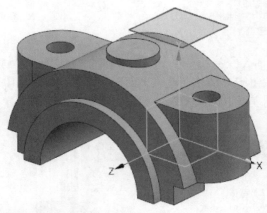

图 6-104 创建凸台

12. 创建沉头孔

（1）选择"菜单"→"插入"→"设计特征"→"孔"命令，或单击"主页"选项卡"特征"组中的"孔"按钮 ，打开如图 6-105 所示的"孔"对话框。

（2）在"类型"下拉列表框中选择"常规孔"，在"形状和尺寸"选项组的"成形"下拉列表框中选择"沉头"。

（3）捕捉上步创建的凸台的上端圆弧圆心为孔放置位置，如图 6-106 所示。

图 6-105　"孔"对话框

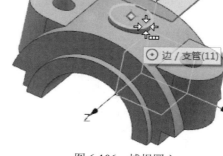

图 6-106　捕捉圆心

（4）在"孔"对话框中，将"沉头直径""沉头深度""直径""深度""顶锥角"分别设置为 14、17、10、32、0，单击"确定"按钮，完成孔的创建，如图 6-107 所示。

图 6-107　完成孔的创建

13. 创建圆柱体

（1）选择"菜单"→"插入"→"设计特征"→"圆柱"命令，或者单击"主页"选项卡"特征"组中的"圆柱"按钮 ，弹出"圆柱"对话框。

（2）在"类型"下拉列表框中选择"轴、直径和高度"，在"指定矢量"下拉列表中选择 ，如

图 6-108 所示。

（3）单击 ⟂ 按钮，弹出"点"对话框，将原点坐标设置为（0,0,17），单击"确定"按钮。

（4）返回"圆柱"对话框后，在"直径"和"高度"数值框中分别输入 65 和 31，在"布尔"下拉列表中选择"减去"选项，单击"确定"按钮，生成槽，如图 6-109 所示。

图 6-108 "圆柱"对话框

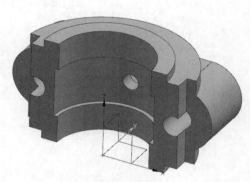

图 6-109 创建圆柱体

14. 边倒圆

（1）选择"菜单"→"插入"→"细节特征"→"边倒圆"命令，单击"主页"选项卡"特征"组中的"边倒圆"按钮 ⬚，打开"边倒圆"对话框，如图 6-110 所示。

（2）在"形状"下拉列表框中选择"圆形"；在视图中选择如图 6-111 所示的边，并在"半径 1"数值框中输入 2。

图 6-110 "边倒圆"对话框

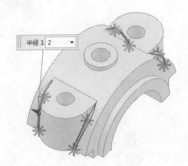

图 6-111 选择边

（3）在"边倒圆"对话框中单击"确定"按钮，完成倒圆角处理，结果如图 6-112 所示。

图 6-112 倒圆角结果

15. 创建倒斜角

（1）选择"菜单"→"插入"→"细节特征"→"倒斜角"命令，或者单击"主页"选项卡"特征"组中的"倒斜角"按钮 ，弹出如图 6-113 所示的"倒斜角"对话框。

（2）在"横截面"下拉列表框中选择"对称"，在"距离"数值框中分别输入 2.5，如图 6-113 所示。

（3）在视图中选择如图 6-114 所示的边。

图 6-113 "倒斜角"对话框

图 6-114 选择倒角边

（4）在"倒斜角"对话框中单击"应用"按钮。

（5）在视图中选择如图 6-115 所示的边，输入距离为 5，单击"确定"按钮，结果如图 6-116 所示。

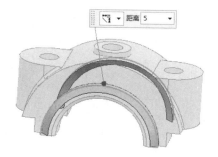

图 6-115 选择倒角边

图 6-116 倒斜角

16. 创建倒斜角 2

（1）选择"菜单"→"插入"→"细节特征"→"倒斜角"命令，或者单击"主页"选项卡"特征"组中的"倒斜角"按钮 ，弹出"倒斜角"对话框。

（2）在"横截面"下拉列表框中选择"偏置和角度"，在"距离"和"角度"数值框中分别输入2 和 30，如图 6-117 所示。

（3）在视图中选择如图 6-118 所示的边进行倒角操作。

（4）在"倒斜角"对话框中单击"确定"按钮，隐藏基准平面，结果如图 6-83 所示。

图 6-117　"倒斜角"对话框

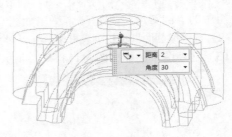

图 6-118　选择边

6.3.3　阵列特征

执行阵列特征命令，主要有以下两种方式。

☑ 菜单：选择"菜单"→"插入"→"关联复制"→"阵列特征"命令。

☑ 功能区：单击"主页"选项卡"特征"组中的"阵列特征"按钮 。

执行上述方式后，打开如图 6-119 所示的"阵列特征"对话框。

"阵列特征"对话框中的选项说明如下。

☑ 要形成阵列的特征：选择一个或多个要形成阵列的特征。

☑ 参考点：通过点对话框或点下拉列表中选择点为输入特征指定位置参考点。

☑ 阵列定义-布局：各选项说明如下。

➢ 线性：该选项从一个或多个选定特征生成线性阵列。线性阵列既可以是二维的（在 XC 和 YC 方向上，即几行特征），也可以是一维的（在 XC 或 YC 方向上，即一行特征）。其操作后示意图如图 6-120 所示。

➢ 圆形：该选项从一个或多个选定特征生成圆形阵列。其操作后示意图如图 6-121 所示。

➢ 多边形：该选项从一个或多个选定特征按照绘制好的多边形生成阵列。其操作后示意图如图 6-122 所示。

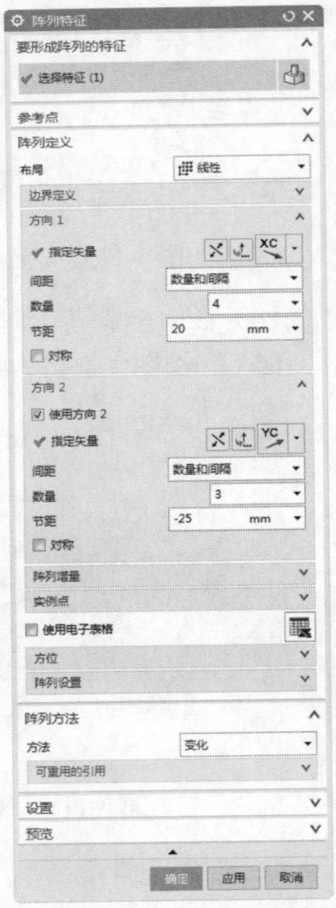

扫码看视频

6.3.3　阵列特征

图 6-119　"阵列特征"对话框

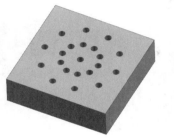

图 6-120 "线性"示意图   图 6-121 "圆形"示意图   图 6-122 "多边形"示意图

> 螺旋：该选项从一个或多个选定特征按照绘制好的螺旋线生成阵列，如图 6-123 所示。
> 沿：该选项从一个或多个选定特征按照绘制好的曲线生成阵列，如图 6-124 所示。

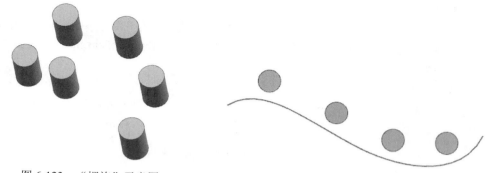

图 6-123 "螺旋"示意图   图 6-124 "沿"示意图

> 常规：该选项从一个或多个选定特征在指定点处生成阵列。如图 6-125 所示。

图 6-125 "常规"示意图

☑ 阵列方法：各选项说明如下。
> 变化：将多个特征作为输入以创建阵列特征对象，并评估每个实例位置的输入。
> 简单：将单个特征作为输入以创建阵列特征对象，只对输入特征进行有限评估。

6.3.4 实例——显示屏

扫码看视频

显示屏是计算机的 I/O 设备，即输入/输出设备，用于将一定的电子文件通过特定的传输设备显示到屏幕上，再映射到人眼中。显示屏有多种类型，目前常用的有 CRT、LCD 等。在本例中，将首先创建长方体，并进行垫块、腔体和凸台等操作；然后在实体模型的基础上进行边倒圆、倒角和引用特征等操作，生成显示屏模型，如图 6-126 所示。

6.3.4 显示屏

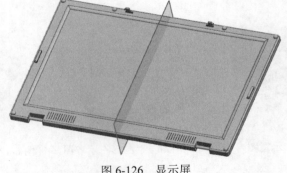

图 6-126 显示屏

操作步骤如下。

1. 创建新文件

选择"文件"→"新建"命令或单击"快速访问"工具栏中的"新建"按钮 ☐,弹出"新建"对话框。在"模板"选项组中选择"模型",在"名称"文本框中输入 xianshiping,单击"确定"按钮,进入建模环境。

2. 创建长方体

(1)选择"菜单"→"插入"→"设计特征"→"长方体"命令,或者单击"主页"选项卡"特征"组中的"长方体"按钮 ▣,打开如图 6-127 所示的"长方体"对话框。

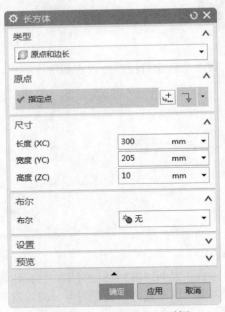

图 6-127 "长方体"对话框

(2)在"类型"下拉列表框中选择"原点和边长"。

(3)单击"点对话框"按钮 ,在弹出的"点"对话框中设置坐标为(0,0,0),单击"确定"按钮。

(4)返回"长方体"对话框,在"长度(XC)""宽度(YC)""高度(ZC)"数值框中分别输入300、205、10。

（5）单击"确定"按钮，即可创建长方体，如图6-128所示。

图6-128　创建长方体

3. 创建腔体（显示屏）

（1）选择"菜单"→"插入"→"设计特征"→"腔（原有）"命令，打开"腔"对话框，如图6-129所示。

（2）单击"矩形"按钮，打开"矩形腔"（放置面选择）对话框。选择长方体的上表面为放置面，打开"水平参考"对话框。

（3）选择放置面与XC轴方向一致的直段边为水平参考，打开如图6-130所示的"矩形腔"（输入参数）对话框。

图6-129　"腔"对话框

图6-130　"矩形腔"（输入参数）对话框

（4）在"长度""宽度""深度""角半径""底面半径""锥角"数值框中分别输入265、165、2、0、0、0。

（5）单击"确定"按钮，打开"定位"对话框。

（6）单击"垂直"按钮 ，设置矩形腔体的短中心线和长方体短边的距离为150，设置矩形腔体的长中心线和长方体下端长边的距离为107.5，结果如图6-131所示。

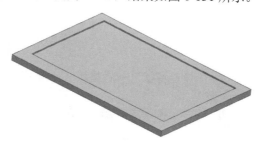

图6-131　创建腔体

4. 边倒圆

（1）选择"菜单"→"插入"→"细节特征"→"边倒圆"命令，单击"主页"选项卡"特征"组中的"边倒圆"按钮 ，弹出"边倒圆"对话框。

（2）在视图中选择要倒圆的边，并在"半径1"数值框中输入6，如图6-132所示。

（3）在"边倒圆"对话框中单击"确定"按钮，结果如图6-133所示。

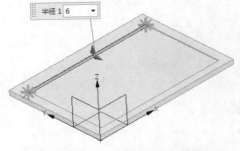

图6-132　选择要倒圆的边并输入倒圆半径

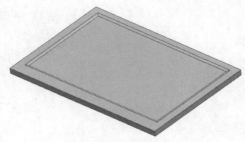

图6-133　边倒圆

5. 创建凸台（接触垫块）

（1）选择"菜单"→"插入"→"设计特征"→"凸台（原有）"命令，弹出"支管"对话框，如图6-134所示。

（2）选择长方体上表面为凸台放置面。

（3）在"支管"对话框的"直径""高度""锥角"数值框中分别输入6、3、0，单击"确定"按钮。

（4）在弹出的"定位"对话框中选择"垂直"定位方式，按照提示分别选择长方体的长和宽两边为定位基准，并分别将距离参数设置为5和5。

（5）重复上述步骤，在长方体上端面的另一角上创建参数和定位方式相同的凸台2，参数相同，定位距离参数为（5,75）的凸台3。生成模型如图6-135所示。

图6-134　"支管"对话框

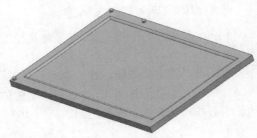

图6-135　模型

6. 创建垫块

（1）选择"菜单"→"插入"→"设计特征"→"垫块（原有）"命令，打开如图6-136所示的"垫块"对话框。

图6-136　"垫块"对话框

（2）单击"矩形"按钮，打开"矩形垫块"（放置面选择）对话框。

（3）选择长方体的上表面为垫块放置面，打开"水平参考"对话框。选择与 YC 轴方向一致的直段边为水平参考，打开"矩形垫块"（输入参数）对话框，如图 6-137 所示。

（4）在"长度""宽度""高度""角半径""锥角"数值框中分别输入 20、3、3、0、0，单击"确定"按钮。

（5）打开"定位"对话框，单击"垂直"按钮 ⟨·，分别选择长方体上端面的长、宽两边为定位基准，选择垫块两中心线为工具边，设置距离参数分别为 5 和 102.5，创建矩形垫块，如图 6-138 所示。

图 6-137　"矩形垫块"（输入参数）对话框

图 6-138　创建矩形垫块

7. 边倒圆

（1）选择"菜单"→"插入"→"细节特征"→"边倒圆"命令，单击"主页"选项卡"特征"组中的"边倒圆"按钮 🔲，弹出"边倒圆"对话框。

（2）选择凸台 1、2、3 的顶边，设置圆角半径为 3；选择垫块的上端面边，设置圆角半径为 1.5，如图 6-139 所示；单击"确定"按钮，生成模型如图 6-140 所示。

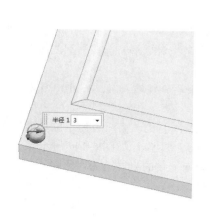
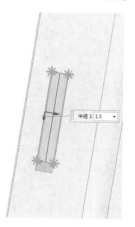

图 6-139　选择边

图 6-140　边倒圆

8. 创建腔体

（1）选择"菜单"→"插入"→"设计特征"→"腔（原有）"命令，打开"腔"对话框。

（2）单击"矩形"按钮，打开"矩形腔"（放置面选择）对话框。

（3）选择长方体上表面为放置面，打开"水平参考"对话框，选择与 XC 轴方向一致的直段边为水平参考。

（4）打开如图 6-141 所示的"矩形腔"（输入参数）对话框，在"长度""宽度""深度""拐角半径""底面半径""锥角"数值框中分别输入 10、2.5、2.5、0、0、0，单击"确定"按钮。

Note

（5）在弹出的"定位"对话框中单击"垂直"按钮 ✕，选择长方体的长、宽两边为定位基准，选择腔体两中心线为工具边，设置距离参数分别为 5 和 95，单击"确定"按钮，生成的腔体模型如图 6-142 所示。

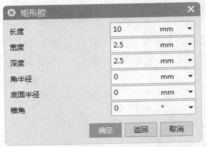

图 6-141　"矩形腔"（输入参数）对话框

图 6-142　生成腔体模型

9. 创建垫块

（1）选择"菜单"→"插入"→"设计特征"→"垫块（原有）"命令，打开如图 6-143 所示的"垫块"对话框。

图 6-143　"垫块"对话框

（2）单击"矩形"按钮，打开"矩形垫块"（放置面选择）对话框。

（3）选择步骤 8 创建的腔体底面为垫块放置面，打开"水平参考"对话框。选择与 XC 轴方向一致的直段边为水平参考，打开"矩形垫块"（输入参数）对话框。

（4）在"长度""宽度""高度""角半径"和"锥角"数值框中栏分别输入 4、2、10、0 和 0，单击"确定"按钮。

（5）打开"定位"对话框，单击"垂直"按钮 ✕，分别选择腔体的长、宽两边为定位基准，选择垫块两中心线为工具边，设置距离参数分别为 1.25 和 4，创建矩形垫块 1，如图 6-144 所示。

（6）重复上述步骤，以垫块一侧面为放置面，选择与 ZC 轴方向一致的直段边为水平参考方向，设置长度、宽度和高度分别为 3、2 和 3。定位基准选择放置面的长、宽两边，选择垫块中心线为工具边，设置距离参数分别为 1 和 1.5，连续单击"确定"按钮，完成垫块 2 的创建，如图 6-145 所示。

图 6-144　创建矩形垫块 1

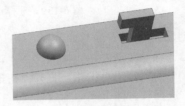

图 6-145　创建矩形垫块 2

10. 边倒角

（1）选择"菜单"→"插入"→"细节特征"→"倒斜角"命令，或者单击"主页"选项卡"特征"组中的"倒斜角"按钮 ，打开如图 6-146 所示的"倒斜角"对话框。

（2）在视图中选择垫块边，如图 6-147 所示。

（3）在"横截面"下拉列表框中选择"对称"，在"距离"数值框中输入 3。

（4）单击"确定"按钮，结果如图 6-148 所示。

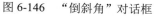

图 6-146 "倒斜角"对话框

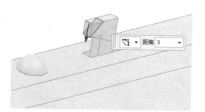

图 6-147 选择垫块边

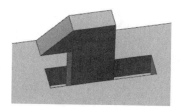

图 6-148 边倒角

11. 创建腔体

（1）选择"菜单"→"插入"→"设计特征"→"腔（原有）"命令，打开"腔"对话框。

（2）单击"矩形"按钮，打开"矩形腔"（放置面选择）对话框。

（3）选择长方体上表面为放置面，打开"水平参考"对话框，选择与 XC 轴方向一致的直段边为水平参考。

（4）打开如图 6-149 所示的"矩形腔"（输入参数）对话框，在"长度""宽度""深度""角半径""底面半径""锥角"数值框中分别输入 20、10、12、0、0、0，单击"确定"按钮。

（5）在弹出的"定位"对话框中单击"垂直"按钮 ，定位基准选择放置面的长、宽两边，选择腔体中心线为工具边，设置距离参数分别为 5 和 36，单击"确定"按钮，生成的腔体模型如图 6-150 所示。

图 6-149 设置矩形腔参数

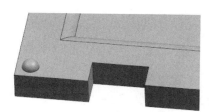

图 6-150 腔体模型

12. 创建基准平面

（1）选择"菜单"→"插入"→"基准 / 点"→"基准平面"命令或单击"主页"选项卡"特征"组中的"基准平面"按钮 ，弹出如图 6-151 所示的"基准平面"对话框。

（2）在"类型"下拉列表框中选择"二等分"，在视图中选择长方体的左、右两个侧面为参考平面，单击"确定"按钮，生成基准平面，如图 6-152 所示。

图 6-151　"基准平面"对话框

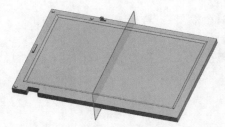

图 6-152　创建基准平面

13. 创建镜像特征

（1）选择"菜单"→"插入"→"关联复制"→"镜像特征"命令，或单击"主页"选项卡"特征"组中的"更多"库下的"镜像特征"按钮 ，打开如图 6-153 所示的"镜像特征"对话框。

（2）在视图中选择步骤 5～10 创建的特征，选择步骤 12 创建的基准平面为镜像平面，单击"确定"按钮，创建镜像特征，如图 6-154 所示。

图 6-153　"镜像特征"对话框

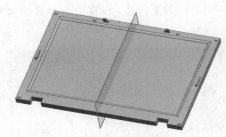

图 6-154　创建镜像特征

14. 创建简单孔

（1）选择"菜单"→"插入"→"设计特征"→"孔"命令，或单击"主页"选项卡"特征"组中的"孔"按钮 ，打开如图 6-155 所示的"孔"对话框。

（2）在"类型"下拉列表框中选择"常规孔"，在"形状和尺寸"选项组的"成形"下拉列表框中选择"简单孔"。

（3）单击"绘制截面"按钮 ，选择长方体的上表面为草图放置面。

（4）进入草图绘制界面，打开"草图点"对话框，在长方体上单击一点，标注尺寸确定点位置，如图 6-156 所示。单击"完成"按钮 ，草图绘制完毕。

（5）在"孔"对话框中，将孔的"直径""深度""顶锥角"分别设置为 1、4、0，单击"确定"按钮，完成简单孔的创建，如图 6-157 所示。

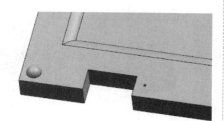

图 6-155　"孔"对话框　　　　图 6-156　标注尺寸　　　　图 6-157　创建简单孔

15. 孔阵列

（1）选择"菜单"→"插入"→"关联复制"→"阵列特征"命令，或单击"主页"选项卡"特征"组中的"阵列特征"按钮 ，弹出如图 6-158 所示的"阵列特征"对话框。

图 6-158　"阵列特征"对话框

（2）选择步骤 14 创建的孔特征为要形成阵列的特征。

（3）在"阵列定义"选项组下的"布局"下拉列表框中选择"线性"；在"方向 1"子选项组下的"指定矢量"下拉列表中选择 XC（XC 轴）为阵列方向，在"间距"下拉列表框中选择"数量和间隔"，设置"数量"和"节距"为 13 和 3。

（4）在"方向 2"子选项组下，选中"使用方向 2"复选框，在"指定矢量"下拉列表中选择 YC（YC 轴）为阵列方向，在"间距"下拉列表框中选择"数量和间隔"，设置"数量"和"节距"为 6 和 2。

（5）其他采用默认设置，单击"确定"按钮，完成孔阵列，如图 6-159 所示。

16. 创建散热孔

重复步骤 14 和 15，在另一侧创建散热孔，如图 6-160 所示。

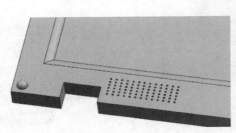
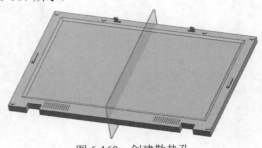

图 6-159　孔阵列　　　　　　　　　　图 6-160　创建散热孔

17. 创建腔体

（1）选择"菜单"→"插入"→"设计特征"→"腔（原有）"命令，打开"腔"对话框。

（2）单击"矩形"按钮，打开"矩形腔"（放置面选择）对话框。

（3）选择长方体下表面为放置面，打开"水平参考"对话框，选择与 XC 轴方向一致的直段边为水平参考。

（4）打开如图 6-161 所示的"矩形腔"（输入参数）对话框，在"长度""宽度""深度""角半径""底面半径""锥角"数值框中分别输入 260、195、0.5、0、0、0，单击"确定"按钮。

（5）在弹出的"定位"对话框中单击"垂直"按钮 ，定位基准选择放置面的下端长、宽两边，选择腔体中心线为工具边，设置距离参数分别为 97.5 和 150，单击"确定"按钮，生成的腔体模型如图 6-162 所示。

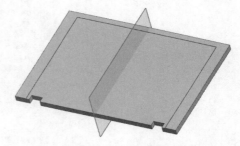

图 6-161　设置矩形腔参数　　　　　　图 6-162　创建的腔体

18. 创建垫块

（1）选择"菜单"→"插入"→"设计特征"→"垫块（原有）"命令，打开如图 6-163 所示的"垫块"对话框。

（2）单击"矩形"按钮，打开"矩形垫块"（放置面选择）对话框。

（3）选择长方体的上表面为垫块放置面，打开"水平参考"对话框。选择 XC 轴方向一致的直段边为水平参考，打开如图 6-164 所示的"矩形垫块"（输入参数）对话框。

图 6-163　"垫块"对话框

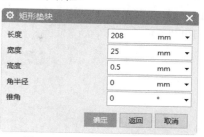

图 6-164　设置矩形垫块参数

（4）在"长度""宽度""高度"数值框中分别输入 208、25、0.5，单击"确定"按钮。

（5）打开"定位"对话框，单击"垂直"按钮 ，分别选择长方形的下端长边和基准平面 1 为定位基准，选择垫块长边和短中心线为定位工具边，设置距离参数分别为 12.5 和 0，创建矩形垫块，如图 6-165 所示。

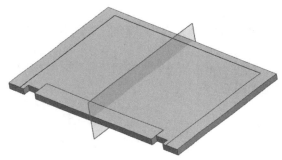

图 6-165　创建矩形垫块

19. 创建凸台

（1）选择"菜单"→"插入"→"设计特征"→"凸台（原有）"命令，弹出"支管"对话框，如图 6-166 所示。

（2）选择腔体底面为凸台放置面。

（3）在"支管"对话框中的"直径""高度""锥角"数值框中分别输入 36、0.5、0，单击"确定"按钮。

（4）在弹出的"定位"对话框中单击"垂直"按钮 ，选择基准平面和长方形的长边为定位基准，距离分别为 0 和 102.5，生成实体模型如图 6-167 所示。

图 6-166　"支管"对话框

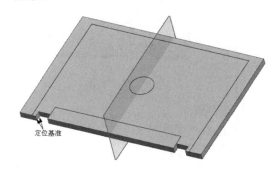

图 6-167　模型

20. 创建凸台

（1）选择"菜单"→"插入"→"设计特征"→"凸台（原有）"命令，弹出"支管"对话框，如图 6-168 所示。

图 6-168　"支管"对话框

（2）选择腔体底面为凸台放置面。

（3）在"支管"对话框中的"直径""高度""锥角"数值框中分别输入 4、20、0，单击"确定"按钮。

（4）在弹出的"定位"对话框中单击"垂直"按钮 ✓，选择如图 6-167 所示的定位基准，距离分别为 5 和 5，生成实体模型如图 6-169 所示。

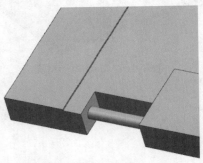

图 6-169　创建凸台后的模型

（5）重复上述步骤，在另一对称位置创建同样参数的凸台，生成如图 6-170 所示的模型。

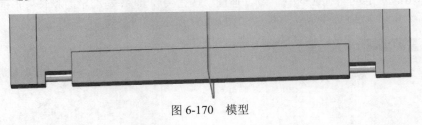

图 6-170　模型

21. 边倒圆

（1）选择"菜单"→"插入"→"细节特征"→"边倒圆"命令，单击"主页"选项卡"特征"组中的"边倒圆"按钮 ◈，打开"边倒圆"对话框。

（2）在视图中选择要倒圆的边，并在"半径 1"数值框中输入 2，如图 6-171 所示。

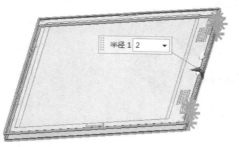

图 6-171　选择要倒圆的边

（3）在"边倒圆"对话框中单击"应用"按钮，生成圆角。

（4）选择如图 6-172 所示的边进行倒圆角，单击"应用"按钮。

（5）选择如图 6-173 所示的边进行倒圆角，单击"确定"按钮，结果如图 6-126 所示。

图 6-172　倒圆示意图 1

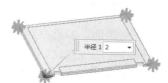

图 6-173　倒圆示意图 2

6.4　体特征操作

扫码看视频

6.4.1　修剪体

6.4.1　修剪体

　　使用该命令可以使用一个面、基准平面或其他几何体修剪一个或多个目标体。选择要保留的体部分，并且修剪体将采用修剪几何体的形状。执行修剪体命令，主要有以下两种方式。

　　☑ 菜单：选择"菜单"→"插入"→"修剪"→"修剪体"命令。

　　☑ 功能区：单击"主页"选项卡"特征"组中的"修剪体"按钮 　。

　　执行上述方式后，打开如图 6-174 所示的"修剪体"对话框，示意图如图 6-175 所示。

图 6-174　"修剪体"对话框

圆柱轴　法向点远离圆柱面

修剪曲面

图 6-175　"修剪体"示意图

"修剪体"对话框中的选项说明如下。

☑ 选择体：选择要修剪的一个或多个目标体。

☑ 工具：使用修剪工具的类型。从体或现有基准面中选择一个或多个面以修剪目标体。

6.4.2　拆分体

该命令使用面、基准平面或其他几何体分割一个或多个目标体。执行拆分体命令，主要有以下两种方式。

☑ 菜单：选择"菜单"→"插入"→"修剪"→"拆分体"命令。

☑ 功能区：单击"主页"选项卡"特征"组中的"更多"库下的"拆分体"按钮 □。

执行上述方式后，打开如图 6-176 所示的"拆分体"对话框，示意图如图 6-177 所示。

"拆分体"对话框中的选项说明如下。

☑ 选择体：选择要拆分的体。

☑ 工具选项：各选项说明如下。

➢ 面或平面：指定一个现有平面或面作为拆分平面。

➢ 新建平面：创建一个新的拆分平面。

➢ 拉伸：拉伸现有曲线或绘制曲线来创建工具体。

➢ 旋转：旋转现有曲线或绘制曲线来创建工具体。

☑ 保留压印边：以标记目标体与工具之间的交线。

图 6-176　"拆分体"对话框

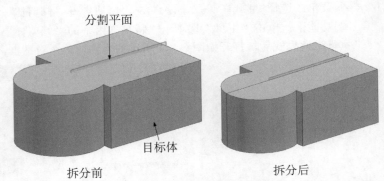

分割平面

目标体

拆分前　　拆分后

图 6-177　"拆分体"示意图

6.4.3　缩放体

该命令按比例缩放实体和片体。可以使用均匀、轴对称或通用的比例方式，此操作完全关联。需要注意的是：比例操作应用于几何体而不用于组成该体的独立特征。执行缩放体命令，主要有以下两种方式。

☑ 菜单：选择"菜单"→"插入"→"偏置／缩放"→"缩放体"命令。

☑ 功能区：单击"主页"选项卡"特征"组中的"更多"库下的"缩放体"按钮 。

执行上述方式后，打开如图 6-178 所示的"缩放体"对话框。"均匀"缩放示意图如图 6-179 所示。

图 6-178　"缩放体"对话框

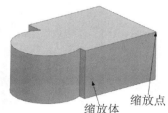

缩放前

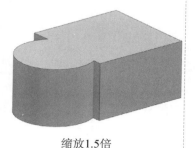

缩放1.5倍

图 6-179　"均匀"缩放示意图

"缩放体"对话框中的选项说明如下。

☑ 均匀：在所有方向上均匀地按比例缩放。

➢ 要缩放的体：该选项为比例操作选择一个或多个实体或片体。

➢ 缩放点：该选项指定一个参考点，比例操作以它为中心。默认的参考点是当前工作坐标系的原点，可以通过使用"点方式"子功能指定另一个参考点。该选项骤只用在"均匀"和"轴对称"类型中可用。

➢ 比例因子：让用户指定比例因子（乘数），通过它来改变当前的大小。

☑ 轴对称：以指定的比例因子（或乘数）沿指定的轴对称缩放。这包括沿指定的轴指定一个比例因子并指定另一个比例因子用在另外两个轴方向。

➢ 缩放轴：该选项为比例操作指定一个参考轴。只可用在"轴对称"方法。默认值是工作坐标系的 Z 轴。可以通过使用"矢量方法"子功能来改变它。"轴对称"缩放示意图如图 6-180 所示。

缩放前

沿Y轴缩放0.5，其他不变

图 6-180　"轴对称"缩放示意图

☑ 不均匀：在所有的 X、Y、Z 三个方向上以不同的比例因子缩放。

➢ 缩放坐标系：让用户指定一个参考坐标系。选择该步骤会启用"坐标系对话框"按钮。可以单击此按钮来打开"坐标系构造器"，可以用它来指定一个参考坐标系。"常规"缩放示意图如图 6-181 所示。

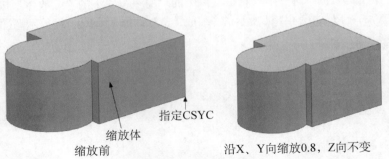

指定CSYC

缩放体

缩放前　　　　　　　　沿X、Y向缩放0.8，Z向不变

图 6-181　"常规"缩放示意图

6.5　特 征 编 辑

扫码看视频

6.5.1　编辑特征参数

6.5.1　编辑特征参数

执行编辑特征参数命令，主要有以下两种方式。

☑ 菜单：选择"菜单"→"编辑"→"特征"→"编辑参数"命令。

☑ 功能区：单击"主页"选项卡"编辑特征"组中的"编辑特征参数"按钮 。

执行上述方式后，打开如图 6-182 所示的"编辑参数"对话框 1。在对话框中选择要编辑的特征，如果选择的是直接创建的特征，则打开相对应的特征对话框，如果选择的是定位特征，则打开如图 6-183 所示的"编辑参数"对话框 2。

"编辑参数"对话框 2 中的选项说明如下。

☑ 特征对话框：列出选中特征的参数名和参数值，并可在其中输入新值。所有特征都出现在此选项。

☑ 重新附着：重新定义特征的特征参考，可以改变特征的位置或方向。可以重新附着的特征才出现此选项。其对话框如图 6-184 所示，部分选项功能如下。

图 6-182　"编辑参数"对话框 1

图 6-183　"编辑参数"对话框 2

图 6-184　"重新附着"对话框

> ➤ 指定目标放置面：给被编辑的特征选择一个新的附着面。
> ➤ 指定参考方向： 给被编辑的特征选择新的水平参考。
> ➤ 重新定义定位尺寸：选择定位尺寸并能重新定义它的位置。
> ➤ 指定第一通过面：重新定义被编辑的特征的第一通过面 / 裁剪面。
> ➤ 指定第二个通过面：重新定义被编辑的特征的第二个通过面 / 裁剪面。
> ➤ 指定工具放置面：重新定义用户定义特征（UDF）的工具面。
> ➤ 方向参考：用它可以选择想定义一个新的水平特征参考还是竖直特征参考。（缺省始终是为已有参考设置的。）
> ➤ 反向：将特征的参考方向反向。
> ➤ 反侧：将特征重新附着于基准平面时，用它可以将特征的法向反向。
> ➤ 指定原点：将重新附着的特征移动到指定原点，可以快速重新定位它。
> ➤ 删除定位尺寸：删除选择的定位尺寸。如果特征没有任何定位尺寸，该选项就变灰。

6.5.2 特征尺寸

执行特征尺寸命令，主要有以下两种方式。

☑ 菜单：选择"菜单"→"编辑"→"特征"→"特征尺寸"命令。

☑ 功能区：单击"主页"选项卡"编辑特征"组中的"特征尺寸"按钮 。

执行上述方式后，打开如图 6-185 所示的"特征尺寸"对话框。

图 6-185 "特征尺寸"对话框

"特征尺寸"对话框中的选项说明如下。

☑ 选择特征：选择要编辑的特征，以便用特征尺寸编辑。

☑ 尺寸：各选项说明如下。

> ➤ 选择尺寸：为选定的特征或草图选择单个尺寸。
> ➤ 特征尺寸列表：显示选定特征或草图的可选尺寸的列表。

☑ 显示为 PMI：用于将选定的特征尺寸转换为 PMI 尺寸。

6.5.3　编辑位置

通过编辑特征的定位尺寸来移动特征的位置。执行编辑位置命令，主要有以下
3 种方式。

☑ 菜单：选择"菜单"→"编辑"→"特征"→"编辑位置"命令。

☑ 功能区：单击"主页"选项卡"编辑特征"组中的"编辑位置"按钮 ⛏。

☑ 快捷菜单：在右侧"资源栏"的"部件导航器"相应对象上右击鼠标，在打开的快捷菜单中
选择"编辑位置"（见图 6-186）。

执行上述方式后，打开如图 6-187 所示"编辑位置"对话框。

"编辑位置"对话框中的选项说明如下。

☑ 添加尺寸：用它可以给特征增加定位尺寸。

☑ 编辑尺寸值：允许通过改变选中的定位尺寸的特征值，来移动特征。

☑ 删除尺寸：用它可以从特征删除选中的定位尺寸。

图 6-186　快捷菜单中的"编辑位置"

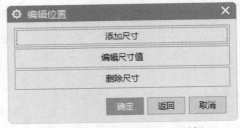

图 6-187　"编辑位置"对话框

6.5.4　移动特征

使用此命令可将非关联的特征及非参数化的体移到新位置。执行移动特征命令，
主要有以下两种方式。

☑ 菜单：选择"菜单"→"编辑"→"特征"→"移动"命令。

☑ 功能区：单击"主页"选项卡"编辑特征"组中的"移动特征"按钮⛏。

执行上述方式后，打开"移动特征"列表对话框，选择要移动的特征，单击"确定"按钮，弹出如图 6-188 所示的"移动特征"对话框。

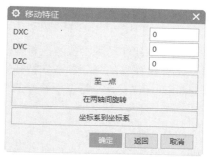

图 6-188　"移动特征"对话框

"移动特征"对话框中的选项说明如下。

☑ DXC、DYC、DZC 增量：用矩形（XC 增量、YC 增量、ZC 增量）坐标指定距离和方向，可以移动一个特征。该特征相对于工作坐标系作移动。

☑ 至一点：用它可以将特征从参考点移动到目标点。

☑ 在两轴间旋转：通过在参考轴和目标轴之间旋转特征，来移动特征。

☑ 坐标系到坐标系：将特征从参考坐标系中的位置重定位到目标坐标系中。

6.5.5　特征重排序

该命令用于更改将特征应用于体的次序。在选定参考特征之前或之后可对所需要的特征重排序。执行特征重排序命令，主要有以下两种方式。

☑ 菜单：选择"菜单"→"编辑"→"特征"→"重排序"命令。

☑ 功能区：单击"主页"选项卡"编辑特征"组中的"特征重排序"按钮 🖵。

执行上述方式后，打开如图 6-189 所示"特征重排序"对话框。

图 6-189　"特征重排序"对话框

"特征重排序"对话框中的选项说明如下。

☑ 参考特征：列出部件中出现的特征。所有特征连同其圆括号中的时间标记一起出现于列表框中。

☑ 选择方法：该选项用来指定如何重排序"重定位"特征，允许选择相对"参考"特征来放置"重定位"特征的位置。

　➢ 之前：选中的"重定位"特征将被移动到"参考"特征之前。

　➢ 之后：选中的"重定位"特征将被移动到"参考"特征之后。

　➢ "重定位特征"：允许选择相对于"参考"特征要移动的"重定位"特征。

扫码看视频

6.5.6　抑制特征

6.5.6　抑制特征

允许临时从目标体及显示中删除一个或多个特征，当抑制有关联的特征时，关联的特征也被抑制。抑制特征用于减少模型的大小，可加速创建、对象选择、编辑和显示时间。抑制的特征依然存在于数据库中，只是将其从模型中删除。执行抑制特征命令，主要有以下两种方式。

☑ 菜单：选择"菜单"→"编辑"→"特征"→"抑制"命令。

☑ 功能区：单击"主页"选项卡"编辑特征"组中的"抑制特征"按钮 。

执行上述方式后，打开如图 6-190 所示的"抑制特征"对话框。

图 6-190　"抑制特征"对话框

"抑制特征"对话框中的选项说明如下。

☑ 列出相关对象：选中此复选框，选择特征后，相关的特征都显示到选定特征列表中。

☑ 选定的特征：在列表中选择的特征添加到此列表中，或者相关特征也添加到此列表中。

6.5.7　由表达式抑制

该命令可利用表达式编辑器用表达式来抑制特征，此表达式编辑器提供一个可用于编辑的抑制表达式列表。执行由表达式抑制命令，主要有以下两种方式。

☑ 菜单：选择"菜单"→"编辑"→"特征"→"由表达式抑制"命令。

☑ 功能区：单击"主页"选项卡"编辑特征"组中的"由表达式抑制"按钮 。

扫码看视频

6.5.7　由表达式抑制

执行上述方式后，打开如图 6-191 所示的"由表达式抑制"对话框。

图 6-191 "由表达式抑制"对话框

"由表达式抑制"对话框中的选项说明如下。

1. 表达式选项

☑ 为每个创建：允许为每一个选中的特征生成单个的抑制表达式。对话框显示所有特征，可以是被抑制的，或者是被释放的以及无抑制表达式的特征。如果选中的特征被抑制，则其新的抑制表达式的值为 0，否则为 1。按升序自动生成抑制表达式（即 p22、p23、p24…）。

☑ 创建共享的：允许生成被所有选中特征共用的单个抑制表达式。对话框显示所有特征，可以是被抑制的，或者是被释放的以及无抑制表达式的特征。所有选中的特征必须具有相同的状态，或者是被抑制的或者是被释放的。如果它们是被抑制的，则其抑制表达式的值为 0，否则为 1。当编辑表达式时，如果任何特征被抑制或被释放，则其他有相同表达式的特征也被抑制或被释放

☑ 为每个删除：允许删除选中特征的抑制表达式。对话框显示具有抑制表达式的所有特征。

☑ 删除共享的：允许删除选中特征的共有的抑制表达式。对话框显示包含共有的抑制表达式的所有特征。如果选择特征，则对话框高亮显示共有该相同表达式的其他特征。

2. 显示表达式

在信息窗口中显示由抑制表达式控制的所有特征。

3. 选择特征

☑ 选择特征：选择一个或多个要为其指定抑制表达式的特征。

☑ 相关特征：各选项说明如下。

➢ 添加相关特征：选择相关特征和所选的父特征。父特征及其相关特征都由抑制表达式控制。

➢ 添加体中的所有特征：选择所选体中的所有特征。体和体中的任何特征都由抑制表达式控制。

➢ 候选特征：列出符合被选择条件的所有特征。

6.5.8 移除参数

该命令允许从一个或多个实体和片体中删除所有参数。还可以从与特征相关联

扫码看视频

6.5.8 移除参数

的曲线和点删除参数，使其成为非相关联。执行移除参数命令，主要有以下两种方式。

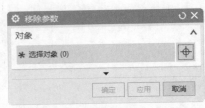

图 6-192　"移除参数"对话框

　　☑ 菜单：选择"菜单"→"编辑"→"特征"→"移除参数"命令。

　　☑ 功能区：单击"主页"选项卡"编辑特征"组中的"移除"按钮 ⋈。

执行上述方式后，打开如图 6-192 所示"移除参数"对话框。

📢 提示：一般情况下，用户需要传送自己的文件，但不希望别人看到自己的建模过程的具体参数，可以使用该方法去掉参数。

6.5.9　指派实体密度

扫码看视频

6.5.9　指派实体密度

　　该命令可以改变一个或多个已有实体的密度和 / 或密度单位。改变密度单位，让系统重新计算新单位的当前密度值，如果需要也可以改变密度值。执行指派实体密度命令，主要有以下两种方式。

　　☑ 菜单：选择"菜单"→"编辑"→"特征"→"实体密度"命令。

　　☑ 功能区：单击"主页"选项卡"编辑特征"组中的"编辑实体密度"按钮 。

执行上述操作后，打开如图 6-193 所示的"指派实体密度"对话框。

图 6-193　"指派实体密度"对话框

"指派实体密度"对话框中的选项说明如下。

　　☑ 体：选择要编辑的一个或多个实体。

　　☑ 密度：各选项说明如下。

　　➢ 实体密度：指定实体密度的值。

　　➢ 单位：指定实体密度的单位。

扫码看视频

6.5.10　特征重播

6.5.10　特征重播

　　当模型更新时，也可以编辑模型。可以向前或向后移动任何特征，然后编辑它。然后移向另一个特征。或者随时都可以启动模型的更新，从当前特征开始，一直持续到模型完成或特征更新失败。执行特征重播命令，主要有以下两种方式。

　　☑ 菜单：选择"菜单"→"编辑"→"特征"→"重播"命令。

　　☑ 功能区：单击"主页"选项卡"编辑特征"组中的"特征重播"按钮 。

执行上述方式后，打开如图 6-194 所示"特征重播"对话框，选择回放时，将部件回滚至其第一个特征，选择步进时，一次一个特征来重新创建模型，则每次重新构建特征时显示都会更新。

图 6-194 "特征重播"对话框

"特征重播"对话框中的一些选项说明如下。

☑ 时间戳记数：用于指定要开始重播的特征的时间戳记数。可以在框中键入数字或移动滑块。

☑ 步骤之间的秒数：指定在特征重播的每个步骤之间暂停的秒数。

扫码看视频
6.6 主机

6.6 综合实例——主机

主机是笔记本电脑的主体，外形相对来说比较复杂。在创建长方体的基础上进行腔体、垫块和孔等操作，然后对垫块和孔特征进行阵列和镜像特征操作，生成主机主体模型；在主机主体的基础上进行边倒圆、倒角和引用特征等操作，生成最终模型。绘制效果如图 6-195 所示。

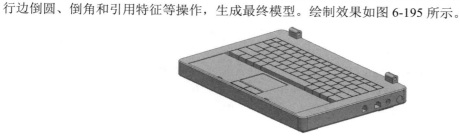

图 6-195 主机

操作步骤如下。

1. 创建新文件

选择"文件"→"新建"命令或单击"快速访问"工具栏中的"新建"按钮 📄，弹出"新建"对话框。在"模板"选项组中选择"模型"，在"名称"文本框中输入 zhuji，单击"确定"按钮，进入建模环境。

2. 创建长方体

（1）选择"菜单"→"插入"→"设计特征"→"长方体"命令，或者单击"主页"选项卡"特征"组中的"长方体"按钮 🧊，弹出如图 6-196 所示的"长方体"对话框。

（2）在"类型"下拉列表框中选择"原点和边长"。

（3）单击"点对话框"按钮 🔧，在弹出的"点"对话框中设置坐标为 (0,0,0)，单击"确定"按钮。

（4）返回"长方体"对话框，在"长度（XC）""宽度（YC）""高度（ZC）"数值框中分别输入 300、205、25。

（5）单击"确定"按钮，即可创建长方体，如图 6-197 所示。

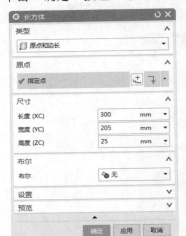

图 6-196　"长方体"对话框

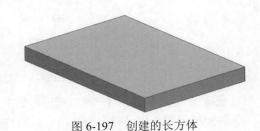

图 6-197　创建的长方体

3. 创建腔体

（1）选择"菜单"→"插入"→"设计特征"→"腔（原有）"命令，弹出"腔"对话框。

（2）单击"矩形"按钮，弹出"矩形腔"（放置面选择）对话框。选择长方体的上表面为放置面，弹出"水平参考"对话框。

（3）选择放置面与 XC 轴方向一致的直段边为水平参考，打开如图 6-198 所示的"矩形腔体"（输入参数）对话框。

（4）在"长度""宽度""深度"数值框中分别输入 255、100、8。

（5）单击"确定"按钮，弹出"定位"对话框。

（6）单击"垂直"按钮，设置矩形腔体的短中心线和长方体短边的距离为 150，矩形腔体的长中心线和长方体下端长边的距离为 125，完成定位，生成腔体 1。

（7）重复上述步骤，分别创建腔体 2、3、4 和 5。首先将其长度、宽度和深度分别设置为（255,70,1）（60,45,1）（60,15,1）（10,2.5,5），然后按照提示选择如图 6-147 所示的边为定位基准，各腔体中线为定位工具边，定位参数分别为（150,40）（150,47.5）（150,15）（95,8），连续单击"确定"按钮完成定位，生成的腔体如图 6-199 所示。

图 6-198　"矩形腔"（输入参数）对话框

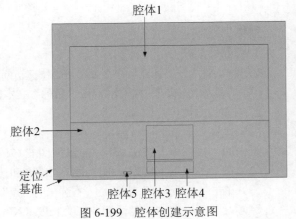

图 6-199　腔体创建示意图

4. 创建垫块

（1）选择"菜单"→"插入"→"设计特征"→"垫块（原有）"命令，弹出"垫块"对话框。

（2）单击"矩形"按钮，弹出"矩形垫块"（放置面选择）对话框。

（3）选择腔体 4 的上表面为垫块放置面，弹出"水平参考"对话框。选择与 XC 轴方向一致的直段边为水平参考，弹出如图 6-200 所示的"矩形垫块"（输入参数）对话框。

（4）在"长度""宽度""高度"数值框中分别输入 28、13、1，单击"确定"按钮。

（5）弹出"定位"对话框，单击"垂直"按钮，分别选择腔体 4 的长和宽两边为定位基准，选择垫块两中心线为定位工具边，设置距离参数分别为 15 和 7.5，创建矩形垫块，如图 6-201 所示。

图 6-200　"矩形垫块"（输入参数）对话框

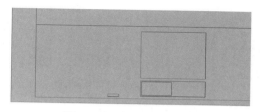

图 6-201　创建矩形垫块

5. 创建基准平面

（1）选择"菜单"→"插入"→"基准 / 点"→"基准平面"命令或单击"主页"选项卡"特征"组中的"基准平面"按钮，弹出"基准平面"对话框。

（2）在"类型"下拉列表框中选择 YC-ZC，设置距离为 150，单击"确定"按钮，创建基准平面，如图 6-202 所示。

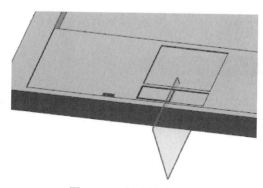

图 6-202　创建基准平面

6. 创建镜像特征

（1）选择"菜单"→"插入"→"关联复制"→"镜像特征"命令，或单击"主页"选项卡"特征"组中的"更多"库下的"镜像特征"按钮，弹出如图 6-203 所示的"镜像特征"对话框。

（2）在部件导航器或视图中选择腔体 4 和步骤 4 创建的垫块特征。

（3）选择步骤 5 创建的基准平面为镜像平面，单击"确定"按钮，完成镜像特征的创建，如图 6-204 所示。

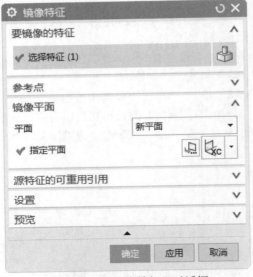

图 6-203　"镜像特征"对话框

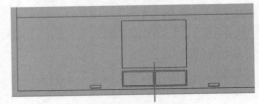

图 6-204　创建镜像特征

7. 创建垫块（计算机按键）

（1）选择"菜单"→"插入"→"设计特征"→"垫块（原有）"命令，弹出"垫块"对话框。

（2）单击"矩形"按钮，弹出"矩形垫块"（放置面选择）对话框。

（3）选择腔体 1 的上表面为垫块放置面，弹出"水平参考"对话框。选择与 XC 轴方向一致的直段边为水平参考，弹出如图 6-205 所示的"矩形垫块"（输入参数）对话框。

（4）在"长度""宽度""高度"数值框中分别输入 13、10、8，单击"确定"按钮。

（5）弹出"定位"对话框，单击"垂直"按钮 ⚹，分别选择腔体 1 的长和宽两边为定位基准，选择垫块两中心线为定位工具边，设置距离参数分别为 7.5 和 6，创建矩形垫块 1，如图 6-206 所示。

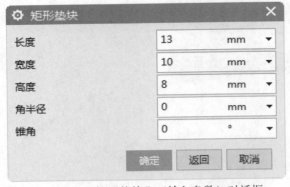

图 6-205　"矩形垫块"（输入参数）对话框

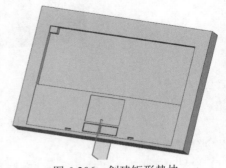

图 6-206　创建矩形垫块

8. 阵列垫块

（1）选择"菜单"→"插入"→"关联复制"→"阵列特征"命令，或单击"主页"选项卡"特征"组中的"阵列特征"按钮 ◈，弹出如图 6-207 所示的"阵列特征"对话框。

图 6-207 "阵列特征"对话框

（2）选择步骤 7 创建的垫块特征为要形成阵列的特征；在"阵列定义"选项组下的"布局"下拉列表框中选择"线性"；在"方向 1"子选项组下的"指定矢量"下拉列表中选择 ✕（XC 轴）为阵列方向，在"间距"下拉列表框中选择"数量和间隔"，设置"数量"和"节距"为 17、15。

（3）其他采用默认设置，单击"确定"按钮，完成垫块的阵列，结果如图 6-208 所示。

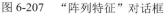
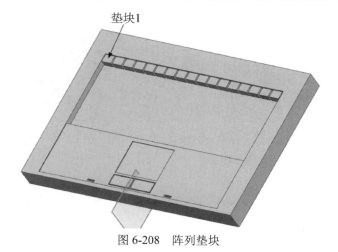

垫块1

图 6-208 阵列垫块

9. 创建垫块并阵列

参照步骤 7 和步骤 8，分别创建计算机其他按键，如图 6-209～图 6-213 所示。具体参数如下。

☑ 各按键间距为 1。

☑ 垫块 2 的长、宽、高为 11、15 和 8。

☑ 垫块 3 的长、宽、高为 16.5、15 和 8，并进行矩形阵列操作，沿 XC 向数量为 12，沿 XC 节距为 17.5。

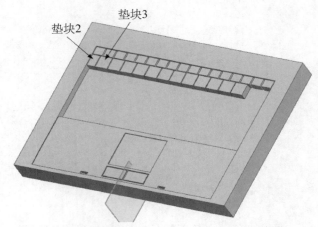

图 6-209　创建垫块 2、3 并对垫块 3 进行阵列

☑ 垫块 4 的长、宽、高为 31、15 和 8。

☑ 垫块 5 的长、宽、高为 21、15 和 8。

☑ 垫块 6 的长、宽、高为 16.5、15 和 8，并进行矩形阵列操作，沿 XC 向数量为 12，沿 XC 节距为 17.5。

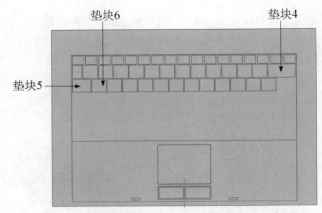

图 6-210　创建垫块 4、5、6 并对垫块 6 进行阵列

☑ 垫块 7 的长、宽、高为 21、15 和 8。

☑ 垫块 8 的长、宽、高为 25、15 和 8。

☑ 垫块 9 的长、宽、高为 16.5、15 和 8，并进行矩形阵列操作，沿 XC 向数量为 11，沿 XC 节距为 17.5。

☑ 垫块 10 的长、宽、高为 34.5、15 和 8。

☑ 垫块 11 的长、宽、高为 35、15 和 8。

☑ 垫块 12 的长、宽、高为 16.5、15 和 8，并进行矩形阵列操作，沿 XC 向数量为 11，沿 XC 节距为 17.5。

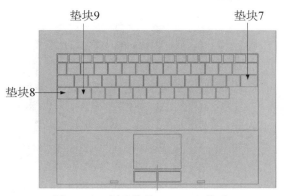

图 6-211　创建垫块 7、8、9 并对
垫块 9 进行阵列

图 6-212　创建垫块 10、11、12
并对垫块 12 进行阵列

☑ 垫块 13 的长、宽、高为 24.5、15 和 8。

☑ 垫块 14 的长、宽、高为 104、15 和 8，竖直中心线距离基准面 1 的距离为 0。

☑ 垫块 15 的长、宽、高为 16.5、15 和 8，并进行矩形阵列操作，沿 XC 向数量为 3，沿 XC 节
距为 17.5。

☑ 垫块 16 的长、宽、高为 21、15 和 8。

在另一侧创建垫块 16 和 15，并对垫块 15 进行矩形阵列操作，生成模型如图 6-214 所示。

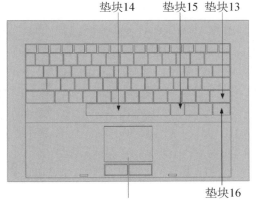

图 6-213　创建垫块 13、14、15、16 并对
垫块 15 进行阵列

图 6-214　模型

10. 创建垫块

（1）选择"菜单"→"插入"→"设计特征"→"垫块（原有）"命令，弹出"垫块"对话框。

（2）单击"矩形"按钮，弹出"矩形垫块"（放置面选择）对话框。

（3）选择腔体 1 的上表面为垫块放置面，弹出"水平参考"对话框。选择与 XC 轴方向一致的直段边为水平参考，弹出如图 6-215 所示的"矩形垫块"（输入参数）对话框。

（4）在"长度""宽度""高度"数值框中分别输入 18、10、12，单击"确定"按钮。

（5）弹出"定位"对话框，单击"垂直"按钮 ⟋，分别选择长方体上端放置面长和宽两边为定位基准，选择垫块两中心线为定位工具边，距离分别设置为 36 和 5，创建矩形垫块，如图 6-216 所示。

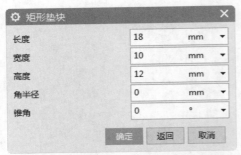

图 6-215　"矩形垫块"（输入参数）对话框

图 6-216　完成垫块的创建

11. 创建简单孔

（1）选择"菜单"→"插入"→"设计特征"→"孔"命令，或单击"主页"选项卡"特征"组中的"孔"按钮 ，弹出如图 6-217 所示的"孔"对话框。

（2）在"类型"下拉列表框中选择"常规孔"，在"形状和尺寸"选项组的"成形"下拉列表框中选择"简单孔"。

（3）单击"绘制截面"按钮 ，选择长方体的上表面为草图放置面。进入草图绘制界面，弹出"草图点"对话框，在长方体上单击一点，标注尺寸确定点位置，如图 6-218 所示。单击"完成"按钮 ，草图绘制完毕。

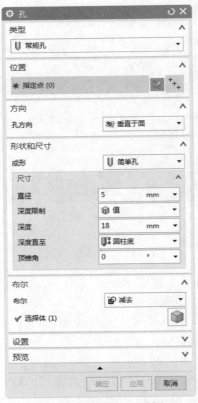

图 6-217　"孔"对话框

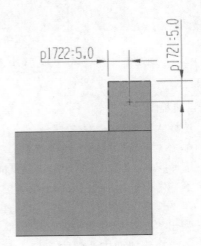

图 6-218　标注尺寸

（4）在"孔"对话框中，将孔的"直径""深度""顶锥角"分别设置为 5、18、0，单击"确定"按钮，完成简单孔的创建，如图 6-219 所示。

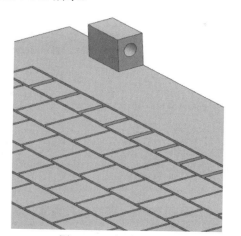

图 6-219　创建简单孔

12. 创建镜像特征

（1）选择"菜单"→"插入"→"关联复制"→"镜像特征"命令，或单击"主页"选项卡"特征"组中的"更多"库下的"镜像特征"按钮 ，弹出如图 6-220 所示的"镜像特征"对话框。

（2）在部件导航器或视图中选择垫块和孔特征。

（3）选择步骤 5 创建的基准平面为镜像平面，单击"确定"按钮，完成镜像特征的创建，如图 6-221 所示。

图 6-220　"镜像特征"对话框

图 6-221　创建镜像特征

13. 创建散热槽

（1）选择"菜单"→"插入"→"设计特征"→"键槽（原有）"命令，弹出如图 6-222 所示的"槽"对话框。

（2）选中"矩形槽"单选按钮，弹出如图 6-223 所示的"矩形槽"（放置面选择）对话框，选择长方体左侧平面为放置面。

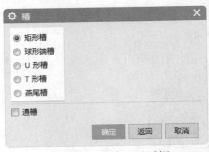

图 6-222　"槽"对话框

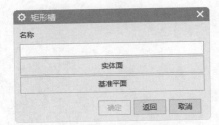

图 6-223　"矩形槽"（放置面选择）对话框

（3）弹出如图 6-224 所示的"水平参考"对话框，选择放置面短边为键槽的水平参考。

（4）弹出如图 6-225 所示的"矩形槽"（输入参数）对话框，在"长度""宽度""深度"数值框中分别输入 13、2、5，单击"确定"按钮。

图 6-224　"水平参考"对话框

图 6-225　"矩形槽"（输入参数）对话框

（5）弹出"定位"对话框，选择"垂直" 定位方式，按照提示分别选择放置面长和宽两边为定位基准，选择矩形键槽中心线为定位工具边，距离分别为 9 和 20，连续单击"确定"按钮，完成键槽的创建，如图 6-226 所示。

图 6-226　创建键槽

14. 创建引用特征

（1）选择"菜单"→"插入"→"关联复制"→"阵列特征"命令，或单击"主页"选项卡"特征"组中的"阵列特征"按钮 ，弹出如图 6-227 所示的"阵列特征"对话框。

（2）选择上步创建的键槽特征为要形成阵列的特征；在"阵列定义"选项组下的"布局"下拉列表框中选择"线性"；在"方向 1"子选项组下的"指定矢量"下拉列表中选择 （-YC 轴）为阵列方向，在"间距"下拉列表框中选择"数量和间隔"，设置"数量"和"节距"为 14 和 3.5。

（3）其他采用默认设置，单击"确定"按钮，完成键槽阵列，如图 6-228 所示。

图 6-227　"阵列特征"对话框

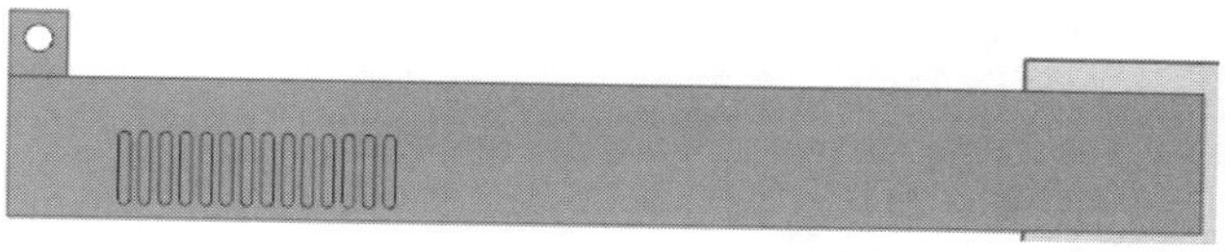

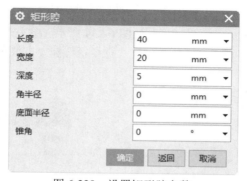

图 6-228　阵列模型

15. 创建腔体

（1）选择"菜单"→"插入"→"设计特征"→"腔（原有）"命令，弹出"腔体"对话框。

（2）单击"矩形"按钮，弹出"矩形腔"（放置面选择）对话框。选择长方体的上表面为放置面，弹出"水平参考"对话框。

（3）选择放置面与 YC 轴方向一致的直段边为水平参考，弹出如图 6-229 所示的"矩形腔"（输入参数）对话框。

图 6-229　设置矩形腔参数

（4）在"长度""宽度""深度"数值框中分别输入 40、20、5。

（5）单击"确定"按钮，弹出"定位"对话框。

（6）单击"垂直"按钮 ❖，设置放置面下端长和宽两边为定位基准，选择腔体中心线为定位工具边，距离分别为 10 和 90，完成定位，生成的腔体如图 6-230 所示。

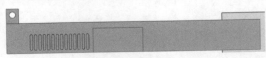

图 6-230　创建腔体

16. 变换坐标系

（1）选择"菜单"→"格式"→WCS→"动态"命令，将坐标原点移动到步骤 15 创建的腔体底面一端点处。

（2）选择"菜单"→"格式"→WCS→"旋转"命令，弹出如图 6-231 所示的"旋转 WCS 绕"对话框。选中"-ZC 轴：YC→XC"单选按钮，设置"角度"为 90，单击"应用"按钮。再选中"XC轴：YC→ZC"单选按钮，将坐标系绕 XC 轴旋转 90°，调整后的坐标系如图 6-232 所示。

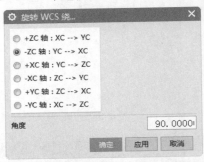

图 6-231　"旋转 WCS 绕"对话框

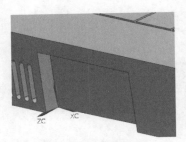

图 6-232　变换坐标系

17. 创建六边形曲线

（1）选择"菜单"→"插入"→"曲线"→"多边形（原有）"命令，弹出如图 6-233 所示的"多边形"对话框，在"边数"文本框中输入 6，单击"确定"按钮。

图 6-233　"多边形"对话框

（2）弹出"多边形"（创建方式）对话框，如图 6-234 所示。单击"外接圆半径"按钮，弹出"多边形"（参数设置）对话框，如图 6-235 所示。在"圆半径"和"方位角"文本框中分别输入 2.75 和 0，单击"确定"按钮。

图 6-234　"多边形"（创建方式）对话框

图 6-235　"多边形"（参数设置）对话框

（3）弹出"点"对话框，选择参考类型为 WCS，设置六边形中心为（8，10，0），单击"确定"按钮，完成六边形 1 的创建。

（4）重复上述步骤，以（32，10，0）为六边形中心，创建同样参数的六边形 2，如图 6-236 所示。

图 6-236　创建六边形

18. 创建拉伸特征

（1）选择"菜单"→"插入"→"设计特征"→"拉伸"命令，或者单击"主页"选项卡"特征"组中的"拉伸"按钮 📖，弹出如图 6-237 所示的"拉伸"对话框。

（2）选择步骤 17 创建的六边形作为拉伸截面，在"指定矢量"下拉列表中选择 ᶻᶜ↑（ZC 轴）为拉伸方向。

（3）在"限制"选项组中，将"开始"和"结束"均设置为"值"，其"距离"分别为 0 和 5，在"布尔"下拉列表中选择"合并"方式，其他参数保持默认，单击"确定"按钮，生成拉伸特征，如图 6-238 所示。

图 6-237　"拉伸"对话框

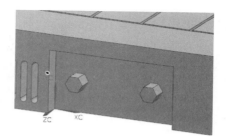

图 6-238　生成拉伸特征

19. 创建简单孔

（1）选择"菜单"→"插入"→"设计特征"→"孔"命令，或单击"主页"选项卡"特征"组中的"孔"按钮 🔲，弹出如图 6-239 所示的"孔"对话框。

（2）在"类型"下拉列表框中选择"常规孔"，在"形状和尺寸"选项组的"成形"下拉列表中选择"简单孔"。

（3）单击"绘制截面"按钮，选择拉伸体的上表面为草图放置面。进入草图绘制界面，弹出"草图点"对话框，直接在长方体上单击一点，标注尺寸确定点位置，如图 6-240 所示。单击"完成"按钮 ，草图绘制完毕。

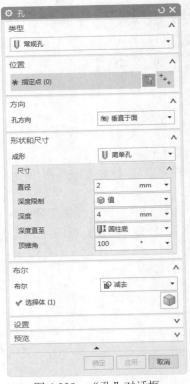

图 6-239　"孔"对话框

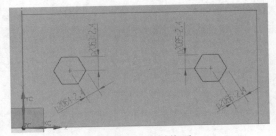

图 6-240　绘制截面

（4）返回"孔"对话框，在"直径""深度"和"顶锥角"数值框中分别输入 2、4 和 100，单击"确定"按钮，完成简单孔的创建，如图 6-241 所示。

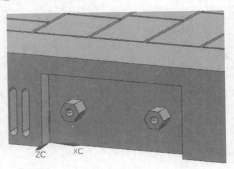

图 6-241　完成简单孔的创建

20. 创建螺纹

（1）选择"菜单"→"插入"→"设计特征"→"螺纹"命令，或者单击"主页"选项卡"特征"组中的"螺纹刀"按钮 ，弹出"螺纹切削"对话框。

（2）在"螺纹类型"选项组中选中"详细"单选按钮，选择如图 6-241 所示的两个孔面作为螺纹的生成面。

（3）激活对话框中各选项，保持系统默认设置，如图 6-242 所示，单击"确定"按钮，完成螺纹的创建，如图 6-243 所示。

图 6-242 "螺纹切削"对话框

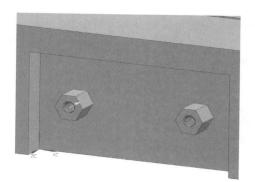

图 6-243 创建螺纹

21. 创建垫块

（1）选择"菜单"→"插入"→"设计特征"→"垫块（原有）"命令，弹出"垫块"对话框。

（2）单击"矩形"按钮，弹出"矩形垫块"（放置面选择）对话框。

（3）选择腔体的上表面为垫块放置面，弹出"水平参考"对话框。选择与 XC 轴方向一致的直段边为水平参考，弹出如图 6-244 所示的"矩形垫块"（输入参数）对话框。

（4）在"长度""宽度""高度"数值框中分别输入 16、8、4，单击"确定"按钮。

（5）打开"定位"对话框，单击"垂直"按钮 ，分别选择腔体的长和宽两边为定位基准，选择垫块两中心线为定位工具边，距离分别设置为 10 和 20，创建矩形垫块，如图 6-245 所示。

图 6-244 "矩形垫块"（输入参数）对话框

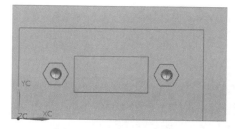

图 6-245 创建矩形垫块

22. 创建拔模特征

（1）选择"菜单"→"插入"→"细节特征"→"拔模"命令，或者单击"主页"选项卡"特征"组中的"拔模"按钮 ，弹出如图 6-246 所示的"拔模"对话框。

（2）在"类型"下拉列表框中选择"面"，在"指定矢量"下拉列表中选择 （ZC 轴）为拔模方向，在"拔模方法"下拉列表中选择"固定面"。

（3）在视图中选择垫块的上表面为固定面，选择垫块的两侧面为要拔模的面，在"角度 1"数值框中输入拔模角度-10，如图 6-247 所示。单击"确定"按钮，生成拔模特征如图 6-248 所示。

图 6-246 "拔模"对话框

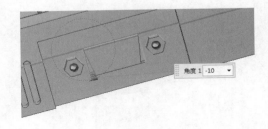

图 6-247 输入拔模角度

23. 创建简单孔

（1）选择"菜单"→"插入"→"设计特征"→"孔"命令，或单击"主页"选项卡"特征"组中的"孔"按钮 ，弹出如图 6-249 所示的"孔"对话框。

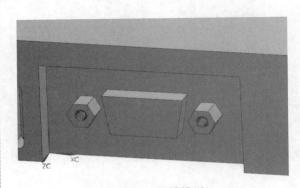

图 6-248 拔模模型

图 6-249 "孔"对话框

（2）在"类型"下拉列表框中选择"常规孔"，在"形状和尺寸"选项组的"成形"下拉列表框中选择"简单孔"。

（3）单击"绘制截面"按钮 ，选择垫块的上表面为草图放置面。进入草图绘制界面，弹出"草图点"对话框，直接在垫块上单击一点，标注尺寸确定点位置，如图 6-250 所示。单击"完成"按钮 ，草图绘制完毕。

（4）返回到"孔"对话框，在"直径""深度""顶锥角"数值框中分别输入 1、5、0，单击"确定"按钮，完成简单孔的创建，如图 6-251 所示。

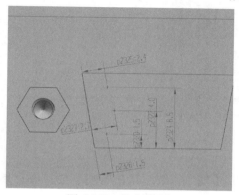

图 6-250 绘制截面

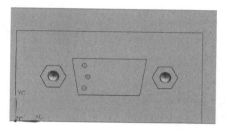

图 6-251 创建简单孔

24. 创建阵列特征

（1）选择"菜单"→"插入"→"关联复制"→"阵列特征"命令，或单击"主页"选项卡"特征"组中的"阵列特征"按钮 ，弹出如图 6-252 所示"阵列特征"对话框。

图 6-252 "阵列特征"对话框

Note

（2）选择步骤 23 创建的孔特征为要形成阵列的特征；在"阵列定义"选项组下的"布局"下拉列表框中选择"线性"；在"方向 1"子选项组下的"指定矢量"下拉列表中选择 ↖（XC 轴）为阵列方向，在"间距"下拉列表框中选择"数量和间隔"，设置"数量"和"节距"为 14、3.5。

（3）其他采用默认设置，单击"确定"按钮，完成孔的阵列，如图 6-253 所示。

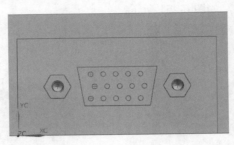

图 6-253　对孔进行阵列

25. 边倒圆

（1）选择"菜单"→"插入"→"细节特征"→"边倒圆"命令，单击"主页"选项卡"特征"组中的"边倒圆"按钮 ，弹出"边倒圆"对话框。

（2）在视图区中选择垫块的四条棱边进行倒圆角，圆角半径 1 为 2，如图 6-254 所示。　单击"确定"按钮，结果如图 6-255 所示。

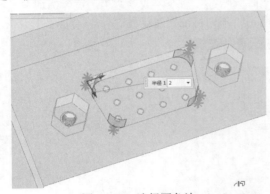

图 6-254　选择圆角边

图 6-255　边倒圆操作

26. 调整坐标系

（1）选择"菜单"→"格式"→WCS→"定向"命令，弹出"坐标系"对话框，拾取长方体端点（原始坐标点）。

（2）在"参考"下拉列表框中选择"绝对坐标系-显示部件"，单击"确定"按钮，调整坐标为初始状态。

27. 创建腔体

（1）选择"菜单"→"插入"→"设计特征"→"腔（原有）"命令，弹出"腔"类型选择对话框。

（2）单击"矩形"按钮，弹出"矩形腔"（放置面选择）对话框。选择长方体的左侧平面为放置面，弹出"水平参考"对话框。

（3）选择放置面与 YC 轴方向一致的直段边为水平参考，弹出如图 6-256 所示的"矩形腔"（输入参数）对话框。

（4）在"长度""宽度""深度"数值框中分别输入 12、14、1。

（5）单击"确定"按钮，弹出"定位"对话框。

（6）单击"垂直"按钮 ，分别选择放置面长和宽两边为定位基准，选择腔体中心线为定位工具边，距离分别为 11 和 84，完成定位，生成腔体 1。

图 6-256　"矩形腔"（输入参数）对话框

（7）重复上述步骤，创建腔体 2、3、4、5 和 6，其长度、宽度和深度分别为（10,5,5）（10,5,5）（50,5,80）（25,15,2）和（25,3.5,40），距离参数分别为（14.5,84）（7.5,84）（17.5,42）（7.5, 42）和（8.25,42），生成模型如图 6-257 所示。

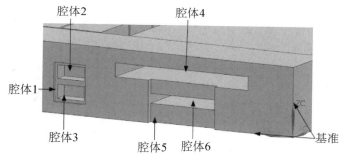

图 6-257　腔体创建示意图

28. 创建垫块

（1）选择"菜单"→"插入"→"设计特征"→"垫块（原有）"命令，弹出"垫块"对话框。

（2）单击"矩形"按钮，弹出"矩形垫块"（放置面选择）对话框。

（3）选择腔体 2 的底面为垫块放置面，弹出"水平参考"对话框。选择与 YC 轴方向一致的直段边为水平参考，弹出如图 6-258 所示的"矩形垫块"（输入参数）对话框。

图 6-258　"矩形垫块"对话框

（4）在"长度""宽度""高度"数值框中分别输入 8、1.5、4，单击"确定"按钮。

（5）弹出"定位"对话框，单击"垂直"按钮 ，分别选择腔体的长和宽两边为定位基准，选择垫块两边为定位工具边，设置距离为 1 和 1，创建矩形垫块 1。

（6）重复上述步骤，在腔体 3 上创建相同参数的凸垫 2，结果如图 6-259 所示。

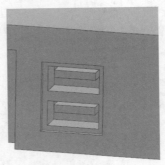

图 6-259　创建垫块

29. 创建简单孔

（1）选择"菜单"→"插入"→"设计特征"→"孔"命令，或单击"主页"选项卡"特征"组中的"孔"按钮 ，弹出"孔"对话框。

（2）在"类型"下拉列表框中选择"常规孔"，在"形状和尺寸"选项组的"成形"下拉列表框中选择"简单孔"。

（3）单击"绘制截面"按钮 ，选择长方体右侧面为草图放置面。进入草图绘制界面，打开"草图点"对话框，直接在放置面上单击一点，标注尺寸确定点位置，如图 6-260 所示。单击"完成"按钮 ，草图绘制完毕。

（4）返回"孔"对话框，将"直径""深度""顶锥角"分别设置为 12、2、0，单击"确定"按钮，完成简单孔 1 的创建，如图 6-261 所示。

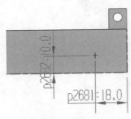

图 6-260　标注尺寸

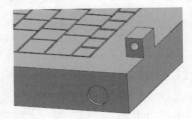

图 6-261　创建简单孔 1

（5）重复上述步骤，在长方体右侧面如图 6-262 所示位置创建"直径""深度"和"顶锥角"分别为 8、10 和 0 的简单孔 2，生成模型如图 6-263 所示。

图 6-262　标注尺寸

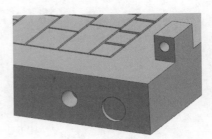

图 6-263　创建简单孔 2

30. 创建凸台

（1）选择"菜单"→"插入"→"设计特征"→"凸台（原有）"命令，弹出"支管"对话框，如图 6-264 所示。

（2）选择步骤 29 创建的简单孔 2 底面为凸台放置面。

（3）在"支管"对话框中的"直径""高度""锥角"数值框中分别输入 5、10、0，单击"确定"按钮。

（4）弹出"定位"对话框，单击"点落在点上"按钮 ✐，选择底面圆弧边为目标对象。在弹出的"设置圆弧的位置"对话框中单击"圆弧中心"按钮，将生成的凸台定位于孔底面圆弧中心，如图 6-265 所示。

图 6-264 "支管"对话框

图 6-265 创建凸台

31. 创建简单孔

（1）选择"菜单"→"插入"→"设计特征"→"孔"命令，或单击"主页"选项卡"特征"组中的"孔"按钮 ⬡，弹出"孔"对话框。

（2）在"类型"下拉列表框中选择"常规孔"，在"形状和尺寸"选项组的"成形"下拉列表框中选择"简单孔"。

（3）捕捉凸台的圆弧中心为孔放置位置。

（4）将孔的"直径""深度""顶锥角"分别设置为 1、10、0，单击"确定"按钮，完成简单孔的创建，如图 6-266 所示。

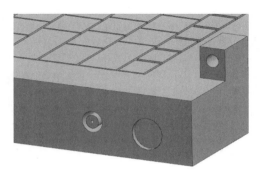

图 6-266 创建简单孔后的模型

32. 创建腔体

（1）选择"菜单"→"插入"→"设计特征"→"腔（原有）"命令，弹出"腔"对话框。

（2）单击"矩形"按钮，弹出"矩形腔"（放置面选择）对话框，选择长方体右侧平面为腔体放置面。

（3）弹出"水平参考"对话框，选择放置面与 YC 轴方向一致的直段边为水平参考。

（4）弹出如图 6-267 所示的"矩形腔"（输入参数）对话框，在"长度""宽度""深度"数值框中分别输入 12、7、12，其他参数均设置为 0，单击"确定"按钮。

（5）弹出"定位"对话框，单击"垂直"按钮，分别选择放置面的长和宽两边为定位基准，选择腔体中心线为定位工具边，设置距离为 15、60，连续单击"确定"按钮，完成腔体 1 的创建。

（6）重复上述步骤，创建腔体 2、3、4、5 和 6，其长度、宽度和深度分别为（6,2,12）（4,1,12）（9,7,12）（6,2,12）和（4,1,12），定位距离分别为（10.5,60）（9,60）（15,85）（10.5,85）和（9,85），生成模型如图 6-268 所示。

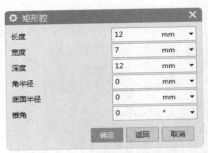

图 6-267　设置矩形腔参数

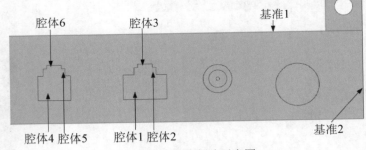

图 6-268　腔体创建示意图

33. 创建键槽（散热槽）

（1）选择"菜单"→"插入"→"设计特征"→"键槽（原有）"命令，弹出如图 6-269 所示的"槽"对话框。

（2）选中"矩形槽"单选按钮，弹出"矩形槽"（放置面选择）对话框，选择长方体底面为放置面。

（3）弹出"水平参考"对话框，选择与 YC 轴方向一致的直段边为键槽的水平参考。

（4）弹出如图 6-270 所示的"矩形槽"（输入参数）对话框，在"长度""宽度""深度"数值框中分别输入 12、1.5、5，单击"确定"按钮。

（5）弹出"定位"对话框，选择"垂直"定位方式，按照提示分别选择放置面长和宽两边为定位基准，选择矩形键槽中心线为定位工具边，设置距离参数均为 25，连续单击"确定"按钮，完成键槽 1 的创建。

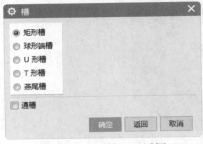

图 6-269　"槽"对话框

图 6-270　"矩形槽"（输入参数）对话框

（6）重复上述步骤，选择长方体底面为键槽放置面，选择放置面与 XC 轴方向一致的直段边为键槽的水平参考，长度、宽度和深度分别为 12、1.5 和 5，定位方式同前，距离参数分别为 55、150，创建键槽 2，生成模型如图 6-271 所示。

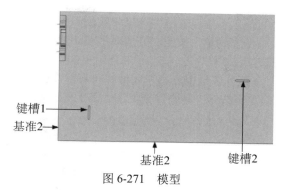

键槽1
基准2

基准2　　　键槽2

图 6-271　模型

34. 创建键槽阵列特征

（1）选择"菜单"→"插入"→"关联复制"→"阵列特征"命令，或单击"主页"选项卡"特征"组中的"阵列特征"按钮 ，弹出如图 6-272 所示"阵列特征"对话框。

图 6-272　"阵列特征"对话框

（2）选择步骤 33 创建的键槽 1 特征为要形成阵列的特征；在"阵列定义"选项组下的"布局"下拉列表框中选择"线性"；在"方向 1"子选项组下的"指定矢量"下拉列表中选择 ˣᶜ（XC 轴）为阵列方向，在"间距"下拉列表框中选择"数量和间隔"，设置"数量"和"节距"为 12 和 4。

（3）在"方向 2"子选项组中，选中"使用方向 2"复选框，在"指定矢量"下拉列表中选择 ʸᶜ

（YC 轴）为阵列方向，在"间距"下拉列表框中选择"数量和间隔"，设置"数量"和"节距"为 3
和-15。其他采用默认设置，单击"确定"按钮，完成对键槽 1 的阵列。

（4）重复上述步骤，选择键槽 2，在"方向 1"子选项组下的"指定矢量"下拉列表中选择（YC
轴）为阵列方向，在"间距"下拉列表框中选择"数量和间隔"，设置"数量"和"节距"为 20 和-4，
其他采用默认设置，单击"确定"按钮，阵列结果如图 6-273 所示。

图 6-273　阵列

35. 创建垫块

（1）选择"菜单"→"插入"→"设计特征"→"垫块（原有）"命令，弹出"垫块"对话框。

（2）单击"矩形"按钮，弹出"矩形垫块"（放置面选择）对话框。

（3）选择长方体底面为垫块放置面，弹出"水平参考"对话框。选择与 XC 轴方向一致的直段边
为水平参考，打开"矩形垫块"（输入参数）对话框。

（4）在"长度""宽度""高度"数值框中分别输入 28、8、5，单击"确定"按钮。

（5）打开"定位"对话框，单击"垂直"按钮，选择放置面的长和宽两边为定位基准，选择
垫块中心线为定位工具边，设置距离参数分别为 8 和 40，创建矩形垫块 1。

（6）重复上述步骤，创建垫块 2 和垫块 3，其长度、宽度和高度分别为（8,28,5）（8,28,5），距离
参数分别为（35,15）和（180,15）。生成模型如图 6-274 所示。

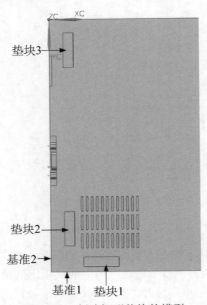

图 6-274　创建矩形垫块的模型

36. 创建镜像特征

（1）选择"菜单"→"插入"→"关联复制"→"镜像特征"命令，或单击"主页"选项卡"特征"组中的"更多"库下的"镜像特征"按钮 ，弹出如图 6-275 所示的"镜像特征"对话框。

（2）在部件导航器或视图中选择步骤 35 创建的 3 个垫块。

（3）选择基准平面 1 为镜像平面，单击"确定"按钮，完成镜像特征的创建，如图 6-276 所示。

图 6-275 "镜像特征"对话框

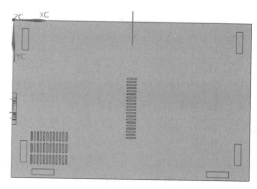

图 6-276 镜像模型

37. 边倒圆

（1）选择"菜单"→"插入"→"细节特征"→"边倒圆"命令，单击"主页"选项卡"特征"组中的"边倒圆"按钮 ，弹出"边倒圆"对话框。

（2）为垫块各边进行倒圆，其中上端面倒圆半径为 1.5，下端面倒圆半径为 3；再对长方体的 4 条棱边进行倒圆，半径为 10；然后对如图 6-277 所示的边进行倒圆，半径为 4。

（3）隐藏基准和坐标，最后生成模型如图 6-278 所示。

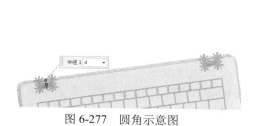

图 6-277 圆角示意图

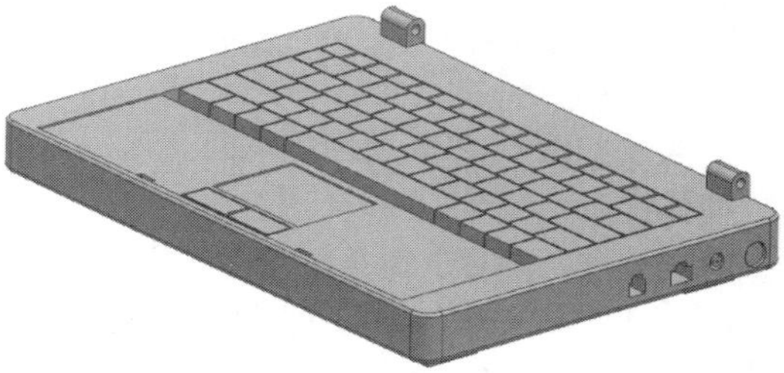

图 6-278 模型

6.7 上机操作

通过前面的学习，相信对本章知识已有了一个大体的了解，本节将通过两个操作练习帮助读者巩固本章的知识要点。

1. 绘制如图 6-279 所示的笔后端盖

操作提示：

（1）利用"圆柱"命令，在坐标原点绘制直径为 10、高度为 15 的圆柱体。

（2）利用"边倒圆"命令，选择圆柱体的一端圆弧边进行圆角操作，半径为 5，如图 6-280 所示。

图 6-279　笔后端盖

图 6-280　倒圆角

（3）利用"抽壳"命令，选择下端面为移除面，设置厚度为 2，对实体进行抽壳操作。

（4）利用"螺纹刀"命令，选择抽壳后的内表面为螺纹放置面，选择"详细"类型，其他采用默认设置，创建螺纹如图 6-281 所示。

（5）利用"基准平面"命令，分别创建 XC-YC 平面、YC-ZC 平面和 XC-ZC 平面。

（6）利用"垫块"命令，选择 XC-ZC 平面为放置面，选择 XC-YC 平面为水平参考，创建长度、宽度和高度分别为 2、5 和 1 的垫块，垫块的短中心线与 XC-ZC 平面的距离为 9，垫块的长中心线与 YC-ZC 平面的距离为 3，如图 6-282 所示。

图 6-281　创建螺纹

图 6-282　创建垫块

（7）利用"阵列特征"命令，将上步创建的垫块沿 Z 轴进行圆形阵列，阵列数量和节距角分别为 4 和 90。

2. 绘制如图 6-283 所示的笔壳

操作提示：

（1）利用"圆柱"命令，在坐标原点处绘制直径为 10、高度为 120 的圆柱体。

（2）利用"凸台"命令，在圆柱体的上端面中心处创建直径为 8、高度为 6 的凸台。重复"凸台"命令，在圆柱体的下端面中心处创建直径、高度和锥角分别为 10、15 和 12.5 的凸台，如图 6-284 所示。

图 6-283　笔壳

图 6-284　创建凸台

（3）利用"基本曲线"命令，以坐标点（0,0,115）为圆心，绘制半径为 10 的圆。

（4）利用"管"命令，以上步创建的圆为引导线，创建外径和内径分别为 1 和 0 的管道。

（5）利用"旋转坐标系"命令，将坐标系绕 X 轴旋转 90°；利用"阵列特征"命令，将上步创建的管道沿-Y 轴进行矩形阵列，阵列数量和节距分别为 15 和 2，如图 6-285 所示。

（6）利用"抽壳"命令，选择实体的上、下端面为移除面，设置厚度为 0.8，对实体进行抽壳操作。

（7）利用"螺纹刀"命令，选择上端凸台的外表面为螺纹放置面，选择"详细"类型，其他采用默认设置，创建螺纹。

（8）利用"边倒圆"命令，对图 6-286 所示的边进行圆角操作。

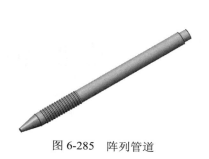

图 6-285　阵列管道

图 6-286　选择圆角边

第 7 章

曲面功能

导读

UG 不仅提供了基本的特征建模模块，同时还提供了强大的自由曲面特征建模模块，有 20 多种自由曲面造型的创建方式，用户可以利用它们完成各种复杂曲面及非规则实体的创建。用户在创建一个曲面之后，还需要对其进行相关的操作和编辑。

精彩内容

☑ 创建曲面
☑ 曲面编辑
☑ 曲面操作

7.1 创 建 曲 面

扫码看视频

7.1.1 通过点生成曲面

本节中主要介绍最基本的曲面命令，即通过点和曲线构建曲面。再进一步介绍由曲面创建曲面的命令功能，掌握最基本的曲面造型方法。

7.1.1 通过点生成曲面

由点生成的曲面是非参数化的，即生成的曲面与原始构造点不关联，当构造点编辑后，曲面不会发生更新变化，但绝大多数命令所构造的曲面都具有参数化的特征。执行通过点生成曲面命令，主要有以下两种方式。

- ☑ 菜单：选择"菜单"→"插入"→"曲面"→"通过点"命令。
- ☑ 功能区：单击"曲面"选项卡"曲面"组中的"通过点"按钮 ◈。

执行上述方式后，系统弹出如图 7-1 所示的"通过点"对话框。创建曲面，如图 7-2 所示。

图 7-1 "通过点"对话框

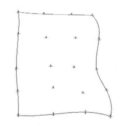

图 7-2 "通过点"示意图

"通过点"对话框中的选项说明如下。

- ☑ 补片的类型：样条曲线可以由单段或者多段曲线构成，片体也可以由单个补片或者多个补片构成。
  - ➤ 单侧：所建立的片体只包含单一的补片。单个补片的片体是由一个曲面参数方程来表达的。
  - ➤ 多个：所建立的片体是一系列单补片的阵列。多个补片的片体是由两个以上的曲面参数方程来表达的。一般构建较精密片体采用多个补片的方法。
- ☑ 沿以下方向封闭：设置一个多个补片片体是否封闭及它的封闭方式。4 个选项如下：
  - ➤ 两者皆否：片体以指定的点开始和结束，列方向与行方向都不封闭。
  - ➤ 行：点的第一列变成最后一列。
  - ➤ 列：点的第一行变成最后一行。
  - ➤ 两者皆是：指的是在行方向和列方向上都封闭。如果选择在两个方向上都封闭，生成的将是实体。
- ☑ 行次数：定义了片体 U 方向阶数。
- ☑ 列次数：大致垂直于片体行的纵向曲线方向 V 方向的阶数。
- ☑ 文件中的点：可以通过选择包含点的文件来定义这些点。

单击"确定"按钮，弹出如图 7-3 所示的"过点"对话框，用户可利用该对话框选取定义点。

- ☑ 全部成链：全部成链用于链接窗口中已存在的定义点，单击后会弹出如图 7-4 所示的对话框，它用来定义起点和终点，自动快速获取起点与终点之间链接的点。

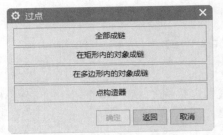

图7-3 "过点"对话框

图7-4 "指定点"对话框

☑ 在矩形内的对象成链：通过拖动鼠标形成矩形方框来选取所要定义的点，矩形方框内所包含的所有点将被链接。

☑ 在多边形内的对象成链：通过鼠标定义多边形框来选取定义点，多边形框内的所有点将被链接。

☑ 点构造器：通过"点"对话框来选取定义点的位置会弹出如图7-5所示的对话框，需要用户一点一点地选取，所要选取的点都要单击到。每指定一列点后，系统都会弹出对话框，提示是否确定当前所定义的点。

7.1.2 拟合曲面

该命令生成一个片体，它近似于一个大的点"云"，通常由扫描和数字化产生。虽然有一些限制，但此功能让用户从很多点中用最少的交叉生成一个片体。得到的片体比用"过点"方式从相同的点生成的片体要"光顺"得多，但不如后者更接近于原始点。执行拟合曲面命令，主要有以下两种方式。

图7-5 "点"对话框

☑ 菜单：选择"菜单"→"插入"→"曲面"→"拟合曲面"命令。

☑ 功能区：单击"曲面"选项卡"曲面"组中的"拟合曲面"按钮 。

执行上述方式后，系统会弹出如图7-6所示的"拟合曲面"对话框。"拟合曲面"对话框中的选项说明如下。

☑ 类型：用户可根据需求拟合自由曲面、拟合平面、拟合球、拟合圆柱和拟合圆锥共5种类型。

☑ 目标：当此按钮激活时，让用户选择点。

☑ 拟合方向：由一条近似垂直于片体的矢量（对应于坐标系的Z轴）和两条指明片体的U向和V向的矢量（对应于坐标系的X轴和Y轴）组成。

☑ 边界：让用户定义正在生成片体的边界。片体的默认边界是通过把所有选择的数据点投影到U-V平面上而产生的。

☑ 参数化：改变U/V向的次数和补片数从而调节曲面。

➤ 次数：让用户在U向和V向都控制片体的阶次。默认的阶次3可以改变为从1~24的任何值（建议使用默认值3）。

➤ 补片数：让用户指定各个方向的补片的数目。各个方向的次数和补片数的结合控制着输入点和生成的片体之间的

图7-6 "拟合曲面"对话框

距离误差。

☑ 光顺因子：在创建成曲面后，可调节光顺因子使曲面变得更加圆滑，但这也会改变最大误差和平均误差。

☑ 结果：UG 根据用户所生成的曲面计算的最大误差和平均误差。

7.1.3 直纹面

执行直纹面命令，主要有以下两种方式。

☑ 菜单：选择"菜单"→"插入"→"网格曲面"→"直纹"命令。

☑ 功能区：单击"曲面"选项卡"曲面"组中的"直纹"按钮 ▱。

执行上述方式后，系统会弹出如图 7-7 所示的"直纹"对话框。创建直纹面，如图 7-8 所示。

图 7-7 "直纹"对话框

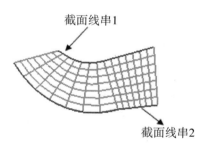

图 7-8 "直纹面"示意图

"直纹"对话框中的选项说明如下。

☑ 截面线串 1：选择第一组截面曲线。

☑ 截面线串 2：选择第二组截面曲线。

☑ 对齐：各选项说明如下。

➢ 参数：在构建曲面特征时，两条截面曲线上所对应的点是根据截面曲线的参数方程进行计算的。所以两组截面曲线对应的直线部分，是根据等距离来划分连接点的；两组截面曲线对应的曲线部分，是根据等角度来划分连接点的。

➢ 根据点：在两组截面线串上选取对应的点（同一点允许重复选取）作为强制的对应点，选取的顺序决定着片体的路径走向。一般在截面线串中含有角点时选择应用"根据点"方式。

➢ 保留形状：不选中此复选框，光顺截面线串中的任何尖角，使用较小的曲率半径。

7.1.4 通过曲线组

该命令通过同一方向上的一组曲线轮廓线生成一个体。这些曲线轮廓称为截面

Note

线串。用户选择的截面线串定义体的行。截面线串可以由单个对象或多个对象组成。每个对象可以是曲线、实边或实面。执行通过曲线组命令，主要有以下两种方式。

☑ 菜单：选择"菜单"→"插入"→"网格曲面"→"通过曲线组"命令。

☑ 功能区：单击"曲面"选项卡"曲面"组中的"通过曲线组"按钮 。

执行上述方式后，系统会弹出如图 7-9 所示的"通过曲线组"对话框，创建曲面，如图 7-10 所示。

图 7-9　"通过曲线组"对话框

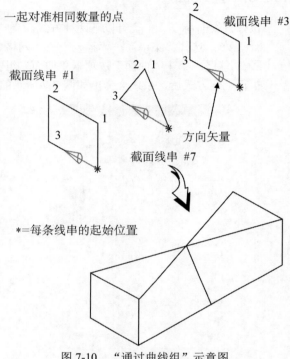

图 7-10　"通过曲线组"示意图

"通过曲线组"对话框中的选项说明如下。

1. 截面

☑ 选取曲线或点：选取截面线串时，一定要注意选取次序，而且每选取一条截面线，都要单击鼠标中键一次，直到所选取线串出现在"截面线串列表框"中为止，也可对该列表框中的所选截面线串进行删除、上移、下移等操作，以改变选取次序。

☑ 指定原始曲线：用于更改闭环中的原始曲线。

☑ 列表：向模型中添加截面集时，列出这些截面集。

2. 连续性

☑ 全部应用：将为一个截面选定的连续性约束施加于第一个和最后一个截面。

☑ 第一个截面：用于选择约束面并指定所选截面的连续性。

☑ 最后一个截面：指定连续性。

☑ 流向：使用约束面曲面的模型。指定与约束曲面相关的流动方向。

3. 对齐

通过定义 NX 沿截面隔开新曲面的等参数曲线的方式，可以控制特征的形状。

☑ 参数：沿截面以相等的参数间隔来隔开等参数曲线连接点。

☑ 根据点：对齐不同形状的截面线串之间的点。

☑ 弧长：沿截面以相等的弧长间隔来分隔等参数曲线连接点。

☑ 距离：在指定方向上沿每个截面以相等的距离隔开点。

☑ 角度：在指定的轴线周围沿每条曲线以相等的角度隔开点。

☑ 脊线：将点放置在所选截面与垂直于所选脊线的平面的相交处。

4. 输出曲面选项

☑ 补片类型：用于指定 V 方向的补片是单个还是多个。

☑ V 向封闭：沿 V 方向的各个封闭第一个与最后一个截面之间的特征。

☑ 垂直于终止截面：使输出曲面垂直于两个终止截面。

☑ 构造：用于指定创建曲面的构建方法。

➢ 法向：使用标准步骤创建曲线网格曲面。

➢ 样条点：使用输入曲线的点及这些点处的相切值来创建体。

➢ 简单：创建尽可能简单的曲线网格曲面。

扫码看视频

7.1.5 通过曲线网格

7.1.5 通过曲线网格

该选项让用户从沿着两个不同方向的一组现有的曲线轮廓（称为线串）上生成体。生成的曲线网格体是双三次多项式的。这意味着它在 U 向和 V 向的次数都是三次的（阶次为 3）。该选项只在主线串对和交叉线串对不相交时才有意义。如果线串不相交，生成的体会通过主线串或交叉线串，或两者均分。执行通过曲线网格命令，主要有以下两种方式。

☑ 菜单：选择"菜单"→"插入"→"网格曲面"→"通过曲线网格"命令。

☑ 功能区：单击"曲面"选项卡"曲面"组中的"通过曲线网格"按钮 ▦。

执行上述方式后，系统弹出如图 7-11 所示"通过曲线网格"对话框。创建网格曲面，如图 7-12 所示。

图 7-11 "通过曲线网格"对话框

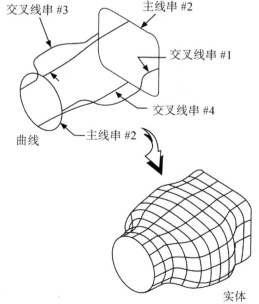

图 7-12 "通过曲线网格"示意图

"通过曲线网格"对话框中的选项说明如下。

1. 主曲线

用于选择包含曲线、边或点的主截面集。

2. 交叉曲线

选择包含曲线或边的横截面集。

3. 连续性

用于在第一主截面和最后主截面，以及第一横截面与最后横截面处选择约束面，并指定连续性。

☑ 全部应用：将相同的连续性设置应用于第一个及最后一个截面。

☑ 第一主线串：用于为第一个与最后一个主截面及横截面设置连续性约束，以控制与输入曲线有关的曲面的精度。

☑ 最后主线串：让用户约束该实体使得它和一个或多个选定的面或片体在最后一条主线串处相切或曲率连续。

☑ 第一交叉线串：让用户约束该实体使得它和一个或多个选定的面或片体在第一交叉线串处相切或曲率连续。

☑ 最后交叉线串：让用户约束该实体使得它和一个或多个选定的面或片体在最后一条交叉线串处相切或曲率连续。

4. 输出曲面选项

☑ 着重：让用户决定哪一组控制线串对曲线网格体的形状最有影响。

➢ 两个皆是：主线串和交叉线串（即横向线串）有同样效果。

➢ 主线串：主线串更有影响。

➢ 交叉线串：交叉线串更有影响。

☑ 构造：各选项说明如下。

➢ 法向：使用标准过程建立曲线网格曲面。

➢ 样条点：让用户通过为输入曲线使用点和这些点处的斜率值来生成体。对于此选项，选择的曲线必须是有相同数目定义点的单根 B 曲线。

这些曲线通过它们的定义点临时地重新参数化（保留所有用户定义的斜率值）。然后这些临时的曲线用于生成体。这有助于用更少的补片生成更简单的体。

➢ 简单：建立尽可能简单的曲线网格曲面。

5. 重新构建

该选项可以通过重新定义主曲线或交叉曲线的阶次和节点数来帮助用户构建光滑曲面。仅当"构造选项"为"法向"时，该选项可用。

☑ 无：不需要重构主曲线或交叉曲线。

☑ 次数和公差：该选项通过手动选取主曲线或交叉曲线来替换原来曲线，并为生成的曲面其指定 U / V 向阶次。节点数会依据 G0、G1、G2 的公差值按需求插入。

☑ 自动拟合：该选项通过指定最小阶次和分段数来重构曲面，系统会自动尝试是利用最小阶次来重构曲面，如果还达不到要求，则会再利用分段数来重构曲面。

6. G0/G1/G2

该数值用来限制生成的曲面与初始曲线间的公差。G0 默认值为位置公差；G1 默认值为相切公差；G2 默认值为曲率公差。

7.1.6 实例——灯罩

7.1.6 灯罩

采用基本曲线、样条曲线，通过变换操作生成曲线，然后生成面。绘制效果如图 7-13 所示。

图 7-13 灯罩

操作步骤如下。

1. 创建新文件

选择"文件"→"新建"命令或单击"快速访问"工具栏中的"新建"按钮 □，弹出"新建"对话框。在"模板"选项组中选择"模型"，在"名称"文本框中输入 dengzhao，单击"确定"按钮，进入建模环境。

2. 创建直线

（1）选择"菜单"→"插入"→"曲线"→"直线"命令或单击"曲线"选项卡"曲线"组中的"直线"按钮 /，弹出"直线"对话框，如图 7-14 所示。

（2）在"起点选项"下拉列表框中选择"十点"，在弹出的坐标对话框中输入（75,0,0），按 Enter 键，确定线段起始点。

（3）在"终点选项"下拉列表框中选择"十点"，在弹出的坐标对话框中输入（30,25,0），按 Enter 键，确定线段终点。单击"应用"按钮，完成线段的创建。

（4）重复上述步骤建立起点为（75,0,0）、终点为（30,-25,0）的直线段。生成的曲线段如图 7-15 所示。

3. 移动对象

（1）选择"菜单"→"编辑"→"移动对象"命令，弹出如图 7-16 所示的"移动对象"对话框，选择屏幕中两条曲线为移动对象。

图 7-14 "直线"对话框

图 7-15 生成的曲线段

图 7-16 "移动对象"对话框

（2）在"运动"下拉列表框中选择"角度"，在"指定矢量"下拉列表中选择 ᶻᶜ↑（ZC 轴）。单击"点对话框"按钮 ⊡，在弹出的"点"对话框中设置坐标为（0,0,0），单击"确定"按钮。

Note

（3）返回"移动对象"对话框，设置"角度"为 45，选中"复制原先的"单选按钮，在"非关联副本数"文本框中输入 7，单击"确定"按钮，生成曲线如图 7-17 所示。

4. 裁剪操作

（1）选择"菜单"→"编辑"→"曲线"→"修剪"命令或单击"曲线"选项卡"编辑曲线"组中的"修剪曲线"按钮 ，弹出如图 7-18 所示的"修剪曲线"对话框。

（2）分别选择裁剪边界和裁剪对象，在"输入曲线"下拉列表框中选择"隐藏"，单击"确定"按钮，完成裁剪操作，如图 7-19 所示。

图 7-17　曲线　　　　　　图 7-18　"修剪曲线"对话框　　　　图 7-19　修剪后曲线

5. 简单倒圆

（1）选择"菜单"→"插入"→"曲线"→"基本曲线（原有）"命令，弹出"基本曲线"对话框。

（2）单击"圆角"按钮 ，弹出如图 7-20 所示的"曲线倒圆"对话框。在"半径"文本框中输入 11，选择各钝角（注意选择点靠近角外侧一边），完成倒圆操作，如图 7-21 所示。

（3）在"半径"文本框中输入 3，选择各锐角，单击"取消"按钮，关闭对话框，生成图形如图 7-22 所示。

图 7-20　"曲线倒圆"对话框　　　　图 7-21　钝角倒圆　　　　图 7-22　倒圆角后曲线

6. 创建圆弧

（1）选择"菜单"→"插入"→"曲线"→"基本曲线（原有）"命令，弹出"基本曲线"对话框。

（2）单击"圆"按钮○，在"点方式"下拉列表框中选择"点构造器"⊥，弹出"点"对话框。输入圆心坐标（0,0,20），单击"确定"按钮。设置圆上的点为（45,0,20），单击"确定"按钮，完成圆 1 的创建。

（3）重复上述步骤，创建圆心分别位于（0,0,40）（0,0,60），半径分别为 35 和 25 的圆弧 2 和圆弧 3，如图 7-23 所示。

7. 创建直线

（1）选择"菜单"→"插入"→"曲线"→"直线"命令或单击"曲线"选项卡"曲线"组中的"直线"按钮╱，弹出"直线"对话框。

（2）在"起点选项"下拉列表框中选择"╋点"，在弹出的坐标对话框中输入（0,0,0），按 Enter 键，确定线段起始点。

（3）在"终点选项"下拉列表框中选择"╋点"，在弹出的坐标对话框中输入（0,0,70），按 Enter 键，确定线段终点。单击"确定"按钮，完成线段的创建，如图 7-23 所示。

8. 创建艺术曲线

（1）选择"菜单"→"插入"→"曲线"→"艺术样条"命令，或单击"曲线"选择卡"曲线"组中的"艺术样条"按钮 ，弹出如图 7-24 所示的"艺术样条"对话框。

（2）在对话框中选择"通过点"类型，在"次数"文本框中输入 3。

（3）在"点"对话框"类型"中选择"象限点"○，按顺序分别选择星形图形中的一圆角和步骤 6 生成的 3 个圆弧（注意选择时使各圆弧象限点保持在同一平面内）。在"点"对话框"类型"中选择"端点"╱，选择直线终点，单击"确定"按钮，如图 7-25 所示。

图 7-23 创建圆弧

图 7-24 "艺术样条"对话框

图 7-25 样条曲线 1

9. 移动对象

（1）选择"菜单"→"编辑"→"移动对象"命令，或单击"工具"选项卡"实用工具"组上的"移动对象"按钮，弹出"移动对象"对话框，选择步骤 8 创建的样条曲线 1 为移动对象。

（2）在"运动"下拉列表框中选择"角度"，在"指定矢量"下拉列表中选择 （ZC 轴）。单击"点对话框"按钮，在弹出的"点"对话框中设置坐标为（0,0,0），单击"确定"按钮。

（3）返回"移动对象"对话框，设置"角度"为 45，选中"复制原先的"单选按钮，在"非关联副本数"文本框中输入 7，单击"确定"按钮，生成曲线如图 7-26 所示。

10. 曲线成面

（1）选择"菜单"→"插入"→"网格曲面"→"通过曲线网格"命令或单击"曲面"选项卡"曲面"组中的"通过曲线网格"按钮，弹出如图 7-27 所示的"通过曲线网格"对话框。

（2）选择步骤 5 创建的曲线为第一主曲线，单击"添加新集"按钮或单击鼠标中键，选择直线终点为第二主曲线，并单击鼠标中键。

（3）选择样条曲线 1 为交叉曲线 1，单击鼠标中键；选择样条曲线 2 为交叉曲线 2，单击鼠标中键，然后顺次选择，当提示选择第九条交叉曲线时，重新选择样条曲线 1，并单击鼠标中键，如图 7-28 所示。单击"确定"按钮，生成模型如图 7-29 所示。

图 7-26　复制样条曲线

图 7-27　"通过曲线网格"对话框

图 7-28　选取曲线

11. 隐藏操作

（1）选择"菜单"→"编辑"→"显示和隐藏"→"隐藏"命令，弹出如图 7-30 所示的"类选择"对话框。

（2）选择步骤 10 创建的模型，单击"确定"按钮，完成隐藏实体模型的操作，如图 7-31 所示。

图 7-29 模型　　　　　　图 7-30 "类选择"对话框　　　　　图 7-31 隐藏实体

12. 缩小曲线

（1）选择"菜单"→"编辑"→"变换"命令，弹出"变换"对话框。

（2）选择屏幕中的所有曲线，单击"确定"按钮，弹出"变换"（类型选择）对话框，如图 7-32 所示。单击"比例"按钮，弹出"点"对话框，从中输入坐标（0,0,0），单击"确定"按钮。

（3）弹出"变换"（比例参数）对话框，如图 7-33 所示。在"比例"文本框中输入 0.95，单击"确定"按钮。

图 7-32 "变换"（类型选择）对话框

图 7-33 "变换"（比例参数）对话框

（4）弹出"变换"（操作）对话框，如图 7-34 所示。单击"复制"按钮，完成同比例缩小各曲线的操作，如图 7-35 所示。

13. 曲线成面

（1）选择"菜单"→"插入"→"网格曲面"→"通过曲线网格"命令或单击"曲面"选项卡"曲面"组中的"通过曲线网格"按钮 ，弹出"通过曲线网格"对话框。

（2）选择步骤 12 缩小曲线的底面曲线为第一主曲线，单击"添加新集"按钮 或单击鼠标中键，选择直线为第二主曲线，并单击鼠标中键。

（3）选择样条曲线 1 为交叉曲线 1，单击鼠标中键；选择样条曲线 2 为交叉曲线 2，单击鼠标中键；然后顺次选择，当提示选择第九条交叉曲线时，重新选择样条曲线 1，并单击鼠标中键。单击"确定"按钮，生成模型如图 7-36 所示。

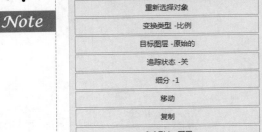

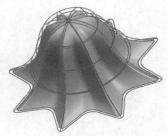

图 7-34　"变换"（操作）对话框　　　图 7-35　缩小曲线　　　图 7-36　曲线成面

14. 布尔运算

（1）在部件导航器中选择"通过曲线网格（4）"，单击鼠标右键，在弹出的快捷菜单中选择"显示"命令（见图 7-37），显示出曲面 1。

（2）选择"菜单"→"插入"→"组合"→"减去"命令或单击"主页"选项卡"特征"组中的"减去"按钮，弹出如图 7-38 所示"求差"对话框。

（3）选择曲面 1 为目标体，选择曲面 2 为刀具，单击"确定"按钮，生成灯罩如图 7-39 所示。

图 7-37　快捷菜单　　　图 7-38　"求差"对话框　　　图 7-39　灯罩模型

7.1.7　截面曲面

截面曲面是用二次曲线构造技术定义的截面创建体。截面曲面是二次曲面，可以看作是一系列二次曲线的集合，这些截面线位于指定的平面内，在控制曲线范围内编织形成一张二次曲面。执行截面曲面命令，主要有以下两种方式。

☑ 菜单：选择"菜单"→"插入"→"扫掠"→"截面"命令。

☑ 功能区：单击"曲面"选项卡"曲面"组中的"更多"库下的"截面曲面"按钮 。

执行上述方式后，系统会弹出如图 7-40 所示的"截面曲面"对话框。

"截面曲面"对话框的选项说明如下。

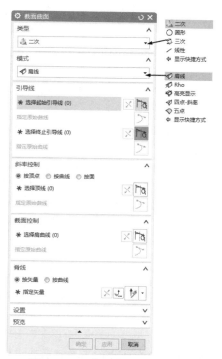

图 7-40　"截面曲面"对话框

☑ 二次-肩线-按顶点：可以使用这个选项生成起始于第一条选定曲线、通过一条称为肩曲线的内部曲线并且终止于第 3 条选定曲线的截面自由形式特征。每个端点的斜率由选定顶线定义。

☑ 二次-肩线-按曲线：该选项可以生成起始于第一条选定曲线、通过一条内部曲线（称为肩曲线）并且终止于第 3 条曲线的截面自由形式特征。斜率在起始点和终止点由两个不相关的切矢控制曲线定义。

☑ 二次-肩线-按面：创建的曲面可以分别在位于两个体的两条曲线之间形成光顺圆角。该曲面开始于第一条引导曲线，并与第一个体相切。它终止于第二条引导曲线，与第二个体相切，并穿过肩曲线。

☑ 圆形-三点：该选项可以通过选择起始边曲线、内部曲线、终止边曲线和脊线曲线来生成截面自由形式特征。片体的截面是圆弧。

☑ 二次-Rho-按顶点：可以使用这个选项来生成起始于第一条选定曲线并且终止于第二条曲线的截面自由形式特征。每个端点的切矢由选定的顶线定义。每个二次截面的完整性由相应的 rho 值控制。

☑ 二次-Rho-按曲线：该选项可以生成起始于第一条选定边曲线并且终止于第二条边曲线的截面自由形式特征。切矢在起始点和终止点由两个不相关的切矢控制曲线定义。每个二次截面的完整性由相应的 Rho 值控制。

☑ 二次-Rho-按面：可以使用这个选项生成截面自由形式特征，该特征在分别位于两个体上的两条曲线间形成光顺的圆角。每个二次截面的完整性由相应的 rho 值控制。

☑ 圆形-两点-半径：该选项生成带有指定半径圆弧截面的体。对于脊线方向，从第一条选定曲线到第二条选定曲线以逆时针方向生成体。半径必须至少是每个截面的起始边与终止边之间距离的一半。

☑ 二次-高亮显示-按顶点：该选项可以生成带有起始于第一条选定曲线并终止于第二条曲线而且与指定直线相切的二次截面的体。每个端点的切矢由选定顶线定义。

☑ 二次-高亮显示-按曲线：该选项可以生成带有起始于第一条选定边曲线并终止于第二条边曲线而且与指定直线相切的二次截面的体。切矢在起始点和终止点由两个不相关的切矢控制曲线定义。

☑ 二次-高亮显示-按面：可以使用这个选项生成带有在分别位于两个体上的两条曲线之间构成光顺圆角并与指定直线相切的二次截面的体。

☑ 圆形-两点-斜率：该选项可以生成起始于第一条选定边曲线并且终止于第二条边曲线的截面自由形式特征。斜率在起始处由选定的控制曲线决定。片体的截面是圆弧。

☑ 二次-四点-斜率：该选项可以生成起始于第一条选定曲线、通过两条内部曲线并且终止于第四条曲线的截面自由形式特征。也选择定义起始切矢的切矢控制曲线。

☑ 三次-两个斜率：该选项生成带有截面的 S 形的体，该截面在两条选定边曲线之间构成光顺的三次圆角。切矢在起始点和终止点由两个不相关的切矢控制曲线定义。

☑ 三次-圆角-桥接：该选项生成一个体，该体带有在位于两组面上的两条曲线之间构成桥接的截面。

☑ 圆形-半径-角度-圆弧：该选项可以通过在选定边、相切面、体的曲率半径和体的张角上定义起始点来生成带有圆弧截面的体。角度可以从-170°～0°或从 0°～170°度变化，但是禁止通过零。半径必须大于零。曲面的默认位置在面法向的方向上，或者可以将曲面反向到相切面的反方向。

☑ 二次-五点：该选项可以使用 5 条已有曲线作为控制曲线来生成截面自由形式特征。体起始于第一条选定曲线，通过 3 条选定的内部控制曲线，并且终止于第 5 条选定的曲线。而且提示选择脊线曲线。5 条控制曲线必须完全不同，但是脊线曲线可以为先前选定的控制曲线。

☑ 线性-相切-相切：使用起始相切面和终止相切面来创建线性截面曲面。

☑ 圆形-相切-半径：使用开始曲线和半径值创建圆形截面曲面，开始曲线所在的面将定义起始处的斜率。

☑ 圆形-两点-半径：可以使用这个选项生成整圆截面曲面。选择引导线串、可选方向线串和脊线来生成圆截面曲面；然后定义曲面的半径。

7.1.8 艺术曲面

执行艺术曲面命令，主要有以下两种方式。

☑ 菜单：选择"菜单"→"插入"→"网格曲面"→"艺术曲面"命令。

☑ 功能区：单击"曲面"选项卡"曲面"组中的"艺术曲面"按钮 。

执行上述方式后，系统弹出如图 7-41 所示的"艺术曲面"对话框。创建艺术曲面，如图 7-42 所示。

扫码看视频

7.1.8 艺术曲面

图 7-41 "艺术曲面"对话框

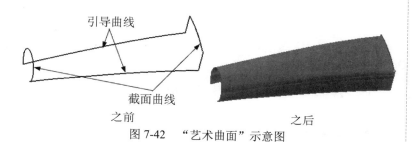

引导曲线

截面曲线

之前　　　　　　　　　　　之后

图 7-42 "艺术曲面"示意图

"艺术曲面"对话框中的选项说明如下。

1. 截面（主要）曲线

每选择一组曲线可以通过单击鼠标中键完成选择，如果方向相反可以单击该面板中的"反向"按钮。

2. 引导（交叉）曲线

在选择交叉线串的过程中，如果选择的交叉曲线方向与已经选择的交叉线串的曲线方向相反，可以通过单击"反向"按钮将交叉曲线的方向反向。如果选择多组引导曲线，那么该面板的"列表"中能够将所有选择的曲线都通过列表方式表示出来。

3. 连续性

☑ G0（位置）方式，通过点连接方式和其他部分相连接。

☑ G1（相切）方式，通过该曲线的艺术曲面与其相连接的曲面通过相切方式进行连接。

☑ G2（曲率）方式，通过相应曲线的艺术曲面与其相连接的曲面通过曲率方式逆行连接，在公共边上具有相同的曲率半径，且通过相切连接，从而实现曲面的光滑过渡。

4. 输出曲面选项

☑ 对齐：各选项说明如下。

➢ 参数：截面曲线在生成艺术曲面时（尤其是在通过截面曲线生成艺术曲面时），系统将根据所设置的参数来完成各截面曲线之间的连结过渡。

➢ 弧长：截面曲线将根据各曲线的圆弧长度来计算曲面的连接过渡方式。

➢ 根据点：可以在连接的几组截面曲线上指定若干点，两组截面曲线之间的曲面连接关系将会根据这些点来进行计算。

☑ 过渡控制：各选项说明如下。

➢ 垂直于终止截面：连接的平移曲线在终止截面处，将垂直于此处截面。

> 垂直于所有截面：连接的平移曲线在每个截面处都将垂直于此处截面。
> 三次：系统构造的这些平移曲线是三次曲线，所构造的艺术曲面即通过截面曲线组合这些平移曲线来连接和过渡。
> 线形和圆角：系统将通过线形方式并对连接生成的曲面进行倒角。

7.1.9 N 边曲面

使用此命令可以创建由一组端点相连的曲线封闭的曲面。执行 N 边曲面命令，主要有以下两种方式。

☑ 菜单：选择"菜单"→"插入"→"网格曲面"→"N 边曲面"命令。

☑ 功能区：单击"曲面"选项卡"曲面"组中的"N 边曲面"按钮 。

执行上述方式后，系统弹出如图 7-43 所示的"N 边曲面"对话框。

"N 边曲面"对话框中的选项说明如下。

1. 类型

☑ 已修剪：在封闭的边界上生成一张曲面，它覆盖被选定曲面封闭环内的整个区域，如图 7-44 所示。

☑ 三角形：在已经选择的封闭曲线串中，构建一张由多个三角补片组成的曲面，其中的三角补片相交于一点。

图 7-43 "N 边曲面"对话框

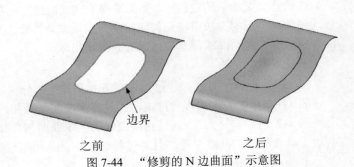

图 7-44 "修剪的 N 边曲面"示意图

2. 外环

用于选择曲线或边的闭环作为 N 边曲面的构造边界。

3. 约束面

用于选择面以将相切及曲率约束添加到新曲面中。

4. UV 方向

☑ UV 方向：用于指定构建新曲面的方向。

> 脊线：使用脊线定义新曲面的 V 方位。

> 矢量：使用矢量定义新曲面的 V 方位。

> 区域：用于创建连接边界曲线的新曲面。

☑ 内部曲线：各选项说明如下。

> 选择曲线：用于指定边界曲线。通过创建所连接边界曲线之间的片体，创建新的曲面。

> 指定原始曲线：用于在内部边界曲线集中指定原点曲线。

> 添加新集：用于指定的内部边界曲线集。

> 列表：列出指定的内部曲线集。

☑ 定义矩形：用于指定第一个和第二个对角点来定义新的 WCS 平面的矩形。

5. 形状控制

用于控制新曲面的连续性与平面度。

6. 修剪到边界

将曲面修剪到指定的边界曲线或边。

扫码看视频

7.1.10 扫掠

7.1.10 扫掠

用预先描述的方式沿一条空间路径移动的曲线轮廓线将扫掠体定义为扫掠外形轮廓。移动曲线轮廓线称为截面线串。该路径称为引导线串，因为它引导运动。执行扫掠命令，主要有以下两种方式。

☑ 菜单：选择"菜单"→"插入"→"扫掠"→"扫掠"命令。

☑ 功能区：单击"曲面"选项卡"曲面"组中的"扫掠"按钮 。

执行上述方式后，弹出如图 7-45 所示的"扫掠"对话框。创建扫掠曲面，如图 7-46 所示。

图 7-45 "扫掠"对话框

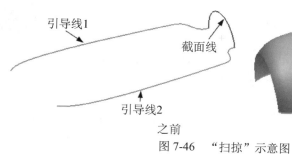

图 7-46 "扫掠"示意图

"扫掠"对话框中的选项说明如下。

1. 截面

☑ 选择曲线：用于选择截面线串，可以多达 150 条。

☑ 指定原始曲线：用过更改闭环中的原始曲线。

2. 引导线

选择多达 3 条线串来引导扫掠操作。

3. 脊线

可以控制截面线串的方位，并避免在导线上不均匀分布参数导致的变形。

4. 截面选项

☑ 定向方法：在截面引导线移动时控制该截面的方位。

➤ 固定：在截面线串沿引导线移动时保持固定的方位，且结果是平行的或平移的简单扫掠。

➤ 面的法向：将局部坐标系的第二根轴与在引导线串长度上指定的矢量对齐。

➤ 矢量方向：可以将局部坐标系的第二根轴与在引导线串长度上指定的矢量对齐。

➤ 另一曲线：使用通过连结引导线上相应的点和其他曲线获取的局部坐标系的第二根轴，来定向截面。

➤ 一个点：与另一条曲线相似，不同之处在于获取第二根轴的方法是通过引导线串和点之间的三面直纹片体的等价物。

➤ 强制方向：用于在截面线串沿引导线串扫掠时通过矢量来固定剖切平面的方位。

☑ 缩放方法：在截面沿引导线进行扫掠时，可以增大或减少该截面的大小。

➤ 恒定：指定沿整条引导线保持恒定的比例因子。

➤ 倒圆功能：在指定的起始与终止比例因子之间允许或三次缩放。

➤ 面积规律：通过规律子函数来控制扫掠体的横截面积。

7.1.11 实例——节能灯泡

图 7-47 节能灯泡

首先绘制灯座，然后绘制灯管的截面和引导线，利用引导线扫掠命令创建灯管，如图 7-47 所示。

操作步骤如下。

1. 新建文件

选择"菜单"→"文件"→"新建"命令，或者单击"快速访问"工具栏中的"新建"图标🗋，弹出"新建"对话框，在"模型"选项组中选择适当的模板，文件名为 dengguan，单击"确定"按钮，进入建模环境。

2. 创建圆柱体

（1）选择"菜单"→"插入"→"设计特征"→"圆柱"命令，或者单击"主页"选项卡"特征"组中的"圆柱"按钮 🔲，弹出如图 7-48 所示的"圆柱"对话框。

（2）选择"轴、直径和高度"类型，在"指定矢量"下拉列表中选择 ZC 轴，单击"点对话框"图标 ⬚，弹出"点"对话框，保持默认的点坐标（0,0,0）作为圆柱体的圆心坐标，单击"确定"按钮。

（3）返回到"圆柱"对话框，设置直径和高度为 62 和 40。单击"确定"按钮生成圆柱体，如图 7-49所示。

3. 圆柱体倒圆角

（1）选择"菜单"→"插入"→"细节特征"→"边倒圆"命令，或者单击"主页"选项卡"特征"组中的"边倒圆"按钮 ，弹出如图 7-50 所示的"边倒圆"对话框。

图 7-48 "圆柱"对话框　　　图 7-49 生成的圆柱体　　　图 7-50 "边倒圆"对话框

（2）选择倒圆角边 1 和倒圆角边 2，如图 7-51 所示，倒圆角半径设置为 7，单击"确定"按钮生成如图 7-52 所示的模型。

图 7-51 圆角边的选取

图 7-52 倒圆角后的模型

4. 创建直线

（1）选择"菜单"→"插入"→"曲线"→"直线"命令，或者单击"曲线"选项卡"曲线"组中的"直线"按钮 ✐，弹出如图 7-53 所示的"直线"对话框。

（2）单击起点"点对话框"图标 ⊹，弹出"点"对话框，输入起点坐标为（13，-13，0），单击终点"点对话框"图标 ⊹，弹出"点"对话框，输入终点坐标为（13，-13，-60），单击"确定"按钮生成直线如图 7-54 所示。

（3）同样的方法创建另一条直线，输入起点坐标为（13，13，0），输入终点坐标为（13，13，-60），生成直线如图 7-55 所示。

图 7-53 "直线"对话框

图 7-54 生成直线

图 7-55 直线

5. 创建圆弧

（1）选择"菜单"→"插入"→"曲线"→"圆弧／圆"命令，或者单击"曲线"选项卡"曲线"组中的"圆弧／圆"按钮 ，弹出如图 7-56 所示的"圆弧／圆"对话框。

（2）在"类型"下拉列表中选择"三点画圆弧"，单击两直线的两个端点作为圆弧的起点和端点。

（3）单击中点 图标系统弹出"点"对话框，输入中点坐标为（13,0,-73），点参考设置为 WCS，单击"确定"按钮。

（4）在"圆弧／圆"对话框中单击"确定"按钮，生成圆弧如图 7-57 所示。

6. 创建圆

（1）选择"菜单"→"插入"→"曲线"→"基本曲线（原有）"命令，弹出"基本曲线"对话框。

（2）单击"圆"按钮 ○，在"点"方法下拉列表中选择"点构造器" ，系统弹出"点"对话框，输入中心点坐标为（13,-13,0），单击"确定"按钮，输入半径为 5，单击"确定"按钮。

（3）在"基本曲线"对话框中单击"确定"按钮，生成圆如图 7-58 所示。

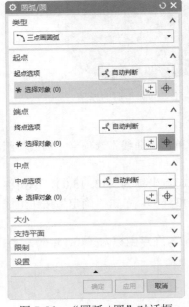

图 7-56 "圆弧／圆"对话框

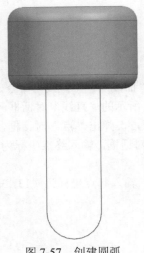

图 7-57 创建圆弧

图 7-58 创建圆

7. 扫掠

（1）选择"菜单"→"插入"→"扫掠"→"扫掠"命令，或者单击"曲面"选项卡"曲面"组中的"扫掠"按钮 ，弹出如图7-59所示的"扫掠"对话框。

（2）选择上步创建的圆为扫掠截面，选择直线和圆弧为引导线。在"扫掠"对话框中单击"确定"按钮，生成扫掠曲面如图7-60所示。

8. 隐藏

（1）选择"菜单"→"编辑"→"显示和隐藏"→"隐藏"命令，系统弹出"类选择"对话框。

（2）选取曲线直线作为要隐藏的对象如图7-61所示，单击"确定"按钮曲线被隐藏。

图7-59　"扫掠"对话框

图7-60　灯管

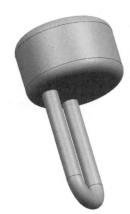

图7-61　要隐藏的对象

9. 创建另一个灯管

（1）选择"菜单"→"编辑"→"移动对象"命令，或者单击"工具"选项卡"实用工具"组中的"移动对象"按钮 ，弹出"移动对象"对话框如图7-62所示。

（2 选择灯管为移动对象，在"运动"下拉列表中选择"点到点"，单击"指定出发点"图标 ，弹出点对话框，输入点坐标（13,-13,0）。单击"指定目标点"图标 ，弹出"点"对话框，输入点坐标（-13,-13,0）。

（3）选择"复制原先的"选项，非关联副本数输入为1，单击"确定"按钮，灯管复制到如图7-63所示的位置。

Note

图 7-62　"移动对象"对话框

图 7-63　创建灯管

10. 创建圆柱体

（1）选择"菜单"→"插入"→"设计特征"→"圆柱"命令，或者单击"主页"选项卡"特征"组中的"圆柱"按钮 ，弹出如图 7-64 所示"圆柱"对话框。

（2）选择"轴、直径和高度"类型，在"指定矢量"下拉列表中选择 ZC 轴，单击"指定点"中的图标 ，弹出"点"对话框，保持默认的点坐标（0,0,40）作为圆柱体的圆心坐标，单击"确定"按钮。

（3）设置直径、高度为 38 和 12，在布尔下拉列表中选择"合并"选项，选择视图中的实体进行求和。单击"确定"按钮生成圆柱体，如图 7-65 所示。

图 7-64　"圆柱"对话框

图 7-65　生成的圆柱体

注意：此步骤也可以利用凸台命令来创建。

11. 圆柱体倒圆角

（1）选择"菜单"→"插入"→"细节特征"→"边倒圆"命令，或者单击"主页"选项卡"特征"组中的"边倒圆"按钮 ，弹出"边倒圆"对话框。

（2）选择倒圆角边如图 7-66 所示，倒圆角半径设置为 5，单击"确定"按钮生成如图 7-67 所示的节能灯泡模型。

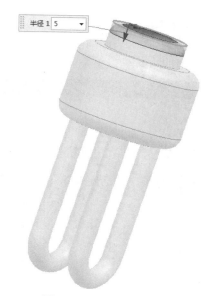

图 7-66 圆角边的选取

图 7-67 节能灯泡模型

7.2 曲 面 操 作

7.2.1 延伸曲面

让用户从现有的基片体上生成切向延伸片体、曲面法向延伸片体、角度控制的延伸片体或圆弧控制的延伸片体。执行延伸曲面命令，主要有以下两种方式。

☑ 菜单：选择"菜单"→"插入"→"弯边曲面"→"延伸"命令。

☑ 功能区：单击"曲面"选项卡"曲面"组中的"延伸曲面"按钮 。

执行上述方式后，弹出如图 7-68 所示的"延伸曲面"对话框。

"延伸曲面"对话框中的选项说明如下。

1. 边

选择要延伸的边后，选择延伸方法并输入延伸的长度或百分比延伸曲面。

☑ 要延伸的边：选择与要指定的边接近的面。

☑ 方法：各选项说明如下。

➢ 相切：该选项让用户生成相切于面、边或拐角的体。切向延伸通常是相邻于现有基面的边或拐角而生成，这是一种扩展基面的方法。这两个体在相应的点处拥有公共的切面，因而，它们之间的过渡是平滑的。

➢ 圆弧：该选项让用户从光顺曲面的边上生成一个圆弧的延伸。该延伸遵循沿着选定边的曲率半径。

要生成圆弧的边界延伸，选定的基曲线必须是面的未裁剪的边。延伸的曲面边的长度不能大于任何由原始曲面边的曲率确定半径的区域的整圆的长度。

2. 拐角

选择要延伸的曲面，在%U 和%V 长度输入拐角长度，对话框如图 7-69 所示。

☑ 要延伸的拐角：选择与要指定的拐角接近的面。

☑ %U 长度/%V 长度：设置 U 和 V 方向上的拐角延伸曲面的长度。

图 7-68　"延伸曲面"对话框

图 7-69　"拐角"类型

7.2.2　规律延伸

通过此命令，根据距离规律及延伸的角度来延伸现有的曲面或片体。执行规律延伸命令，主要有以下两种方式。

扫码看视频

7.2.2　规律延伸

☑ 菜单：选择"菜单"→"插入"→"弯边曲面"→"规律延伸"命令。

☑ 功能区：单击"曲面"选项卡"曲面"组中的"规律延伸"按钮 。

执行上述方式后，弹出"规律延伸"对话框，如图 7-70 所示。

"规律延伸"对话框中的选项说明如下。

1. 类型

☑ 面：指定使用一个或多个面来为延伸曲面组成一个参考坐标系。参考坐标系建立在"基本曲线串"的中点上。

☑ 矢量：指定在沿着基本曲线线串的每个点处计算和使用一个坐标系来定义延伸曲面。此坐标系的方向是这样确定的：使 0°角平行于矢量方向，使 90°轴垂直于由 0°轴和基本轮廓切线矢量定义的平面。此参考平面的计算是在"基本轮廓"的中点上进行的，示意图如图 7-71 所示。

图 7-70　"规律延伸"对话框

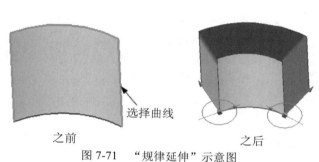

选择曲线

之前　　　　　　　　　　之后

图 7-71　"规律延伸"示意图

2. 曲线

让用户选择一条基本曲线或边界线串，系统用它在它的基边上定义曲面轮廓。

3. 面

让用户选择一个或多个面来定义用于构造延伸曲面的参考方向。

4. 参考矢量

让用户通过使用标准的"矢量方式"或"矢量构造器"指定一个矢量，用它来定义构造延伸曲面时所用的参考方向。

5. 长度规律

让用户指定用于延伸长度的规律方式以及使用此方式的适当的值。

☑ ⬏ 恒定：使用恒定的规则（规律），当系统计算延伸曲面时，它沿着基本曲线线串移动，截面曲线的长度保持恒定的值。

☑ ⬏ 线性：使用线性的规则（规律），当系统计算延伸曲面时，它沿着基本曲线线串移动，截面曲线的长度从基本曲线线串起始点的起始值到基本曲线线串终点的终止值呈线性变化。

☑ ⬏ 三次：使用三次的规则（规律），当系统计算延伸曲面时，它沿着基本曲线线串移动，截面曲线的长度从基本曲线线串起始点的起始值到基本曲线线串终点的终止值呈非线性变化。

☑ ⬏ 根据方程：使用表达式及参数表达式变量来定义规律。

☑ ⬏ 根据规律曲线：用于选择一串光顺连接曲线来定义规律函数。

☑ ⬏ 多重过渡：用于通过所选基本轮廓的多个节点或点来定义规律。

6. 角度规律

让用户指定用于延伸角度的规律方式以及使用此方式的适当的值。

7. 侧

指定是否在基本曲线串的相反侧上生成规律延伸。

☑ ├──┤ 单侧：不创建相反侧延伸。

☑ ◄─► 对称：使用相同的长度参数在基本轮廓的两侧延伸曲面。

☑ ◄─► 非对称：在基本轮廓线串的每个点处使用不同的长度以在基本轮廓的两侧延伸曲面。

8. 脊线

指定可选的脊线线串会改变系统确定局部坐标系方向的方法。

9. 设置

☑ 尽可能合并面：将规律延伸作为单个片体进行创建。

☑ 锁定终止长度/角度手柄：锁定终止长度/角度手柄，以便针对所有端点和基点的长度和角度值。

☑ 高级曲线拟合：通过重新定义基本轮廓的度数和结点，可以构造与面连结的延伸。

  ➢ 次数和公差：指定最大阶次和公差以控制输出曲线的参数化。

  ➢ 自动拟合：在指定的最小阶次、最大阶次、最大段数和公差数下重新构建最光顺的曲面，以控制输出曲线的参数化。

  ➢ 保持参数化：可以继承输入面中的阶次、分段、极点结构和结点结构，并将其应用到输出曲面。

7.2.3 偏置曲面

  系统用沿选定面的法向偏置点的方法来生成正确的偏置曲面。指定的距离称为偏置距离，并且已有面称为基面。可以选择任何类型的面作为基面。如果选择多个面进行偏置，则产生多个偏置体。执行偏置曲面命令，主要有以下两种方式。

☑ 菜单：选择"菜单"→"插入"→"偏置/缩放"→"偏置曲面"命令。

☑ 功能区：单击"曲面"选项卡"曲面操作"组中的"偏置曲面"按钮 🗐。

执行上述方式后，弹出如图 7-72 所示的"偏置曲面"对话框。创建偏置曲面，如图 7-73 所示。

图 7-72 "偏置曲面"对话框

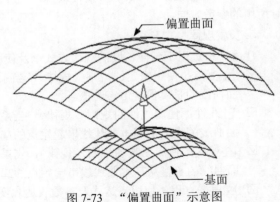

图 7-73 "偏置曲面"示意图

  "偏置曲面"对话框中的选项说明如下。

☑ 面：选择要偏置的面。

☑ 输出：确定输出特征的数量。

> 为所有面创建一个特征：为所有选定并相连的面创建单个偏置曲面特征。
> 为每个面创建一个特征：为每个选定的面创建偏置曲面的特征。

☑ 部分结果：各选项说明如下。

> 启用部分偏置：无法从指定的几何体获取完整结果时，提供部分偏置结果。
> 动态更新排除列表：在偏置操作期间检测到问题对象会自动添加到排除列表中。
> 要排除的最大对象数：在获取部分结果时控制要排除的问题对象的最大数量。
> 局部移除问题顶点：使用具有球形刀具半径中指定半径的刀具球头，从部件中减去问题顶点。
> 球形工具半径：控制用于切除问题顶点的球头的大小。

☑ 相切边：各选项说明如下。

> 在相切边添加支撑面：在以有限距离偏置的面和以零距离偏置的相切面之间的相切边处创建步进面。
> 不添加支撑面：将不在相切边处创建任何支撑面。

扫码看视频

7.2.4　大致偏置

7.2.4　大致偏置

该选项让用户使用大的偏置距离从一组列面或片体生成一个没有自相交、尖锐边界或拐角的偏置片体。该选项让用户从一系列面或片体上生成一个大的粗略偏置，用于当"偏置面"和"偏置曲面"功能不能实现时。执行大致偏置命令，方式如下。

☑ 菜单：选择"菜单"→"插入"→"偏置/缩放"→"大致偏置（原有）"命令。

执行上述方式后，弹出如图 7-74 所示的"大致偏置"对话框。"大致偏置"示意图如图 7-75 所示。

图 7-74　"大致偏置"对话框

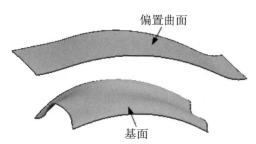

图 7-75　"大致偏置"示意图

"大致偏置"对话框中的选项说明如下。

☑ 选择步骤：各选项说明如下。

> 偏置面/片体 ：选择要偏置的面或片体。如果选择多个面，则不会使它们相互重叠。相

邻面之间的缝隙应该在指定的建模距离公差范围内。但是，此功能不检查重叠或缝隙，如果碰到了，则会忽略缝隙，如果存在重叠，则会偏置顶面。

- ➤ 偏置坐标系：让用户为偏置选择或建立一个坐标系，其中 Z 方向指明偏置方向，X 方向指明步进或截取方向，Y 方向指明步距方向。默认的坐标系为当前的工作坐标系。
- ☑ 坐标系构造器：通过使用标准的 CSYS 对话框为偏置选择或构造一个 CSYS。
- ☑ 偏置距离：让用户指定偏置的距离。此字段值和"偏置偏差"中指定的值一同起作用。如果希望偏置背离指定的偏置方向，则可以为偏置距离输入一个负值。
- ☑ 偏置偏差：让用户指定偏置的偏差。用户输入的值表示允许的偏置距离范围。该值和"偏置距离"值一同起作用。例如，如果偏置距离是 10 且偏差是 1，则允许的偏置距离在 9 和 11 之间。通常偏差值应该远大于建模距离公差。
- ☑ 步距：让用户指定步进距离。
- ☑ 曲面生成方法：让用户指定系统建立粗略偏置曲面时使用的方法。
  - ➤ 云点：系统使用和"由点云构面"选项中的方法相同的方法建立曲面。选择此方法则启用"曲面控制"选项，它让用户指定曲面的片数。
  - ➤ 通过曲线组：系统使用和"通过曲线"选项中的方法相同的方法建立曲面。
  - ➤ 粗略拟合：当其他方法生成曲面无效时（例如有自相交面或者低质量），系统利用该选项创建一低精度曲面。
- ☑ 曲面控制：让用户决定使用多少补片来建立片体。此选项只用于"云点"曲面生成方法。
  - ➤ 系统定义：在建立新的片体时系统自动添加计算数目的 U 向补片来给出最佳结果。
  - ➤ 用户定义：启用"U 向补片数"字段，该字段让用户指定在建立片体时，允许使用多少 U 向补片。该值必须至少为 1。
- ☑ 修剪边界：各选项说明如下。
  - ➤ 不修剪：片体以近似矩形图案生成，并且不修剪。
  - ➤ 修剪：片体根据偏置中使用的曲面边界修剪。
  - ➤ 边界曲线：片体不被修剪，但是片体上会生成一条曲线，它对应于在使用"修剪"选项时发生修剪的边界。

7.2.5　修剪片体

执行修剪片体命令，主要有以下两种方式。
- ☑ 菜单：选择"菜单"→"插入"→"修剪"→"修剪片体"命令。
- ☑ 功能区：单击"曲面"选项卡"曲面操作"组中的"修剪片体"按钮 。

扫码看视频

7.2.5　修剪片体

执行上述方式后，弹出如图 7-76 所示的"修剪片体"对话框。创建修剪片体特征，如图 7-77 所示。"修剪片体"对话框中的选项说明如下。
- ☑ 目标：选择要修剪的目标曲面体。
- ☑ 边界：各选项说明如下。
  - ➤ 选择对象：选择修剪的工具对象，该对象可以是面、边、曲线和基准平面。
  - ➤ 允许目标体边作为工具对象：帮助将目标片体的边作为修剪对象过滤掉。
- ☑ 投影方向：可以定义要做标记的曲面 / 边的投影方向。
  - ➤ 垂直于面：通过曲面法向投影选定的曲线或边。
  - ➤ 垂直于曲线平面：将选定的曲线或边投影到曲面上，该曲面将修剪为垂直于这些曲线或边的平面。

➤ 沿矢量：用于定义沿矢量方向定义为投影方向。

☑ 区域：可以定义在修剪曲面时选定的区域是保留还是舍弃。

➤ 选择区域：用于选择在修剪曲面时将保留或舍弃的区域。

➤ 保留：在修剪曲面时保留选定的区域。

➤ 放弃：在修剪曲面时舍弃选定的区域。

图 7-76 "修剪片体"对话框

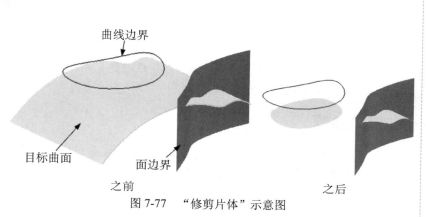

图 7-77 "修剪片体"示意图

7.2.6 缝合

缝合功能通过将公共边缝合在一起来组合片体或通过缝合公共面来组合实体。执行缝合命令，主要有以下两种方式。

☑ 菜单：选择"菜单"→"插入"→"组合"→"缝合"命令。

☑ 功能区：单击"曲面"选项卡"曲面操作"组中的"缝合"按钮 📖。

执行上述方式后，弹出如图 7-78 所示的"缝合"对话框。

扫码看视频

7.2.6 缝合

图 7-78 "缝合"对话框

"缝合"对话框中的选项说明如下。

☑ 类型：各选项说明如下。

➤ ◆ 片体：选择曲面作为缝合对象。

➤ ■ 实体：选择实体作为缝合对象。

☑ 目标：各选项说明如下。

 ➢ 选择片体：当类型为片体时目标为选择片体，用来选择目标片体，但只能选择一个片体作为目标片体。

 ➢ 选择面：当类型为实体时目标为选择面，用来选择目标实体面。

☑ 工具：各选项说明如下。

 ➢ 选择片体：当类型为片体时刀具为选择片体，用来选择工具片体，但可以选择多个片体作为工具片体。

 ➢ 选择面：当类型为实体时刀具为选择面，用来选择工具实体面。

☑ 设置：各选项说明如下。

 ➢ 输出多个片体：选中此复选框，缝合的片体为封闭时，缝合后生成的是片体；不选中此复选框，缝合后生成的是实体。

 ➢ 公差：用来设置缝合公差。

扫码看视频

7.2.7 加厚

7.2.7 加厚

使用此命令可将一个或多个相连面或片体偏置实体。加厚是通过将选定面沿着其法向进行偏置然后创建侧壁而生成。执行加厚命令，主要有以下两种方式。

☑ 菜单：选择"菜单"→"插入"→"偏置 / 缩放"→"加厚"命令。

☑ 功能区：单击"曲面"选项卡"曲面操作"组中的"加厚"按钮 。

执行上述方式后，弹出如图 7-79 所示的"加厚"对话框。创建加厚特征，如图 7-80 所示。

"加厚"对话框中的选项说明如下。

☑ 面：选择要加厚的面或片体。

☑ 偏置 1 / 偏置 2：指定一个或两个偏置值。

☑ 区域行为：各选项说明如下。

 ➢ 要冲裁的区域：选择通过一组封闭曲线或边定义的区域。选定区域可以定义一个 0 厚度的面积。

 ➢ 不同厚度的区域：选择通过一组封闭曲线或边定义的区域。可使用在这组对话框内指定的偏置值定义选定区域的面积。

☑ Check-Mate：如果出现加厚片体错误，则此按钮可用。单击此按钮会识别导致加厚片体操作失败的可能的面。

图 7-79 "加厚"对话框

☑ 改善裂口拓扑以启用加厚：选中此复选框，允许在加厚操作时修护裂口。

之前

之后

图 7-80 "加厚"示意图

7.2.8　实例——咖啡壶

扫码看视频

7.2.8　咖啡壶

本例绘制咖啡壶，如图 7-81 所示。首先利用通过曲线网格绘制壶身，然后利用 N 边曲面命令绘制壶底，最后绘制壶把。

操作步骤如下。

图 7-81　咖啡壶

1. 新建文件

选择"文件"→"新建"命令，或者单击"快速访问"工具栏中的"新建"图标 🗋，弹出"新建"对话框，在"模型"选项组中选择适当的模板，文件名为 kafeihu，单击"确定"按钮，进入建模环境。

2. 创建圆

（1）选择"菜单"→"插入"→"曲线"→"基本曲线（原有）"命令，弹出如图 7-82 所示的"基本曲线"对话框。

（2）单击"圆"图标 ○，在"点方法"下拉菜单中"点构造器 ⵜ"，弹出"点"对话框，输入圆中心点（0,0,0），单击"确定"按钮。系统提示选择对象以自动判断点，输入（100,0,0），单击"确定"按钮完成圆 1 的创建。

（3）按照上面的步骤创建圆心为（0,0,-100），半径为 70 的圆 2；圆心为（0,0,-200），半径为 100 的圆 3；圆心为（0,0,-300），半径为 70 的圆 4；圆心为（115,0,0），半径为 5 的圆 5。生成的曲线模型如图 7-83 所示。

图 7-82　"基本曲线"对话框

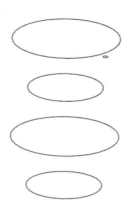

图 7-83　曲线模型

3. 创建圆角

（1）选择"菜单"→"插入"→"曲线"→"基本曲线（原有）"命令，弹出"基本曲线"对话框。

（2）单击"圆角"图标 ⌐，系统弹出"曲线倒圆"对话框，如图 7-84 所示。

（3）单击"2 曲线圆角"图标 ⌐，半径为 15，取消"修剪第一条曲线"和"修剪第二条曲线"复选框，分别选择圆 1 和圆 5 倒圆角，生成的曲线模型如图 7-85 所示。

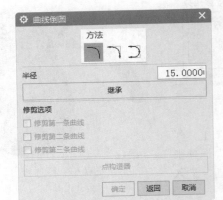

图 7-84　"曲线倒圆"对话框

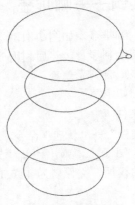

图 7-85　曲线模型

4. 修剪曲线

（1）选择"菜单"→"编辑"→"曲线"→"修剪"命令，或者单击"曲线"选项卡"编辑曲线"组中的"修剪曲线"按钮 ，系统弹出"修剪曲线"对话框，如图 7-86 所示。

（2）选择要修剪的曲线为圆 5，边界对象 1 和边界曲线 2 分别为圆角 1 和圆角 2，单击"确定"完成对圆 5 的修剪。

（3）按照上面的步骤，选择要修剪的曲线为圆 1，边界对象 1 和边界对象 2 分别为圆角 1 和圆角 2，单击"确定"完成对圆 1 的修剪。生成的曲线模型如图 7-87 所示。

图 7-86　"修剪曲线"对话框

图 7-87　曲线模型

5. 创建艺术样条

（1）选择"菜单"→"插入"→"曲线"→"艺术样条"命令，或者单击"曲线"选择卡"曲线"组中的"艺术样条"按钮 ，弹出如图 7-88 所示的"艺术样条"对话框。

（2）选择"通过点"类型，次数为 3，选择通过的点，第 1 点为圆 4 的圆心。第 2、3 和 4 点分别为圆 4、圆 3、圆 2 和圆 1 的象限点，单击"确定"按钮生成样条 1。

（3）采用上面相同的方法构建样条 2，选择通过的点如图 7-89 所示，第 1 点为圆 4 的圆心。第 2、3 和 4 点分别为圆 4、圆 3、圆 2 和圆 5 的象限点。单击"确定"按钮生成样条 2。生成的曲线模型如图 7-90 所示。

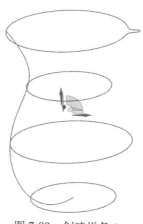

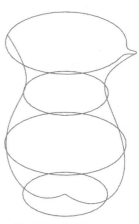

图 7-88　"艺术样条"对话框　　　图 7-89　创建样条 1　　　图 7-90　创建样条 2

6. 创建通过曲线网格曲面

（1）选择"菜单"→"插入"→"网格曲面"→"通过曲线网格"命令，或者单击"曲面"选项卡"曲面"组中的"通过曲线网格"按钮 ，弹出如图 7-91 所示的"通过曲线网格"对话框。

（2）选取圆为主线串和选择样条曲线为交叉线串，设置体类型为"片体"，其余选项保持默认状态，单击"确定"按钮生成曲面如图 7-92 所示。

7. 创建 N 边曲面

（1）选择"菜单"→"插入"→"网格曲面"→"N 边曲面"命令，或者单击"曲面"选项卡"曲面"组中的"N 边曲面"按钮 ，弹出如图 7-93 所示的"N 边曲面"对话框。

图 7-91 "通过曲线网格"对话框

图 7-92 曲面模型

图 7-93 "N 边曲面"对话框

（2）选取类型为"已修剪"，选择外部环为圆 4，其余选项保持默认状态，单击"确定"按钮生成底部曲面如图 7-94 所示。

8. 修剪曲面

（1）选择"菜单"→"插入"→"修剪"→"修剪片体"命令，或者单击"曲面"选项卡"曲面"组中的"修剪片体"按钮 ，弹出如图 7-95 所示的"修剪片体"对话框。

（2）选择 N 边曲面为目标体，选择网格曲面为边界对象，选择"放弃"选项，其余选项保持默认状态，单击"确定"按钮生成底部曲面如图 7-96 所示。

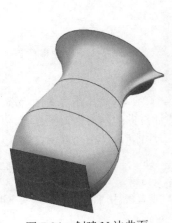

图 7-94 创建 N 边曲面

图 7-95 "修剪片体"对话框

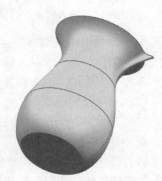

图 7-96 修剪曲面

9. 创建加厚曲面

（1）选择"菜单"→"插入"→"偏置/缩放"→"加厚"命令，或者单击"曲面"选项卡"曲面操作"组中的"加厚"按钮 ，弹出如图7-97所示的"加厚"对话框。

（2）选择网格曲面和N边曲面为加厚面，"偏置1"设置为2，"偏置2"设置为0，单击"确定"按钮生成模型。

10. 隐藏曲面

（1）选择"菜单"→"编辑"→"显示和隐藏"→"隐藏"命令，弹出"类选择"对话框。单击"类型过滤器"图标 ，系统弹出"按类型选择"对话框。

（2）选择"曲线"和"片体"选项，单击"确定"按钮，返回到"类选择"对话框，单击"全选"按钮。单击"确定"按钮，片体和曲线被隐藏，模型如图7-98所示。

图7-97 "加厚"对话框

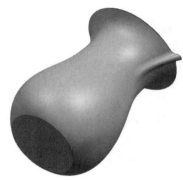

图7-98 曲面模型

11. 改变WCS

（1）选择"菜单"→"格式"→"WCS"→"旋转"命令，弹出如图7-99所示的"旋转WCS绕"对话框。

（2）选择"+XC轴：YC→ZC"选项，输入角度为90，单击"确定"按钮，将绕XC轴，旋转YC轴到ZC轴，新坐标系位置如图7-100所示。

12. 创建样条曲线

（1）选择"菜单"→"插入"→"曲线"→"艺术样条"命令，或者单击"曲线"选择卡"曲线"组中的"艺术样条"按钮 ，弹出如图7-101所示的"艺术样条"对话框。

（2）单击"点构造器"按钮 ，弹出"点"对话框，输入样条通过点，分别为（-50,-48,0）（-98,-48,0）（-167,-77,0）（-211,-120,0）（-238,-188,0）。

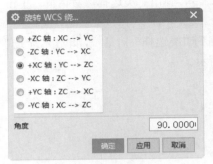

图 7-99 "旋转 WCS 绕"对话框

图 7-100 旋转坐标系

图 7-101 "艺术样条"对话框

（3）在对话框中保持系统默认状态，单击"确定"按钮生成样条曲线。生成的曲线模型如图 7-102 所示。

13. 改变 WCS

（1）选择"菜单"→"格式"→"WCS"→"原点"命令，弹出"点"对话框，捕捉壶把手样条曲线端点，将坐标系移动到样条曲线端点。

（2）选择"菜单"→"格式"→"WCS"→"旋转"命令，弹出"旋转 WCS 绕"对话框。选择"–YC 轴：XC→ZC"选项，输入角度为 90，单击"确定"按钮，绕 YC 轴，旋转 XC 轴到 ZC 轴，新坐标系位置如图 7-103 所示。

14. 创建圆

（1）选择"菜单"→"插入"→"曲线"→"基本曲线（原有）"命令，弹出"基本曲线"对话框。

（2）单击"圆"○图标，在"点方法"下拉菜单中单击"点构造器"⤴，系统弹出"点"对话框，输入圆中心点（0,0,0），单击"确定"按钮。

（3）系统提示选者对象以自动判断点，输入（16,0,0），单击"确定"按钮完成圆 6 的创建，如图 7-104 所示。

图 7-102 曲线模型

图 7-103 坐标模型

图 7-104 创建圆

15. 创建壶把手实体模型

（1）选择"菜单"→"插入"→"扫掠"→"沿引导线扫掠"命令，弹出如图 7-105 所示的"沿引导线扫掠"对话框。

（2）选择圆 6 为截面线，选择壶把手样条曲线为引导线，在"第一偏置"和"第二偏置"分别输入 0，单击"确定"按钮，生成模型如图 7-106 所示。

图 7-105 "沿引导线扫掠"对话框

图 7-106 扫掠体

16. 隐藏曲线

（1）选择"菜单"→"编辑"→"显示和隐藏"→"隐藏"命令，弹出"类选择"对话框。

（2）单击"类型过滤器"按钮 ，弹出按类型选择"对话框，选择"曲线"单击"确定"按钮，返回到"类选择"对话框，单击"全选"按钮，视图中的曲线被全部选中。单击"确定"按钮，曲线被隐藏，如图 7-107 所示。

17. 修剪体

（1）选择"菜单"→"插入"→"修剪"→"修剪体"命令，或者单击"曲面"选项卡"曲面操作"组中的"修剪体"按钮 ，弹出如图 7-108 所示的"修剪体"对话框。

（2）首先选取目标体，选择扫掠实体壶把手，单击鼠标中键，进入工具的选取，选择咖啡壶外表面，方向指向咖啡壶内侧，单击"确定"按钮，生成的模型如图 7-109 所示。

图 7-107 显示实体

图 7-108 "修剪体"对话框

图 7-109 模型

18. 创建球体

（1）选择"菜单"→"插入"→"设计特征"→"球"命令，或者单击"主页"选项卡"特征"组中的"球"按钮 ，弹出如图 7-110 所示的"球"对话框。选择"中心点和直径"类型，输入直径为 32。

（2）单击"点对话框"按钮 ，弹出"点"对话框，输入圆心为（0,-140,188），连续单击"确定"按钮，生成的模型如图 7-111 所示。

图 7-110 "球"对话框

图 7-111 模型

19. 求和操作

（1）选择"菜单"→"插入"→"组合"→"合并"命令，或者单击"主页"选项卡"特征"组中的"合并"按钮 ，弹出如图 7-112 所示的"合并"对话框。

（2）选择目标体为壶把手实体，选择工具体为球实体和壶实体，单击"确定"按钮，生成的模型如图 7-113 所示。

图 7-112 "合并"对话框

图 7-113 最终模型

7.3 曲 面 编 辑

7.3.1 X 型

X 型是通过动态的控制极点的方式来编辑面或曲线。执行 X 型命令，主要有以下两种方式。

☑ 菜单：选择"菜单"→"编辑"→"曲面"→"X 型"命令。

☑ 功能区：单击"曲面"选项卡"编辑曲面"组中的"X 型"按钮 。

执行上述方式后，弹出如图 7-114 所示的"X 型"对话框，编辑曲面，如图 7-115 所示。

图 7-114 "X 型"对话框

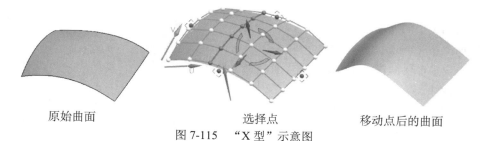

原始曲面   选择点   移动点后的曲面

图 7-115 "X 型"示意图

"X 型"对话框中的选项说明如下。

1. 曲线或曲面

☑ 选择对象：选择单个或多个要编辑的面，或使用面查找器选择。

☑ 操控：各选项说明如下。

> 任意：移动单个极点、同一行上的所有点或同一列上的所有点
> 极点：指定要移动的单个点。
> 行：移动同一行内的所有点。

☑ 自动取消选择极点：选中此复选框，选择其他极点，前一次所选择的极点将被取消。

2. 参数化

更改面的过程中，调节面的阶次与补片数量。

3. 方法

控制极点的运动，可以是移动、旋转、比例缩放，以及将极点投影到某一平面。

☑ 移动：通过 WCS、视图、矢量、平面、法向和多边形等方法来移动极点。
☑ 旋转：通过 WCS、视图、矢量和平面等方法来旋转极点。
☑ 比例：通过 WCS、均匀、曲线所在平面、矢量和平面等方法来缩放极点。
☑ 平面化：当极点不在一个平面内时，可以通过此方法将极点控制到一个平面上。

4. 边界约束

允许在保持边缘处曲率或相切的情况下沿切矢方向对成行或成列的极点进行交换。

5. 特征保存方法

☑ 相对：在编辑父特征时保持极点相对于父特征的位置。
☑ 静态：在编辑父特征时保持极点的绝对位置。

6. 微定位

指定使用微调选项时动作的精细度。

7.3.2 I 型

I 型是通过控制内部的 UV 参数线来修改面。它可以对 B 曲面和非 B 曲面进行操作；也可以已修剪的面进行操作；可以片体操作，也可对实体操作。执行 I 型命令，主要有以下两种方式。

☑ 菜单：选择"菜单"→"编辑"→"曲面"→"I 型"命令。
☑ 功能区：单击"曲面"选项卡"编辑曲面"组中的"I 型"按钮 。

执行上述方式后，弹出图 7-116 所示的"I 型"对话框，编辑曲面。

"I 型"对话框中的选项说明如下。

1. 选择面

选择单个或多个要编辑的面，或使用面查找器来选择。

2. 等参数曲线

☑ 方向：用于选择要沿其创建等参数曲线的 U 方向 / V 方向。
☑ 位置：用于指定将等参数曲线放置在所选面上的位置方法。

> 均匀：将等参数曲线按相等的距离放置在所选面上。
> 通过点：将等参数曲线放置在所选面上，使其通过每个指定的点。
> 在点之间：在两个指定的点之间按相等的距离放置等参数曲线。

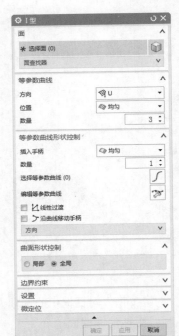

扫码看视频

7.3.2 I 型

图 7-116 "I 型"对话框

☑ 数量：指定要创建的等参数曲线的总数。

3. 等参数曲线形状控制

☑ 插入手柄：通过均匀、通过点和在点之间等方法在曲线上插入控制点。

☑ 线性过渡：选中此复选框，拖动一个控制点时，整条等参数线的区域变形。

☑ 沿曲线移动手柄：选中此复选框，在等参数线上移动控制点。也可以单击鼠标右键来选择此
选项。

4. 曲面形状控制

☑ 局部：拖动控制点，只有控制点周围的局部区域变形。

☑ 全局：拖动一个控制点时，整个曲面跟着变形。

扫码看视频

7.3.3 扩大

Note

7.3.3 扩大

该命令是改变未修剪片体的大小，方法是生成一个新的特征，该特征和原始的、覆盖的未修剪面
相关。

用户可以根据给定的百分率改变扩大特征的每个未修剪边。执行扩大命令，主要有以下两种
方式。

☑ 菜单：选择"菜单"→"编辑"→"曲面"→"扩大"命令。

☑ 功能区：单击"曲面"选项卡"编辑曲面"组中的"扩大"按钮 。

执行上述方式后，弹出如图 7-117 所示的"扩大"对话框，扩大或缩小曲面，如图 7-118 所示。

图 7-117 "扩大"对话框

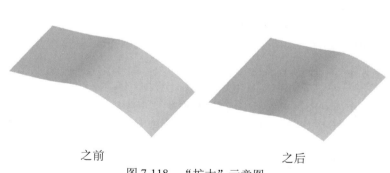

之前 之后

图 7-118 "扩大"示意图

"扩大"对话框中的选项说明如下。

☑ 选择面：选择要修改的面。

☑ 调整大小参数：各选项说明如下。

➢ 全部：让用户把所有的"U / V 最小 / 最大"滑尺作为一个组来控制。当此开关为开时，移
动任一单个的滑尺，所有的滑尺会同时移动并保持它们之间已有的百分率。若关闭"所有

的"开关，使得用户可以对滑尺和各个未修剪的边进行单独控制。

➢ U 向起点百分比 /U 向终点百分比 /V 向起点百分比 /V 向终点百分比：使用滑尺或它们各自的数据输入字段来改变扩大片体的未修剪边的大小。在数据输入字段中输入的值或拖动滑尺达到的值是原始尺寸的百分比。可以在数据输入字段中输入数值或表达式。

➢ 重置调整大小参数：把所有的滑尺重设回它们的初始位置。

☑ 模式：各选项说明如下。

➢ 线性：在一个方向上线性地延伸扩大片体的边。使用线性可以增大扩大特征的大小，但不能减小它。

➢ 自然：沿着边的自然曲线延伸扩大片体的边。如果用"自然的类型"来设置扩大特征的大小，则既可以增大也可以减小它的大小。

7.3.4 更改次数

该选项可以改变体的阶次。但只能增加带有底层多面片曲面的体的阶次。也只能增加所生成的"封闭"体的阶次。执行更改次数命令，主要有以下两种方式。

☑ 菜单：选择"菜单"→"编辑"→"曲面"→"次数"命令。

☑ 功能区：单击"曲面"选项卡"编辑曲面"组中的"更改次数"按钮 x^{z^3}。

执行上述方式后，弹出"更改次数"对话框如图 7-119 所示。

增加体的阶次不会改变它的形状，却能增加其自由度。这可增加对编辑体可用的极点数。

图 7-119　"更改次数"对话框

降低体的阶次会降低试图保持体的全形和特征的阶次。降低阶次的公式（算法）是这样设计的，如果增加阶次随后又降低，那么所生成的体将与开始时的一样。这样做的结果是，降低阶次有时会导致体的形状发生剧烈改变。如果对这种改变不满意，可以放弃并恢复到以前的体。何时发生这种改变是可以预知的，因此完全可以避免。

通常，除非原先体的控制多边形与更低阶次体的控制多边形类似，因为低阶次体的拐点（曲率的反向）少，否则都要发生剧烈改变。

7.3.5 更改刚度

更改刚度命令是改变曲面 U 和 V 方向参数线的阶次，曲面的形状有所变化。执行更改刚度命令，主要有以下两种方式。

☑ 菜单：选择"菜单"→"编辑"→"曲面"→"刚度"命令。

☑ 功能区：单击"曲面"选项卡"编辑曲面"组中的"更改刚度"按钮 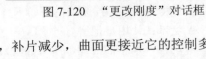。

执行上述方式后，弹出如图 7-120 所示的"更改刚度"对话框。

图 7-120　"更改刚度"对话框

使用改变硬度功能，增加曲面阶次，曲面的极点不变，补片减少，曲面更接近它的控制多边形，反之则相反。封闭曲面不能改变硬度。

7.3.6　法向反向

法向反向命令是用于创建曲面的反法向特征。执行法向反向命令，主要有以下两种方式。

- ☑ 菜单：选择"菜单"→"编辑"→"曲面"→"法向反向"命令。
- ☑ 功能区：单击"曲面"选项卡"编辑曲面"组中的"更多"库下的"法向反向"按钮 🕮 。

执行上述方式后，弹出如图 7-121 所示的"法向反向"对话框。

使用法向反向功能，创建曲面的反法向特征。改变曲面的法线方向。改变法线方向，可以解决因表面法线方向不一致造成的表面着色问题和使用曲面修剪操作时因表面法线方向不一致而引起的更新故障。

图 7-121　"法向反向"对话框

7.3.7　光顺极点

通过计算选定极点相对于周围曲面的合适分布来修改极点分布。执行光顺极点命令，主要有以下两种方式。

- ☑ 菜单：选择"菜单"→"编辑"→"曲面"→"光顺极点"命令。
- ☑ 功能区：单击"曲面"选项卡"编辑曲面"组中的"更多"库下的"光顺极点"按钮 ◈ 。

执行上述方式后，弹出如图 7-122 所示的"光顺极点"对话框。

"光顺极点"对话框中的一些选项说明如下。

- ☑ 要光顺的面：选择面来光顺极点。
- ☑ 仅移动选定的：显示并指定用于曲面光顺的极点。
- ☑ 指定方向：指定极点移动方向。
- ☑ 边界约束：各选项说明如下。
  - ➢ 全部应用：将指定边界约束分配给要修改的曲面的所有四条边界边。
  - ➢ 最小-U / 最大-U / 最小-V / 最大-V：对要修改的曲面的四条边界边指定 U 向和 V 向上的边界约束。
- ☑ 光顺因子：拖动滑块来指定连续光顺步骤的数目。
- ☑ 修改百分比：拖动滑块控制应用于曲面或选定极点的光顺百分比。

图 7-122　"光顺极点"对话框

7.4　上　机　操　作

通过前面的学习，相信读者对本章知识已经有了一个大体的了解，本节将通过两个操作练习帮助读者巩固本章所学的知识要点。

1. 绘制如图 7-123 所示的牙膏壳

操作提示：

（1）利用"直线"命令，以坐标点（0,0,0）和（20,0,0）绘制直线。

（2）利用"基本曲线"命令，以坐标（10,0,90）为圆心，绘制半径为 10 的圆。

（3）利用"直线"命令，分别以直线的两端点和象限点绘制直线，如图 7-124 所示。

图 7-123　牙膏壳

（4）利用"圆锥"命令，在坐标点（10,0,90）处创建底部直径、顶部直径和高度分别为 20、12 和 3 的圆锥体。

（5）利用"拉伸"命令，将圆锥体的上端线进行拉伸处理，拉伸距离为 1。

（6）利用"凸台"命令，在拉伸体上表面中心创建直径和高度分别为 10 和 12 的凸台，结果如图 7-125 所示。

（7）利用"抽壳"命令，选择圆锥体的大端面为移除面，设置抽壳厚度为 0.2。

（8）利用"孔"命令，捕捉凸台上端面圆心为孔放置位置，设置直径为 6、深度 20，创建孔。

（9）利用"通过曲线网格"命令，选择线段 1 和圆 4 为主曲线，选择线段 2 和线段 3 为交叉曲线创建曲面。

（10）利用"变换"命令，选择 XC-ZC 平面为镜像平面，选择上步创建的曲面为镜像曲面，结果如图 7-126 所示。

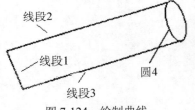

图 7-124　绘制曲线

图 7-125　创建凸台

图 7-126　创建曲面

2. 绘制如图 7-127 所示的油烟机壳体

操作提示：

（1）利用"草图"命令在 XC-YC 平面上绘制草图，如图 7-128 所示。

（2）利用"草图"命令在距离 XC-YC 平面 200 的平面上绘制草图，如图 7-129 所示。

图 7-127　油烟机壳体

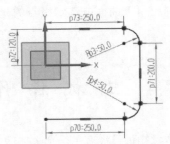

图 7-128　绘制草图 1

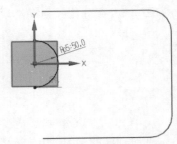

图 7-129　绘制草图 2

（3）利用"草图"命令在 YC-ZC 平面上绘制草图，如图 7-130 所示。

（4）利用"草图"命令在 YC-ZC 平面上绘制草图，如图 7-131 所示。

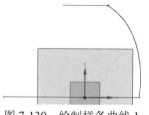

图 7-130　绘制样条曲线 1

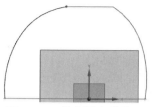

图 7-131　绘制样条曲线 2

Note

（5）利用"草图"命令在 XC-ZC 平面上绘制草图，如图 7-132 所示。

（6）利用"扫掠"命令，创建一侧曲面，如图 7-133 所示。

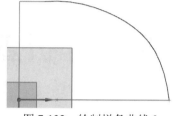

图 7-132　绘制样条曲线 3

图 7-133　创建曲面

（7）利用"基准轴"命令，以图 7-133 中的两点为基准创建基准轴。

（8）利用"基准平面"命令，选择 YC-ZC 平面为平面参考，选择上步创建的基准轴为通过轴，创建角度为-60 的基准平面。

（9）利用"草图"命令，在上步创建的基准平面上绘制草图，如图 7-134 所示。

（10）利用"拉伸"命令，将上步绘制的草图进行拉伸，拉伸距离为300，选择布尔求差。

（11）利用"延伸"命令，选择曲面，输入长度为30，如图 7-135 所示。

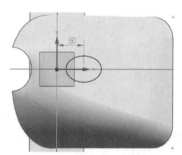

图 7-134　绘制草图

图 7-135　延伸曲面

（12）利用"镜像几何体"命令，将图 7-135 所示的曲面沿 YC-ZC 平面进行镜像，如图 7-136 所示。

（13）利用"缝合"命令，将原图形和镜像后的图形缝合。

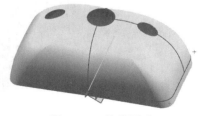

图 7-136　镜像图形

第 **8** 章

测量分析查询

导读

在 UG 建模过程中，点、线的质量直接影响了构建实体的质量，从而影响产品的质量。所以在建模结束后，需要分析实体的质量来确定曲线是否符合设计要求，这样才能保证生产出合格的产品。本章将简要讲述如何对特征点和曲线的分布进行查询和分析。

精彩内容

- ☑ 测量
- ☑ 几何对象检查
- ☑ 曲面分析

- ☑ 偏差
- ☑ 曲线分析
- ☑ 信息查询

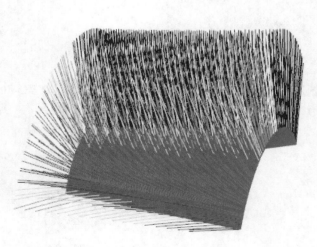

-1446.1
-656.81
-424.90
-314.02
-249.04
-206.33
-176.13
-153.65

8.1　测　　量

在使用 UG 设计分析过程中，需要经常性地获取当前对象的几何信息。该功能可以对距离、角度、偏差、弧长等多种情况进行分析，详细指导用户设计工作。

8.1.1　距离

可以计算两个对象之间的距离、曲线长度或圆弧、圆周边或圆柱面的半径。用户可以选择的对象有点、线、面、体、边等，需要注意的是，如果在曲线获取曲面上有多个点与另一个对象存在最短距离，那应该制定一个起始点加以区分。

执行测量距离命令，主要有以下两种方式。

☑ 菜单：选择"菜单"→"分析"→"测量距离"命令。

☑ 功能区：单击"分析"选项卡"测量"组中的"测量距离"按钮 ⟷。

执行上述方式后，弹出如图 8-1 所示"测量距离"对话框。选择要测量距离的两个点，显示测量距离。选中"显示信息窗口"复选框，弹出如图 8-2 所示的"信息"对话框，将会显示的信息包括：两个对象间的三维距离和两对象上相近点的绝对坐标和相对坐标，以及在绝对坐标和相对坐标中两点之间的轴向坐标增量。

图 8-1　"测量距离"对话框

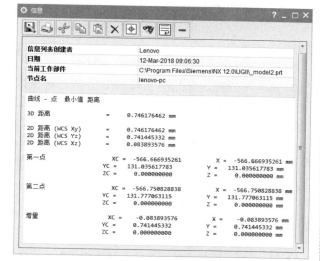

图 8-2　距离"信息"对话框

"测量距离"对话框中的选项说明如下。

1. 类型

☑ ⟷ 距离：测量两个对象或点之间的距离。

☑ 对象集之间：测量两个对象集之间的距离。

☑ 投影距离：测量两个对象之间的投影距离。

☑ 对象集之间的投影距离：测量两个对象集之间的投影距离。

☑ 屏幕距离：测量屏幕上对象的距离。

☑)长度：测量选定曲线的真实长度。

☑ 半径：测量指定曲线的半径。

☑ 直径：测量指定曲线的直径。

☑ 点在曲线上：测量一组相连曲线上的两点间的最短距离。

2. 距离

☑ 目标点：计算选定起点和终点之间沿指定的矢量方向的距离。

☑ 最小值：计算选定对象之间沿指定的矢量方向的最小距离。

☑ 最小值（局部）：计算两个指定对象或屏幕上的对象之间的最小距离。

☑ 最大值：计算选定对象之间沿指定的矢量方向的最大距离。

3. 结果显示

☑ 显示信息窗口：选中此复选框，在打开的信息窗口中显示测量结果。

☑ 显示尺寸：关闭该对话框后将在图形窗口中显示距离测量。

☑ 创建输出几何体：创建关联几何体作为距离测量特征的输出。

8.1.2　角度

用户使用该命令可以计算两个几何对象之间如曲线之间、两平面间、直线和平面间的角度。包括两个选择对象的相应矢量在工作平面上的投影矢量间的夹角和在三维空间中两个矢量的实际角度。执行测量角度命令，主要有以下两种方式。

☑ 菜单：选择"菜单"→"分析"→"测量角度"命令。

☑ 功能区：单击"分析"选项卡"测量"组中的"测量角度"
　　按钮。

执行上述方式后，弹出"测量角度"对话框，如图 8-3 所示。

当两个选择对象均为曲线时，若两者相交，则系统会确定两者的交点并计算在交点处两曲线的切向矢量的夹角；否则，系统会确定两者相距最近的点，并计算这两点在各自所处曲线上的切向矢量间的夹角。切向矢量的方向取决于曲线的选择点与两曲线相距最近点的相对方位，其方向为由曲线相距最近点指向选择点的一方。

当选择对象均为平面时，计算结果是两平面的法向矢量间的最小夹角。

"测量角度"对话框中的选项说明如下。

☑ 类型：用于选择测量方法，包括按对象、按 3 点和按屏幕点。

☑ 参考类型：用于设置选择对象的方法，包括对象、特征和矢量。

☑ 测量：各选项说明如下。

➢ 评估平面：用于选择测量角度，包括 3D 角度、WCS X-Y 平面中的角度、真实角度。

➢ 方向：用于选择测量类型，有外角和内角两种类型。

图 8-3　"测量角度"对话框

8.1.3 长度

该命令用于测量曲线或直线的圆弧长。执行测量长度命令，主要有以下两种方式。

☑ 菜单：选择"菜单"→"分析"→"测量长度"命令。

☑ 功能区：单击"分析"选项卡"测量"组中的"测量长度"按钮)}。

执行上述方式后，弹出如图 8-4 所示的"测量长度"对话框。以任意顺序选择直线、圆弧、二次曲线或样条。选择对话框上的任何其他选项。单击"确定"按钮，测量长度。

"测量长度"对话框中的选项说明如下。

1. 选择曲线

用于选择要测量的曲线。

2. 关联测量和检查

☑ 关联：启用测量的关联需求。

☑ 需求：各选项说明如下。

➢ 无：无需求检查与测量相关联。

➢ 新的：启用指定需求选项。

➢ 现有的：启用选择需求选项。

图 8-4 "测量长度"对话框

8.1.4 面

用于计算体的面积和周长值，可以用不同的分析单元执行计算。当保存面测量时，系统将创建多个有关面积和周长的表达式。面测量的显示有一个选项菜单以显示面积或周长。执行测量面命令，主要有以下两种方式。

☑ 菜单：选择"菜单"→"分析"→"测量面"命令。

☑ 功能区：单击"分析"选项卡"测量"组中的"测量面"按钮 。

执行上述方式后，弹出如图 8-5 所示的"测量面"对话框。在部件中的任何体上选择一个或多个面。选择对话框上的任何其他选项。单击"确定"按钮，测量面。

图 8-5 "测量面"对话框

8.1.5 体

计算选定体的面积、质量、表面积、回转中心和重量。执行测量体命令，主要有以下两种方式。

☑ 菜单：选择"菜单"→"分析"→"测量体"命令。

☑ 功能区：单击"分析"选项卡"测量"组中的"测量体"按钮 。

执行上述方式后，弹出如图 8-6 所示的"测量体"对话框。以任意顺序选择体。选择对话框上的任何其他选项。单击"确定"按钮，测量体。

图 8-6　"测量体"对话框

8.2　偏　　差

8.2.1　偏差检查

　　该命令可以根据过某点斜率连续的原则，即将第一条曲线、边缘或表面上的检查点与第二条曲线上的对应点进行比较，检查选择对象是否相接、相切以及边界是否对齐等，并得到所选对象的距离偏移值和角度偏移值。执行偏差检查命令，方式如下。

　　☑　菜单：选择"菜单"→"分析"→"偏差"→"检查"命令。

　　执行上述方式后，弹出如图 8-7 所示的"偏差检查"对话框。选择一种检查对象类型后，选取要检查的两个对象，在对话框中设置用户所需的数值。单击"检查"按钮，打开的"信息"窗口，包括分析点的个数、对象间的最小距离、最大距离以及各分析点的对应数据等信息。

图 8-7　"偏差检查"对话框

　　"偏差检查"对话框中的选项说明如下。

　　☑　曲线到曲线：用于测量两条曲线之间的距离偏差以及曲线上一系列检查点的切向角度偏差。

　　☑　线-面：系统依据过点斜率的连续性，检查曲线是否真位于表面上。

　　☑　边-面：用于检查一个面上的边和另一个面之间的偏差。

　　☑　面-面：系统依据过某点法相对齐原则，检查两个面的偏差。

　　☑　边-边：用于检查两条实体边或片体边的偏差。

8.2.2　相邻边偏差

　　该命令用于检查多个面的公共边的偏差。执行相邻边偏差分析命令，方式如下。

☑ 菜单：选择"菜单"→"分析"→"偏差"→"相邻边"命令。

执行上述方式后，弹出如图 8-8 所示的"相邻边"对话框。在该对话框中"检查点"有"等参数"和"弦差"两种检查方式。在图形工作区选择具有公共边的多个面后，单击"确定"按钮。打开如图 8-9 所示的"报告"对话框，在该对话框中可选择在信息窗口中要指定列出的信息。

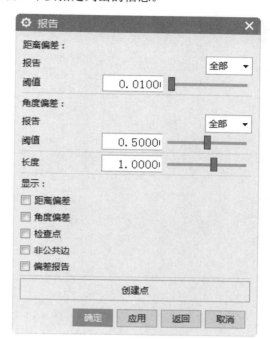

图 8-8　"相邻边"对话框

图 8-9　"报告"对话框

8.2.3　偏差度量

该命令用于在第一组几何对象（曲线或曲面）和第二组几何对象（可以是曲线、曲面、点、平面、定义点等对象）之间度量偏差。执行偏差度量命令，主要有以下两种方式。

☑ 菜单：选择"菜单"→"分析"→"偏差"→"度量"命令。

☑ 功能区：单击"逆向工程"选项卡"分析"组中的"偏差度量"按钮 ✎。

执行上述方式后，弹出如图 8-10 所示的"偏差度量"对话框。

"偏差度量"对话框中的选项说明如下。

☑ 测量定义：在该选项下拉列表框中选择用户所需的测量方法。

☑ 最大检查距离：用于设置最大检查的距离。

☑ 标记：用于设置输出针叶的数目，可直接输入数值。

☑ 标签：用于设置输出标签的类型，是否插入中间物，若插入中间物，要在"偏差矢量间隔"设置间隔几个针叶插入中间物。

☑ 彩色图：用于设置偏差矢量起始处的图形样式。

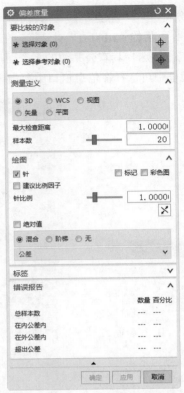

图 8-10 "偏差度量"对话框

8.3 几何对象检查

该功能可以用于计算分析各种类型的几何体对象，找出错误的或无效的几何体，也可以分析面和边等几何对象，找出其中无用的几何对象和错误的数据结构。执行几何对象检查命令，方式如下。

☑ 菜单：选择"菜单"→"分析"→"检查几何体"命令。

执行上述方式后，弹出如图 8-11 所示"检查几何体"对话框。

"检查几何体"对话框一些选项说明如下。

☑ 对象检查/检查后状态：该选项组用于设置对象的检查功能，其中包括"微小的"和"未对齐的"两个选项。

➢ 微小：用于在所选几何对象中查找所有微小的实体、面、曲线和边。

➢ 未对齐：用于检查所有几何对象和坐标轴的对齐情况。

☑ 体检查/检查后状态：该选项用于设置实体的检查功能，包括以下 4 个选项。

➢ 数据结构：用于检查每个选择实体中的数据结构有无问题。

➢ 一致性：用于检查每个所选实体的内部是否有冲突。

➢ 面相交：用于检查每个所选实体的表面是否相互交叉。

➢ 片体边界：用于查找所选片体的所有边界。

☑ 面检查/检查后状态：该选项组用于设置表面的检查功能，包括以下 3 个选项。

➢ 光顺性：用于检查 B-表面的平滑过渡情况。

> ➢ 自相交：用于检查所有表面是否有自相交情况。
> ➢ 锐刺 / 切口：用于检查表面是否有被分割情况。

☑ 边检查/检查后状态：该选项组用于设置边缘的检查功能，包括以下两个选项。

> ➢ 光顺性：用于检查所有与表面连接但不光滑的边。
> ➢ 公差：用于在所选择的边组中查找超出距离误差的边。

☑ 检查准则：该选项组用于设置临界公差值的大小，包括"距离"和"角度"两个选项，分别用来设置距离和角度的最大公差值大小。依据几何对象的类型和要检查的项目，在对话框中选择相应的选项并确定所选择的对象后，在信息窗口中会列出相应的检查结果，并弹出高亮显示对象对话框。根据用户需要，在对话框中选择了需要高亮显示的对象之后，即可以在绘图工作区中看到存在问题的几何对象。

图 8-11　"检查几何体"对话框

　　运用检查几何对象功能只能找出存在问题的几何对象，而不能自动纠正这些问题，但可以通过高亮显示找到有问题的几何对象，利用相关命令对该模型做修改，否则会影响到后续操作。

8.4　曲　线　分　析

执行曲线分析命令，主要有以下两种方式。

☑ 菜单：选择"菜单"→"分析"→"曲线"→"曲线分析"命令。

☑ 功能区：单击"分析"选项卡"曲线形状"组中的"曲线分析"按钮 。

执行上述方式后，弹出如图 8-12 所示的"曲线分析"对话框。"曲线分析"对话框中的选项说明如下。

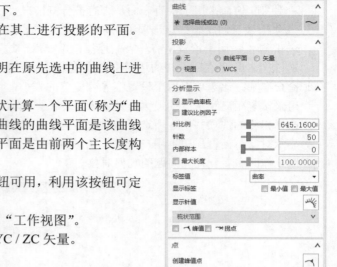

图 8-12 "曲线分析"对话框

☑ 投影：该选项允许指定分析曲线在其上进行投影的平面。可以选择下面某个选项。

➢ 无：指定不使用投射平面，表明在原先选中的曲线上进行曲率分析。

➢ 曲线平面：根据选中曲线的形状计算一个平面（称为"曲线的平面"）。例如，一个平面曲线的曲线平面是该曲线所在的平面。3D 曲线的曲线平面是由前两个主长度构成的平面。这是默认设置。

➢ 矢量：能够使"矢量"选项按钮可用，利用该按钮可定义曲线投影的具体方向。

➢ 视图：指定投射平面为当前的"工作视图"。

➢ WCS：指定投影方向为 XC / YC / ZC 矢量。

☑ 分析显示：各选项说明如下。

➢ 显示曲率梳：选中此复选框，显示已选中曲线、样条或边的曲率梳。

➢ 建议比例因子：该复选框可将比例因子自动设置为最合适的大小。

➢ 针比例：该选项允许通过拖动比例滑尺控制梳状线的长度或比例。比例的数值表示梳状线上齿的长度（该值与曲率值的乘积为梳状线的长度）。

➢ 针数：该选项允许控制梳状线中显示的总齿数。齿数对应于需要在曲线上采样的检查点的数量（在 U 起点和 U 最大值指定的范围内）。此数字不能小于 2。默认值为 50。

➢ 最大长度：该复选框允许指定梳状线元素的最大允许长度。如果为梳状线绘制的线比此处指定的临界值大，则将其修剪至最大允许长度。在线的末端绘制星号（*）表明这些线已被修剪。

☑ 点：各选项说明如下。

➢ 创建峰值点：该选项用于显示选中曲线、样条或边的峰值点，即局部曲率半径（或曲率的绝对值）达到局部最大值的地方。

➢ 创建拐点：该选项用于显示选中曲线、样条或边上的拐点，即曲率矢量从曲线一侧翻转到另一侧的地方，清楚地表示出曲率符号发生改变的任何点。

8.5 曲面分析

UG 提供了 4 种平面分析方式：半径、反射、斜率和距离，下面就主要菜单命令做介绍。

8.5.1 面分析半径

该命令用于分析曲面的曲率半径变化情况，并且可以用各种方法显示和生成。执行面半径分析命令，方式如下。

☑ 菜单：选择"菜单"→"分析"→"形状"→"半径"命令。

执行上述方式后，弹出如图 8-13 所示的"半径分析"对话框。

"半径分析"对话框中的选项说明如下。

☑ 类型：用于指定欲分析的曲率半径类型，"高斯"的下拉列表框中包括 8 种半径类型。

☑ 分析显示：用于指定分析结果的显示类型，"云图"的下拉列表框中包括 3 种显示类型。图形
　区的右边将显示一个"色谱表"，分析结果与"色谱表"比较就可以由"色谱表"上的半径数
　值了解表面的曲率半径，如图 8-14 所示。

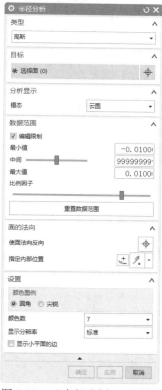

图 8-13　"半径分析"对话框

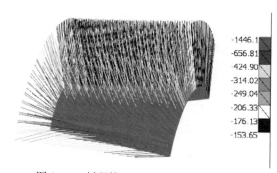

图 8-14　刺猬梳显示分析结果及色谱表

☑ 编辑限制：选中该复选框，可以输入最大值、最小值来扩大或缩小"色谱表"的量程；也可
　以通过拖动滑动按钮来改变中间值使量程上移或下移。不选中该复选框，"色谱表"的量程恢
　复默认值，此时只能通过拖动滑动按钮来改变中间值使量程上移或下移，最大最小值不能通
　过输入改变。需要注意的是，因为"色谱表"的量程可以改变，所以一种颜色并不固定地表
　达一种半径值，但是"色谱表"的数值始终反映的是表面上对应颜色区的实际曲率半径值。

☑ 比例因子：拖动滑动按钮通过改变比例因子扩大或所选"色谱表"的量程。

☑ 重置数据范围：恢复"色谱表"的默认量程。

☑ 锐刺长度：用于设置刺猬式针的长度。

☑ 显示分辨率：用于指定分析公差。其公差越小，分析精度越高，分析速度也越慢。"标准"的
　下拉列表框包括 7 种公差类型。

☑ 显示小平面的边：选中此复选框，显示由曲率分辨率决定的小平面的边。显示曲率分辨率越
　高小平面越小。取消选中此复选框，小平面的边消失。

☑ 面的法向：通过两种方法之一来改变被分析表面的法线方向。指定内部位置是通过在表面的一侧指定一个点来指示表面的内侧，从而决定法线方向；使面法向反向是通过选取表面，使被分析表面的法线方向反转。

☑ 颜色图例："圆角"表示表面的色谱逐渐过渡；"尖锐"表示表面的色谱无过渡色。

8.5.2 面分析反射

该命令分析曲面的连续性。这是在飞机、汽车设计中最常用的曲面分析命令，它可以很好地表现一些严格曲面的表面质量。执行反射分析命令，主要有以下两种方式。

☑ 菜单：选择"菜单"→"分析"→"形状"→"反射"命令。

☑ 功能区：单击"分析"选项卡"面形状"组中的"反射"按钮 。

执行上述方式后，弹出如图 8-15 所示的"反射分析"对话框。"反射分析"对话框中的选项说明如下。

☑ 类型：该选项用于选择使用哪种方式的图像来表现图片的质量。可以选择软件推荐的图片，也可以使用自己的图片。UG 将使用这些图片体和在目标表面上，对曲面进行分析。

图 8-15 "反射分析"对话框

☑ 图像：对应每一种类型，可以选用不同的图片。最常使用的是第二种斑马纹分析。可以详细设置其中的条纹数目等。

　➢ 线的数量：通过下拉列表框指定黑色条纹或彩色条纹的数量。

　➢ 线的方向：通过下拉列表框指定条纹的方向。

　➢ 线的宽度：通过下拉列表框指定黑色条纹的粗细。

☑ 面反射率：该选项用于调整面的反光效果，以便更好观察。

☑ 图像方位：通过滑块，可以移动图片在曲面上的反光位置。

☑ 图像大小：该选项用于指定用来反射的图片的大小。

☑ 显示分辨率：该选项用于指定分辨率的大小。

☑ 面的法向：通过两种方法之一来改变被分析表面的法线方向。指定内部位置是通过在表面的一侧指定一个点来指示表面的内侧，从而决定法线方向；使面法向反向是通过选取表面，使被分析表面的法线方向反转。

通过使用反射分析这种方法可以分析曲面的 C0、C1、C2 连续性。

8.5.3 面分析斜率

该命令可以用来分析曲面的斜率变化。在模具设计中，正的斜率代表可以直接拔模的地方，因此这是模具设计最常用的分析功能。执行斜率命令，方式如下。

☑ 菜单：选择"菜单"→"分析"→"形状"→"斜率"命令。

执行上述方式后，弹出如图 8-16 所示"斜率分析"对话框。可以用来分析曲面的斜率变化。该对话框中的选项功能与前述对话框选项用法差异不大，在这里就不再详细介绍。

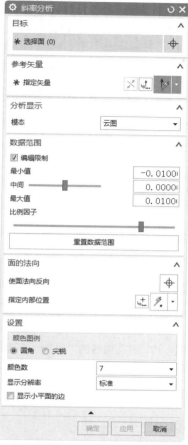

图 8-16 "斜率分析"对话框

8.6 信 息 查 询

在设计过程中或对已完成的设计模型，经常需要从文件中提取其各种几何对象和特征的信息，UG 针对操作的不同需求，提供了大量的信息命令，用户可以通过这些命令来详细地查找需要的几何、物理和数学信息。

8.6.1 对象信息

执行对象信息命令，方式如下。

☑ 菜单：选择"菜单"→"信息"→"对象"命令。

执行上述方式后，弹出"类选择"对话框，选择要查询的对象后，单击"确定"按钮，弹出"信息"对话框，系统会列出其所有相关的信息，一般的对象都具有一些共同的信息，如创建时间、作者、当前部件名、图层、线宽、单位信息等。

☑ 点：当获取点时，系统除了列出一些共同信息之外，还会列出点的坐标值。

☑ 直线：当获取直线时，系统除了列出一些共同信息之外，还会列出直线的长度、角度、起点

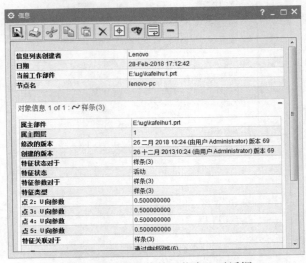

坐标、终点坐标等信息。

☑ 样条曲线：当获取样条曲线时，系统除列出一些共同信息之外，还会列出样条曲线的闭合状态、阶数、控制点数目、段数、有理状态、定义数据、近似 Rho 等信息。如图 8-17 所示，获取信息完成后，对工作区的图像可按 F5 键或"刷新"命令来刷新屏幕。

图 8-17　样条曲线的"信息"对话框

8.6.2　点信息

执行点信息命令，方式如下。

☑ 菜单：选择"菜单"→"信息"→"点"命令。

执行上述方式后，弹出"点"对话框。选择查询点后，弹出"信息"对话框。

可以查询指定点的信息，在信息栏中会列出该点的坐标值及单位，其中的坐标值包括"绝对坐标值"和"WCS 坐标值"，如图 8-18 所示。

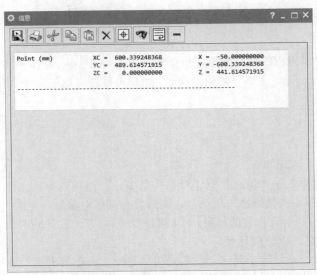

图 8-18　"点信息"对话框

8.6.3　样条分析

执行样条分析命令，方式如下。

☑ 菜单：选择"菜单"→"信息"→"样条"命令。

执行上述方式后，弹出如图 8-19 所示的"样条分析"对话框。设置需要显示的信息，对话框上部包括显示结点、显示极点、显示定义点 3 个复选框，选取选项后，相应的信息就会显示出来。

"样条分析"对话框中的一些选项说明如下。

☑ 无：表示窗口不输出任何信息。

☑ 简短：表示向窗口中输出样条曲线的次数、极点数目、阶数目、有理状态、定义数据、比例约束、近似 rho 等简短信息。

图 8-19　"样条分析"对话框

☑ 完整：表示向窗口中输出样条曲线的除简短信息外还包括每个节点的坐标及其连续性（即 G0、G1、G2），每个极点的坐标及其权重，每个定义点的坐标、最小二乘权重等全部信息。

8.6.4　B-曲面分析

以查询 B-曲面的有关信息，包括列出曲面的 U、V 方向的阶数，U、V 方向的补片数、法面数、连续性等信息。执行 B 曲面分析命令，方式如下。

图 8-20　"B 曲面分析"对话框

☑ 菜单：选择"菜单"→"信息"→"B 曲面"命令。

执行上述方式后，弹出如图 8-20 所示"B 曲面分析"对话框。"B 曲面分析"对话框中的选项说明如下。

☑ 显示补片边界：用于控制是否显示 B-曲面的面片信息。

☑ 显示极点：用于控制是否显示 B-曲面的极点信息。

☑ 输出至列表窗口：控制是否输出信息到窗口显示。

8.6.5　表达式信息

选择"菜单"→"信息"→"表达式"子菜单命令，如图 8-21 所示。

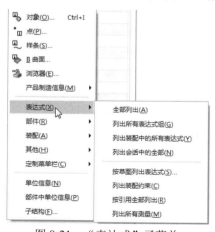

图 8-21　"表达式"子菜单

（1）全部列出：表示在信息窗口中列出当前工作部件中的所有表达式信息。

（2）列出装配中的所有表达式：表示在信息窗口中列出当前显示装配件部件的每一组件中的表达式信息

（3）列出会话中的全部：表示在信息窗口中列出当前操作中的每一部件的表达式信息。

（4）按草图列出表达式：表示在信息窗口中列出选择草图中的所有表达式信息。

（5）列出装配约束：表示如果当前部件为装配件，则在信息窗口中列出其匹配的约束条件信息。

（6）按引用全部列出：表示在信息窗口中列出当前工作部件中包括特征、草图、匹配约束条件、用户定义的表达式信息等。

（7）列出所有测量：表示在信息窗口中列出工作部件中所有几何表达式及相关信息，如特征名和表达式引用情况等。

8.6.6　其他信息

选择"菜单"→"信息"→"其他"子菜单命令，如图 8-22 所示。

（1）图层：在信息窗口中列出当前每一个图层的状态。

（2）电子表格：在信息窗口中列出相关电子表格信息。

（3）视图：在信息窗口中列出一个或多个工程图或模型视图的信息。

（4）布局：在信息窗口中列出当前文件中视图布局数据信息。

（5）图纸：在信息窗口中列出当前文件中工程图的相关信息。

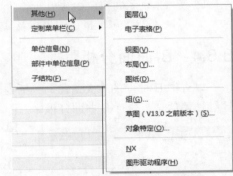

图 8-22　"其他"子菜单

（6）组：在信息窗口中列出当前文件中群组的相关信息。

（7）草图（V13.0 版本之前）：在信息窗口中列出 13.0 版本之前所做的草图几何约束和相关约束是否通过检测的信息。

（8）对象特定：在信息窗口中列出当前文件中特定对象的信息。

（9）NX：在信息窗口中列出当前文件中显示用户当前所用的 Parasolid 版本、计划文件目录、其他文件目录和日志信息。

（10）图形驱动程序：在信息窗口中列出显示有关图形驱动的特定信息。

8.7　上机操作

通过前面的学习，相信读者对本章知识已有了一个大体的了解，本节将通过两个操作练习帮助读者巩固本章所学的知识要点。

1. 分析曲面的斜率分布

打开随书附赠资源：yuanwenjian\8\exercise\1.prt，如图 8-23 所示。分析该曲面的斜率分布。

操作提示：

通过 UG 中的"分析"菜单，可以对几何对象进行距离分析、角度分析、偏差分析、质量属性分析、强度分析等。

　　这些菜单命令除了常规的几何参数分析之外，还可以对曲线和曲面做光顺性分析，对几何对象做误差和拓扑分析，几何特性分析、计算装配的质量、计算质量特性、对装配做干涉分析等，还可以将结果输成各种数据格式。

2. 测量模型的体积、面积

　　打开随书附赠资源：yuanwenjian\8\exercise\2. prt，如图 8-24 所示。测量模型的体积、面积。

图 8-23　曲面

图 8-24　模型

操作提示：

（1）利用"测量体"命令，测量模型的体积。

（2）利用"测量面"命令，测量表面的面积。

第9章

钣金设计

导读

UG NX 12.0 中文版设置了钣金设计模块，专用于钣金的设计工作。将 UG 软件应用到钣金零件的设计制造中，则可以使钣金零件的设计非常快捷，制造装配效率得以显著提高。

精彩内容

☑ 进入钣金环境　　　　　　　　☑ 钣金首选项

☑ 钣金基本特征　　　　　　　　☑ 高级钣金特征

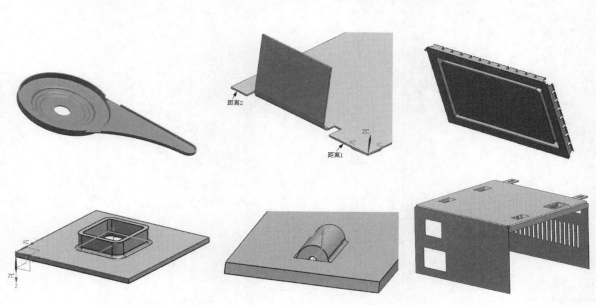

扫码看视频

9.1 进入钣金
环境

9.1 进入钣金环境

（1）启动 UG NX 12.0 后，选择"菜单"→"文件"→"新建"命令或者单击"快速访问"工具栏中的"新建"按钮 🗋，弹出"新建"对话框，如图 9-1 所示。

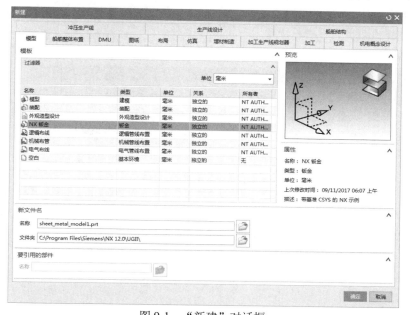

图 9-1 "新建"对话框

（2）在"模板"选项组中选择"NX 钣金"，输入文件名称和文件路径，单击"确定"按钮，进入 UG NX 钣金环境，如图 9-2 所示。它提供了 UG 专门面向钣金件的直接的钣金设计环境。

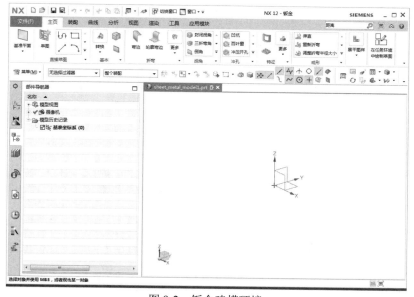

图 9-2 钣金建模环境

Note

（3）或者在其他环境中，单击"应用模块"选项卡"设计"组中的"钣金"按钮 ，进入钣金设计环境。

9.2　钣金首选项

扫码看视频

9.2　钣金首选项

钣金应用提供了材料厚度、折弯半径和折弯缺口等默认属性设置。也可以根据需要更改这些设置。执行钣金首选项命令，方式如下。

☑ 菜单：选择"菜单"→"首选项"→"钣金"命令。

执行上述方式后，弹出如图9-3所示的"钣金首选项"对话框。

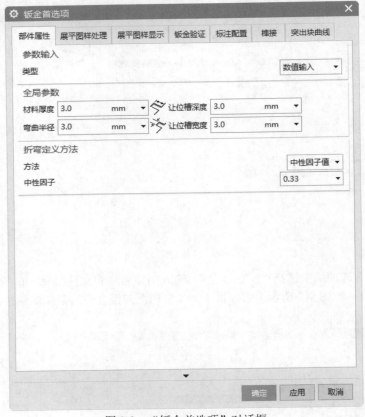

图9-3　"钣金首选项"对话框

"钣金首选项"对话框中的选项说明如下。

☑ 部件属性：各选项说明如下。

➢ 材料厚度：钣金零件默认厚度，可以在如图9-3所示的"钣金首选项"对话框中设置材料厚度。

➢ 弯曲半径：折弯默认半径（基于折弯时发生断裂的最小极限来定义），在如图9-3所示的"钣金首选项"对话框中可以根据所选材料的类型来更改折弯半径设置。

➢ 让位槽深度和宽度：从折弯边开始计算折弯缺口延伸的距离称为折弯深度（D），跨度称为宽度（W）。可以在如图9-3所示的"钣金首选项"对话框中设置让位槽宽度和深度，其含义如图9-4所示。

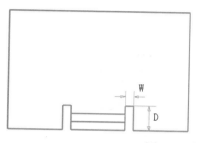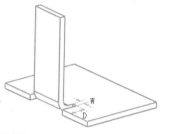

图 9-4　让位槽参数含义示意图

➢ 中性因子值：选择该选项，采用中性因子定义折弯方法，由折弯材料的机械特性决定，用材料厚度的百分比来表示，从内侧折弯半径来测量，默认为 0.33，有效范围为 0～1。

➢ 折弯表：选择该选项，在创建钣金折弯时使用折弯表来定义折弯参数。

➢ 公式：选择该选项，使用半径公式来确定折弯参数。

☑ 展平图样处理：各选项说明如下。

单击"展平图样处理"选项卡，可以设置平面展开图处理参数，如图 9-5 所示。

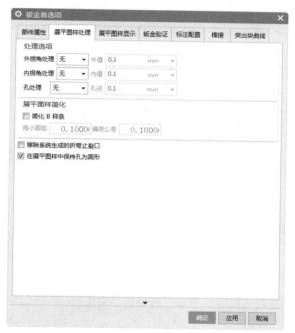

图 9-5　"展平图样处理"选项卡

➢ 处理选项：对于平面展开图处理的对内拐角和外拐角进行倒角和倒圆。在后面的输入框中倒角的边长或倒圆半径。

➢ 展平图样简化：对圆柱表面或者折弯线上具有裁剪特征的钣金零件进行平面展开时，生成 B 样条曲线，该选项可以将 B 样条曲线转化为简单直线和圆弧。用户可以在如图 9-5 所示对话框中定义最小圆弧和偏差的公差值。

➢ 移除系统生成的折弯止裂口：当创建没有止裂口的封闭拐角时，系统在 3-D 模型上生成一个非常小的折弯止裂口。在如图 9-5 所示的对话框中设置在定义平面展开图实体时，是否移除系统生成的折弯止裂口。

☑ 展平图样显示

单击"展平图样显示"选项卡，可以设置平面展开图显示参数，如图 9-6 所示。包括各种曲线的显示颜色、线性、线宽和标注。

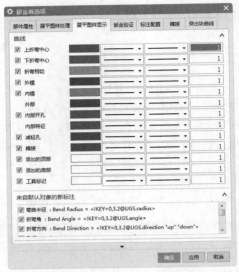

图 9-6 "展平图样显示"选项卡

9.3 钣金基本特征

9.3.1 突出块特征

突出块命令可以使用封闭轮廓创建任意形状的扁平特征。

突出块是在钣金零件上创建平板特征，可以使用该命令来创建基本特征或者在已有钣金零件的表面添加材料。执行突出块命令，主要有以下两种方式。

☑ 菜单：选择"菜单"→"插入"→"突出块"命令。

☑ 功能区：单击"主页"选项卡"基本"组中的"突出块"按钮 。

执行上述方式后，弹出如图 9-7 所示的"突出块"对话框，创建突出块。

"突出块"对话框中的选项说明如下。

☑ 类型-底数：创建一个基本平面特征。

☑ 表区域驱动：各选项说明如下。

  ➢ 曲线 ：用来指定使用已有的草图来创建平板特征。

  ➢ 绘制截面 ：可以在参考平面上绘制草图来创建平板特征。

☑ 厚度：输入突出块的厚度。单击"反向"按钮 ，调整厚度方向。

图 9-7 "突出块"对话框

9.3.2 弯边特征

弯边特征可以创建简单折弯和弯边区域。弯边包括圆柱区域即通常所说的折弯区域和矩形区域即网格区域。执行弯边命令，主要有以下两种方式。

☑ 菜单：选择"菜单"→"插入"→"折弯"→"弯边"命令。

☑ 功能区：单击"主页"选项卡"折弯"组中的"弯边"按钮 。

执行上述方式后，弹出如图 9-8 所示的"弯边"对话框。

图 9-8 "弯边"对话框

"弯边"对话框中的选项说明如下。

1. 选择边

选择一直线边缘为弯边创建边。

2. 宽度选项

用来设置定义弯边宽度的测量方式。宽度选项包括"完整""宽度""在中心""在终点""从两端"和"从端点"5 种方式，如图 9-9 所示。

Note

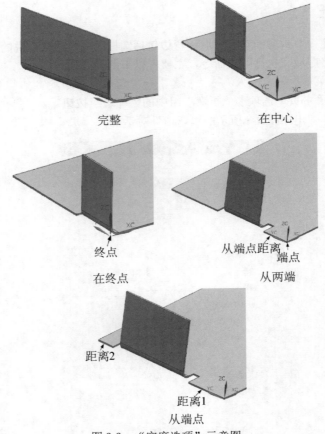

图 9-9 "宽度选项"示意图

☑ 完整：指沿着所选择折弯边的边长来创建弯边特征，当选择该选项创建弯边特征时，弯边的
主要参数有长度、偏置和角度。

☑ 在中心：指在所选择的折弯边中部创建弯边特征，可以编辑弯边宽度值和使弯边居中，默认
宽度是所选择折弯边长的三分之一，当选择该选项创建弯边特征时，弯边的主要参数有长度、
偏置、角度和宽度（两宽度相等）。

☑ 在端点：指从所选择的端点开始创建弯边特征，当选择该选项创建弯边特征时，弯边的主要
参数有长度、偏置、角度和宽度。

☑ 从两端：指从所选择折弯边的两端定义距离来创建弯边特征，默认宽度是所选择折弯边长的三分
之一，当选择该选项创建弯边特征时，弯边的主要参数有长度、偏置、角度、距离 1 和距离 2。

☑ 从端点：指从所选折弯边的端点定义距离来创建弯边特征，当选择该选项创建弯边特征时，
弯边的主要参数有长度、偏置、角度、从端点（从端点到弯边的距离）和宽度。

3. 长度

输入弯边的长度。

4. 角度

创建弯边特征的折弯角度，可以在视图区动态更改角度值。

5. 参考长度

用来设置定义弯边长度的度量方式，长度选项包括内侧、外侧和腹板 3 种方式，如图 9-10 所示。

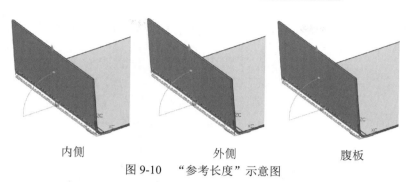

内侧 外侧 腹板

图 9-10 "参考长度"示意图

☑ 内侧：指从已有材料的内侧测量弯边长度。

☑ 外侧：指从已有材料的外侧测量弯边长度。

☑ 腹板：指从已有材料的折弯处测量弯边长度。

6. 内嵌

用来表示弯边嵌入基础零件的距离。嵌入类型包括材料内侧、材料外侧和折弯外侧 3 种，如图 9-11 所示。

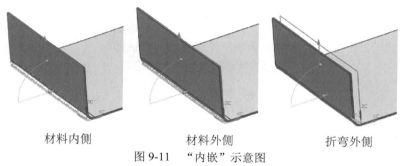

材料内侧 材料外侧 折弯外侧

图 9-11 "内嵌"示意图

➤ 材料内侧：指弯边嵌入到基本材料的里面，这样突出块区域的外侧表面与所选的折弯边平齐。

➤ 材料外侧：指弯边嵌入到基本材料的里面，这样突出块区域的内侧表面与所选的折弯边平齐。

➤ 折弯外侧：指材料添加到所选中的折弯边上形成弯边。

7. 偏置

创建一个依附在基础特征上弯边。

8. 折弯参数

修改默认的弯曲参数。

9. 止裂口

☑ 折弯止裂口：用来定义是否折弯止裂口到零件的边，折弯止裂口类型包括正方形和圆形两种，如图 9-12 所示。

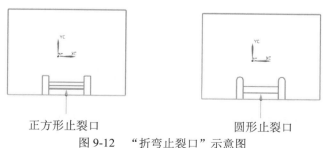

正方形止裂口 圆形止裂口

图 9-12 "折弯止裂口"示意图

☑ 拐角止裂口：定义是否要创建的弯边特征所邻接的特征采用拐角止裂口，如图 9-13 所示。

　　仅折弯　　　　　　　　折弯/面　　　　　　折弯/面链

图 9-13　　"拐角止裂口"示意图

➢ 仅折弯：指仅对邻接特征的折弯部分应用拐角缺口。

➢ 折弯 / 面：指对邻接特征的折弯部分和平板部分应用拐角止裂口。

➢ 折弯 / 面链：指对邻接特征的所有折弯部分和平板部分应用拐角缺口。

9.3.3　轮廓弯边

轮廓弯边命令通过拉伸表示弯边截面轮廓来创建弯边特征的。可以使用轮廓弯边命令创建新零件的基本特征或者在现有的钣金零件上添加轮廓弯边特征，可以创建任意角度的多个折弯特征。执行轮廓弯边命令，主要有以下两种方式。

☑ 菜单：选择"菜单"→"插入"→"折弯"→"轮廓弯边"命令。

☑ 功能区：单击"主页"选项卡"折弯"组中的"轮廓弯边"按钮 🛬。

执行上述方式后，弹出如图 9-14 所示的"轮廓弯边"对话框。

图 9-14　　"轮廓弯边"对话框

"轮廓弯边"对话框中的选项说明如下。

☑ 类型-底数：可以使用基部轮廓弯边命令创建新零件的基本特征，如图 9-15 所示。

☑ 表区域驱动：各选项说明如下。

> 曲线 ：用来指定使用已有的草图来创建轮廓弯边特征。
> 绘制截面 ：可以在参考平面上绘制草图来创建轮廓弯边特征。

☑ 宽度选项：包括有限和对称选项，如图 9-16 所示。

图 9-15　基本轮廓弯边

有限　　　　　　　　　对称

图 9-16　"宽度选项"示意图

> 有限：指创建有限宽度的轮廓弯边的方法。
> 对称：指用二分之一的轮廓弯边宽度值来定义轮廓两侧距离来定义轮廓弯边宽度创建轮廓弯边的方法。

☑ 折弯参数：此选项同弯边特征对话框中的选项，此处从略。

☑ 止裂口：此选项同弯边特征对话框中的选项，此处从略。

☑ 斜接：可以设置轮廓弯边端（两侧）包括开始端和结束端选项的斜接选项和参数。

> 斜接角：设置轮廓弯边开始端和结束端的斜接角度。
> 使用法向开孔法进行斜接：来定义是否采用法向切槽方式斜接。

9.3.4　放样弯边

放样弯边功能提供了在平行参考面上的轮廓或草图之间过渡连接的功能。可以使用放样弯边命令创建新零件的基本特征。执行放样弯边命令，主要有以下两种方式。

☑ 菜单：选择"菜单"→"插入"→"折弯"→"放样弯边"命令。

☑ 功能区：单击"主页"选项卡"折弯"组中的"更多"库下的"放样弯边"按钮 。

执行上述方式后，弹出如图 9-17 所示"放样弯边"对话框。

扫码看视频

9.3.4　放样弯边

图 9-17　"放样弯边"对话框

创建放样弯边，如图 9-18 所示。

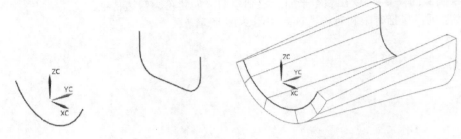

草图　　　　　　　　　　　　　放样弯边

图 9-18　"放样弯边"示意图

"放样弯边"对话框中的选项说明如下。

☑ 类型-底数：可以使用基部放样弯边选项创建新零件的基本特征。

☑ 起始截面：指定现有截面或者新绘制的截面作为放样弯边特征的起始轮廓，并指定起始轮廓的顶点。

☑ 终止截面：指定现有截面或者新绘制的截面作为放样弯边特征的终止轮廓，并指定终止轮廓的顶点。

☑ 折弯段：选中"使用多段折弯"复选框，折弯段的数目为 1～24，通过滑块来指定折弯段数。

☑ 折弯参数和止裂口：在前面已经介绍，此处从略。

9.3.5　折边弯边

使用此命令在选择的边上创建一个折叠特征。折边弯边通常是创建在基础特征上的二次特征。执行折边弯边命令，主要有以下两种方式。

☑ 菜单：选择"菜单"→"插入"→"折弯"→"折边弯边"命令。

☑ 功能区：单击"主页"选项卡"折弯"组中的"更多"库下的"折边弯边"按钮 ◤。

执行上述方式后，弹出如图 9-19 所示的"折边"对话框。

"折边"对话框中的选项说明如下。

☑ 要折边的边：在基础特征上选择要折边的边。

☑ 内嵌：用来表示折边嵌入基础零件的距离。内嵌类型包括材料内侧、材料外侧和折弯外侧 3 种。

➢ 材料内侧：指折边嵌入到基本材料的里面，这样基础特征区域的外侧表面与所选的折弯边平齐。

➢ 材料外侧：指折边嵌入到基本材料的里面，这样基础特征区域的内侧侧表面与所选的折弯边平齐。

➢ 折弯外侧：指材料添加到所选中的折边边上形成折边。

☑ 折弯参数：根据选择的折边类型，设置折弯半径，弯边长度等参数。

☑ 止裂口：在前面已经介绍，此处从略。

☑ 斜接：选中"斜接折边"复选框，输入斜接角度值创建斜接折边。

图 9-19　"折边"对话框

9.3.6　二次折弯特征

二次折弯功能可以在钣金零件平面上创建两个90°的折弯，并添加材料到折弯特征。二次折弯功能的轮廓线必须是一条直线，并且位于放置平面上。执行二次折弯命令，主要有以下两种方式。

扫码看视频

9.3.6　二次折弯特征

☑ 菜单：选择"菜单"→"插入"→"折弯"→"二次折弯"命令。

☑ 功能区：单击"主页"选项卡"折弯"组中的"更多"库下的"二次折弯"按钮 🗇。

执行上述方式后，弹出如图 9-20 所示的"二次折弯"对话框。"二次折弯"对话框中的选项说明如下。

1. 二次折弯线

选择现有折弯线或者新建折弯线。

2. 二次折弯属性

☑ 高度：创建二次折弯特征时可以在视图区中动态更改高度值。

☑ 参考高度：包括内侧和外侧两种选项，如图 9-21 所示。

➢ 内侧：指定义放置面到二次折弯特征最近表面的高度。

➢ 外侧：指定义放置面到二次折弯特征最远表面的高度。

图 9-20　"二次折弯"对话框

☑ 内嵌：包括材料内侧、材料外侧和折弯外侧 3 种选项，如图 9-22 所示。

➢ 材料内侧：指凸凹特征垂直于放置面的部分在轮廓面内侧。

➢ 材料外侧：指凸凹特征垂直于放置面的部分在轮廓面外侧。

➢ 折弯外侧：指凸凹特征垂直于放置面的部分和折弯部分都在轮廓面外侧。

☑ 延伸截面：选中该复选框，定义是否延伸直线轮廓到零件的边。

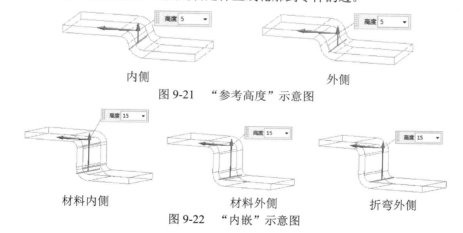

内侧　　　　　　　　　　　　　　外侧

图 9-21　"参考高度"示意图

材料内侧　　　　　　材料外侧　　　　　　折弯外侧

图 9-22　"内嵌"示意图

9.3.7　折弯

扫码看视频

9.3.7　折弯

折弯命令可以在钣金零件的平面区域上创建折弯特征。执行折弯命令，主要有以下两种方式。

☑ 菜单：选择"菜单"→"插入"→"折弯"→"折弯"命令。

☑ 功能区：单击"主页"选项卡"折弯"组中的"更多"库下的"折弯"按钮 🗇。

执行上述方式后，弹出如图 9-23 所示的"折弯"对话框。

图 9-23　"折弯"对话框

"折弯"对话框中的选项说明如下。

1. 折弯线

选择已有的折弯线或者新建折弯线。

2. 折弯属性

☑ 角度：指定折弯角度。

☑ 反向：弯曲变化的方向从上往下，单击此按钮，更改弯曲方向。

☑ 反侧：单击此按钮，更改生成折弯的生成方向。

☑ 内嵌：包括外模线轮廓，折弯中心线轮廓、内模线轮廓、材料内侧和材料外侧 5 种，如图 9-24 所示。

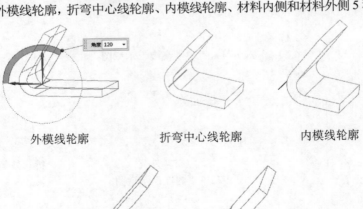
外模线轮廓　　折弯中心线轮廓　　内模线轮廓

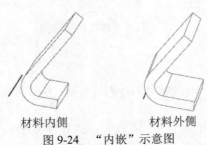
材料内侧　　材料外侧
图 9-24　"内嵌"示意图

> 外模线轮廓：在展开状态时，折弯线位于折弯半径的第一相切边缘。
> 折弯中心线轮廓：在展开状态时，折弯线位于折弯半径的中心。
> 内模线轮廓：在展开状态时，折弯线位于折弯半径的第二相切边缘。
> 材料内侧：指在成形状态下轮廓线在平面区域外侧平面内。
> 材料外侧：指在成形状态下轮廓线在平面区域内侧平面内。

☑ 延伸截面：定义是否延伸截面到零件的边，如图 9-25 所示。

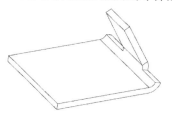

选中"延伸截面"复选框　　　　　取消选中"延伸截面"复选框

图 9-25　"延伸截面"示意图

9.3.8　法向开孔

扫码看视频

9.3.8　法向开孔

法向开孔是指用一组连续的曲线作为裁剪的轮廓线，沿着钣金零件体表面的法向进行裁剪。执行法向开孔命令，主要有以下两种方式。

☑ 菜单：选择"菜单"→"插入"→"切割"→"法向开孔"命令。
☑ 功能区：单击"主页"选项卡"特征"组中的"法向开孔"按钮 □。

执行上述方式后，弹出如图 9-26 所示的"法向开孔"对话框。

有两种类型，分别是草图和 3D 曲线。

1. 草图

选择一个现有草图或在指定平面上绘制的草图作为轮廓。

☑ 切割方法：主要包括厚度和中位平面两种方法。

> 厚度：指在钣金零件体放置面沿着厚度方向进行裁剪。
> 中位面：是在钣金零件体的放置面的中间面向钣金零件体的两侧进行裁剪。

☑ 限制：包括值、介于、直至下一个和贯通全部 4 种类型。

> 值：是指沿着法向，穿过至少指定一个厚度的深度尺寸的裁剪。
> 介于：指沿着法向从开始面穿过钣金零件的厚度，延伸到指定结束面的裁剪。
> 直至下一个：指沿着法向穿过钣金零件的厚度，延伸到最近面的裁剪。
> 贯通全部：指沿着法向，穿过钣金零件所有面的裁剪。

2. 3D 曲线

选择 3D 曲线作为轮廓。

9-26　"法向开孔"对话框

9.3.9 伸直和重新折弯

1. 伸直

伸直命令可以取消折弯钣金零件的折弯特征，然后在折弯区域创建裁剪和孔等特征。执行伸直命令，主要有以下两种方式。

☑ 菜单：选择"菜单"→"插入"→"成形"→"伸直"命令。

☑ 功能区：单击"主页"选项卡"成形"组中的"伸直"按钮 ⽫。

执行上述方式后，弹出如图 9-27 所示的"伸直"对话框。

图 9-27 "伸直"对话框

"伸直"对话框中的选项说明如下。

☑ 固定面或边：用来指定选择钣金零件平面或者边缘作为固定位置来创建取消折弯特征。

☑ 折弯：用来选择将要执行取消折弯操作的折弯区域，可以选择一个或多个折弯区域圆柱面（内侧和外侧均可），选择折弯面后，折弯区域将高亮显示。

2. 重新折弯

重新折弯面用来选择已经执行取消折弯操作折弯面，执行重新折弯操作，可以选择一个或多个取消折弯特征，执行重新折弯操作，所选择的取消折弯特征将高亮显示。

9.3.10 实例——微波炉内门

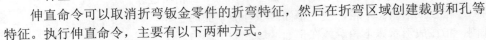
首先利用突出块命令创建基本钣金件，然后利用弯边命令创建四周的附加壁，利用法向开孔修剪 4 个角的部分料和切除槽，最后利用突出块命令在钣金件上添加实体，并用折弯命令折弯添加的视图，如图 9-28 所示。

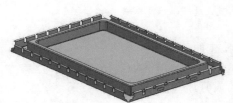

图 9-28 微波炉内门效果图

1. 创建 NX 钣金文件

选择"文件"→"新建"命令，或者单击"快速访问"工具栏中的"新建"图标 ▯，弹出"新建"

对话框，如图 9-29 所示。在"模板"选项组中选择"NX 钣金"，在"名称"文本框中输入 weiboluneimen，在"文件夹"文本框中输入非中文保存路径，单击"确定"按钮进入 UG NX 钣金设计环境。

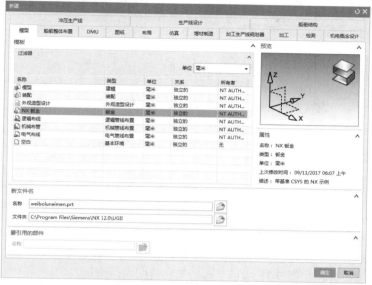

图 9-29　"新建"对话框

2. 钣金参数预设置

选择"菜单"→"首选项"→"钣金"命令，弹出如图 9-30 所示的"钣金首选项"对话框。设置"全局参数"列表框中的"材料厚度"为 0.6，"弯曲半径"为 0.6，"让位槽深度"和"让位槽宽度"都为 1，选中"折弯定义方法"列表框中的"折弯许用半径"单选按钮，单击"确定"按钮，完成 NX 钣金预设置。

3. 创建突出块特征

（1）选择"菜单"→"插入"→"突出块"命令，或者单击"主页"选项卡"基本"组中的"突出块"按钮，弹出如图 9-31 所示的"突出块"对话框。

图 9-30　"钣金首选项"对话框

图 9-31　"突出块"对话框

（2）选择"底数"类型，单击"绘制截面" 图标，弹出如图 9-32 所示的"创建草图"对话框。

（3）选择 XC-YC 平面，单击"确定"按钮，进入草图绘制环境，绘制如图 9-33 所示的草图。单击"完成"按钮 ，草图绘制完毕。单击"确定"按钮，创建突出块特征，如图 9-34 所示。

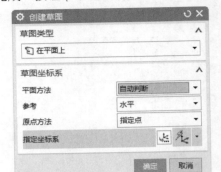

图 9-32　"创建草图"对话框

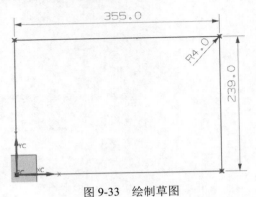

图 9-33　绘制草图

4. 创建弯边特征

（1）选择"菜单"→"插入"→"折弯"→"弯边"命令，或者单击"主页"选项卡"折弯"组中的"弯边"按钮 ，弹出如图 9-35 所示"弯边"对话框。

图 9-35　"弯边"对话框

图 9-34　创建突出块特征

（2）设置"宽度选项"为"□完整"，"长度"为 18.5，"角度"为 90，参考长度为"外侧"，"内嵌"为"材料外侧"，在"折弯止裂口"下拉列表框中选择"无"。选择突出块的任意一边，单击"应用"按钮，创建弯边特征 1，如图 9-36 所示。

（3）同上步骤，分别选择其他 3 边，设置相同的参数，创建弯边特征，如图 9-37 所示。

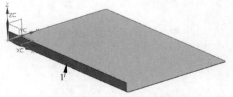

图 9-36　创建弯边特征 1

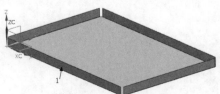

图 9-37　创建弯边特征

5. 创建法向开孔特征 1

（1）选择"菜单"→"插入"→"切割"→"法向开孔"命令，或者单击"主页"选项卡"特征"组中的"法向开孔"按钮，弹出如图 9-38 所示"法向开孔"对话框。

图 9-38　"法向开孔"对话框

（2）单击"绘制截面"按钮，弹出"创建草图"对话框。在视图区选择如图 9-37 所示的面 1 草图工作平面。绘制如图 9-39 所示的草图。单击"完成"按钮，草图绘制完毕。

图 9-39　绘制草图

（3）单击"确定"按钮，创建法向开孔特征 1，如图 9-40 所示。

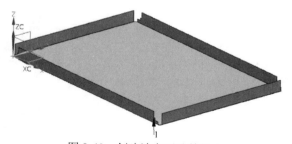

图 9-40　创建法向开孔特征 1

6. 创建法向开孔特征 2

（1）选择"菜单"→"插入"→"切割"→"法向开孔"命令，或者单击"主页"选项卡"特征"组中的"法向开孔"按钮，弹出"法向开孔"对话框。

（2）单击"绘制截面"按钮，弹出"创建草图"对话框。选择如图 9-40 所示的面 2 作为草图工作平面。绘制如图 9-41 所示的草图。单击"完成"按钮，草图绘制完毕。

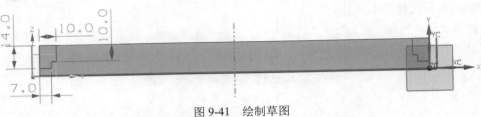

图 9-41　绘制草图

（3）单击"确定"按钮，创建法向开孔特征 2，如图 9-42 所示。

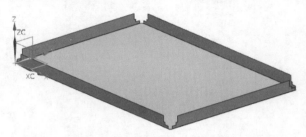

图 9-42　创建法向开孔特征 2

7. 创建弯边特征

（1）选择"菜单"→"插入"→"折弯"→"弯边"命令，或者单击"主页"选项卡"折弯"组中的"弯边"按钮 🖰，弹出如图 9-43 所示"弯边"对话框。

（2）设置"宽度选项"为完整，"长度"为 6，"角度"为 128，参考长度为"外侧"，"内嵌"为"材料外侧"，在"弯曲半径"文本框中输入 1.5，在"折弯止裂口"下拉列表框中选择"无"。选择如图 9-43 所示边。单击"应用"按钮，创建弯边特征，如图 9-44 所示。

图 9-43　"弯边"对话框

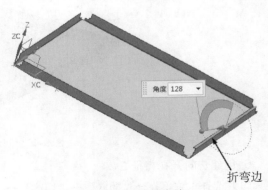

图 9-44　选择弯边

（3）同上步骤，分别选择其他 3 边，创建"弯曲半径"为 1.2，其他参数相同的弯边特征，如图 9-45 所示。

8. 创建伸直特征

（1）选择"菜单"→"插入"→"成形"→"伸直"命令，或者单击"主页"选项卡"成形"组中的"伸直"按钮，弹出如图 9-46 所示"伸直"对话框。

图 9-45　创建弯边特征

图 9-46　"伸直"对话框

（2）在视图区选择如图 9-47 所示固定面，选择所有的折弯，单击"确定"按钮，创建伸直特征，如图 9-48 所示。

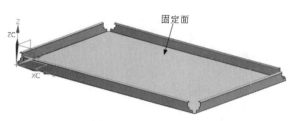

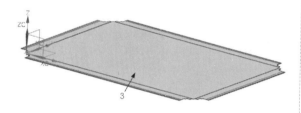

图 9-47　选择固定面

图 9-48　创建伸直特征

9. 创建法向开孔特征

（1）选择"菜单"→"插入"→"切割"→"法向开孔"命令，或者单击"主页"选项卡"特征"组中的"法向开孔"按钮，弹出"法向开孔"对话框。

（2）单击"绘制截面"按钮，弹出"创建草图"对话框。选择如图 9-48 所示的面 3 为草图工作平面，绘制如图 9-49 所示的草图，阵列间距为 27.3。单击"完成"按钮，草图绘制完毕。

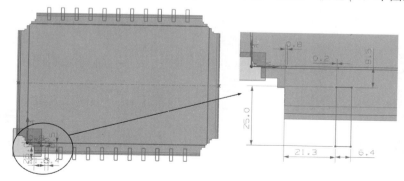

图 9-49　绘制草图

（3）单击"确定"按钮，创建法向开孔特征，如图 9-50 所示。

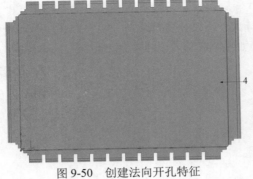

图 9-50　创建法向开孔特征

10. 建法向开孔特征

（1）选择"菜单"→"插入"→"切割"→"法向开孔"命令，或者单击"主页"选项卡"特征"组中的"法向开孔"按钮 ，弹出"法向开孔"对话框。

（2）单击"绘制截面"按钮 ，弹出"创建草图"对话框，选择如图 9-50 所示的面 4 为草图工作平面，绘制如图 9-51 所示的草图。单击"完成"按钮 ，草图绘制完毕。

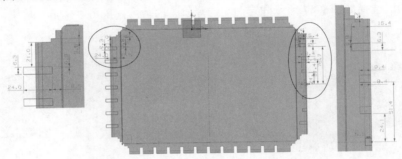

图 9-51　绘制草图

（3）单击"确定"按钮，创建法向开孔特征，如图 9-52 所示。

11. 创建凹坑特征 1

（1）选择"菜单"→"插入"→"冲孔"→"凹坑"命令，或者单击"主页"选项卡"冲孔"组中的"凹坑"按钮 ，弹出如图 9-53 所示的"凹坑"对话框。

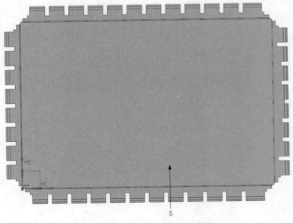

图 9-52　创建法向开孔特征

图 9-53　"凹坑"对话框

（2）设置"深度"为 20，"侧角"为 0，"参考深度"为"外侧"，"侧壁"为"材料外侧"。选中"凹坑边倒圆"复选框，设置"冲压半径"和"冲模半径"为 1。

（3）单击"绘制截面"按钮 🔳，弹出"创建草图"对话框。选择如图 9-52 所示面 5 为草图工作平面，绘制如图 9-54 所示的草图。单击"完成"按钮 🏁，草图绘制完毕。单击"确定"按钮，创建凹坑特征 1，如图 9-55 所示。

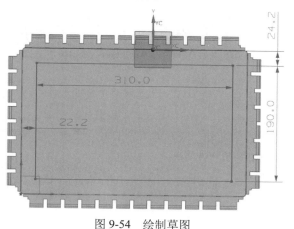

图 9-54 绘制草图

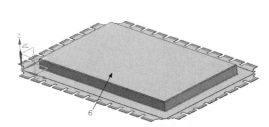

图 9-55 创建凹坑特征 1

12. 创建凹坑特征 2

（1）选择"菜单"→"插入"→"冲孔"→"凹坑"命令，或者单击"主页"选项卡"冲孔"组中的"凹坑"按钮 🔲，弹出如图 9-56 所示的"凹坑"对话框。

（2）设置"深度"为 20，"侧角"为 3，"参考深度"为"外侧"，"侧壁"为"材料外侧"。选中"凹坑边倒圆"和"截面拐角倒圆"复选框，设置"冲压半径""冲模半径"和"角半径"都为 1。

（3）选择如图 9-55 所示的面 6 为草图工作平面。绘制如图 9-57 所示的草图。单击"完成"按钮 🏁，单击"确定"按钮，创建凹坑特征 2，如图 9-58 所示。

图 9-56 "凹坑"对话框

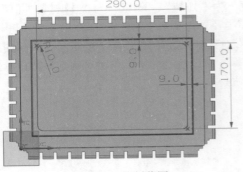

图 9-57　绘制草图

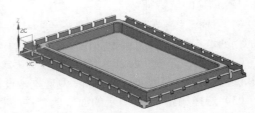

图 9-58　创建凹坑特征 2

13. 创建重新折弯特征

（1）选择"菜单"→"插入"→"成形"→"重新折弯"命令，或者单击"主页"选项卡"成形"组中的"重新折弯"按钮，弹出如图 9-59 所示"重新折弯"对话框。

（2）选择如图 9-58 所示的面 7 为固定面，选择所有的折弯，单击"确定"按钮，创建重新折弯特征，如图 9-60 所示。

图 9-59　"重新折弯"对话框

图 9-60　创建重新折弯特征

14. 创建突出块特征

（1）选择"菜单"→"插入"→"突出块"命令，或者单击"主页"选项卡"基本"组中的"突出块"按钮，弹出"突出块"对话框。

（2）选择如图 9-61 所示的面 8 为草图工作平面，绘制如图 9-62 所示的草图。单击"完成"图标，单击"确定"按钮，创建突出块特征，如图 9-63 所示。

图 9-61　选择草图工作平面

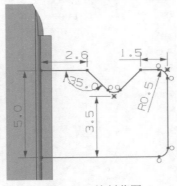

图 9-62　绘制草图

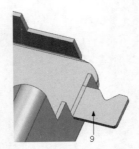

图 9-63　创建突出块特征

15. 创建折弯特征

（1）选择"菜单"→"插入"→"折弯"→"折弯"命令，或者单击"主页"选项卡"折弯"组中的"更多"库下的"折弯"按钮 ，弹出如图 9-64 所示的"折弯"对话框。

（2）在"角度"文本框中输入 70，"内嵌"下拉列表框中选择"＋折弯中心线轮廓"，设置"折弯止裂口"为"圆形"，"宽度"为 1.5。

（3）选择如图 9-63 所示面 9 为草图工作平面，绘制如图 9-65 所示的折弯线，单击"完成"按钮 。单击"确定"按钮，创建折弯特征，如图 9-66 所示。

图 9-64 "折弯"对话框

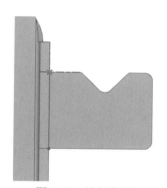

图 9-65 绘制草图

图 9-66 创建折弯特征

16. 绘制草图

（1）选择"菜单"→"插入"→"在任务环境中绘制草图"命令，或者单击"曲线"选项卡"任务环境中的草图"按钮 ，弹出"创建草图"对话框。

（2）选择如图 9-67 所示面 10 为草图工作平面，绘制如图 9-68 所示的草图。单击"完成"按钮 ，草图绘制完毕。

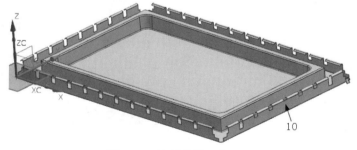

图 9-67 选择草图工作平面

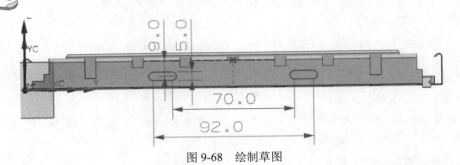

图 9-68　绘制草图

17. 创建拉伸特征

（1）选择"菜单"→"插入"→"切割"→"拉伸"命令，或者单击"主页"选项卡"特征"组中的"更多"库下的"拉伸"按钮，弹出如图 9-69 所示的"拉伸"对话框。

（2）在"拉伸"对话框中的开始"距离"文本框中输入 0，结束"距离"文本框中输入 0.6，选择上步绘制的草图为拉伸曲线。设置"布尔"运算为"合并"。单击"确定"按钮，创建拉伸特征，如图 9-70 所示。

图 9-69　"拉伸"对话框

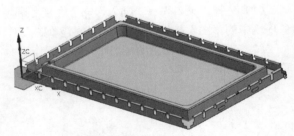

图 9-70　创建拉伸特征

9.4　高级钣金特征

在前文讲述钣金的基础上，本节将继续讲述钣金的一些高级特征，包括冲压开孔、凹坑、实体冲压、筋、百叶窗、撕边、转换为钣金体和封闭拐角等特征。

9.4.1　冲压开孔

冲压开孔是指用一组连续的曲线作为裁剪的轮廓线，沿着钣金零件体表面的法向进行裁剪，同时在轮廓线上建立弯边的过程。执行冲压开孔命令，主要有以下两种方式。

扫码看视频

9.4.1　冲压开孔

☑ 菜单：选择"菜单"→"插入"→"冲孔"→"冲压开孔"命令。

☑ 功能区：单击"主页"选项卡"冲孔"组中的"冲压开孔"按钮 。

执行上述方式后，弹出如图 9-71 所示的"冲压开孔"对话框。"冲压开孔"对话框中的选项说明如下。

图 9-71　"冲压开孔"对话框

1. 表区域驱动

选择现有曲线为截面，或者绘制截面。

2. 开孔属性

☑ 深度：指钣金零件放置面到弯边底部的距离。

☑ 反向：单击此按钮，更改切除基础部分的方向。

☑ 侧角：指弯边在钣金零件放置面法向倾斜的角度。

☑ 侧壁：如图 9-72 所示。

材料内侧

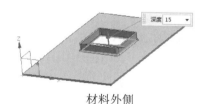
材料外侧

图 9-72　侧壁示意图

➤ 材料内侧：指冲压开孔特征所生成的弯边位于轮廓线内部。

➤ 材料外侧：指冲压开孔特征所生成的弯边位于轮廓线外部。

3. 倒圆

☑ 开孔边倒圆：勾选此复选框，设置凹模半径值。

☑ 冲模半径：指钣金零件放置面转向折弯部分内侧圆柱面的半径大小。

☑ 截面拐角倒圆：勾选此复选框，设置拐角半径值。

☑ 角半径：指折弯部分内侧圆柱面的半径大小。

扫码看视频

9.4.2　凹坑

9.4.2　凹坑

凹坑是指用一组连续的曲线作为成形面的轮廓线，沿着钣金零件体表面的法向成形，同时在轮廓线上建立成形钣金部件的过程，它和冲压开孔有一定的相似之处，主要不同的是浅成形不裁剪由轮廓线生成的平面。执行凹坑命令，主要有以下两种方式。

☑ 菜单：选择"菜单"→"插入"→"冲孔"→"凹坑"命令。

☑ 功能区：单击"主页"选项卡"冲孔"组中的"凹坑"按钮 。

执行上述方式后，弹出如图 9-73 所示"凹坑"对话框。

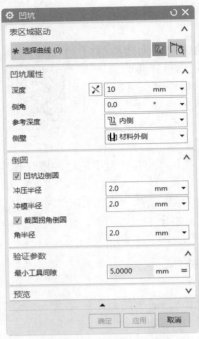

图 9-73 "凹坑"对话框

"凹坑"对话框中的选项说明如下。

1. 表区域驱动

选择现有草图或者新建草图为凹坑截面。

2. 凹坑属性

☑ 深度：指定凹坑的延伸范围。

☑ 反向：改变凹坑方向。

☑ 侧角：输入凹坑锥角。

☑ 参考深度：包括内部和外部两种选项，如图 9-74 所示。

➢ 内侧：指定义放置面到凹坑特征最近表面的深度。

➢ 外侧：指定义放置面到凹坑特征最远表面的深度。

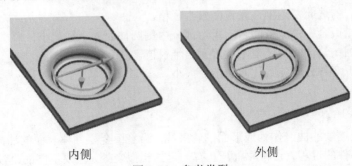

内侧　　　　　　　　　　　　外侧

图 9-74　参考类型

☑ 侧壁：包括材料内侧和材料外侧选项，如图 9-75 所示。

➢ 材料内侧：指凹坑特征的侧壁建造在轮廓面的内侧。

➢ 材料外侧：指凹坑特征的侧壁建造在轮廓面的外侧。

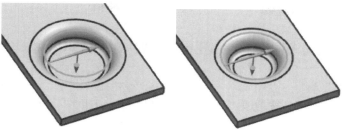

材料内侧　　　　　　　　　　材料外侧

图 9-75　侧壁类型

3. 倒圆

☑ 凹坑边倒圆：选中此复选框，设置凹模和凸模半径值。

☑ 冲压半径：指定凹坑底部的半径值。

☑ 冲模半径：指定凹坑基础部分的半径值。

☑ 截面拐角倒圆：选中此复选框，设置拐角半径值。

☑ 角半径：指定棱角侧面的圆形拐角半径值。

扫码看视频

9.4.3　实体冲压

9.4.3　实体冲压

使用此命令将冲压工具添加到金属板上，形成工具的形状特征。执行实体冲压命令，主要有以下两种方式。

☑ 菜单：选择"菜单"→"插入"→"冲孔"→"实体冲压"命令。

☑ 功能区：单击"主页"选项卡"冲孔"组中的"实体冲压"按钮 🐚 。

执行上述方式后，弹出如图 9-76 所示"实体冲压"对话框。

"实体冲压"对话框中的选项说明如下。

☑ 类型：各选项说明如下。

➢ 冲压：用工具体冲压形成凸起的形状。

➢ 冲模：用工具体冲模形成凹的形状。

☑ 目标：各选项说明如下。

➢ 选择面：指定冲压目标面。

☑ 工具：各选项说明如下。

➢ 选择体：指定要冲压成型的工具体。

☑ 位置：各选项说明如下。

➢ 指定起始坐标系：选择一个坐标系来指定工具体的
位置。

➢ 指定目标坐标系：选择一个坐标系来指定目标体的
位置。

☑ 设置：各选项说明如下。

➢ 质心点：选中此复选框，在冲压体的相交曲线处创建
一个质心点。

➢ 隐藏工具体：选中此复选框，冲压后隐藏冲压工具体。

➢ 边倒圆：选中此复选框，设置凹模半径值。

➢ 恒定厚度：取消选中此复选框，设置凸模半径值。

图 9-76　"实体冲压"对话框

9.4.4 筋

筋功能提供了在钣金零件表面的引导线上添加加强筋的功能。执行筋命令，主要有以下两种方式。

☑ 菜单：选择"菜单"→"插入"→"冲孔"→"筋"命令。

☑ 功能区：单击"主页"选项卡"冲孔"组中的"筋"按钮 。

执行上述方式后，弹出如图 9-77 所示"筋"对话框。"筋"对话框中的选项说明如下。

横截面：包括圆形、U 形（见图 9-78）和 V 形（见图 9-79）3 种类型，示意图如图 9-80 所示。

☑ 圆形：创建"圆形筋"的对话框如图 9-77 所示。

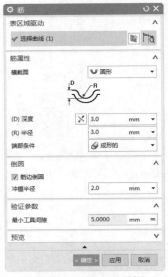

图 9-77 "筋"对话框　　　图 9-78 U 形筋的参数　　　图 9-79 V 形筋的参数

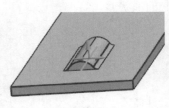

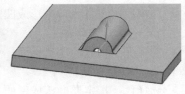

圆形筋　　　　　　　　U 形筋　　　　　　　　V形筋

图 9-80 "筋"示意图

➢ 深度：是指圆的筋的底面和圆弧顶部之间的高度差值。

➢ 半径：是指圆的筋的截面圆弧半径。

➢ 冲模半径：是指圆的筋的侧面或端盖与底面倒角半径。

☑ U 形：选择 U 形筋，对话框如图 9-78 所示。

➢ 深度：是指 U 形筋的底面和顶面之间的高度差值。

➢ 宽度：是指 U 形筋顶面的宽度。

➢ 角度：是指 U 形筋的底面法向和侧面或者端盖之间的夹角。

➢ 冲模半径：是指 U 形筋的顶面和侧面或者端盖倒角半径。

➢ 冲压半径：是指 U 形筋的底面和侧面或者端盖倒角半径。

☑ V 形：选择 V 形筋，对话框如图 9-79 所示。
> 深度：是指 V 形筋的底面和顶面之间的高度差值。
> 角度：是指 V 形筋的底面法向和侧面或者端盖之间的夹角。
> 半径：是指 V 形筋的两个侧面或者两个端盖之间的倒角半径。
> 冲模半径：是指 V 形筋的底面和侧面或者端盖倒角半径。

扫码看视频
9.4.5 百叶窗

9.4.5 百叶窗

百叶窗功能提供了在钣金零件平面上创建通风窗的功能。执行百叶窗命令，主要有以下两种方式。
☑ 菜单：选择"菜单"→"插入"→"冲孔"→"百叶窗"命令。
☑ 功能区：单击"主页"选项卡"冲孔"组中的"百叶窗"按钮 。

执行上述方式后，弹出如图 9-81 所示的"百叶窗"对话框。"百叶窗"对话框中的选项说明如下。

1. 切割线
☑ 曲线 ：用来指定使用已有的单一直线作为百叶窗特征的轮廓线来创建百叶窗特征。
☑ 绘制截面 ：选择零件平面作为参考平面绘制直线草图作为百叶窗特征的轮廓线来创建切开端百叶窗特征。

2. 百叶窗属性
☑ 深度：百叶窗特征最外侧点距钣金零件表面（百叶窗特征一侧）的距离。
☑ 宽度：百叶窗特征在钣金零件表面投影轮廓的宽度。
☑ 百叶窗形状：包括成形的百叶窗和切口百叶窗两种类型选项。
> 成形的：在结束端形成一个圆形封闭的形状。
> 冲裁的：在结束端形成一个方形开口形状。

图 9-81 "百叶窗"对话框

3. 百叶窗边倒圆
选中此选项，此时凹模半径输入框有效，可以根据需求设置冲模半径。

扫码看视频
9.4.6 撕边

9.4.6 撕边

撕边是指在钣金实体上，沿着草绘直线或者钣金零件体已有边缘创建开口或缝隙执行撕边命令，主要有以下两种方式。
☑ 菜单：选择"菜单"→"插入"→"转换"→"撕边"命令。
☑ 功能区：单击"主页"选项卡"基本"组中的"转换库"下的"撕边"按钮 。

执行上述方式后，弹出如图 9-82 所示的"撕边"对话框。"撕边"对话框中的选项说明如下。
☑ 选择边：指定使用已有的边缘来创建切口特征。
☑ 曲线：用来指定已有的曲线来创建切口特征。
☑ 绘制截面：可以在钣金零件放置面上绘制边缘草图，来创建切口特征。

图 9-82 "撕边"对话框

9.4.7　转换为钣金件

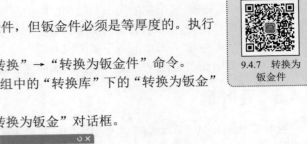
转换为钣金件是指把非钣金件转换为钣金件，但钣金件必须是等厚度的。执行转换为钣金件命令，主要有以下两种方式。

☑ 菜单：选择"菜单"→"插入"→"转换"→"转换为钣金件"命令。

☑ 功能区：单击"主页"选项卡"基本"组中的"转换库"下的"转换为钣金"按钮　。

执行上述方式后，弹出如图9-83所示"转换为钣金"对话框。

图9-83　"转换为钣金"对话框

"转换为钣金"对话框中的选项说明如下。

☑ 全局转换：指定选择钣金零件平面作为固定位置来创建转换为钣金件特征。

☑ 选择边：用于创建边缘裂口所要选择的边缘。

☑ 选择截面：用来指定已有的边缘来创建"转换到钣金"特征。

☑ 绘制截面：选择零件平面作为参考平面绘制直线草图作为转换为钣金件特征的边缘来创建转换为钣金件特征。

9.4.8　封闭拐角

封闭拐角是指在钣金件基础面和以其两相邻的两个具有相同参数的弯曲面，在基础面同侧所形成的拐角处，创建一定形状拐角的过程。执行封闭拐角命令，主要有以下两种方式。

☑ 菜单：选择"菜单"→"插入"→"拐角"→"封闭拐角"命令。

☑ 功能区：单击"主页"选项卡"拐角"组中的"封闭拐角"按钮　。

执行上述方式后，弹出如图9-84所示"封闭拐角"对话框。

"封闭拐角"对话框中的选项说明如下。

图9-84　"封闭拐角"对话框

☑ 处理：包括"打开""封闭""圆形开孔""U 形开孔""V 形开孔""矩形开孔"6 种类型，示意图如图 9-85 所示。

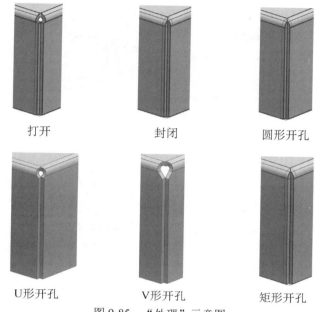

打开　　　　　封闭　　　　　圆形开孔

U形开孔　　　　V形开孔　　　　矩形开孔

图 9-85　"处理"示意图

☑ 重叠：有"封闭"和"重叠的"两种方式，示意图如图 9-86 所示。

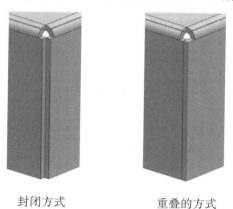

封闭方式　　　　　重叠的方式

图 9-86　重叠示意图

➢ 封闭：指对应弯边的内侧边重合。

➢ 重叠的：指一条弯边叠加在另一条弯边的上面。

☑ 缝隙：指两弯边封闭或者重叠时铰链之间的最小距离。

扫码看视频

9.5　电源盒底座

9.5　综合实例——电源盒底座

首先利用突出块命令创建基本钣金件，然后利用弯边命令创建底座的大体轮廓，利用各种钣金命令在钣金件上添加结构，如图 9-87 所示。

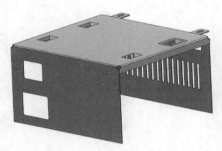

图 9-87　电源盒底座

操作步骤如下。

1. 创建 NX 钣金文件

选择"文件"→"新建"命令或单击"快速访问"工具栏中的"新建"按钮 📄，弹出"新建"对话框。在"模板"选项组中选择"NX 钣金"，在"名称"文本框中输入 dianyuanhedizuo，在"文件夹"文本框中输入非中文保存路径，单击"确定"按钮，进入 UG NX 钣金设计环境。

2. 钣金参数预设置

（1）选择"菜单"→"首选项"→"钣金"命令，弹出如图 9-88 所示的"钣金首选项"对话框。

（2）在"全局参数"选项组中，设置"材料厚度"为 0.6，"弯曲半径"为 0.6；在"折弯定义方法"选项组中选中"折弯许用半径"单选按钮。

图 9-88　"钣金首选项"对话框

（3）单击"确定"按钮，完成钣金预设置。

3. 创建突出块特征

（1）选择"菜单"→"插入"→"突出块"命令，或者单击"主页"选项卡"基本"组中的"突出块"按钮 ，弹出如图 9-89 所示的"突出块"对话框。

（2）在"类型"下拉列表框中选择"底数"，单击"绘制截面"按钮 ，弹出如图 9-90 所示的"创建草图"对话框。

图 9-89 "突出块"对话框

图 9-90 "创建草图"对话框

（3）设置 YC-XC 面为参考平面，单击"确定"按钮，进入草图绘制环境，绘制如图 9-91 所示的草图。

（4）单击"草图"组中的"完成"按钮 ，草图绘制完毕，返回如图 9-88 所示的对话框。

（5）单击"确定"按钮，即可创建突出块特征，如图 9-92 所示。

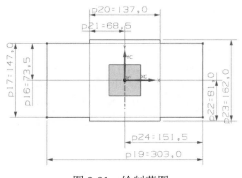

图 9-91 绘制草图

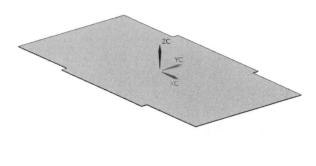

图 9-92 创建突出块特征

4. 创建折弯

（1）选择"菜单"→"插入"→"折弯"→"折弯"命令，或者单击"主页"选项卡"折弯"组中的"更多"库下的"折弯"按钮 ，弹出如图 9-93 所示的"折弯"对话框。

（2）单击"绘制草图"按钮 ，弹出"创建草图"对话框。在视图中选择突出块的上表面为草图放置面，绘制如图 9-94 所示的草图。

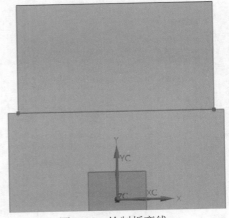

图 9-93　"折弯"对话框

图 9-94　绘制折弯线

（3）单击"草图"组中的"完成"按钮 ，草图绘制完毕，返回如图 9-93 所示的对话框。

（4）在"角度"数值框中输入 90，在"内嵌"下拉列表框中选择"＋折弯中心线轮廓"，设置"折弯止裂口"为"正方形"，"拐角止裂口"为"仅折弯"。

（5）单击"应用"按钮，即可创建折弯特征，如图 9-95 所示。

（6）以同样的方法，在突出块上创建其他相同参数的折弯特征，如图 9-96 所示。

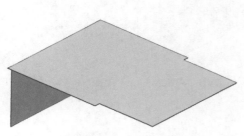

图 9-95　创建折弯特征

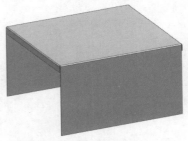

图 9-96　折弯特征

5. 创建封闭拐角特征

（1）选择"菜单"→"插入"→"拐角"→"封闭拐角"命令，或者单击"主页"选项卡"拐角"组中的"封闭拐角"按钮 ，弹出如图 9-97 所示的"封闭拐角"对话框。

（2）设置"处理"为"圆形开孔"，"直径"为 5，"重叠"为"重叠的"，"缝隙"为 0，"重叠比"为 1。

（3）在视图中选择如图 9-98 所示的两个弯边，单击"应用"按钮，创建封闭拐角特征。

图 9-97 "封闭拐角"对话框

图 9-98 选择弯边

（4）同理，创建其他 3 个折弯区封闭拐角，如图 9-99 所示。

6. 创建伸直（即取消折弯）特征

（1）选择"菜单"→"插入"→"成形"→"伸直"命令，或者单击"主页"选项卡"成形"组中的"伸直"按钮 ，弹出如图 9-100 所示"伸直"对话框。

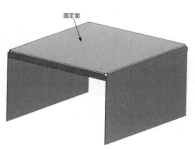

图 9-99 封闭拐角创建完毕的钣金件

图 9-100 "伸直"对话框

（2）在视图中选择如图 9-99 所示的面为固定面。

（3）在视图中选择折弯，如图 9-101 所示。

（4）单击"确定"按钮，创建伸直特征，如图 9-102 所示。

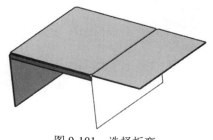

图 9-101 选择折弯

图 9-102 创建伸直（即取消折弯）特征

7. 创建法向开孔特征

（1）选择"菜单"→"插入"→"切割"→"法向开孔"命令，或者单击"主页"选项卡"特征"组中的"法向开孔"按钮 □，弹出如图 9-103 所示"法向开孔"对话框。

（2）单击"绘制截面"按钮 ，弹出"创建草图"对话框。在视图中选择草图工作平面，如图 9-104 所示。

图 9-103 "法向开孔"对话框

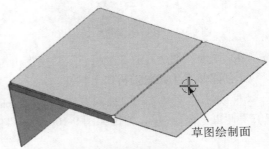

草图绘制面

图 9-104 选择草图工作平面

（3）绘制如图 9-105 所示的裁剪轮廓，然后单击"草图"组中的"完成"按钮 ，草图绘制完毕。

（4）返回到"法向开孔"对话框，单击"确定"按钮，创建法向开孔特征，如图 9-106 所示。

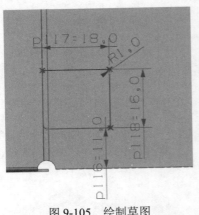

图 9-105 绘制草图

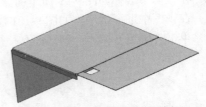

图 9-106 创建法向开孔特征

8. 创建重新折弯特征

（1）选择"菜单"→"插入"→"成形"→"重新折弯"命令，或者单击"主页"选项卡"成形"组中的"重新折弯"按钮 ，弹出如图 9-107 所示"重新折弯"对话框。

（2）在视图中选择如图 9-108 所示的固定面和折弯。

图 9-107　"重新折弯"对话框

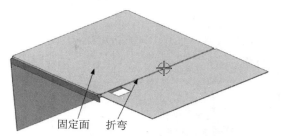

图 9-108　选择固定面和折弯

（3）单击"确定"按钮，即可创建重新折弯特征，如图 9-109 所示。

9. 创建突出块特征

（1）选择"菜单"→"插入"→"突出块"命令，或者单击"主页"选项卡"基本"组中的"突出块"按钮 ，弹出如图 9-110 所示的"突出块"对话框。

图 9-109　创建重新折弯特征

图 9-110　"突出块"对话框

（2）在"类型"下拉列表框中选择"底数"，并设置"厚度"为 0.6，然后单击"绘制截面"按钮 ，弹出"创建草图"对话框。

（3）选择如图 9-111 所示草图工作平面，绘制如图 9-112 所示的草图。单击"草图"组中的"完成"按钮 ，草图绘制完毕。

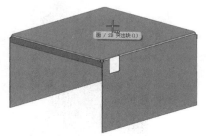

图 9-111　选择草图工作平面

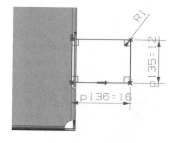

图 9-112　绘制草图

（4）单击"确定"按钮，创建突出块特征，如图 9-113 所示。

10. 创建腔体特征

（1）选择"菜单"→"插入"→"设计特征"→"腔（原有）"命令，弹出如图 9-114 所示的"腔"对话框。

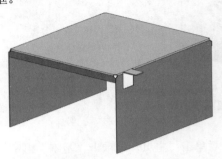

图 9-113　创建突出块特征

图 9-114　"腔"对话框

（2）单击"矩形"按钮，弹出"矩形腔"（放置面选择）对话框，在视图中选择放置面，如图 9-115 所示。

（3）弹出"水平参考"对话框，在视图中选择定位边。弹出如图 9-116 所示的"矩形腔"（参数输入）对话框，从中设置"长度""宽度""深度"为 9、4、1，其他参数为 0，单击"确定"按钮。

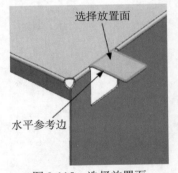

图 9-115　选择放置面

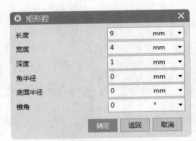

图 9-116　"矩形腔"（参数输入）对话框

（4）弹出"定位"对话框，选择"垂直"定位方式，设置边线 1 和腔体的长中心线的距离为 6，设置边线 2 和腔体的短中心线的距离为 7.5，如图 9-117 所示。单击"确定"按钮，创建腔体（即钣金槽）特征，如图 9-118 所示。

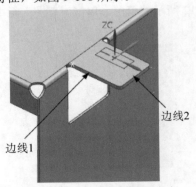

图 9-117　选择钣金槽放置方向

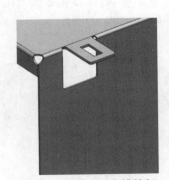

图 9-118　创建钣金槽特征

11. 创建圆角特征

（1）选择"菜单"→"插入"→"拐角"→"倒角"命令，或者单击"主页"选项卡"拐角"组中的"倒角"按钮，弹出如图 9-119 所示的"倒角"对话框。

（2）选择腔体的 4 个棱边，选择"圆角"方法，设置"半径"为 2，单击"确定"按钮，完成倒圆角，如图 9-120 所示。

图 9-119　"倒角"对话框

图 9-120　倒圆角

12. 镜像特征

（1）选择"菜单"→"插入"→"关联复制"→"镜像特征"命令，或者单击"主页"选项卡"特征"组中的"更多"库下的"镜像特征"按钮，弹出如图 9-121 所示的"镜像特征"对话框。

（2）在视图中步骤 9～11 选择要镜像的特征，同时在视图中预览和所选特征相关的所有特征。

（3）在"平面"下拉列表框中选择"新平面"，在视图中选择 XOZ 平面为镜像平面。

（4）单击"确定"按钮，镜像特征后的钣金件如图 9-122 所示。

图 9-121　"镜像特征"对话框

13. 绘制草图

（1）进入建模环境。

（2）选择"菜单"→"插入"→"在任务环境中绘制草图"命令，或者单击"曲线"选项卡"在任务环境中绘制草图"按钮，弹出"创建草图"对话框。

（3）选择如图 9-122 所示的面 1 为草图工作平面，单击"确定"按钮，进入草图绘制环境，绘制如图 9-123 所示的草图。

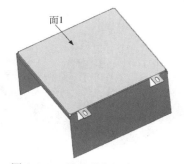

图 9-122　镜像特征后的钣金件

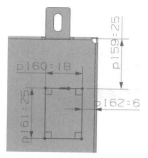

图 9-123　绘制草图

（4）单击"草图"组中的"完成"按钮 ，草图绘制完毕。

14. 创建拉伸特征

（1）隐藏钣金件，选择"菜单"→"插入"→"设计特征"→"拉伸"命令，或者单击"主页"选项卡"特征"组中的"拉伸"按钮 ，弹出如图 9-124 所示的"拉伸"对话框。

（2）在视图中选择如图 9-123 所示草图曲线，在"指定矢量"下拉列表中选择 ^{ZC}（ZC 轴）为拉伸方向。

（3）在"限制"选项组中，将"开始"和"结束"均设置为"值"，将其距离分别设置为-3 和 3。

（4）单击"确定"按钮，创建的拉伸特征如图 9-125 所示。

15. 创建拔模特征

（1）选择"菜单"→"插入"→"细节特征"→"拔模"命令，或者单击"主页"选项卡"特征"组中的"拔模"按钮 ，弹出如图 9-126 所示的"拔模"对话框。

图 9-124 "拉伸"对话框

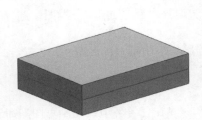

图 9-125 创建拉伸特征

图 9-126 "拔模"对话框

（2）选择"面"类型，选择拉伸体的上表面为固定面，选择拉伸体的 4 个侧面为要拔模的面，如图 9-127 所示。

（3）在"指定矢量"下拉列表中选择 ^{-ZC}（-ZC 轴），设置"角度 1"为 45。

（4）单击"确定"按钮，创建拔模特征，如图 9-128 所示。

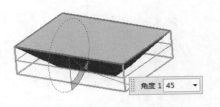

图 9-127 选择要拔模的面

图 9-128 创建拔模特征

16. 创建实体冲压特征

（1）进入钣金环境，显示钣金件。

（2）选择"菜单"→"插入"→"冲孔"→"实体冲压"命令，或者单击"主页"选项卡"冲孔"组中的"实体冲压"按钮 🖱️，弹出如图9-129所示的"实体冲压"对话框。

（3）选择"类型"为"冲压"，选择钣金件的上表面为目标面，选择拉伸体为工具体，选择如图9-130所示的两个面为要穿透的面。

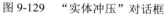

图9-129 "实体冲压"对话框

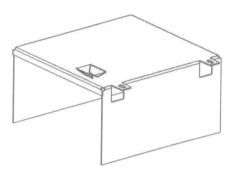

图9-130 选择冲裁面

（4）单击"确定"按钮，创建实体冲压特征，如图9-131所示。

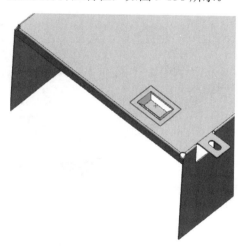

图9-131 创建实体冲压特征

17. 创建法向开孔特征

（1）选择"菜单"→"插入"→"切割"→"拉伸"命令，或者单击"主页"选项卡"特征"组中的"更多"库下的"拉伸"按钮 📖，弹出如图9-132所示"拉伸"对话框。

（2）单击"绘制截面"按钮 📷，弹出"创建草图"对话框。

（3）在视图中选择冲压特征的表面为草图绘制面，绘制如图9-133所示的草图。单击"草图"组中的"完成"按钮 🏁，草图绘制完毕。

图 9-132　"拉伸"对话框

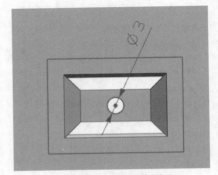

图 9-133　绘制草图

（4）返回"拉伸"对话框，在"指定矢量"下拉列表中选择 ^{ZC}↑（ZC 轴）为拉伸方向。

（5）在"限制"选项组中，将"开始"和"结束"均设置为"值"，将其距离分别设置为 0 和 1，在"布尔"下拉列表框中选择"减去"，选择钣金件，单击"确定"按钮，结果如图 9-134 所示。

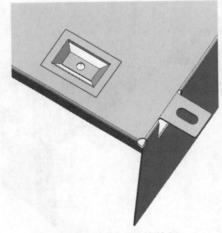

图 9-134　创建拉伸特征

18. 阵列特征

（1）选择"菜单"→"插入"→"关联复制"→"阵列特征"，或者单击"主页"选项卡"特征"组中的"阵列特征"按钮 ，弹出如图 9-135 所示的"阵列特征"对话框。

（2）在视图或部件导航器中选择拉伸、拔模和实体冲压特征为要形成阵列的特征。

（3）在布局中选择"线性"，在方向 1 中指定方向为 ^{XC}（XC 轴），将"数量"设置为 2，"节距"设置为-62。

（4）选中"使用方向 2"复选框，在方向 2 中指定方向为 （YC 轴），将"数量"设置为 2，"节距"设置为 117。

（5）单击"确定"按钮，阵列实体冲压和法向开孔特征，如图 9-136 所示。

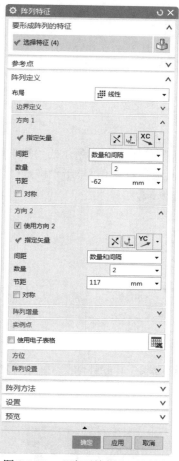

图 9-135　"阵列特征"对话框

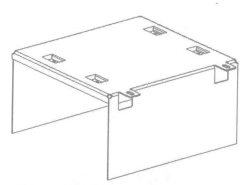

图 9-136　阵列实体冲压和法向开孔特征

19. 创建腔体特征

（1）选择"菜单"→"插入"→"设计特征"→"腔（原有）"命令，弹出如图 9-137 所示的"腔"对话框。

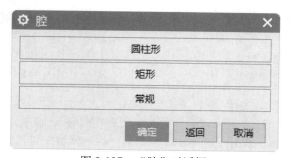

图 9-137　"腔"对话框

（2）单击"矩形"按钮，弹出"矩形腔"（放置面选择）对话框，在视图中选择放置面，如图9-138所示。

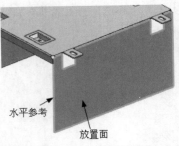

水平参考

放置面

图9-138　选择放置面

（3）弹出"水平参考"对话框，在视图中选择定位边。弹出如图9-139所示的"矩形腔"（参数输入）对话框，设置"长度""宽度""深度"为28、3、1，其他参数为0，单击"确定"按钮。

图9-139　"矩形腔"（参数输入）对话框

（4）弹出"定位"对话框，选择"垂直"定位方式，设置边线1和腔体的长中心线的距离为17，设置边线2和腔体的短中心线的距离为37，如图9-140所示。单击"确定"按钮，创建腔体（即钣金槽）特征，如图9-141所示。

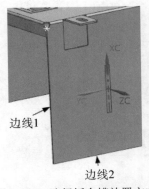

边线1

边线2

图9-140　选择钣金槽放置方向

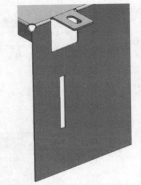

图9-141　创建钣金槽特征

20. 阵列腔体特征创建的钣金槽

（1）选择"菜单"→"插入"→"关联复制"→"阵列特征"，或者单击"主页"选项卡"特征"组中的"阵列特征"按钮 ，弹出如图9-142所示的"阵列特征"对话框。

（2）在视图中或部件导航器中选择上步绘制的腔体特征为要形成阵列的特征。

（3）选择"线性"布局，在方向2中指定方向为 （-YC轴），将"数量"设置为15，"节距"

设置为 7，单击"确定"按钮。阵列特征如图 9-143 所示。

图 9-142 "阵列特征"对话框

图 9-143 阵列特征

21. 创建法向开孔特征

（1）选择"菜单"→"插入"→"切割"→"法向开孔"命令，或者单击"主页"选项卡"特征"组中的"法向开孔"按钮 🔲，弹出如图 9-144 所示"法向开孔"对话框。

（2）单击"绘制截面"按钮 🔝，弹出"创建草图"对话框。在视图中选择如图 9-145 所示的钣金件表面为草图绘制面。

图 9-144 "法向开孔"对话框

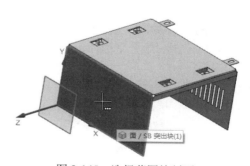

图 9-145 选择草图绘制面

（3）绘制如图 9-146 所示的裁剪轮廓，然后单击"草图"组中的"完成"按钮 ，草图绘制完毕。

（4）返回到"法向开孔"对话框，单击"确定"按钮，创建法向开孔特征，如图 9-147 所示。

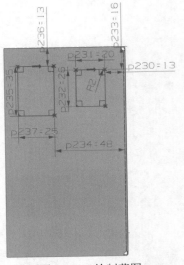

图 9-146　绘制草图

图 9-147　创建法向开孔特征

9.6　上机操作

通过前面的学习，相信读者对本章知识已经有了一个大体的了解，本节将通过两个操作练习帮助读者巩固本章所学的知识要点。

1. 绘制如图 9-148 所示的箱体底板

操作提示：

（1）在"钣金首选项"对话框中，设置"材料厚度"为 0.6，"折弯半径"为 0.6，"让位槽深度"和"让位槽宽度"都为 0。

（2）利用"轮廓弯边"命令，在 XC-YC 平面上绘制如图 9-149 所示的草图 1。

（3）在"轮廓弯边"对话框中，设置"宽度选项"为有限范围，"宽度"为 400，在"止裂口"选项组中的"折弯止裂口"下拉列表框中选择"无"，完成弯边的创建。

（4）利用"弯边"命令，设置"宽度选项"为"□完整"，"长度"为 10，"角度"为 90，参考长度为"外侧"，"内嵌"为"材料外侧"，在"拐角止裂口"和"折弯止裂口"下拉列表框中选择"仅折弯"和"正方形"。分别选择轮廓弯边的前后两边。

图 9-148　箱体底板

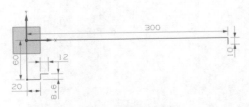

图 9-149　绘制草图 1

2. 绘制如图 9-150 所示的抱匣盒

操作提示：

（1）以 XC-YC 平面为草图放置面，绘制如图 9-151 所示的草图 1。

图 9-150　抱匣盒

图 9-151　绘制草图 1

（2）利用"旋转"命令，将步骤（1）绘制的草图以 Y 轴为旋转轴旋转 90°，两侧偏置为 0 和 1。

（3）利用"凹坑"命令，选择旋转体的上表面为草图绘制面，绘制如图 9-152 所示的草图 2。设置"深度"为 2，"侧角"为 0，"参考深度"为"外侧"，"侧壁"为"材料外侧"；选中"凹坑边倒圆"复选框，设置"冲压半径"和"冲模半径"分别为 1、1，创建凹坑 1。重复"凹坑"命令，在凹坑表面上绘制如图 9-153 所示的草图 3，参数同上，创建凹坑 2。重复"凹坑"命令，在凹坑表面上绘制如图 9-154 所示的草图 4，参数同上，创建凹坑 3。

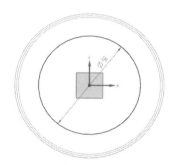

图 9-152　绘制草图 2

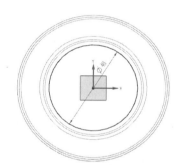

图 9-153　绘制草图 3

（4）利用"法向开孔"命令，选择凹坑表面为草图放置面，绘制如图 9-155 所示的草图 5 进行法向开孔，结果如图 9-156 所示。

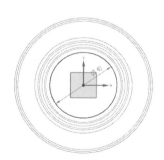

图 9-154　绘制草图 4

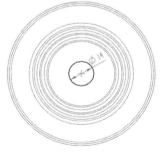

图 9-155　绘制草图 5

图 9-156　创建孔

（5）进入建模环境，选择旋转体的外表面为草图绘制面，绘制如图 9-157 所示的草图 6。利用"拉伸"命令，将草图进行拉伸处理，拉伸距离为 4，并进行求和处理。

（6）将上步绘制的草图向内偏移，偏移距离为 1。利用"腔体"命令。创建常规腔体，设置腔体深度为 3，其他采用默认设置，结果如图 9-158 所示。

图 9-157　绘制草图 6　　　　　　　　　　　　图 9-158　创建常规腔体

（7）利用"边倒圆"命令，选择如图 9-159 所示的边为圆角边，创建圆角。

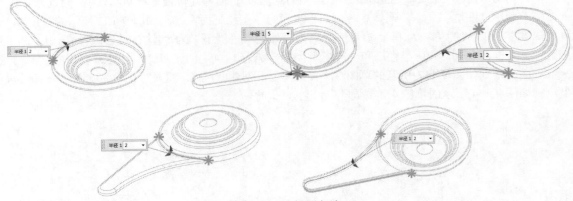

图 9-159　选择圆角边

（8）选择 XC-YC 平面为草图绘制面，绘制如图 9-160 所示的草图 7。利用"拉伸"命令，将草图进行拉伸处理，拉伸距离为 25，并进行求差处理。再以 XC-YC 平面为草图绘制面，利用"拉伸"命令，将草图进行拉伸处理，拉伸开始距离和结束距离为 5 和 25，并进行求差处理。

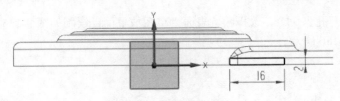

图 9-160　绘制草图 7

第10章

装配建模

导读

UG 的装配模块不仅能快速组合零部件成为产品，而且在装配中，可以参考其他部件进行部件关联设计，并可以对装配建模进行间隙分析、重量管理等相关操作。在完成装配模型后，还可以建立爆炸视图和动画。

精彩内容

☑ 装配基础

☑ 组件

☑ 装配爆炸图

☑ 部件族

☑ 引用集

☑ 组件装配

☑ 对象干涉检查

10.1 装 配 基 础

10.1.1 进入装配环境

（1）选择"菜单"→"文件"→"新建"命令或单击"快速访问"工具栏中的"新建"按钮 🗋，弹出如图 10-1 所示的"新建"对话框。

（2）选择"装配"模板，单击"确定"按钮，弹出"添加组件"对话框。

（3）在"添加组件"对话框，单击"打开"按钮，打开装配零件后进入装配环境。

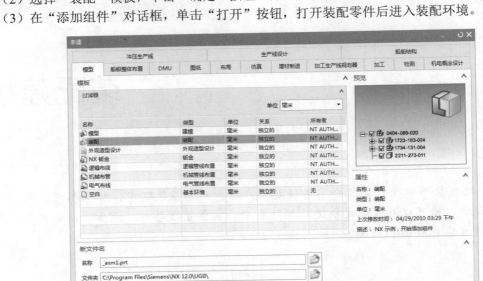

图 10-1 "新建"对话框

10.1.2 相关术语和概念

以下主要介绍装配中的常用术语。

☑ 装配：是指在装配过程中建立部件之间的连接功能。由装配部件和子装配组成。

☑ 装配部件：由零件和子装配构成的部件。在 UG 中允许任何一个 prt 文件中添加部件构成装配，因此任何一个 prt 文件都可以作为装配部件。UG 中零件和部件不必严格区分。需要注意的是：当存储一个装配时，各部件的实际几何数据并不是储存在装配部件文件中，而是储存在相应的部件（即零件文件）中。

☑ 子装配：是在高一级装配中被用作组件的装配，子装配也拥有自己的组件。子装配是一个相对概念，任何一个装配可在更高级的装配中作为子装配。

☑ 组件对象：是一个从装配部件链接到部件主模型的指针实体。一个组件对象记录的信息有：部件名称、层、颜色、线型、线宽、引用集和配对条件等。

☑ 组件部件：也就是装配里组件对象所指的部件文件。组件部件可以是单个部件（即零件），也可以是子装配。需要注意的是：组件部件是装配体引用而不是复制到装配体中的。

☑ 单个零件：是指在装配外存在的零件几何模型，它可以添加到一个装配中去，但它本身不能含有下级组件。

☑ 主模型：利用 Master Model 功能来创建的装配模型，它是由单个零件组成的装配组件。是供 UG 模块共同引用的部件模型。同一主模型，可同时被工程图、装配、加工、机构分析和有限元分析等模块引用，当主模型修改时，相关引用自动更新。

☑ 自顶向下装配：在装配级中创建与其他部件相关的部件模型，是在装配部件的顶级向下生成子装配和部件（即零件）的装配方法。

☑ 自底向上装配：先创建部件几何模型，再组合成子装配，最后生成装配部件的装配方法。

☑ 混合装配：是将自顶向下装配和自底向上装配结合在一起的装配方法。例如，先创建几个主要部件模型，再将其装配到一起，然后在装配中设计其他部件，即为混合装配。

10.1.3　装配导航器

扫码看视频

10.1.3　装配导航器

　　装配导航器也叫装配导航工具，它提供了一个装配结构的图形显示界面，也被称为"树形表"。如图 10-2 所示，掌握了装配导航器才能灵活地运用装配的功能。

图 10-2　"树形表"示意图

1. 节点显示

采用装配树形结构显示，非常清楚地表达了各个组件之间的装配关系。

2. 装配导航器图标

装配结构树中用不同的图标来表示装配中子装配和组件的不同。同时，各零部件不同的装载状态也用不同的图标表示。

☑ 　：表示装配或子装配。
➤ 如果图标是黄色，则此装配在工作部件内。
➤ 如果是黑色实线图标，则此装配不在工作部件内。
➤ 如果是灰色虚线图标，则此装配已被关闭。

☑ 　：表示装配结构树组件。
➤ 如果图标是黄色，则此组件在工作部件内。
➤ 如果是黑色实线图标，则此组件不在工作部件内。
➤ 如果是灰色虚线图标，则此组件已被关闭。

☑ 检查盒：检查盒提供了快速确定部件工作状态的方法，允许用户用一个非常简单的方法装载并显示部件。部件工作状态用检查盒指示器表示。

> □：表示当前组件或子装配处于关闭状态。
> ☑：表示当前组件或子装配处于隐藏状态，此时检查框显灰色。
> ☑：表示当前组件或子装配处于显示状态，此时检查框显红色。

☑ 打开菜单选项：如果将光标移动到装配树的一个节点或选择若干个节点并单击右键，则打开快捷菜单，其中提供了很多便捷命令，以方便用户操作（见图10-3）。

图10-3　打开的快捷菜单

扫码看视频

10.2　引用集

在装配中，各部件含有草图、基准平面及其他辅助图形对象，如果在装配中列出显示所有对象不但容易混淆图形，而且还会占用大量内存，不利于装配工作的进行。通过引用集命令能够限制加载于装配图中的装配部件的不必要信息量。

引用集是用户在零部件中定义的部分几何对象，它代表相应的零部件参与装配。引用集可以包含下列数据对象：零部件名称、原点、方向、几何体、坐标系、基准轴、基准平面和属性等。创建完引用集后，就可以单独装配到部件中。一个零部件可以有多个引用集。执行引用集命令，主要有以下调用方式。

☑ 菜单：选择"菜单"→"格式"→"引用集"命令。

执行上述方式后，系统弹出如图10-4所示"引用集"对话框。

图 10-4　"引用集"对话框

"引用集"对话框中的选项说明如下。

- ☑ 📄添加新的引用集：可以创建新的引用集。输入使用于引用集的名称，并选取对象。
- ☑ ✖删除：已创建的引用集的项目中可以选择性的删除，删除引用集只不过是在目录中被删除而已。
- ☑ 📐设为当前的：把对话框中选取的引用集设定为当前的引用集。
- ☑ 📮属性：编辑引用集的名称和属性。
- ☑ 🛈信息：显示工作部件的全部引用集的名称和属性，个数等信息。

10.3　组　　　件

自底向上装配的设计方法是常用的装配方法，即先设计装配中的部件，再将部件添加到装配中，由底向上逐级进行装配。

10.3.1　添加组件

执行添加组件命令，主要有以下两种方式。

- ☑ 菜单：选择"菜单"→"装配"→"组件"→"添加组件"命令。
- ☑ 功能区：单击"主页"选项卡"装配"组中的"添加"按钮 🎲⁺。

扫码看视频

10.3.1　添加组件

执行上述方式后，弹出如图 10-5 所示"添加组件"对话框。

如果要进行装配的部件还没有打开，可以选择"打开"按钮，从磁盘目录选择；已经打开的部件名字会出现在"已加载的部件"列表框中，可以从中直接选择。单击"确定"按钮，返回如图 10-5 所示"添加组件"对话框。设置相关选项后，单击"确定"按钮，添加组件。

图 10-5 "添加组件"对话框

"添加组件"对话框中的选项说明如下。

1. 要放置的部件

指定要添加到组件中的部件。

☑ 选择部件：选择要添加到工作中的一个或多个部件。

☑ 已加载的部件：列出当前已加载的部件。

☑ 最近访问的部件：列出最近添加的部件。

☑ 打开：单击此按钮，打开"部件名"对话框，选择要添加到工作部件中的一个或多个部件。

☑ 保持选定：在单击应用之后保持部件选择，从而可在下一个添加操作中快速添加同样的这些部件。

☑ 数量：为添加的部件设置要创建的实例数量。

2. 位置

☑ 装配位置：用于选择组件锚点在装配中的初始放置位置。

➢ 对齐：通过选择位置来定义坐标系。

➢ 绝对坐标系⊡工作部件：将组件放置于当前工作部件的绝对原点。

➢ 绝对坐标系⊡显示部件：将组件放置于显示装配的绝对原点。

➢ 工作坐标系：将组件放置于工作坐标系。

☑ 循环定向：用于根据装配位置设置指定不同的组件方向。

3. 放置

☑ 约束：按照几何对象之间的配对关系指定部件在装配图中的位置。

☑ 移动：用于通过点 对话框或坐标系操控器指定部件的方向。

4. 设置

☑ 分散组件：可自动将组件放置在各个位置，以使组件不重叠。

☑ 保持约束：创建用于放置组件的约束。可以在装配导航器 和约束导航器 中选择这些约束。

☑ 预览：在图形窗口中显示组件的预览。

☑ 启用预览窗口：在单独的组件预览窗口中显示组件的预览。

☑ 名称：将当前所选组件的名称设置为指定的名称。

☑ 引用集：设置已添加组件的引用集。

☑ 图层选项：该选项用于指定部件放置的目标层。

　　➢ 工作的：该选项用于将指定部件放置到装配图的工作层中。

　　➢ 原始的：该选项用于将部件放置到部件原来的层中。

　　➢ 按指定的：该选项用于将部件放置到指定的层中。选择该选项，在其下端的指定"层"文本框中输入需要的层号即可。

10.3.2　新建组件

执行新建组件命令，主要有以下两种方式。

☑ 菜单：选择"菜单"→"装配"→"组件"→"新建组件"命令。

☑ 功能区：单击"主页"选项卡"装配"组中的"新建"按钮 。

执行上述方式后，打开"新组件文件"对话框。设置相关参数后，单击"确定"按钮。弹出如图10-6 所示的"新建组件"对话框。

图 10-6　"新建组件"对话框

"新建组件"对话框中的选项说明如下。

1. 对象

☑ 选择对象：允许选择对象，以创建为包含几何体的组件。

☑ 添加定义对象：勾选此复选框，可以在新组件部件文件中包含所有参数对象。

2. 设置

☑ 组件名：指定新组件名称。

☑ 引用集：在要添加所有选定几何体的新组件中指定引用集。

☑ 引用集名称：指定组件引用集的名称。

☑ 组件原点：指定绝对坐标系在组件部件内的位置。

    ➤ WCS：指定绝对坐标系的位置和方向与显示部件的 WCS 相同。

    ➤ 绝对坐标系：指定对象保留其绝对坐标位置。

3. 删除原对象

选中此复选框，删除原始对象，同时将选定对象移至新部件。

10.3.3 替换组件

使用此命令，移除现有组件，并用另一个类型为.prt 文件的组件将其替换。执行替换组件命令，主要有以下两种方式。

☑ 菜单：选择"菜单"→"装配"→"组件"→"替换组件"命令。

☑ 功能区：单击"主页"选项卡 "替换组件"按钮 。

执行上述方式后，弹出如图 10-7 所示的"替换组件"对话框。

图 10-7 "替换组件"对话框

"替换组件"对话框中的选项说明如下。

☑ 要替换的组件：选择一个或多个要替换的组件。

☑ 替换件：各选项说明如下。

    ➤ 选择部件：在图形窗口、已加载列表或未加载列表中选择替换组件。

> ➢ 已加载的部件：在列表中显示所有加载的组件。
> ➢ 未加载的部件：显示候选替换部件列表的组件。
> ➢ 浏览 📂：浏览到包含部件的目录。

☑ 设置：各选项说明如下。

> ➢ 保持关系：指定在替换组件后是否尝试维持关系。
> ➢ 替换装配中的所有事例：在替换组件时是否替换所有事例。
> ➢ 组件属性：允许指定替换部件的名称、引用集和图层属性。

10.3.4 创建阵列组件

使用此命令，为装配中的组件创建命名的关联阵列。执行阵列组件命令，主要有以下两种方式。

☑ 菜单：选择"菜单"→"装配"→"组件"→"阵列组件"命令。

☑ 功能区：单击"主页"选项卡"装配"组中的"阵列组件"按钮 ⊞⁺。

执行上述方式后，弹出如图 10-8 所示的"阵列组件"对话框。该对话框中的各选项同 6.3.3 节"阵列特征"对话框中选项功能相同，兹不赘述。

图 10-8 "阵列组件"对话框

10.4 组 件 装 配

10.4.1 移除组件

使用此命令可在装配中移动并有选择地复制组件，可以选择并移动具有同一父项的多个组件。执行移除组件命令，主要有以下两种方式。

☑ 菜单：选择"菜单"→"装配"→"组件位置"→"移动组件"命令。

☑ 功能区：单击"主页"选项卡"装配"组中的"移动组件"按钮 📦。

执行上述方式后，弹出如图 10-9 所示"移动组件"对话框。

图 10-9　"移动组件"对话框

"移动组件"对话框中的选项说明如下。

1. 变换

☑ 运动：各选项说明如下。

　➢ 　动态：用于通过拖动、使用图形窗口中的输入框或通过点对话框来重定位组件。

　➢ 　根据约束：用于通过创建移动组件的约束来移动组件。

　➢ 　点到点：用于采用点到点的方式移动组件。单击该图标，打开"点"对话框，提示先后选择两个点，系统根据这两点构成的矢量和两点间的距离，来沿着这个矢量方向移动组件。

　➢ 　增量 XYZ：用于沿 X、Y 和 Z 坐标轴方向移动一个距离。如果输入的值为正，则沿坐标轴正向移动。反之，沿负向移动。

　➢ 　角度：用于指定矢量和轴点旋转组件。在"角度"文本框，输入要旋转的角度值。

　➢ 　坐标系到坐标系：用于采用移动坐标方式移动所选组件。选择一种坐标定义方式定义参考坐标系和目标坐标系，则组件从参考坐标系的相对位置移动到目标坐标系中的对应位置。

　➢ 　将轴与矢量对齐：用于在选项的两轴之间旋转所选的组件。

　➢ 　根据三点旋转：用于在两点间旋转所选的组件。单击图标，系统会打开"点"对话框，要求先后指定 3 个点，WCS 将原点落到第一个点，同时计算 1 和 2 点构成的矢量和 1 和 3 点构成的矢量之间的夹角，按照这个夹角旋转组件。

☑ 只移动手柄：选中此复选框，用于只拖动 WCS 手柄。

2. 模式

☑ 不复制：在移动过程中不复制组件。

☑ 复制：在移动过程中自动复制组件。

☑ 手动复制：在移动过程中复制组件，并允许控制副本的创建时间。

3. 设置

☑ 仅移动选定的组件：用于移动选定的组件。约束到所选组件的其他组件不会移动。

☑ 动画步骤：在图形窗口中设置组件移动的步数。

☑ 动态定位：选中此复选框，对约束求解并移动组件。

☑ 移动曲线和管线布置对象：选中此复选框，对对象和非关联曲线进行布置，使其在用于约束中进行移动。

☑ 动态更新管线布置实体：选中此复选框，可以在移动对象时动态更新管线布置对象位置。

☑ 碰撞动作：用于设置碰撞动作选项。该下拉列表框包括"无""高亮显示碰撞""在碰撞前停止"3 个选项。

扫码看视频

10.4.2　装配约束

约束关系是指组件的点、边、面等几何对象之间的配对关系，以此确定组件在装配中的相对位置。这种装配关系是由一个或者多个关联约束组成，通过关联约束来限制组件在装配中的自由度。对组件的约束效果包含以下内容。

10.4.2　装配约束

☑ 完全约束：组件的全部自由度都被约束，在图形窗口中看不到约束符号。

☑ 欠约束：组件还有自由度没被限制，称为欠约束，在装配中允许欠约束存在。

执行装配约束命令，主要有以下两种方式。

☑ 菜单：选择"菜单"→"装配"→"组件位置"→"装配约束"命令。

☑ 功能区：单击"主页"选项卡"装配"组中的"装配约束"按钮 🔩。

执行上述方式后，弹出如图 10-10 所示"装配约束"对话框。

图 10-10　"装配约束"对话框

"装配约束"对话框中的选项说明如下。

☑ 🔩接触对齐：各选项说明如下。

　➤ 接触：定义两个同类对象相一致。

　➤ 对齐：对齐匹配对象。

　➤ 自动判断中心 / 轴：使圆锥、圆柱和圆环面的轴线重合。

☑ ◎同心：将相配组件中的一个对象定位到基础组件中的一个对象的中心上，其中一个对象必须是圆柱体或轴对称实体。

☑ 🔩距离：该配对类型约束用于指定两个相配对象间的最小距离，距离可以是正值也可以是负值，正负号确定相配组件在基础组件的哪一侧。距离"距离表达式"选项的数值确定。

☑ ⊥固定：将组件固定在其当前位置上。

☑ ∥平行：约束两个对象的方向矢量彼此平行。

☑ ⊥垂直：约束两个对象的方向矢量彼此垂直。

☑ ＝适合窗口：将半径相等的两个圆柱面结合在一起。

☑ 胶合：将组件焊接在一起，使它们作为刚体移动。

☑ 中心：该配对类型约束两个对象的中心，使其中心对齐。

　　➤ "1 对 2"：将相配组件中的一个对象定位到基础组件中的两个对象的中心上。

　　➤ "2 对 1"：将相配组件中的两个对象定位到基础组件中的一个对象的中心上，并与其对称。

　　➤ "2 对 2"：将相配组件中的两个对象定位到基础组件中的两个对象成对称布置。

☑ 角度：该配对类型是在两个对象之间定义角度，用于约束匹配组件到正确的方向上。

10.4.3　显示和隐藏约束

扫码看视频

10.4.3　显示和隐藏约束

使用此命令可以控制选定的约束、与选定组件相关联的所有约束和选定组件之间的约束。执行显示和隐藏约束命令，方式如下。

☑ 菜单：选择"菜单"→"装配"→"组件位置"→"显示和隐藏约束"命令。

执行上述方式后，弹出如图 10-11 所示"显示和隐藏约束"对话框。

图 10-11　"显示和隐藏约束"对话框

"显示和隐藏约束"对话框中的选项说明如下。

☑ 选择组件或约束：选择操作中使用的约束所属组件或各个约束。

☑ 设置：各选项说明如下。

　　➤ 可见约束：用于指定在操作之后可见约束是为选定组件之间的约束，还是与任何选定组件相连接的所有约束。

　　➤ 更改组件可见性：用于指定是否仅仅是操作结果中涉及的组件可见。

扫码看视频

10.4.4　笔记本装配

　　➤ 过滤装配导航器：用于指定是否在装配导航器中过滤操作结果中未涉及的组件。

10.4.4　实例——笔记本电脑装配

前面章节介绍了笔记本电脑各个部件的绘制，本节将对其进行装配。首先依次插入前面绘制的不同零件，然后添加对齐配合关系，完成笔记本电脑的最终装配，如图 10-12 所示。

图 10-12　笔记本电脑装配

操作步骤如下。

1. 创建新文件

选择"文件"→"新建"命令或单击"快速访问"工具栏中的"新建"按钮 🗋，弹出"新建"对话框，如图 10-13 所示。在"模板"选项组中选择"装配"，在"名称"文本框中输入 bijiben，单击"确定"按钮，进入装配环境。

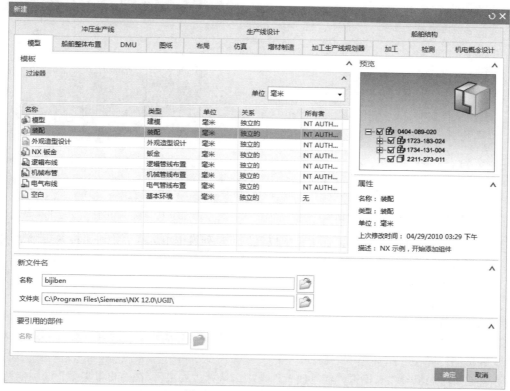

图 10-13　"新建"对话框

2. 添加主机

（1）选择"菜单"→"装配"→"组件"→"添加组件"命令，或者单击"主页"选项卡"装配"组中的"添加"按钮 🐝⁺，弹出"添加组件"对话框，如图 10-14 所示。

（2）单击"打开"按钮，弹出"部件名"对话框。根据部件的存放路径选择部件 zhuji，单击 OK 按钮，弹出"组件预览"窗口，如图 10-15 所示。

图 10-14 "添加组件"对话框

图 10-15 "组件预览"窗口

（3）返回"添加组件"对话框，在"装配位置"下拉列表框中选择"绝对坐标系-工作部件"，单击"确定"按钮，将笔记本电脑主机添加到装配环境原点处。

3. 添加显示屏并装配

（1）选择"菜单"→"装配"→"组件"→"添加组件"命令，或者单击"主页"选项卡"装配"组中的"添加"按钮 🖳，弹出"添加组件"对话框。

（2）单击"打开"按钮，弹出"部件名"对话框。根据部件的存放路径选择部件 xianshiping，单击"确定"按钮，弹出"组件预览"窗口。

（3）返回"添加组件"对话框，在"放置"选项卡选择"约束"，在"约束类型"选项卡选择"接触对齐"，"方位"设置为"自动判断中心/轴"，选择如图 10-16 所示的显示屏圆柱面 1 和主机的圆孔面 2，单击"应用"按钮。

（4）在"约束类型"选项卡选择"中心"，子类型设置为"2 对 2"，分别选择如图 10-17 所示的显示屏端面 1、凸台端面 2、端面 3 和端面 4，单击"应用"按钮。

（5）选择显示屏的外表面和主机的上表面，并在"约束类型"选项卡选择"角度"，在"角度"文本框中输入 120，单击"确定"按钮，结果如图 10-18 所示。

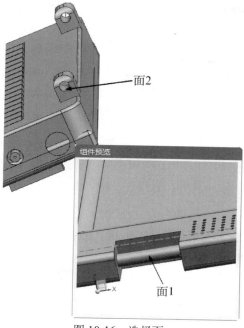

图 10-16　选择面

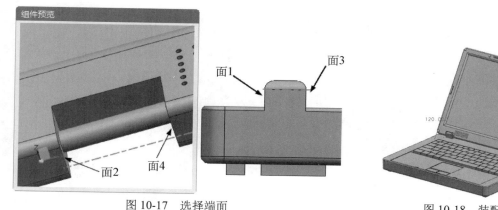

图 10-17　选择端面

图 10-18　装配模型

4．添加电缆并装配

（1）选择"菜单"→"装配"→"组件"→"添加组件"命令，或者单击"主页"选项卡"装配"组中的"添加"按钮 ，弹出"添加组件"对话框。

（2）单击"打开"按钮，弹出"部件名"对话框。根据部件的存放路径选择部件 dianlan，弹出"组件预览"窗口。

（3）返回"添加组件"对话框，在"放置"选项卡选择"约束"，在"约束类型"选项卡选择"接触对齐"，"方位"设置为"自动判断中心/轴"，选择如图 10-19 所示的电缆圆柱面和主机的圆孔面，单击"应用"按钮。

（4）在"约束类型"选项卡选择"距离"，选择如图 10-19 所示的电缆距离配合面和主机距离配合面，设置距离为 1，单击"确定"按钮，生成模型如图 10-20 所示。

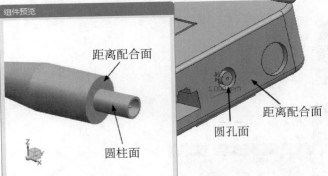

图 10-19　配对模型

图 10-20　装配模型

5. 添加适配器并装配

（1）选择"菜单"→"装配"→"组件"→"添加组件"命令，或者单击"主页"选项卡"装配"组中的"添加"按钮，弹出"添加组件"对话框。

（2）单击"打开"按钮，弹出"部件名"对话框。根据部件的存放路径选择部件 shipeiqi，弹出"组件预览"窗口。

（3）返回"添加组件"对话框，在"放置"选项卡选择"约束"，在"约束类型"选项卡选择"接触对齐"，"方位"设置为"自动判断中心 / 轴"，选择如图 10-21 所示的电缆圆柱面和适配器的圆孔面，单击"应用"按钮。

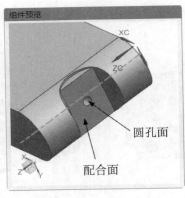

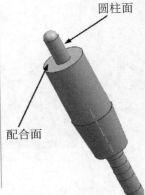

图 10-21　配对模型

（4）在"约束类型"选项卡选择"接触对齐"，"方位"设置为"接触"，选择如图 10-21 所示的电缆配合面和适配器配合面，单击"确定"按钮，生成模型如图 10-22 所示。

6. 添加插头并装配

（1）选择"菜单"→"装配"→"组件"→"添加组件"命令，或者单击"主页"选项卡"装配"组中的"添加"按钮，弹出"添加组件"对话框。

（2）单击"打开"按钮，弹出"部件名"对话框。根据部件的存放路径选择部件 chatou，弹出"组件预览"窗口。

（3）返回"添加组件"对话框，在"放置"选项卡选择"约束"，在"约束类型"选项卡选择"接触对齐"，"方位"设置为"自动判断中心 / 轴"，选择如图 10-23 所示的插头圆柱面和适配器的圆孔面，单击"应用"按钮。

图 10-22　装配模型

（4）在"约束类型"选项卡选择"接触对齐"，"方位"设置为"接触"，选择如图 10-24 所示的插头接触面和适配器接触面，单击"应用"按钮。

（5）在"约束类型"选项卡选择"平行"，选择如图 10-23 所示的插头平行面和适配器平行面，单击"确定"按钮，生成模型如图 10-24 所示。

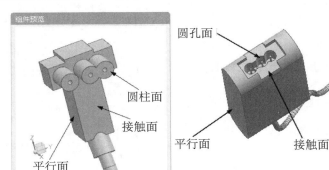

图 10-23　配对模型

图 10-24　最终模型

10.5　装配爆炸图

爆炸图是在装配环境下把组成装配的组件拆分开来，更好地表达整个装配的组成状况，便于观察每个组件的一种方法。爆炸图是一个已经命名的视图，一个模型中可以有多个爆炸图。UG 默认的爆炸图名为 Explosion，后加数字后缀。用户也可根据需要指定爆炸图名称。

10.5.1　新建爆炸图

使用此命令可创建新的爆炸图，组件将在其中以可见方式重定位，生成爆炸图。执行新建爆炸图命令，方式如下。

☑ 菜单：选择"菜单"→"装配"→"爆炸图"→"新建爆炸"命令。

执行上述方式后，弹出如图 10-25 所示"新建爆炸"对话框。

在该对话框中输入爆炸视图的名称，或者接受默认名。

图 10-25　"新建爆炸"对话框

10.5.2 自动爆炸视图

扫码看视频

10.5.2 自动爆炸视图

使用此命令可以定义爆炸图中一个或多个选定组件的位置。沿基于组件的装配约束的矢量，偏置每个选定的组件。执行自动爆炸视图命令，方式如下。

☑ 菜单：选择“菜单”→“装配”→“爆炸图”→“自动爆炸组件”命令。

执行上述方式后，弹出“类选择”对话框。选择要爆炸的组件，弹出如图 10-26 所示的“自动爆炸组件”对话框。

☑ 距离：该选项用于设置自动爆炸组件之间的距离。

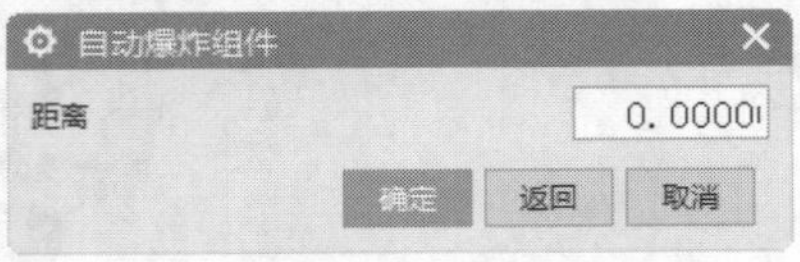

图 10-26 “自动爆炸组件”对话框

10.5.3 编辑爆炸图

使用此命令，重新定位爆炸图中选定的一个或多个组件。执行编辑爆炸图命令，方式如下。

扫码看视频

10.5.3 编辑爆炸图

☑ 菜单：选择“菜单”→“装配”→“爆炸图”→“编辑爆炸”命令。

执行上述方式后，系统弹出如图 10-27 所示“编辑爆炸”对话框。

图 10-27 “编辑爆炸”对话框

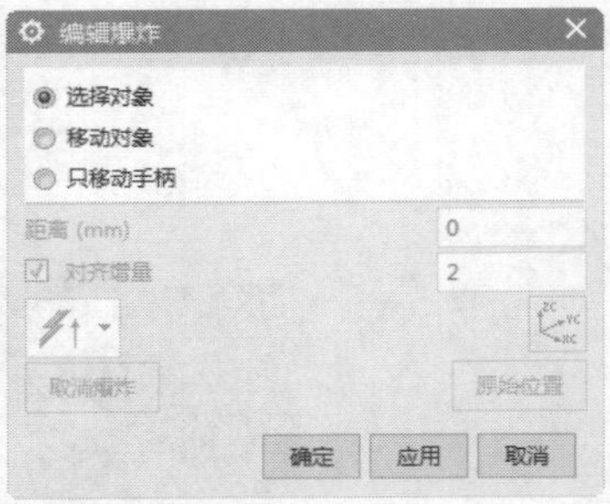

☑ 选择对象：选择要爆炸的组件。

☑ 移动对象：用于移动选定的组件。

☑ 只移动手柄：用于移动拖动手柄而不移动任何其他对象。

☑ 距离 / 角度：设置距离或角度以重新定位所选组件。

☑ 对齐增量：选中此复选框，可以拖动手柄时移动的距离或旋转的角度设置捕捉增量。

☑ 取消爆炸：将选定的组件移回其未爆炸的位置。

☑ 原始位置：将所选组件移回它在装配中的原始位置。

10.6 对象干涉检查

扫码看视频

10.6 对象干涉检查

执行简单干涉命令，方式如下。

☑ 菜单：选择“菜单”→“分析”→“简单干涉”命令。

执行上述方式后，弹出如图 10-28 所示“简单干涉”对话框。

☑ 干涉体：该选项用于以产生干涉体的方式显示给用户发生干涉的对象。在选择了要检查的实体后，则会在工作区中产生一个干涉实体，以便用户快速地找到发生干涉的对象。

☑ 高亮显示的面对：该选项主要用于加亮表面的方式显示给用户干涉的表面。选择要检查干涉的第一体和第二体，高亮显示发生干涉的面。

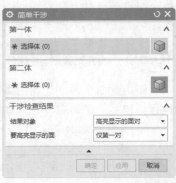

图 10-28 “简单干涉”对话框

10.7　部　件　族

部件族提供通过一个模板零件快速定义一类类似的组件（零件或装配）族方法。该功能主要用于建立一系列标准件，可以一次生成所有的相似组件。执行部件族命令，方式如下。

☑ 菜单：选择"菜单"→"工具"→"部件族"命令。

执行上述方式后，弹出如图 10-29 所示"部件族"对话框。

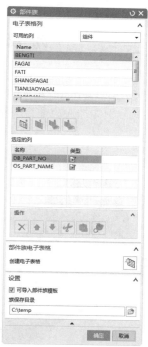

图 10-29　"部件族"对话框

☑ 可导入部件族模板：该选项用于连接 UG/Manager 和 IMAN 进行产品管理，一般情况下，保持默认选项即可。

☑ 可用的列：该下拉列表框中列出了用来驱动系列组件的参数选项。

➤ 表达式：选择表达式作为模板，使用不同的表达式值来生成系列组件。

➤ 属性：将定义好的属性值设为模板，可以为系列件生成不同的属性值。

➤ 组件：选择装配中的组件作为模板，用以生成不同的装配。

➤ 镜像：选择镜像体作为模板，同时可以选择是否生成镜像体。

➤ 密度：选择密度作为模板，可以为系列件生成不同的密度值。

➤ 特征：选择特征作为模板，同时可以选择是否生成指定的特征。

☑ 族保存目录：可以利用"浏览…"按钮来指定生成的系列件的存放目录。

☑ 部件族电子表格：选项说明如下。

➤ 创建电子表格：选中该选项后，系统会自动调用 Excel 表格，选中的相应条目会被列举在其中，如图 10-30 所示。

图 10-30　创建 Excel 表格

扫码看视频

10.8　滑动轴承装配

10.8　综合实例——滑动轴承装配

前面讲述了滑动轴承的各个部件的创建，本节将介绍如何对其进行装配（中心配对、距离配对、面配对等）。首先依次添加各零件，然后分别添加对应配合关系，完成装配。其装配流程如图 10-31 所示。

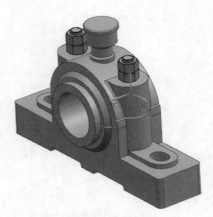

图 10-31　流程图

操作步骤如下。

1. 创建装配文件

选择"文件"→"新建"命令或单击"快速访问"工具栏中的"新建"按钮🗋，弹出"新建"对话框，如图 10-32 所示。在"模板"选项组中选择"装配"，在"名称"文本框中输入 huadongzhoucheng，单击"确定"按钮，进入装配环境。

2. 添加表壳

（1）系统自动弹出"添加组件"对话框，如图 10-33 所示。

（2）单击"打开"按钮，弹出"部件名"对话框。根据部件的存放路径选择部件 zhuochengzuo，单击 OK 按钮，弹出"组件预览"窗口，如图 10-34 所示。

（3）在"添加组件"对话框中的"装配位置"下拉列表框中选择"绝对坐标系-工作部件"，单击"确定"按钮，将轴承座添加到装配环境中的原点处，如图 10-35 所示。

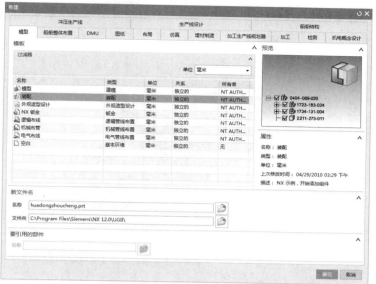

图 10-32　"新建"对话框

图 10-33　"添加组件"对话框

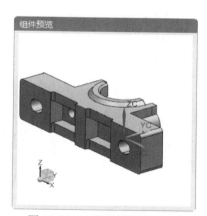

图 10-34　"组件预览"窗口

3. 添加上盖并装配

（1）选择"菜单"→"装配"→"组件"→"添加组件"命令，或者单击"主页"选项卡"装配"组中的"添加"按钮 ，弹出"添加组件"对话框。

（2）单击"打开"按钮，弹出"部件名"对话框。根据部件的存放路径选择部件 shanggai，弹出"组件预览"窗口。

（3）在"添加组件"对话框中的"放置"选项卡选择"约束"，在"约束类型"选项卡选择"接触对齐"，"方位"设置为"自动判断中心/轴"，选择如图10-36所示的轴承座上的大孔圆柱面1和上盖大孔圆柱面2，单击"应用"按钮。

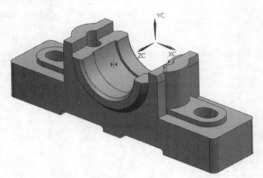

图 10-35　添加轴承座

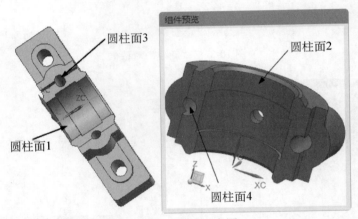

图 10-36　装配示意图

（4）选择如图10-36所示的圆柱面3和圆柱面4，单击"确定"按钮，结果如图10-37所示。

图 10-37　装配上盖

4. 添加轴衬并装配

（1）选择"菜单"→"装配"→"组件"→"添加组件"命令，或者单击"主页"选项卡"装配"组中的"添加"按钮 ，弹出"添加组件"对话框。

（2）单击"打开"按钮，弹出"部件名"对话框。根据部件的存放路径选择部件 zhouchen，弹出"组件预览"窗口。

（3）在"添加组件"对话框中的"放置"选项卡选择"约束"，在"约束类型"选项卡选择"接触对齐""方位"设置为"自动判断中心/轴"，选择如图 10-38 所示的上盖的小孔圆柱面 1 和轴衬的小孔圆柱面 2，单击"应用"按钮。

（4）选择如图 10-38 所示的轴承座上的大孔圆柱面 3 和轴衬的大圆柱面 4，单击"确定"按钮，结果如图 10-39 所示。

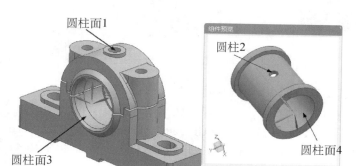

图 10-38　装配示意图　　　　　　　　　　图 10-39　装配轴衬

5. 添加固定套并装配

（1）选择"菜单"→"装配"→"组件"→"添加组件"命令，或者单击"主页"选项卡"装配"组中的"添加组件"按钮 🛠️，弹出"添加组件"对话框。

（2）单击"打开"按钮，弹出"部件名"对话框。根据部件的存放路径选择部件 gudingtao，弹出"组件预览"窗口。

（3）在"添加组件"对话框中的"放置"选项卡选择"约束"，在"约束类型"选项卡选择"同心"，选择如图 10-40 所示的上盖的小孔倒角边线 1 和固定套上的边线 2，单击"确定"按钮，结果如图 10-41 所示。

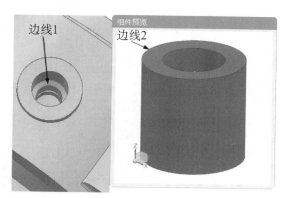

图 10-40　装配示意图　　　　　　　　　　图 10-41　装配固定套

6. 添加油杯并装配

（1）选择"菜单"→"装配"→"组件"→"添加组件"命令，或者单击"主页"选项卡"装配"组中的"添加组件"按钮 🛠️，弹出"添加组件"对话框。

（2）单击"打开"按钮，弹出"部件名"对话框。根据部件的存放路径选择部件 youbei，弹出"组件预览"窗口。

（3）在"添加组件"对话框中的"放置"选项卡选择"约束"，在"约束类型"选项卡选择"同心"，选择如图 10-42 所示的上盖的上端面边线 1 和油杯上的边线 2，单击"确定"按钮，结果如图 10-43 所示。

图 10-42　装配示意图

图 10-43　装配油杯

7. 调用螺栓

（1）在左侧资源条上单击"重用库"图标，展开重用库，单击 GB Standard Parts→Bolt→Hex Head 文件夹，成员选择栏中显示所选文件夹中的文件，在这里选择 GB-T 5786-2000 型号，如图 10-44 所示。

（2）在重用库中双击选择的螺栓或拖动螺栓到视图中，弹出"添加可重用组件"对话框，在主参数栏的"大小"下拉列表中选择 M12×1.5 尺寸，在"长度"下拉列表中选择 120，如图 10-45 所示。

（3）在放置栏的"多重添加"下拉列表中选择"添加后生成阵列"选项，在"定位"下拉列表中选择"根据约束"选项，如图 10-45 所示，单击"确定"按钮。

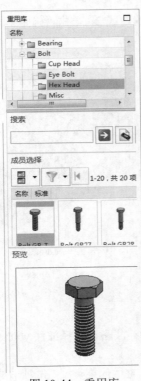

图 10-44　重用库

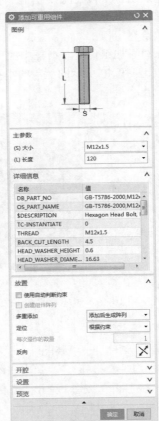

图 10-45　"添加可重用组件"对话框

（4）弹出"重新定义约束"对话框和组件预览窗口，如图 10-46 所示。在约束栏中选择"对齐"选项，在视图中选择如图 10-47 所示上盖中的小孔轴线为要约束的几何体，使其与螺栓轴线对齐。

（5）在约束栏中选择"距离"选项，在视图中选择如图 10-48 所示轴承座的面为要约束的几何体，使其与螺栓端面接触，单击"确定"按钮，如图 10-49 所示。

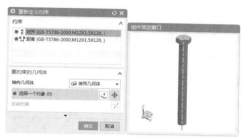

图 10-46 "重新定义约束"对话框和组件预览窗口

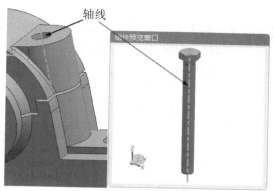

图 10-47 选择轴线

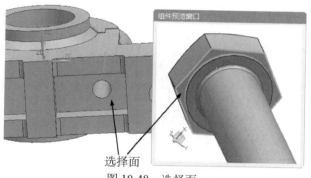

图 10-48 选择面

图 10-49 安装螺栓

（6）弹出"阵列组件"对话框，在"布局"下拉列表中选择"线性"线性，在"指定矢量"下拉列表中选择 $\overset{xc}{\times}$（-XC 轴），输入数量为 2，节距为 85，如图 10-50 所示，单击"确定"按钮，完成螺栓的阵列，如图 10-51 所示。

图 10-50 "阵列组件"对话框

图 10-51 阵列螺栓

8. 调用螺母

（1）在左侧资源条上单击"重用库"图标，展开重用库，单击 GB Standard Parts→Nut→Hex 文件夹，成员选择栏中显示所选文件夹中的文件，在这里选择 GB-T 6176_F-2000 型号，如图 10-52 所示。

（2）拖动螺母到视图中，弹出"添加可重用组件"对话框，在主参数栏的"大小"下拉列表中选择 M12。

（3）在放置栏的"多重添加"下拉列表中选择"无"选项，在"定位"下拉列表中选择"仅自动判断"选项，如图 10-53 所示，单击"确定"按钮。

9. 装配螺母

（1）选择"菜单"→"装配"→"组件位置"→"装配约束"命令，或者单击"主页"选项卡"装配"组中的"装配约束"按钮，弹出"装配约束"对话框，如图 10-54 所示。

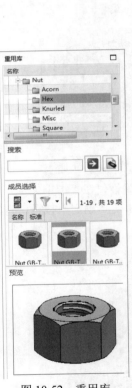

图 10-52　重用库

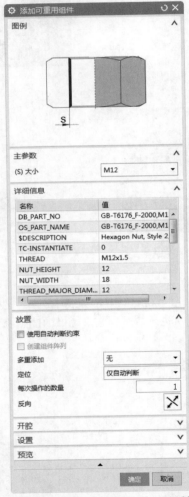

图 10-53　"添加可重用组件"对话框

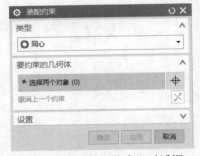

图 10-54　"装配约束"对话框

（2）在"约束类型"选项卡选择"同心"，选择如图 10-55 所示的上盖的孔边线 1 和螺母的孔边线 2，单击"确定"按钮，结果如图 10-56 所示。

（3）重复以上步骤，调用和装配第二个螺母，如图 10-57 所示。

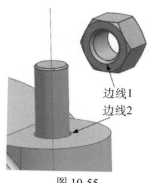

边线1
边线2

图 10-55

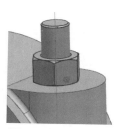

图 10-56　装配螺母

图 10-57　装配第二个螺母

10. 镜像螺母

（1）选择"菜单"→"装配"→"组件"→"镜像装配"命令，系统弹出"镜像装配向导"对话框 1，如图 10-58 所示。

图 10-58　"镜像装配向导"对话框 1

（2）单击"下一步"按钮，弹出"镜像装配向导"对话框 2，如图 10-59 所示，在视图中选择前面装配的两个螺母，单击"下一步"按钮。

图 10-59　"镜像装配向导"对话框 2

（3）弹出"镜像装配向导"对话框 3，如图 10-60 所示。单击"创建基准平面"按钮□，弹出"基准平面"对话框，在类型下拉列表中选择"YC-ZC 平面"，如图 10-61 所示，单击"确定"按钮。

Note

图 10-60　"镜像装配向导"对话框 3

图 10-61　"基准平面"对话框

（4）返回到"镜像装配向导"对话框 3，单击"下一步"按钮，弹出"镜像装配向导"对话框 4，如图 10-62 所示，单击"完成"按钮，结果如图 10-63 所示。

图 10-62　"镜像装配向导"对话框 4

11. 隐藏约束和基准平面

（1）选择"菜单"→"编辑"→"显示和隐藏"→"隐藏"命令，弹出"类选择"对话框，单击"类型过滤器"按钮，弹出"按类型选择"对话框，选择"基准"和"装配约束"选项，如图 10-64 所示。

（2）单击"确定"按钮，返回到"类选择"对话框中，单击"全选"按钮，视图中的装配约束和基准全部被选中，单击"确定"按钮。

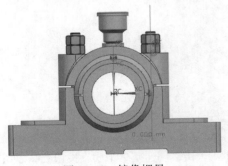

图 10-63　镜像螺母

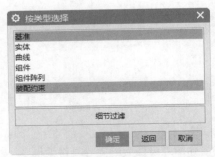

图 10-64　"按类型选择"对话框

10.9　上机操作

通过前面的学习，相信读者对本章知识已经有了一个大体的了解，本节将通过一个操作练习帮助读者巩固本章所学的知识要点。

装配如图 10-65 所示的笔。

操作提示：

（1）利用"添加组件"命令，以绝对原点定位方式将笔壳放置在坐标原点处。

（2）利用"添加组件"命令，以"约束"定位方式添加笔芯；选择笔壳外圆柱面和笔芯外圆柱面，在"添加组件"对话框中选择"接触对齐"类型，自动判断中心 / 轴方位；选择距离类型，选择如图 10-66 所示的面作为距离面，距离为 2。

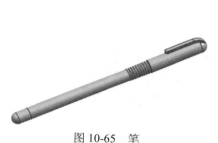

图 10-65　笔

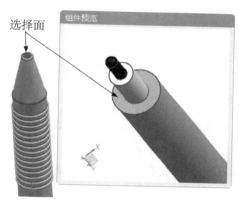

图 10-66　选择面 1

（3）利用"添加组件"命令，以"约束"定位方式添加笔后盖；选择笔壳外圆柱面和笔后盖外圆柱面，在"添加组件"对话框中选择"接触对齐"类型，自动判断中心 / 轴方位；选择如图 10-67 所示的面作为接触面，在"添加组件"对话框中选择"接触对齐"类型，自动判断中心 / 轴方位。

（4）利用"添加组件"命令，以"约束"定位方式添加笔前端盖；选择笔壳外圆柱面和笔前端盖外圆柱面，在"添加组件"对话框中选择"接触对齐"类型，自动判断中心 / 轴方位；选择"距离"类型，选择如图 10-68 所示的面作为距离面，距离为 30。

图 10-67　选择面 2

图 10-68　选择面 3

第11章

工程图绘制

导读

利用 UG 建模功能创建的零件和装配模型，可以被引用到 UG 制图功能中快速生成二维工程图，UG 制图功能模块建立的工程图是由投影三维实体模型得到的，因此，二维工程图与三维实体模型完全关联，模型的任何修改都会引起工程图的相应变化。

精彩内容

- ☑ 进入工程图环境
- ☑ 视图管理
- ☑ 中心线
- ☑ 表格

- ☑ 图纸管理
- ☑ 视图编辑
- ☑ 尺寸和符号标注

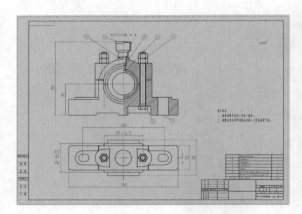

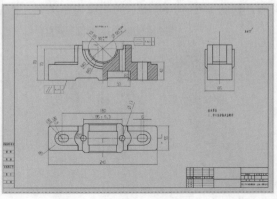

Note

11.1 进入工程图环境

本节介绍工程图的应用及如何进入工程图环境。

在 UG NX 12.0 中，可以运用"制图"模块，在建模基础上生成平面工程图。由于建立的平面工程图是由三维实体模型投影得到的，因此，平面工程图与三维实体完全相关，实体模型的尺寸、形状，以及位置的任何改变都会引起平面工程图的相应更新，更新过程可由用户控制。

工程图一般可实现如下功能。

☑ 对于任何一个三维模型，可以根据不同的需要，使用不同的投影方法、不同的图幅尺寸，以及不同的视图比例建立模型视图、局部放大视图、剖视图等各种视图；各种视图能自动对齐；完全相关的各种剖视图能自动生成剖面线并控制隐藏线的显示。

☑ 可半自动对平面工程图进行各种标注，且标注对象与基于它们所创建的视图对象相关；当模型变化和视图对象变化时，各种相关的标注都会自动更新。标注的建立与编辑方式基本相同，其过程也是即时反馈的，使得标注更容易和有效。

☑ 可在工程图中加入文字说明、标题栏、明细栏等注释。提供了多种绘图模板，也可自定义模板，使标号参数的设置更容易、方便和有效。

☑ 可用打印机或绘图仪输出工程图。

☑ 拥有更直观和容易使用的图形用户接口，使得图纸的建立更加容易和快捷。

进入工程图环境的步骤如下。

（1）选择"菜单"→"文件"→"新建"命令或单击"快速访问"工具栏中的"新建"按钮 ，弹出如图 11-1 所示的"新建"对话框。

（2）在对话框中选择"图纸"选项卡，在"关系"下拉列表中选择"全部"，在列表框中选择适当的模板，并输入文件名称和路径。

（3）单击要创建图纸的部件中的"打开"按钮 ，弹出"选择主模型部件"对话框，如图 11-2 所示。

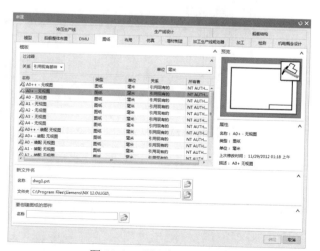

图 11-1 "新建"对话框

图 11-2 "选择主模型部件"对话框

（4）单击"打开"按钮 ，弹出"部件名"对话框，选择要创建图纸的零件。连续单击"确定"按钮，进入工程图环境，进入工程图环境，如图 11-3 所示。

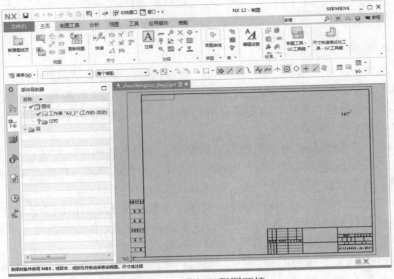

图 11-3　进入工程图环境

11.2　图 纸 管 理

在 UG 中，任何一个三维模型，都可以通过不同的投影方法、不同的图样尺寸和不同的比例创建灵活多样的二维工程图。本节包括了工程图纸的创建、打开、删除和编辑。

11.2.1　新建工程图

执行新建图纸页命令，主要有以下两种方式。

☑ 菜单：选择"菜单"→"插入"→"图纸页"命令。

☑ 功能区：单击"主页"选项卡"新建图纸页"按钮 。

执行上述方式后，弹出如图 11-4 所示的"工作表"对话框。

"工作表"对话框中的选项说明如下。

☑ 大小：各选项说明如下。

➤ 使用模板：选择此选项，在该对话框中选择所需的模板即可。

➤ 标准尺寸：选择此选项，通过如图 11-4 所示的对话框设置标准图纸的大小和比例。

➤ 定制尺寸：选择此选项，通过此对话框可以自定义设置图纸的大小和比例。

➤ 大小：用于指定图纸的尺寸规格。

➤ 比例：用于设置工程图中各类视图的比例大小，系统默认的

扫码看视频

11.2.1　新建工程图

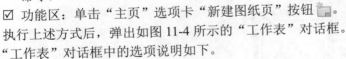

图 11-4　"工作表"对话框

设置比例为 1:1。

☑ 名称：各选项说明如下。

　➤ 图纸中的图纸页：列出工作部件中的所有图纸页。

　➤ 图纸页名称：设置默认的图纸页名称。

　➤ 页号：图纸页编号由初始页号、初始次级编号，以及可选的次级页号分隔符组成。

　➤ 修订：用于简述新图纸页的唯一版次代字。

☑ 设置：各选项说明如下。

　➤ 单位：指定图纸页的单位。

　➤ 投影：指定第一角投影或第三角投影。

扫码看视频

11.2.2 编辑工程图

11.2.2　编辑工程图

在进行视图添加及编辑过程中，有时需要临时添加剖视图、技术要求等，那么新建过程中设置的工程图参数可能无法满足要求（例如，比例不适当），这时需要对已有的工程图进行修改编辑。

选择"菜单"→"编辑"→"图纸页"命令，弹出如图 11-4 所示的"工作表"对话框。在对话框中修改已有工程图的名称、尺寸、比例和单位等参数。完成修改后，系统会按照新的设置对工程图进行更新。需要注意的是：在编辑工程图时，投影角度参数只能在没有产生投影视图的情况下进行修改，否则，需要删除所有的投影视图后执行投影视图的编辑。

11.3　视　图　管　理

扫码看视频

11.3.1 基本视图

创建完工程图之后，下面就应该在图纸上绘制各种视图来表达三维模型。生成各种投影是工程图最核心的问题，UG 制图模块提供了各种视图的管理功能，包括添加各种视图、对齐视图和编辑视图等。

11.3.1　基本视图

使用此命令可将保存在部件中的任何标准建模或定制视图添加到图纸页中。执行基本视图命令，主要有以下两种方式。

☑ 菜单：选择"菜单"→"插入"→"视图"→"基本视图"命令。

☑ 功能区：单击"主页"选项卡"视图"组中的"基本视图"按钮 。

执行上述方式后，弹出如图 11-5 所示的"基本视图"对话框。其示意图如图 11-6 所示。

"基本视图"对话框中的选项说明如下。

1. 部件

☑ 已加载的部件：显示所有已加载部件的名称。

☑ 最近访问的部件：选择一个部件，以便从该部件加载并添加视图。

☑ 打开：用于浏览和打开其他部件，并从这些部件添加视图。

2. 视图原点

☑ 指定位置：使用光标来指定一个屏幕位置。

☑ 放置：建立视图的位置。

图 11-5　"基本视图"对话框

> 方法：用于选择其中一个对齐视图选项。

> 光标跟踪：开启 XC 和 YC 跟踪。

3. 模型视图

☑ 要使用的模型视图：用于选择一个要用作基本视图的模型视图。

☑ 定向视图工具：单击此按钮，打开定向视图工具并且可用于定制基本视图的方位。

4. 比例

☑ 在向图纸页添加制图视图之前，为制图视图指定一个特定的比例。

5. 设置

☑ 设置：打开基本视图设置对话框并且可用于设置视图的显示样式。

☑ 隐藏的组件：只用于装配图纸。能够控制一个或多个组件在基本视图中的显示。

☑ 非剖切：用于装配图纸。指定一个或多个组件为未切削组件。

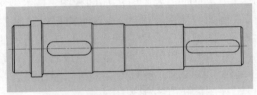

图 11-6　"基本视图"示意图

11.3.2　投影视图

通过此命令从现有基本、图纸、正交视图或辅助视图投影视图。执行投影视图命令，主要有以下两种方式。

扫码看视频

11.3.2　投影视图

☑ 菜单：选择"菜单"→"插入"→"视图"→"投影"命令。

☑ 功能区：单击"主页"选项卡"视图"组中的"投影视图"按钮。

执行上述方式后，弹出如图 11-7 所示的"投影视图"对话框。其示意图如图 11-8 所示。

图 11-7　"投影视图"对话框

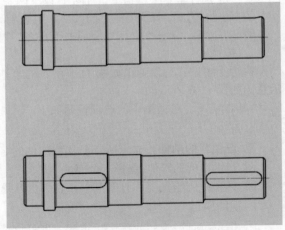

图 11-8　"投影视图"示意图

"投影视图"对话框中的选项说明如下。

1. 父视图

该选项用于在绘图工作区选择视图作为基本视图（父视图），并从它投影出其他视图。

2. 铰链线

☑ 矢量选项：包括自动判断和已定义。

   ➤ 自动判断：为视图自动判断铰链线和投影方向。

   ➤ 已定义：允许为视图手工定义铰链线和投影方向。

☑ 反转投影方向：镜像铰链线的投影箭头。

☑ 关联：当铰链线与模型中平的面平行时，将铰链线自动关联该面。

3. 视图原点和设置

和"基本视图"对话框中的选项功能相同，在此就不详细介绍了。

扫码看视频

11.3.3　局部放大图

11.3.3　局部放大图

局部放大图包含一部分现有视图。局部放大图的比例可根据其俯视图单独进行调整，以便更容易地查看在视图中显示的对象并对其进行注释。执行局部放大图命令，主要有以下两种方式。

☑ 菜单：选择"菜单"→"插入"→"视图"→"局部放大图"命令。

☑ 功能区：单击"主页"选项卡"视图"组中的"局部放大图"按钮 。

执行上述方式后，弹出如图 11-9 所示的"局部放大图"对话框。其示意图如图 11-10 所示。

图 11-9　"局部放大图"对话框

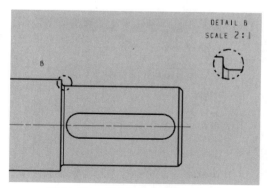

图 11-10　"局部放大图"示意图

"局部放大图"对话框中的选项说明如下。

1. 类型

☑ ⊙圆形：创建有圆形边界的局部放大图。

☑ ▢按拐角绘制矩形：通过选择对角线上的两个拐角点创建矩形局部放大图边界。

☑ ▣按中心和拐角绘制矩形：通过选择一个中心点和一个拐角点创建矩形局部放大图边界。

2. 边界

☑ 指定中心点：定义圆形边界的中心。

☑ 指定边界点：定义圆形边界的半径。

3. 父视图

选择一个父视图。

4. 原点

☑ 指定位置：指定局部放大图的位置。

☑ 移动视图：在局部放大图的过程中移动现有视图。

5. 比例

默认局部放大图的比例因子大于父视图的比例因子。

6. 标签

提供下列在父视图上放置标签的选项。

☑ ▢无：无边界。

☑ ▣圆：圆形边界，无标签。

☑ ▣注释：有标签但无指引线的边界。

☑ ▣标签：有标签和半径指引线的边界。

☑ ▣内嵌：标签内嵌在带有箭头的缝隙内的边界。

☑ ▣边界：显示实际视图边界。

扫码看视频

11.3.4 局部剖视图

11.3.4 局部剖视图

通过移除部件的某个外部区域来查看其部件内部。执行局部剖视图命令，主要有以下两种方式。

☑ 菜单：选择"菜单"→"插入"→"视图"→"局部剖"命令。

☑ 功能区：单击"主页"选项卡"视图"组中的"局部剖视图"按钮 ▣。

执行上述方式后，弹出如图 11-11 所示的"局部剖"对话框，其示意图如图 11-12 所示。

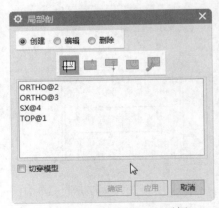

图 11-11 "局部剖"对话框

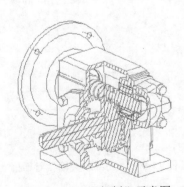

图 11-12 "局部剖"示意图

"局部剖"对话框中的选项说明如下。

- ☑ 创建：激活局部剖视图创建步骤。
- ☑ 编辑：修改现有的局部剖视图。
- ☑ 删除：从主视图中移除局部剖。
- ☑ 选择视图：用于选择要进行局部剖切的视图。
- ☑ 指出基点：用于确定剖切区域沿拉伸方向开始拉伸的参考点，该点可通过"捕捉点"工具栏指定。
- ☑ 指出拉伸矢量：用于指定拉伸方向，可用矢量构造器指定，必要时可使拉伸反向，或指定为视图法向。
- ☑ 选择曲线：用于定义局部剖切视图剖切边界的封闭曲线。当选择错误时，可单击"取消选择上一个"按钮，取消上一个选择。定义边界曲线的方法是：在进行局部剖切的视图边界上单击鼠标右键，在打开的快捷菜单中选择"扩展成员视图"，进入视图成员模型工作状态。用曲线功能在要产生局部剖切的位置创建局部剖切边界线。完成边界线的创建后，在视图边界上单击鼠标右键，再从快捷菜单中选择"扩展成员视图"命令，恢复到工程图界面。这样，就建立了与选择视图相关联的边界线。
- ☑ 修改边界曲线：用于修改剖切边界点，必要时可用于修改剖切区域。
- ☑ 切穿模型：选中该复选框，则剖切时完全穿透模型。

扫码看视频

11.3.5　断开视图

11.3.5　断开视图

利用此命令添加多个水平或竖直断开视图。执行断开视图命令，主要有以下两种方式。

- ☑ 菜单：选择"菜单"→"插入"→"视图"→"断开视图"命令。
- ☑ 功能区：单击"主页"选项卡"视图"组中的"断开视图"按钮。

执行上述方式后，弹出如图 11-13 所示的"断开视图"对话框。其示意图如图 11-14 所示。

"断开视图"对话框中的选项说明如下。

- ☑ 类型：各选项说明如下。
  - ➢ 常规：创建具有两条表示图纸上概念缝隙的断裂线的断开视图。
  - ➢ 单侧：创建具有一条断裂线的断开视图。
- ☑ 主模型视图：用于当前图纸页中选择要断开的视图。
- ☑ 方向：断开的方向垂直于断裂线。
  - ➢ 方位：指定与第一个断开视图相关的其他断开视图的方向。
  - ➢ 指定矢量：添加第一个断开视图。
- ☑ 断裂线 1、断裂线 2：各选项说明如下。
  - ➢ 关联：将断开位置锚点与图纸的特征点关联。
  - ➢ 指定锚点：用于指定断开位置的锚点。
  - ➢ 偏置：设置锚点与断裂线之间的距离。
- ☑ 设置：各选项说明如下。
  - ➢ 缝隙：设置两条断裂线之间的距离。
  - ➢ 样式：指定断裂线的类型。包括简单、直线、锯齿线、长断裂、管状线、实心管状线、实心杆状线、拼图线、木纹线、复制曲线和模板曲线。
  - ➢ 幅值：设置用作断裂线的曲线的幅值。
  - ➢ 延伸 1 / 延伸 2：设置穿过模型一侧的断裂线的延伸长度。

➤ 显示断裂线：显示视图中的断裂线。

➤ 颜色：指定断裂线颜色。

➤ 宽度：指定断裂线的密度。

图 11-13 "断开视图"对话框

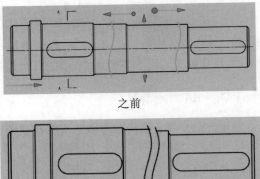

之前

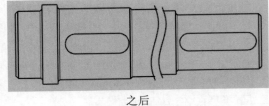

之后

图 11-14 "断开视图"示意图

扫码看视频

11.3.6 剖视图

11.3.6 剖视图

执行剖视图命令，主要有以下两种方式。

☑ 菜单：选择"菜单"→"插入"→"视图"→"剖视图"命令。

☑ 功能区：单击"主页"选项卡"视图"组中的"剖视图"按钮 ◨▯◨。

执行上述方式后，弹出如图 11-15 所示的"剖视图"对话框。其示意图如图 11-16 所示。

"剖视图"对话框中的一些选项说明如下。

1. 截面线

☑ 定义：包括动态和选择现有的两种。如果选择"动态"，根据创建方法，系统会自动创建截面线，将其放置到适当位置即可；如果选择现有的，根据截面线创建剖视图。

☑ 方法：在列表中选择创建剖视图的方法，包括简单剖/阶梯剖、半剖、旋转和点到点。

2. 铰链线

☑ 矢量选项：包括自动判断和已定义。

➤ 自动判断：为视图自动判断铰链线和投影方向。

图 11-15　"剖视图"对话框

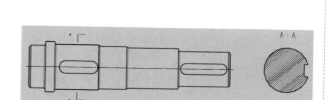

图 11-16　"剖视图"示意图

➤ 已定义：允许为视图手工定义铰链线和投影方向。

➤ 反转剖切方向：反转剖切线箭头的方向。

3. 设置

☑ 非剖切：在视图中选择不剖切的组件或实体，做不剖处理。

☑ 隐藏的组件：在视图中选择要隐藏的组件或实体，使其不可见。

扫码看视频

11.3.7　轴承座视图

11.3.7　实例——轴承座视图

通过实例的讲解，读者可更进一步地了解工程图的绘制过程。首先创建工程图的基本视图，然后根据基本视图创建投影视图、剖视图等视图，如图 11-17 所示。

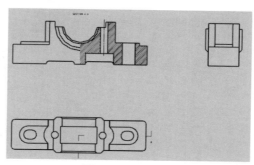

图 11-17　流程图

操作步骤如下。

1. 新建工程图

（1）选择"文件"→"新建"命令或单击"快速访问"工具栏中的"新建"按钮，弹出"新建"对话框，如图 11-18 所示。在"图纸"选项卡中选择"A2-无视图"模板；在"要创建图纸的部件"选项组中单击"打开"按钮。

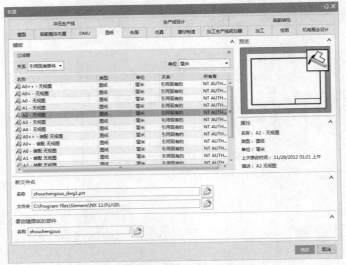

图 11-18　"新建"对话框

（2）弹出如图 11-19 所示的"选择主模型部件"对话框，单击"打开"按钮，弹出"部件名"对话框，加载 zhouchengzuo 部件。

（3）在"新建"对话框中的"新文件名"选项组的"名称"文本框中输入 zhouchengzuo_dwg1，单击"确定"按钮，进入制图界面。

2. 创建基本视图

（1）选择"菜单"→"插入"→"视图"→"基本"命令，或者单击"主页"选项卡"视图"组中的"基本视图"按钮 ，弹出如图 11-20 所示的"基本视图"对话框。

图 11-19　"选择主模型部件"对话框

图 11-20　"基本视图"对话框

（2）在"要使用的模型视图"下拉列表框中选择"后视图"，设置比例为 1：1。

（3）在图纸中适当的地方放置基本视图，如图 11-21 所示。

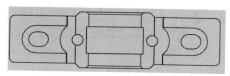

图 11-21　放置基本视图

3. 创建半剖视图

（1）选择"菜单"→"插入"→"视图"→"剖视图"命令，或者单击"主页"选项卡"视图"组中的"剖视图"按钮 ，弹出如图 11-22 所示的"剖视图"对话框。

（2）在"方法"下拉列表框中选择"半剖"。

（3）选择步骤 2 中创建的基本视图为父视图。

（4）捕捉如图 11-23 所示的两点创建剖切位置。

图 11-22　"剖视图"对话框

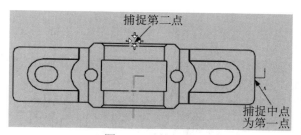

图 11-23　捕捉点

（5）拖动视图到图纸中适当的位置单击，完成剖视图的创建，如图 11-24 所示。

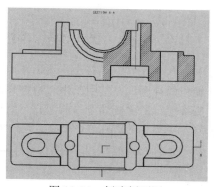

图 11-24　创建剖面图

4. 创建投影视图

（1）选择"菜单"→"插入"→"视图"→"投影视图"命令，或者单击"主页"选项卡"视图"组中的"投影视图"按钮 ，弹出如图 11-25 所示的"投影视图"对话框。

图 11-25 "投影视图"对话框

（2）选择步骤 3 创建的剖视图为父视图，拖动投影视图，如图 11-26 所示。

（3）拖动视图到图纸中适当的位置单击，完成左视图的创建，如图 11-27 所示。

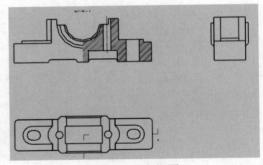

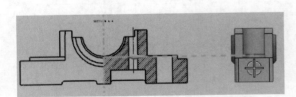

图 11-26 选择投影方向

图 11-27 左视图

11.4 视 图 编 辑

☑ 编辑整个视图：选中需要编辑的视图，在其中单击右键打开快捷菜单（见图 11-28），可以更改视图样式、添加各种投影视图等。主要功能与前面介绍的相同，此处不再介绍了。

☑ 视图的详细编辑：视图的详细编辑命令集中在"菜单"→"编辑"→"视图"子菜单下，如图 11-29 所示。

图 11-28　快捷菜单

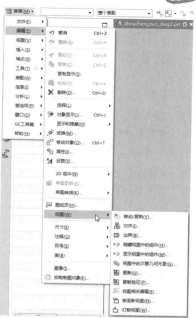

图 11-29　"视图"子菜单

11.4.1　视图对齐

扫码看视频

11.4.1　视图对齐

　　一般而言，视图之间应该对齐，但 UG 在自动生成视图时是可以任意放置的，需要用户根据需要进行对齐操作。在 UG 制图中，用户可以拖动视图，系统会自动判断用户意图（包括中心对齐、边对齐多种方式），并显示可能的对齐方式，基本上可以满足用户对于视图放置的要求。执行视图对齐命令，主要有以下两种方式。

　　☑ 菜单：选择"菜单"→"编辑"→"视图"→"对齐"命令。

　　☑ 功能区：单击"主页"选项卡"视图"组中的"编辑视图"下的"视图对齐"按钮 。

　　执行上述方式后，打开如图 11-30 所示的"视图对齐"对话框。

图 11-30　"视图对齐"对话框

"视图对齐"对话框中的选项说明如下。

☑ 方法：各选项说明如下。

➤ ▣叠加：即重合对齐，系统会将视图的基准点进行重合对齐。

➤ ▣水平：系统会将视图的基准点进行水平对齐。

➤ ▣竖直：系统会将视图的基准点进行竖直对齐。

➤ ▣垂直于直线：系统会将视图的基准点垂直于某一直线对齐。

➤ ▣自动判断：该选项中，系统会根据选择的基准点，判断用户意图，并显示可能的对齐方式。

☑ 对齐：各选项说明如下。

➤ 模型点：使用模型上的点对齐视图。

➤ 对齐至视图：使用视图中心点对齐视图。

➤ 点到点：移动视图上的一个点到另一个指定点来对齐视图。

☑ 列表：各选项说明如下。

在列表框中列出了所有可以进行对齐操作的视图。

11.4.2 视图相关编辑

扫码看视频

11.4.2 视图相关
编辑

执行视图相关编辑命令，主要有以下两种方式。

☑ 菜单：选择"菜单"→"编辑"→"视图"→"视图相关编辑"命令。

☑ 功能区：单击"主页"选项卡"视图"组中的"编辑视图"下的"视图相关编辑"按钮 🖳。

执行上述方式后，弹出如图 11-31 所示的"视图相关编辑"对话框。

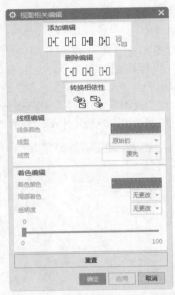

图 11-31　"视图相关编辑"对话框

"视图相关编辑"对话框中的选项说明如下。

1. 添加编辑

☑ 擦除对象 ▣：擦除选择的对象，如曲线、边等。擦除并不是删除，只是使被擦除的对象不可见而已，使用"擦除对象"按钮可使被擦除的对象重新显示，如图 11-32 所示。

☑ 编辑完整对象 ▣：在选定的视图或图纸页中编辑对象的显示方式，包括颜色、线型和线宽。

☑ 编辑着色对象 []→[]：用于控制制图视图中对象的局部着色和透明度。

☑ 编辑对象段 []→[]：编辑部分对象的显示方式，用法与编辑整个对象相似。再选择编辑对象后，可选择一个或两个边界，则只编辑边界内的部分，如图 11-33 所示。

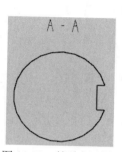

图 11-32 擦除剖面线

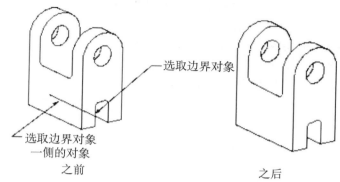

图 11-33 "编辑对象段"示意图

☑ 编辑剖视图背景 []：编辑剖视图背景线。在建立剖视图时，可以有选择地保留背景线，而使背景线编辑功能，不但可以删除已有的背景线，而且还可添加新的背景线。

2. 删除编辑

☑ 删除选定的擦除 []→[]：恢复被擦除的对象。单击该按钮，将高显已被擦除的对象，选择要恢复显示的对象并确认。

☑ 删除选定的编辑 []→[]：恢复部分编辑对象在原视图中的显示方式。

☑ 删除所有编辑 []→[]：恢复所有编辑对象在原视图中的显示方式。

3. 转换相依性

☑ 模型转换到视图 []：转换模型中单独存在的对象到指定视图中，且对象只出现在该视图中。

☑ 视图转换到模型 []：转换视图中单独存在的对象到模型视图中。

4. 线框编辑

☑ 线条颜色：更改选定对象的颜色。

☑ 线型：更改选定对象的线型。

☑ 线宽：更改几何对象的线宽。

5. 着色编辑

☑ 着色颜色：用于从颜色对话框中选择着色颜色。

☑ 局部着色：各选项说明如下。

　➢ 无更改：有关此选项的所有现有编辑将保持不变。

　➢ 原始：移除有关此选项的所有编辑，将对象恢复到原先的设置。

　➢ 否：从选定的对象禁用此编辑设置。

　➢ 是：将局部着色应用选定的对象。

☑ 透明度：各选项说明如下。

　➢ 无更改：保留当前视图的透明度。

　➢ 原始：移除有关此选项的所有编辑，将对象恢复到原先的设置。

　➢ 否：从选定的对象禁用此编辑设置。

　➢ 是：允许使用滑块来定义选定对象的透明度。

11.4.3　移动 / 复制视图

该命令用于在当前图纸上移动或复制一个或多个选定的视图，或者把选定的视图移动或复制到另一张图纸中。执行移动 / 复制视图命令，主要有以下两种方式。

- ☑ 菜单：选择"菜单"→"编辑"→"视图"→"移动 / 复制"命令。
- ☑ 功能区：单击"主页"选项卡"视图"组中的"编辑视图"下的"移动 / 复制视图"按钮 。

执行上述方式后，弹出如图 11-34 所示的"移动 / 复制视图"对话框。

图 11-34　"移动 / 复制视图"对话框

"移动 / 复制视图"对话框中的选项说明如下。

- ☑ 至一点 ：移动或复制选定的视图到指定点，该点可用光标或坐标指定。
- ☑ 水平 ：在水平方向上移动或复制选定的视图。
- ☑ 竖直 ：在竖直方向上移动或复制选定的视图。
- ☑ 垂直于直线 ：在垂直于指定方向移动或复制视图。
- ☑ 至另一图纸 ：移动或复制选定的视图到另一张图纸中。
- ☑ 复制视图：选中该复选框，用于复制视图，否则移动视图。
- ☑ 视图名：在移动或复制单个视图时，为生成的视图指定名称。
- ☑ 距离：选中该复选框，用于输入移动或复制后的视图与原视图之间的距离值。若选择多个视图，则以第一个选定的视图作为基准，其他视图将与第一个视图保持指定的距离。若不选中该复选框，则可移动光标或输入坐标值指定视图位置。
- ☑ 矢量构造器列表：用于选择指定矢量的方法，视图将垂直于该矢量移动或复制。
- ☑ 取消选择视图：清除视图选择。

11.4.4　视图边界

该对话框用于重新定义视图边界，既可以缩小视图边界只显示视图的某一部分，也可以放大视图边界显示所有视图对象。执行视图边界命令，主要有以下两种方式。

- ☑ 菜单：选择"菜单"→"编辑"→"视图"→"边界"命令。
- ☑ 功能区：单击"主页"选项卡"视图"组中的"编辑视图"下的"视图边界"按钮
- ☑ 快捷菜单：在要编辑视图边界的视图的边界上单击鼠标右键，在打开的快捷菜单中选择"边界"命令。

执行上述方式后,弹出如图 11-35 所示的"视图边界"对话框。

图 11-35 "视图边界"对话框

"视图边界"对话框中的选项说明如下。

☑ 视图选择列表:显示当前图纸页上可选视图的列表。

☑ 边界类型:各选项说明如下。

　➤ 断裂线 / 局部放大图:定义任意形状的视图边界,使用该选项只显示出被边界包围的视图部分。用此选项定义视图边界,则必须先建立与视图相关的边界线。当编辑或移动边界曲线时,视图边界会随之更新。

　➤ 手工生成矩形:以拖动方式手工定义矩形边界,该矩形边界的大小是由用户定义的,可以包围整个视图,也可以只包围视图中的一部分。该边界方式主要用在一个特定的视图中隐藏不显示的几何体。

　➤ 自动生成矩形:自动定义矩形边界,该矩形边界能根据视图中几何对象的大小自动更新,主要用在一个特定的视图中显示所有的几何对象。

　➤ 由对象定义边界:由包围对象定义边界,该边界能根据被包围对象的大小自动调整,通常用于大小和形状随模型变化的矩形局部放大视图。

☑ 链:用于选择一个现有曲线链来定义视图边界。

☑ 取消选择上一个:在定义视图边界时取消选择上一个选定曲线。

☑ 锚点:用于将视图边界固定在视图对象的指定点上,从而使视图边界与视图相关,当模型变化时,视图边界会随之移动。锚点主要用在局部放大视图或用手工定义边界的视图。

☑ 边界点:用于指定视图边界要通过的点。该功能可使任意形状的视图边界与模型相关。当模型修改后,视图边界也随之变化,也就是说,当边界内的几何模型的尺寸和位置变化时,该模型始终在视图边界之内。

☑ 包含的点:视图边界要包围的点,只用于由"对象定义的边界"定义边界的方式。

☑ 包含的对象:选择视图边界要包围的对象,只用于由"由对象定义边界"定义边界的方式。

☑ 重置:恢复当前更改并重置对话框。

☑ 父项上的标签:控制边界曲线在局部放大图的父视图上显示的外观。

11.4.5 更新视图

使用此命令可以手工更新选定的制图视图，以反映自上次更新视图以来模型发生的更改。执行更新视图命令，主要有以下两种方式。

☑ 菜单：选择"菜单"→"编辑"→"视图"→"更新"命令。

☑ 功能区：单击"主页"功能区"视图"组中的"更新视图"按钮💾。

执行上述方式后，弹出如图 11-36 所示的"更新视图"对话框。

图 11-36 "更新视图"对话框

"更新视图"对话框中的选项说明如下。

☑ 选择视图：选择要更新的视图。

☑ 视图列表：显示当前图纸中可供选择的视图的名称。

☑ 显示图纸中的所有视图：该选项用于控制在列表框中是否列出所有的视图，并自动选择所有过期视图。选中该复选框之后，系统会自动在列表框中选取所有过期视图，否则，需要用户自己更新过期视图。

☑ 选择所有过时视图：用于选择当前图纸中的过期视图。

☑ 选择所有过时自动更新视图：在图纸上选择所有自动过期视图。

11.5 中 心 线

11.5.1 中心标记

使用此命令可以创建通过点或圆弧的中心标记。执行中心标记命令，主要有以下两种方式。

☑ 菜单：选择"菜单"→"插入"→"中心线"→"中心标记"命令。

☑ 功能区：单击"主页"选项卡"注释"组中的"中心标记"按钮⊕。

执行上述方式后，弹出如图 11-37 所示的"中心标记"对话框。选择圆形边界创建中心标记，示意图如图 11-38 所示。

Note

图 11-37 "中心标记"对话框

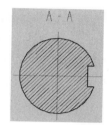

图 11-38 "中心标记"示意图

"中心标记"对话框中的选项说明如下。

1. 位置

☑ 选择对象：选择有效的几何对象。

☑ 创建多个中心标记：对于共线的圆弧，绘制一条穿过圆弧中心的直线。选中此复选框，创建多个中心标记。

2. 选择中心标记

选择要修改的中心标记。

3. 设置

☑ 尺寸：各选项说明如下。

➢ 缝隙：为缝隙大小输入值。

➢ 中心十字：为中心十字的大小输入值。

➢ 延伸：为支线延伸的长度输入值。

➢ 单独设置延伸：勾选此复选框，关闭延伸输入框，分别调整中心线的长度。

➢ 显示为中心点：勾选此复选框，中心标记符号为一个点。

☑ 角度：各选项说明如下。

➢ 从视图继承角度：当创建一条关联中心线时，从辅助视图继承角度。选择此复选框，系统将忽略中心线角度，并使用铰链线的角度作为辅助视图的中心线。

➢ 值：指定旋转角度。旋转采用逆时针方向。

☑ 样式：各选项说明如下。

➢ 颜色：设置中心线颜色。

➢ 宽度：设置中心线的宽度。

11.5.2 2D 中心线

扫码看视频

11.5.2 2D 中心线

该命令可以在两条边、两条曲线或两个点之间创建 2D 中心线。可以使用曲线或控制点来限制之下的长度。执行 2D 中心线命令，主要有以下两种方式。

☑ 菜单：选择"菜单"→"插入"→"中心线"→"2D 中心线"命令。

☑ 功能区：单击"主页"选项卡"注释"组中的"中心线"下的"2D 中心线"按钮⊕。

执行上述方式后，弹出如图 11-39 所示的"2D 中心线"对话框。选择两曲线或两点创建中心线，如图 11-40 所示

"2D 中心线"对话框中的选项说明如下。

☑ 类型：各选项说明如下。

➢ 从曲线：从选定的曲线创建中心线。

图 11-39 "2D 中心线"对话框

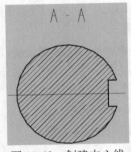

图 11-40 创建中心线

➢ 根据点：根据选定的点创建中心线。

☑ 第 1 侧 / 第 2 侧：选择第一 / 第二条曲线。

☑ 点 1 / 点 2：选择第一 / 第二点。

11.6 尺寸和符号标注

扫码看视频

11.6.1 尺寸

11.6.1 尺寸

UG 标注的尺寸是与实体模型匹配的，与工程图的比例无关。在工程图中进行标注的尺寸是直接引用三维模型的真实尺寸，如果改动了零件中某个尺寸参数，工程图中的标注尺寸也会自动更新。执行尺寸命令，主要有以下两种方式。

☑ 菜单：选择"菜单"→"插入"→"尺寸"命令，弹出"尺寸"子菜单如图 11-41 所示。

☑ 功能区：单击"主页"选项卡"尺寸"组中的任意按钮，如图 11-42 所示。

执行快速尺寸标注方式后，会弹出"快速尺寸"对话框，如图 11-43 所示。

图 11-41 "尺寸"子菜单　　　图 11-42 "尺寸"组　　　图 11-43 "快速尺寸"对话框

"快速尺寸"对话框中的"方法"选项说明如下。

☑ 自动判断：由系统自动推断出选用哪种尺寸标注类型来进行尺寸的标注。

☑ 水平：用来标注工程图中所选对象间的水平尺寸，如图 11-44 所示。

☑ 竖直：用来标注工程图中所选对象间的垂直尺寸，如图 11-45 所示。

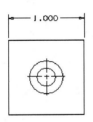

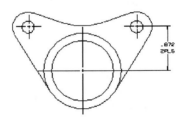

图 11-44 "水平"示意图　　　　　　　　图 11-45 "竖直"示意图

☑ 垂直：用来标注工程图中所选点到直线（或中心线）的垂直尺寸，如图 11-46 所示。

☑ 圆柱式：用来标注工程图中所选圆柱对象之间的尺寸，如图 11-47 所示。

☑ 直径：用来标注工程图中所选圆或圆弧的直径尺寸，如图 11-48 所示。

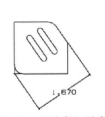

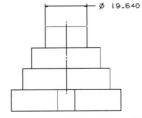

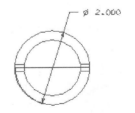

图 11-46 "垂直"示意图　　　图 11-47 "圆柱式"示意图　　　图 11-48 "直径"示意图

☑ 斜角：用来标注工程图中所选两直线之间的角度。

☑ 径向：用来标注工程图中所选圆或圆弧的半径或直径尺寸，如图 11-49 所示。

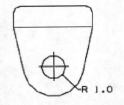

Note

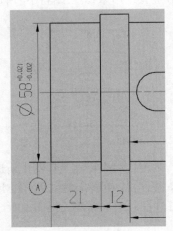

图 11-49   "径向"示意图

11.6.2   基准特征符号

扫码看视频

11.6.2   基准特征
符号

使用此命令创建形位公差基准特征符号，以便在图纸上指明基准特征。执行基准特征符号命令，主要有以下两种方式。

☑ 菜单：选择"菜单"→"插入"→"注释"→"基准特征符号"命令。

☑ 功能区：单击"主页"选项卡"注释"组中的"基准特征符号"按钮。

执行上述方式后，弹出如图 11-50 所示的"基准特征符号"对话框。其示意图如图 11-51 所示。

图 11-50   "基准特征符号"对话框

图 11-51   "基准特征符号"示意图

"基准特征符号"对话框中的选项说明如下。

1. 原点

☑ 原点工具：使用原点工具查找图纸页上的表格注释。

☑ 指定位置：用于为表格注释指定位置。

☑ 对齐：各选项说明如下。

➢ 自动对齐：用于控制注释的相关性。

➢ 层叠注释：用于将注释与现有注释堆叠。

➢ 水平或竖直对齐：用于将注释与其他注释对齐。

➢ 相对于视图的位置：将任何注释的位置关联到制图视图。

➢ 相对于几何体的位置：用于将带指引线的注释的位置关联到模型或曲线几何体。

> 捕捉点处的位置：可以将光标置于任何可捕捉的几何体上，然后单击放置注释。
> 锚点：用于设置注释对象中文本的控制点。

2. 指引线

☑ 选择终止对象：用于为指引线选择终止对象。
☑ 类型：列出指引线类型。

> ↘ 普通：创建带短画线的指引线。
> ↗ 全圆符号：创建带短画线和全圆符号的指引线。
> ╤ 标志：创建一条从直线的一个端点到形位公差框角的延伸线。
> ├ 基准：创建可以与面、实体边或实体曲线、文本、形位公差框、短画线、尺寸延伸线以及下列中心线类型关联的基准特征指引线。
> ↗ 以圆点终止：在延伸线上创建基准特征指引线，该指引线在附着到选定面的点上终止。

3. 基准标识符–字母

用于指定分配给基准特征符号的字母。

4. 设置

单击此按钮，打开"设置"对话框，用于指定基准显示实例的样式的选项。

11.6.3 符号标注

使用此命令可在图纸上创建和编辑标识符号。执行符号标注命令，主要有以下两种方式。

☑ 菜单：选择"菜单"→"插入"→"注释"→"符号标注"命令。
☑ 功能区：单击"主页"选项卡"注释"组中的"符号标注"按钮 ⌀。

执行上述方式后，弹出如图 11-52 所示的"符号标注"对话框。

"符号标注"对话框中的一些选项说明如下。

☑ 类型：指定标示符号类型。包括圆、分割圆、顶角朝下三角形、顶角朝上三角形、正方形、分割正方形、六边形、分割六边形、象限圆、圆角方块和下画线 11 种类型。
☑ 原点和指引线选项参数参考基准特征符号中的选项。
☑ 文本：将文本添加到某个标示符号。如果选择分割的符号，则可以将文本添加到上部和下部文本字段。
☑ 继承-选择符号标注：单击以继承现有标识符号的符号大小。
☑ 大小：允许更改符号的大小。

图 11-52 "符号标注"对话框

扫码看视频

11.6.4 特征控制框

11.6.4 特征控制框

执行特征控制框命令，主要有以下两种方式。

☑ 菜单：选择"菜单"→"插入"→"注释"→"特征控制框"命令。

☑ 功能区：单击"主页"选项卡"注释"组中的"特征控制框"按钮 ▱ 。

执行上述方式后，弹出如图 11-53 所示的"特征控制框"对话框。其示意图如图 11-54 所示。

图 11-53 "特征控制框"对话框

"特征控制框"对话框中的选项说明如下。

1. 原点和指引线

选项参数参考"基准特征符号"对话框中的选项。

2. 框

☑ 特性：指定几何控制符号类型。

☑ 框样式：可指定样式为单框或复合框。

☑ 公差：各选项说明如下。

➢ 单位基础值：适用于直线度、平面度、线轮廓度和面轮廓度特性。可以为单位基础面积类型添加值。

➢ ▼形状：用于指定矩形、圆形、球形或正方形面积作为平面度或面轮廓度特性的单位基数值。

➢ 0.0 ：输入公差值。

➢ ▼修饰符：用于指定公差材料修饰符。

➢ 公差修饰符：设置投影、圆 U 和最大值修饰符的值。

☑ 第一基准参考 / 第二基准参考 / 第三基准参考：各选项说明如下。

➢ ▼：用于指定主基准参考字母、第二基准参考字母或第三基准参考字母。

➢ ▼：指定公差修饰符。

➢ 自由状态：指定自由状态符号。

➤ 复合基准参考：单击此按钮，打开"复合基准参考"对话框，该对话框允许向主基准参考、第二基准参考或第三基准参考单元格添加附加字母、材料状况和自由状态符号。

3. 文本

☑ 文本框：用于在特征控制框前面、后面、上面或下面添加文本。

☑ 符号-类别：用于从不同类别的符号类型中选择符号。

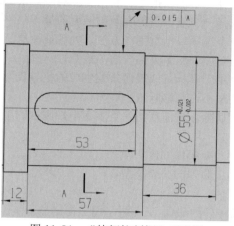

图 11-54 "特征控制框"示意图

11.6.5 表面粗糙度

使用此命令创建符号标准的表面粗糙度符号。执行表面粗糙度命令，主要有以下两种方式。

☑ 菜单：选择"菜单"→"插入"→"注释"→"表面粗糙度符号"命令。

☑ 功能区：单击"主页"选项卡"注释"组中的"表面粗糙度"按钮 √ 。

执行上述方式后，弹出如图 11-55 所示的"表面粗糙度"对话框。其示意图如图 11-56 所示。

11.6.5 表面粗糙度

图 11-55 "表面粗糙度"对话框

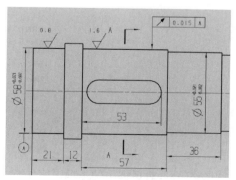

图 11-56 "表面粗糙度"示意图

"表面粗糙度"对话框中的选项说明如下。

☑ "原点"和"指引线"选项参数参考"基准特征符号"对话框中的选项。

☑ 属性：各选项说明如下。

> 除料：用于指定符号类型。

> 图例：显示表面粗糙度符号参数的图例。

> 上部文本：用于选择一个值以指定表面粗糙度的最大限制。

> 下部文本：用于选择一个值以指定表面粗糙度的最小限制。

> 生产过程：选择一个选项以指定生产方法、处理或涂层。

> 波纹：波纹是比粗糙度间距更大的表面不规则性。

> 放置符号：放置是由工具标记或表面条纹生成的主导表面图样的方向。

> 加工：指定材料的最小许可移除量。

> 切除：指定粗糙度切除。粗糙度切除是表面不规则性的采样长度，用于确定粗糙度的平均高度。

> 次要粗糙度：指定次要粗糙度值。

> 加工公差：指定加工公差的公差类型。

☑ 设置：各选项说明如下。

> 设置：单击此按钮，打开"设置"对话框，用于指定显示实例的样式的选项。

> 角度：更改符号的方位。

> 圆括号：在表面粗糙度符号旁边添加左括号、右括号或二者都添加。

11.6.6　相交符号

扫码看视频

11.6.6　相交符号

使用此命令创建由拐角上的证示线表示的表现相交符号。通过选择两条现有的曲线来放置相交符号。执行相交符号命令，主要有以下两种方式。

☑ 菜单：选择"菜单"→"插入"→"注释"→"相交符号"命令。

☑ 功能区：单击"主页"选项卡"注释"组中的"相交符号"按钮⌐。

执行上述方式后，弹出如图 11-57 所示的"相交符号"对话框。

图 11-57　"相交符号"对话框

"相交符号"对话框中的选项说明如下。

☑ 第一组：选择要标注尺寸的第一个点。

☑ 第二组：选择要标注尺寸的第二个点。

☑ 选择相交符号：选择要继承的原相交符号。

☑ 延伸：输入控制表现相交符号的显示尺寸。

11.6.7 文字注释

使用此命令创建和编辑注释及标签。通过对表达式、部件属性和对象属性的引用来导入文本，文本可包括由控制字符序列构成的符号或用户定义的符号。执行注释命令，主要有以下两种方式。

☑ 菜单：选择"菜单"→"插入"→"注释"→"注释"命令。

☑ 功能区：单击"主页"选项卡"注释"组中的"注释"按钮 $\boxed{A}$。

执行上述方式后，弹出如图 11-58 所示"注释"对话框，标注文字结果如图 11-59 所示。

图 11-58　"注释"对话框

图 11-59　标注文字

"注释"对话框中的选项说明如下。

1. 文本输入

☑ 编辑文本：各选项说明如下。

➤ 清除：清除所有输入的文字。

➤ 剪切：从窗口中剪切选中的文本。剪切文本后，将从编辑窗口中移除文本并将其复制到剪贴板中。

➤ 复制：将选中文本复制到剪贴板。将复制的文本重新粘贴回编辑窗口，或插入支持剪贴板的任何其他应用程序中。

➤ 粘贴：将文本从剪贴板粘贴到编辑窗口中的光标位置。

➤ 删除文本属性：删除字形为斜体或粗体的属性。

➤ 选择下一个符号：注释编辑器输入的符号来移动光标。

☑ 格式设置：各选项说明如下。

➤ X^2 上标：在文字上面添加内容

➤ X_2 下标：在文字下面添加内容。

>  chinesef_fs ▾ 选择字体：用于选择合适的字体。

☑ 符号：插入制图符号。

☑ 导入 / 导出：各选项说明如下。

> 插入文件中的文本：将操作系统文本文件中的文本插入当前光标位置。

> 注释另存为文本文件：将文本框中的当前文本另存为 ASCII 文本文件。

2. 继承–选择注释

用于添加与现有注释的文本、样式和对齐设置相同的新注释。还可以用于更改现有注释的内容、外观和定位。

3. 设置

☑ 设置：单击此按钮，打开"设置"对话框，为当前注释或标签设置文字首选项。

☑ 竖直文本：选中此复选框，在编辑窗口中从左到右输入的文本将从上到下显示。

☑ 斜体角度：相应字段中的值将设置斜体文本的倾斜角度。

☑ 粗体宽度：设置粗体文本的宽度。

☑ 文本对齐：在编辑标签时，可指定指引线短画线与文本和文本下划线对齐。

扫码看视频

11.6.8　标注轴承座工程图

11.6.8　实例——标注轴承座工程图

通过实例的讲解，读者可更进一步地了解工程图的绘制过程。在 11.3.7 节中介绍了轴承座视图的创建，本节主要添加尺寸标注，符号标注等完善工程图，如图 11-60 所示。

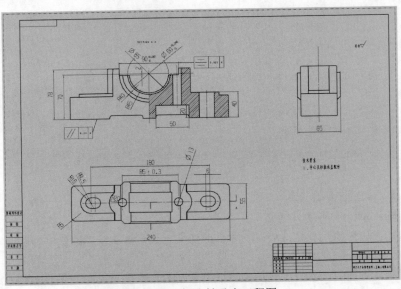

图 11-60　标注轴承座工程图

操作步骤如下。

1. 打开文件

选择"文件"→"打开"命令或单击"快速访问"工具栏中的"打开"按钮 📂，弹出"打开"对话框。打开 11.3.7 节绘制的轴承座视图文件。

2. 创建中心标记

（1）选择"菜单"→"插入"→"中心线"→"中心标记"命令，弹出如图 11-61 所示"中心标记"对话框，在视图中选择如图 11-62 所示的孔边线。

图 11-61　"中心标记"对话框

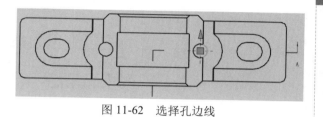

图 11-62　选择孔边线

（2）单击"确定"按钮，完成中心标记的创建。

（3）同上步骤，创建其他中心标记，如图 11-63 所示。

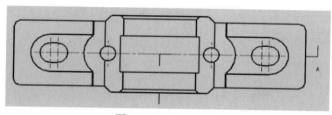

图 11-63　中心标记

3. 创建 2D 中心线

（1）选择"菜单"→"插入"→"中心线"→"2D 中心线"命令，弹出如图 11-64 所示"2D 中心线"对话框，在视图中选择如图 11-65 所示的两侧边线。

图 11-64　"2D 中心线"对话框

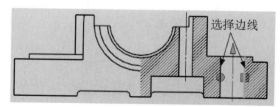

图 11-65　选择边线

（2）单击"确定"按钮，完成中心线的创建。

（3）同上步骤，创建其他中心线，如图 11-66 所示。

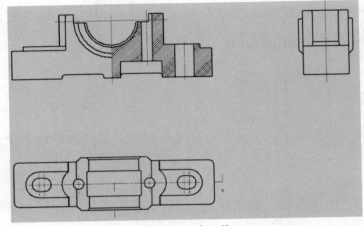

图 11-66　中心线

4. 标注尺寸

（1）标注线性尺寸：选择"菜单"→"插入"→"尺寸"→"线性"命令，弹出如图 11-67 所示的"线性尺寸"对话框，对视图进行线性尺寸标注，如图 11-68 所示。

图 11-67　"线性尺寸"对话框

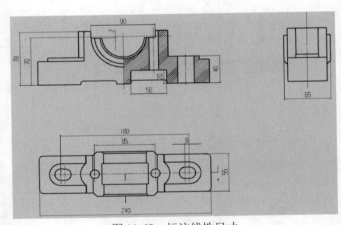

图 11-68　标注线性尺寸

（2）标注径向尺寸：选择"菜单"→"插入"→"尺寸"→"径向"命令，弹出如图 11-69 所示的"径向尺寸"对话框，在测量选项组方法下拉列表中选择"直径"选项，选择视图中的圆标注直径尺寸，如图 11-70 所示。

（3）在对话框的测量选项组方法下拉列表中选择"径向"选项，选择视图中的圆弧标注半径尺寸，如图 11-71 所示。

图 11-69 "径向尺寸"对话框

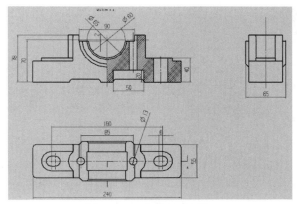

图 11-70 直径尺寸标注

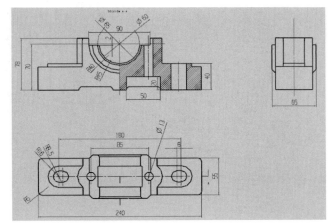

图 11-71 半径尺寸标注

5. 标注公差尺寸

（1）双击要标注公差的尺寸，这里选择 $\phi 60$ 的尺寸，弹出小工具栏如图 11-72 所示。

图 11-72 小工具栏

（2）在公差列表中选择"双向公差"选项，在公差文本框中输入公差值，如图 11-73 所示。尺寸公差如图 11-74 所示。

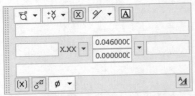

图 11-73　设置选项

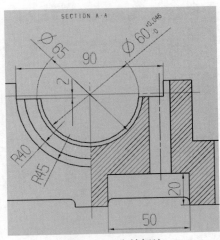

图 11-74　公差标注

（3）同理，标注其他公差尺寸，结果如图 11-75 所示。

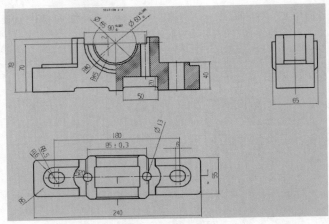

图 11-75　标注公差

6. 标注基准特征符号

（1）选择"菜单"→选择"插入"→"符号"→"基准特征符号"命令，或者单击"主页"选项卡"注释"组中的"基准特征符号"按钮，弹出如图 11-76 所示的"基准特征符号"对话框，采用默认设置。

（2）在视图中选择 φ60 的尺寸线并拖动基准特征符号到适当位置单击，完成基准特征符号的创建，如图 11-77 所示。单击"关闭"按钮，退出对话框。

7. 标注形位公差

（1）选择"菜单"→"插入"→"注释"→"特征控制框"命令，或者单击"主页"选项卡"注释"组中的"特征控制框"按钮，弹出如图 11-78 所示的"特征控制框"对话框。

（2）在"特性"下拉列表中选择"对称性"，输入对称度值为 0.025，设置第一基准参考为 A，如图 11-79 所示。

图 11-76 "基准特征符号"对话框

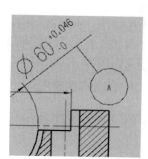

图 11-77 基准符号

图 11-78 "特征控制框"对话框

图 11-79 设置参数

（3）在视图中选择 ϕ90 的尺寸线并拖动形位公差符号到适当位置单击。

（4）采用相同的方法，创建平行度形位公差，如图 11-80 所示。单击"关闭"按钮，退出对话框。

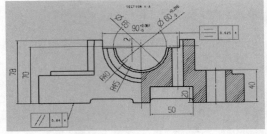

图 11-80 创建形位公差

8. 技术要求

（1）选择"菜单"→"插入"→"注释"→"注释"命令，或者单击"主页"选项卡"注释"组中的"注释"按钮 A，弹出如图 11-81 所示的"注释"对话框。

（2）在"格式设置"文本框中输入如图 11-81 所示的技术要求文本，然后拖动文本到合适位置，单击将文本固定在图样中，效果如图 11-82 所示。

图 11-81 "注释"对话框

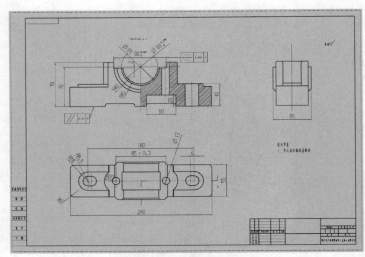

图 11-82 最终效果

11.7 表　　格

11.7.1 表格注释

使用此命令可以在创建和编辑信息表格。表格注释通常用于定义部件系列中相似部件的尺寸值，还可以将它们用于孔图表和材料列表中。执行表格注释命令，主要有以下两种方式。

☑ 菜单：选择"菜单"→"插入"→"表"→"表格注释"命令。

☑ 功能区：单击"主页"选项卡"表"组中的"表格注释"按钮。

执行上述方式后，弹出如图 11-83 所示的"表格注释"对话框。

"表格注释"对话框中的选项说明如下。

1. 原点

☑ 原点工具：使用原点工具查找图纸页上的表格注释。

☑ 指定位置：用于为表格注释指定位置。

2. 指引线

☑ 选择终止对象：用于为指引线选择终止对象。

☑ 带折线创建：在指引线中创建折线。

☑ 类型：列出指引线类型。

　➢ 普通：创建带短画线的指引线。

　➢ 全圆符号：创建带短画线和全圆符号的指引线。

3. 表大小

☑ 列数：设置竖直列数。

☑ 行数：设置水平行数。

☑ 列宽：为所有水平列设置统一宽度。

4. 设置

单击此按钮，打开"设置"对话框，可以设置文字、单元格、截面和表格注释首选项。

图 11-83　"表格注释"对话框

11.7.2　零件明细表

11.7.2　零件明细表

零件明细表是直接从装配导航器中列出的组件派生而来的，所以可以通过明细表为装配创建物料清单。在创建装配过程中的任意时间创建一个或多个零件明细表。将零件明细表设置为随着装配变化自动更新或将零件明细表限制为进行按需更新。执行零件明细表命令，主要有以下两种方式。

☑ 菜单：选择"菜单"→"插入"→"表"→"零件明细表"命令。

☑ 功能区：单击"主页"选项卡"表"组中的"零件明细表"按钮。

执行上述方式后，将表格拖动到所需位置，放置零件明细表，如图 11-84 所示。

7	BENGTI	1
6	TIANLIAOYAGAI	1
5	ZHUSE	1
4	FATI	1
3	XIAFABAN	1
2	SHANGFAGAI	1
1	FAGAI	1
PC NO	PART NAME	QTY

图 11-84　零件明细表

11.7.3　自动符号标注

11.7.3　自动符号标注

执行自动符号标注命令，主要有以下两种方式。

☑ 菜单：选择"菜单"→"插入"→"表"→"自动符号标注"命令。

☑ 功能区：单击"主页"选项卡"表"组中的"自动符号标注"按钮 。

执行上述方式后，弹出如图 11-85 所示的"零件明细表自动符号标注"对话框 1。在视图中选择已创建好的明细表，单击"确定"按钮。打开如图 11-86 所示的"零件明细表自动符号标注"对话框 2。在列表中选择要标注符号的视图。单击"确定"按钮，创建零件序号。

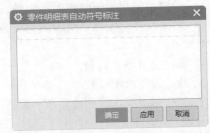

图 11-85 "零件明细表自动符号标注"对话框 1   图 11-86 "零件明细表自动符号标注"对话框 2

扫码看视频

11.8 滑动轴承装配
工程图

11.8 综合实例
——滑动轴承装配工程图

通过实例的讲解，读者可更进一步地了解工程图的绘制过程。首先创建工程图的基本视图、投影视图、剖视图等视图，然后添加标注，完善工程图，如图 11-87 所示。

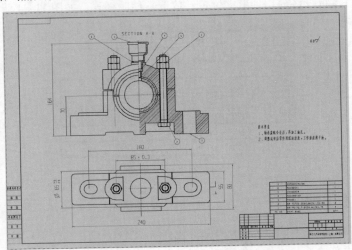

图 11-87 滑动轴承装配工程图

操作步骤如下。

1. 打开文件

选择"文件"→"打开"命令，弹出"打开"对话框，在对话框中选择 huadongzhoucheng 部件，打开滑动轴承装配体。

2. 新建工程图

（1）选择"文件"→"新建"命令或单击"快速访问"工具栏中的"新建"按钮 ，弹出"新建"对话框。在"图纸"选项卡中选择"A2-无视图"模板。

（2）在"新建"对话框中的"新文件名"选项组的"名称"文本框中输入 huadongzhoucheng_dwg1 后，单击"确定"按钮，进入制图界面。

3. 创建基本视图

（1）选择"菜单"→"插入"→"视图"→"基本"命令，或者单击"主页"选项卡"视图"组中的"基本视图"按钮 ，弹出如图 11-88 所示的"基本视图"对话框。

（2）在"要使用的模型视图"下拉列表框中选择"后视图"，设置比例为 1：1。

（3）在图纸中适当的地方放置基本视图，如图 11-89 所示。

图 11-88　"基本视图"对话框

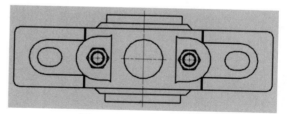

图 11-89　放置基本视图

4. 创建半剖视图

（1）选择"菜单"→"插入"→"视图"→"剖视图"命令，或者单击"主页"选项卡"视图"组中的"剖视图"按钮 ，弹出如图 11-90 所示的"剖视图"对话框。

（2）在"方法"下拉列表框中选择"半剖"。

（3）选择步骤 3 创建的基本视图为父视图。

（4）捕捉如图 11-91 所示的两点创建剖切位置。

（5）拖动视图到图纸中适当的位置单击，完成剖视图的创建，如图 11-92 所示。

图 11-90　"剖视图"对话框

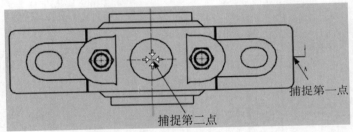

图 11-91　捕捉点

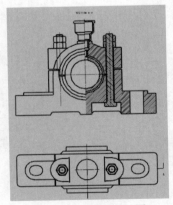

图 11-92　创建剖视图

5. 编辑视图

（1）单击"主页"功能区"视图"组中的"编辑视图"库下的"视图中剖切"按钮 🔳，弹出"视图中剖切"对话框。

（2）在视图中选择主视图，然后再选择螺栓和螺母为非剖切对象，选中"变成非剖切"单选按钮，如图 11-93 所示。

（3）在对话框中单击"确定"按钮，螺栓和螺母零件变成非剖切零件，如图 11-94 所示。

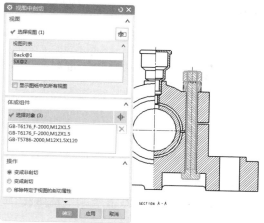

图 11-93 选择剖切零件

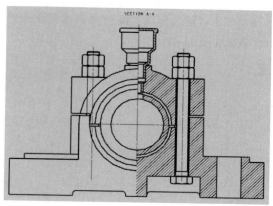

图 11-94 编辑视图

6. 标注尺寸

选择"菜单"→"插入"→"尺寸"→"快速"命令，弹出如图 11-95 所示的"快速尺寸"对话框，对视图进行尺寸标注，如图 11-96 所示。

图 11-95 "快速尺寸"对话框

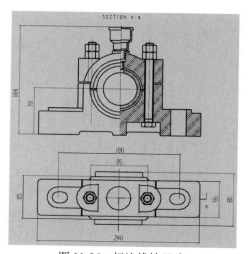

图 11-96 标注线性尺寸

7. 标注配合尺寸

（1）双击要标注配合的尺寸，这里选择 65 的尺寸，弹出小工具栏如图 11-97 所示。

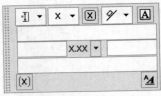

图 11-97　小工具栏

（2）单击"编辑附加文本"按钮 Ⓐ，弹出"附加文本"对话框，如图 11-98 所示。

（3）在文本位置下拉列表中选择"之前"选项，在类别下拉列表中选择"制图"选项，单击"插入直径"符号 φ，将直径符号插入尺寸 65 之前。

（4）在文本位置下拉列表中选择"之后"选项，在类别下拉列表中选择"1/2 分数"选项，输入上部文本和下部文本为 H9、f6，单击"插入分数"按钮 1/2，如图 11-99 所示，将配合公差插入尺寸 65 之后，连续单击关闭按钮，结果如图 11-100 所示。

图 11-98　"附加文本"对话框

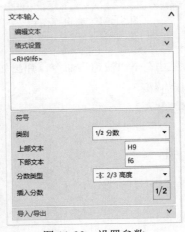

图 11-99　设置参数

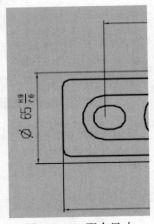

图 11-100　配合尺寸

（5）同理标注其他公差尺寸，结果如图 11-101 所示。

8. 标注公差尺寸

（1）双击要标注公差的尺寸，这里选择 φ85 的尺寸，弹出小工具栏。

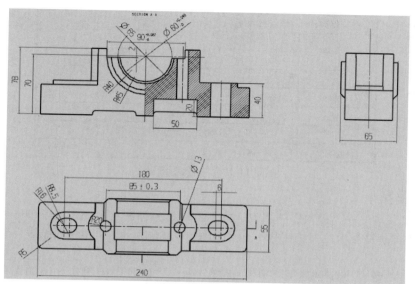

图 11-101　标注公差

（2）在公差列表中选择"等双向公差"选项，在公差文本框中输入公差值，如图 11-102 所示。标注公差尺寸如图 11-103 所示。

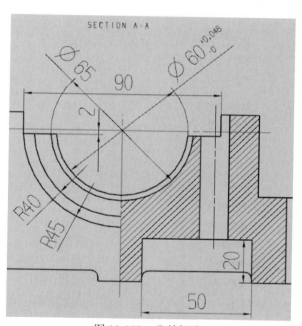

图 11-102　设置选项

图 11-103　公差标注

9. 添加零件序号

选择"菜单"→"插入"→"表"→"零件明细表"命令，或者单击"主页"选项卡"表"组中的"零件明细表"按钮 ，生成零件明细表。拖动明细表到适当位置单击，完成零件明细表的创建，并调整表的大小，如图 11-104 所示。

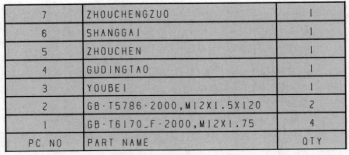

7	ZHOUCHENGZUO	1
6	SHANGGAI	1
5	ZHOUCHEN	1
4	GUDINGTAO	1
3	YOUBEI	1
2	GB-T5786-2000,M12X1.5X120	2
1	GB-T6170_F-2000,M12X1.75	4
PC NO	PART NAME	QTY

图 11-104　插入明细表

10. 创建零件序号

（1）选择"菜单"→"插入"→"表"→"自动符号标注"命令，或者单击"主页"选项卡"表"组中的"自动符号标注"按钮 ，弹出如图 11-105 所示的"零件明细表自动符号标注"对话框 1。

（2）在视图中选择上步创建的零件明细表，单击"确定"按钮，弹出如图 11-106 所示的"零件明细表自动符号标注"对话框 2，选择主视图，单击"确定"按钮，生成序号如图 11-107 所示。

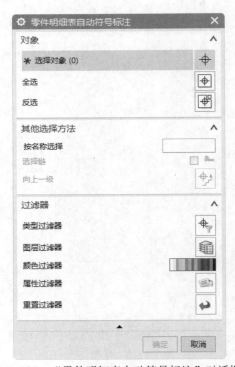

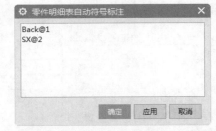

图 11-105　"零件明细表自动符号标注"对话框 1　　图 11-106　"零件明细表自动符号标注"对话框 2

11. 技术要求

（1）选择"菜单"→"插入"→"注释"→"注释"命令，或者单击"主页"选项卡"注释"组中的"注释"按钮 A，弹出"注释"对话框。

（2）在"格式设置"文本框中输入如图 11-108 所示的技术要求文本，然后拖动文本到合适位置，单击鼠标左键，将文本固定在图样中，效果如图 11-87 所示。

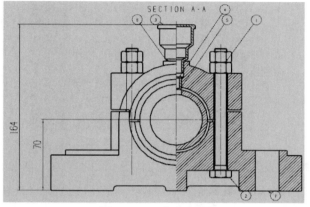

图 11-107　生成序号

图 11-108　"注释"对话框

11.9　上机操作

通过前面的学习，相信对本章知识已有了一个大体的了解，本节将通过一个操作练习帮助读者巩固本章所学的知识要点。

绘制如图 11-109 所示的踏脚杆工程图。

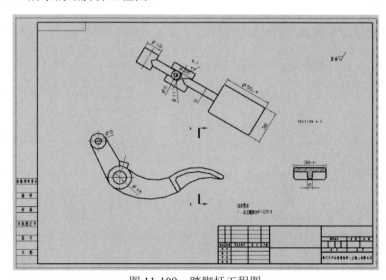

图 11-109　踏脚杆工程图

操作提示：

（1）利用"基本视图"命令创建基本视图，如图 11-110 所示。

（2）利用"投影视图"命令创建投影视图，如图 11-111 所示。

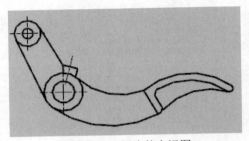

图 11-110　创建基本视图

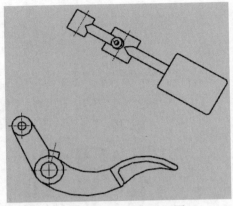

图 11-111　创建投影视图

（3）利用"剖视图"命令选择基本视图为俯视图，定义切割位置，创建剖视图，如图 11-112 所示。

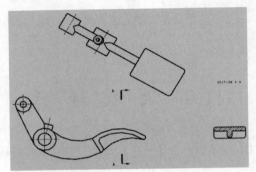

图 11-112　创建剖视图

（4）利用"标注尺寸"命令标注各尺寸。

（5）利用"注释"命令标注技术要求。

第12章

运动仿真

导读

本章主要介绍机构的基本概念,如机构、机构自由度、运动副等的使用,机构工作环境的设置和机构参数预设置的方法。

在用户创建运动分析对象后,若对创建对象不满意,可以在模型准备中对模型进行重新编辑和操作。模型准备阶段主要包括对模型尺寸的编辑、运动对象的编辑、标记点和智能点的创建、封装和函数管理器的建立几部分。

完成模型准备后,可以利用运动分析模块对模型进行全面的运动分析。

精彩内容

- ☑ 仿真模型
- ☑ 连杆、传动副、载荷
- ☑ 标记、封装
- ☑ 运动分析
- ☑ 运动分析首选项
- ☑ 模型编辑
- ☑ 解算方案的创建和求解

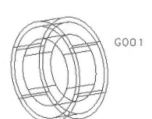

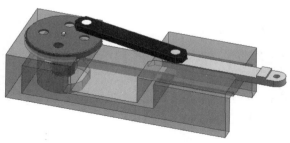

12.1 仿真模型

同结构分析相似，仿真模型是在主模型的基础上创建的，两者间存在密切联系。

（1）单击"应用模块"选项卡"仿真"组中的"运动"按钮 ，进入运动分析模块。

（2）单击绘图窗口左侧"运动导航器"按钮 ，弹出"运动导航器"，如图 12-1 所示。

图 12-1　运动导航器

（3）右键单击运动导航器中的主模型名称，在弹出快捷菜单中选择"新建仿真"，弹出"新建仿真"对话框，单击"确定"按钮，弹出如图 12-2 所示的"环境"对话框，单击"确定"按钮。弹出如图 12-3 所示的"机构运动副向导"对话框，单击"取消"按钮，创建默认名为 motion_1 的运动仿真文件。

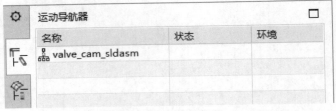

图 12-2　"环境"对话框　　　　　　　　　　图 12-3　"机构运动副向导"对话框

（4）右击该文件名，弹出如图 12-4 所示的快捷菜单，用户可以对仿真模型进行多项操作，各选项含义如下。

☑ 新建连杆：在模型中创建连杆，通过创建连杆对话框可以为连杆赋予质量特性、转动惯量等。

☑ 新建运动副：在模型中的接触连杆间定义运动副包括旋转副、滑动副、球面副等。

☑ 新建连接器，载荷：为机构各连杆定义力学对象包括标量力、力矩、矢量力、力矩和弹簧副、阻尼等。

- ☑ 新建标记：通过在连杆产生标记点，可方便地为分析结果产生该点接触力、位移、速度。
- ☑ 新建耦合副：为模型中定义传动对，包括齿轮副、齿轮齿条副和线缆副等。
- ☑ 新建约束：为模型定义高低副包括点在线上副、线在线上副和点在面上副。
- ☑ 环境：为运动分析定义解算器，包括运动学和动态两种解算器。
- ☑ 编辑表达式：该选项用来修改模型中存在的表达式。
- ☑ 导出表达式：该选项用于将当前仿真模型中的表达式修改值输出到主模型，对主模型进行修改。
- ☑ 信息：供用户查看仿真模型中的信息，包括运动连接信息和在 Scenario 模型修改表达式的信息。
- ☑ 导出：该选项用于输出机构分析结果，以供其他系统调用。
- ☑ 运动分析：对设置好的仿真模型进行求解分析。
- ☑ 求解器：选择分析求解的运算器，包括 Simcenter Motion、NX Motion、Recurdyn 和 Adams。

图 12-4　快捷菜单

12.2　运动分析首选项

运动分析首选项控制运动分析中的各种显示参数，分析文件和后处理参数，它是进行机构分析前的重要准备工作。执行运动命令，方式如下。

- ☑ 菜单：选择"菜单"→"首选项"→"运动"命令。

执行上述方式后，弹出如图 12-5 所示的"运动首选项"对话框。"运动首选项"对话框中的一些选项说明如下。

- ☑ 运动对象参数：控制显示何种运动分析对象，以及显示形式。
  - ➢ 名称显示：控制在仿真模型中连杆及运动副的名称是否显示。
  - ➢ 图标比例：控制运动对象图标的显示比例，修改此参数会改变当前和以后创建的图标显示比例。
  - ➢ 角度单位：确定角度单位是弧度还是度，缺省选项为"度"。
  - ➢ 列出单位：当单击该选项时弹出"信息"窗口，如图 12-6 所示，显示当前运动分析中的单位制。
- ☑ 分析文件的参数：控制对象的质量属性和重力常数两个参数。
  - ➢ 质量属性：控制解算器在求解时是否采用构件的质量特性。

图 12-5　"运动首选项"对话框

图 12-6   "信息"窗口

> 重力常数：控制重力常数 G 的大小，单击该选项弹出"全局重力系数"对话框。在采用 mm 单位中，重力加速度为-9806.65mm/s²（负号表示垂直向下方向）。

☑ 求解器参数：控制运动分析中的积分和微分方程的求解精度，但是求解精度越高意味着对计算机的性能要求越高，耗费的时间也越长。这时就需要用户合理选择求解精度。单击此按钮，打开如图 12-7 所示的"求解器参数"对话框。

图 12-7   "求解器参数"对话框

> 步长：控制积分和微分方程的 dx 因子大小，dx 越小求解的精度越高。
> 解算公差：控制求解结果和求解方程间的误差，误差越小，解算精度越高。
> 最大准迭代次数：控制解算器的最大迭代次数，当解算器达到最大迭代次数，即使迭代结果不收敛，解算器也停止迭代。

☑ 3D 接触方法：有两种方式定义构件间的接触方式，分别为小平面和精确。

> ➢ 小平面：构件间以平面接触形式表现，同时可以通过下方的滑杆控制接触精度。
> ➢ 精确：精确模拟构件间的接触情况。
☑ 后处理参数：控制跟踪 / 爆炸的对象是否输出到主模型中、运动序列是否输出到运动放置模块、结果是否添加动画图例以及在动画中是否显示对象图标等。
> ➢ 对主模型进行追踪 / 爆炸：选中此复选框，表示将在运动分析方案中创建的跟踪或爆炸的对象输出到主模型中。

12.3　连　　杆

在通常机构学中，固定的部分称为机架。而在运动仿真分析模块中固定的零件和发生运动的零件都统称为连杆。在创建连杆中，用户应注意一个几何对象只能创建一个连杆，而不能创建多个连杆。执行连杆命令，主要有以下两种方式。

☑ 菜单：选择"菜单"→"插入"→"连杆"命令。
☑ 功能区：单击"主页"选项卡"机构"组中的"连杆"按钮 。

执行上述方式后，弹出如图 12-8 所示的"连杆"对话框。

"连杆"对话框中的选项说明如下。

☑ 连杆对象：选择几何体为连杆。
☑ 质量与力矩：当在质量属性选项中选择"用户定义"选项时，此选项组可以为定义的杆件赋予质量并可使用点构造器定义杆件质心。

在定义惯性矩和惯性积前，必须先编辑坐标方向，也可以采用系统默认的坐标方向。惯性矩表达式 $I_{XX} = \int_A x^2 dA$, $I_{YY} = \int_A y^2 dA$, $I_{ZZ} = \int_A z^2 dA$ ；惯性积表达式 $I_{XY} = \int_A xy dA$, $I_{XZ} = \int_A XZ dA$, $I_{YZ} = \int_A YZ dA$ 。

☑ 初始平移速度：为连杆定义一个初始平移速度
> ➢ 指定方向：为初始速度定义速度方向。
> ➢ 平移速度：选项用于重新设定构件的初始平移速度。
☑ 初始旋转速度：为连杆定义一个初始转动速度。
> ➢ 幅值，它通过设定一个矢量作为角速度的旋转轴，然后在"旋转速度"选项中输入角速度大小。
> ➢ 分量：它是通过输入初始角速度的各坐标分量大小来设定连杆的初始角速度大小。
☑ 无运动副固定连杆：选中此复选框，选择目标零件后为固定连杆。

图 12-8　"连杆"对话框

◀》 注意：若仅对机构进行运动分析，可不必为连杆赋予质量和惯性矩，惯性积参数。

12.4　传　动　副

12.4.1　运动副

运动副为连杆间定义相对运动方式。不同运动副的创建对话框大致相同。执行运动副命令，主要有以下两种方式。

☑ 菜单：选择"菜单"→"插入"→"接头"命令。

☑ 功能区：单击"主页"选项卡"机构"组中的"接头"按钮 。

执行上述方式后，弹出如图 12-9 所示的"运动副"对话框。

"运动副"对话框中的选项说明如下。

1. 旋转副

☑ 啮合连杆：控制由不联接杆件组成的运动副在调用机构分析解算器时产生关联关系。

☑ 极限：控制转动副的相对转动范围，该选项只在基于位移的动态仿真中有效。同时注意在"上限"和"下限"值的输入应分别输入旋转副的旋转范围数值。

☑ 摩擦：为运动副提供摩擦选项，如图 12-10 所示。

图 12-9　"运动副"对话框

图 12-10　"摩擦"对话框

☑ 驱动：控制转动副是否为原动运动副，系统为原动运动副提供 6 种驱动运动规律，分别为多项式、谐波、函数、铰接运动、控制和曲线 2D。

➢ "多项式"运动规律表达式：$x + v \times t + 1/2 \times a \times t^2$，$x, v, a, t$ 分别表示位移、速度、加速度和时间。在"驱动类型"选项中选择"多项式"，弹出如图 12-11 所示的操作对话框。

➢ "谐波"运动规律表达式：$A \times \sin(\omega \times t + \phi) + B$，$A, \omega, \phi, B, t$ 分别表示幅值、角频率、相位角、角位移和时间。在"驱动类型"选项中选择"谐波"，弹出如图 12-12 所示的操作对话框。

➢ "函数"由用户通过函数编辑器自定义一个表达式，在如图 12-11 所示的对话框"驱动类型"选项中选择"函数管理器"，弹出如图 12-13 所示的操作对话框。选择如图 12-13 所示对话框中"函数管理器"命令，弹出"XY 函数管理器"对话框，如图 12-14 所示。

➢ "铰接运动"选项用于设置基于位移的动态仿真，该运动规律选项设定转动副具有独立时间的运动。

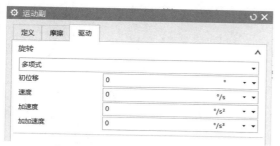

图 12-11　"多项式"对话框

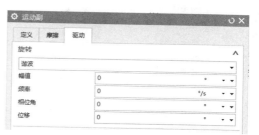

图 12-12　"谐波"对话框

图 12-13　"函数"对话框

图 12-14　"XY 函数管理器"对话框

2. 滑块

其操作对话框和旋转副操作对话框相同，各选项的意义也相似。这里就不详述。

3. 柱面副

圆柱副包括沿某一轴的移动副和旋转副两种传动形式，其操作对话框与上述介绍的相比没有了"极限"和"运动驱动"选项，其他选项相同。

4. 螺旋副

组成螺旋副的两杆件沿某轴做相对移动和相对转动运动，两者间只有一个独立运动参数，但实际上不可能依靠该副单独为两连杆生成 5 个约束，因此要达到施加 5 个约束的效果，应将螺旋副和圆柱副结合起来使用。首先为两连杆定义一个圆柱副，然后再定义一个螺旋副，两者结合起来，才能为组成螺旋副的两连杆定义 5 个约束。在螺旋副中螺旋模数比表示输入螺旋副的螺距，其单位与主模型文件所采用的单位相同，若定义螺距为正，则第一个连杆相对于第二连杆正向移动，若定义螺距为负，则反之。

5. 万向节

用于将轴线不重合的两个回转构件联接起来，对话框如图 12-15 所示。万向节的创建模型图标如图 12-16 所示。

Note

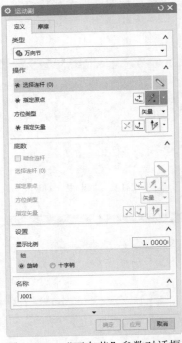

图 12-15 "万向节"参数对话框

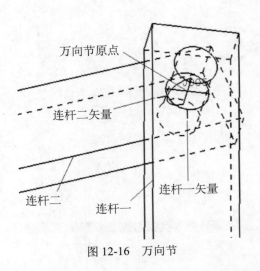

图 12-16 万向节

6. 球面副

组成球形副的两连杆具有 3 个分别绕 X、Y、Z 轴相对旋转的自由度。组成球面副的两连杆的坐标系原点必重合。球面副的创建模型图标，如图 12-17 所示。

7. 平面副

用于创建两连杆的平面相对运动，包括在平面内的沿两轴向的相对移动和相对平面法向的相对转动。平面副创建模型图标如图 12-18 所示，平面矢量 Z 轴垂直于相对移动和旋转平面。

8. 固定副

在连杆间创建一个固定连接副，相当于以刚性连接两连杆，两连杆间无相对运动。

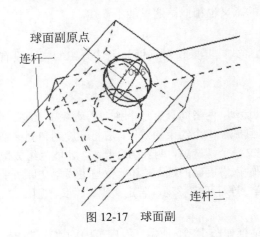

图 12-17 球面副

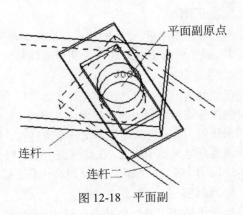

图 12-18 平面副

12.4.2 齿轮齿条副

齿轮齿条副模拟齿轮与齿条间的啮合运动，在该副中齿轮相对于齿条做相对移动和相对转动运动。创建齿轮齿条副之前，应先定义一个滑动副和一个旋转副，然后创建齿轮副。执行齿轮齿条副命令，主要有以下两种方式。

　　☑ 菜单：选择"菜单"→"插入"→"耦合副"→"齿轮齿条副"命令。

　　☑ 功能区：单击"主页"选项卡"耦合副"组中的"齿轮齿条副"按钮 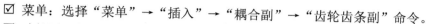。

　　执行上述方式后，弹出如图 12-19 所示的"齿轮齿条副"对话框。选择已创建的滑动副、转动副和接触点。系统能自动给定比率参数，用户也可以直接设定比率值，然后由系统给出接触点位置。如图 12-20 所示为齿轮齿条副示意图，由一个与机架联接的滑动副和一个与机架联接的具有驱动能力的转动副组成。

图 12-19　"齿轮齿条副"对话框

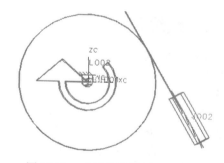

图 12-20　"齿轮齿条副"示意图

　　"比率（销半径）"参数等效于齿轮的节圆半径，即齿轮中心到接触点间距离。

12.4.3 齿轮副

　　齿轮副用来模拟一对齿轮的啮合传动，在创建齿轮副之前，应先定义两个转动副。齿轮副可以通过为旋转副定义驱动或极限来设定驱动或运动极限范围。执行齿轮副命令，主要有以下两种方式。

　　☑ 菜单：选择"菜单"→"插入"→"耦合副"→"齿轮耦合副"命令。

　　☑ 功能区：单击"主页"选项卡"耦合副"组中的"齿轮耦合副"按钮 。

　　执行上述方式后，弹出如图 12-21 所示的"齿轮耦合副"对话框。依次选择两转动副和接触点。系统由接触点自动给出比率值，用户也可以先设定比率值，然后由系统给出接触点位置。如图 12-22 所示为一带驱动旋转副和一普通旋转副组成的齿轮副。

图 12-21　"齿轮耦合副"对话框

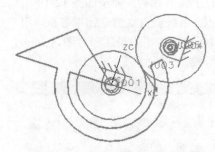

图 12-22　"齿轮耦合副"示意图

"齿轮耦合副"对话中，"显示比例"为两齿轮节圆半径比值。

12.4.4　线缆副

线缆副使两个滑动副产生关联关系。在创建线缆副之前，应先定义两个移动副。线缆副可以通过定义其中一个滑动副的驱动或极限来设定线缆副的驱动或运动极限范围。执行线缆副命令，主要有以下两种方式。

☑ 菜单：选择"菜单"→"插入"→"耦合副"→"线缆副"命令。

☑ 工具栏：单击"主页"选项卡"耦合副"组中的"线缆副"按钮 。

执行上述方式后，弹出如图 12-23 所示的"线缆副"对话框，选择已创建的滑动副、转动副和接触点。系统能自动给定比率参数，用户也可以直接设定比率值。单击"确定"按钮，如图 12-24 所示为两滑动副组成的线缆副。

图 12-23　"线缆副"对话框

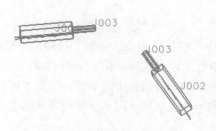

图 12-24　"线缆副"示意图

"线缆副"对话框中,"比率"表示第一个滑动副相对于第二个滑动副的传动比,正值表示两滑动副滑动方向相同,负值表示两滑动副滑动方向相反。

12.4.5　点线接触副

点线接触副允许在两连杆间具有 4 个运动自由度。执行点线接触副命令,主要有以下两种方式。
- ☑ 菜单:选择"菜单"→"插入"→"约束"→"点在线上副"命令。
- ☑ 功能区:单击"主页"选项卡"约束"组中的"点在线上副"按钮。

执行上述方式后,弹出如图 12-25 所示的"点在线上副"对话框,首先选择连杆,然后选择接触点。选择线,接受系统默认的显示比例和名称。单击"确定"按钮,生成如图 12-26 所示的点线接触副。

图 12-25　"点在线上副"对话框

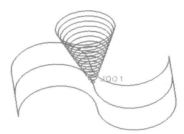

图 12-26　"点线接触副"示意图

12.4.6　线线接触副

线线接触副常用来模拟凸轮运动关系。在线线接触副中,两构件共有 4 个自由度。接触副中两曲线不但要保持接触还要保持相切。执行线线接触副命令,主要有以下两种方式。
- ☑ 菜单:选择"菜单"→"插入"→"约束"→"线在线上副"命令。
- ☑ 功能区:单击"主页"选项卡"约束"组中的"线在线上副"按钮。

执行上述方式后,弹出如图 12-27 所示的"线在线上副"对话框,首先选择连杆,然后选择接触副。选择线,接受系统默认的显示比例和名称。单击"确定"按钮,生成如图 12-28 所示的线线接触副。

图 12-27　"线在线上副"对话框

图 12-28　"线线接触副"示意图

Note

12.4.7　点面副

点面副允许两构件间有 5 个自由度（点在面上的两个移动自由度和绕自身轴的 3 个旋转自由度）。执行点在面上副命令，主要有以下两种方式。

☑ 菜单：选择"菜单"→"插入"→"约束"→"点在面上副"命令。

☑ 功能区：单击"主页"选项卡"约束"组中的"点在面上副"按钮 。

执行上述方式后，弹出如图 12-29 所示的"曲面上的点"对话框。选择连杆，然后选择点和面。接受系统默认的显示比例和名称。单击"确定"按钮，生成如图 12-30 所示的点面副。

图 12-29　"曲面上的点"对话框

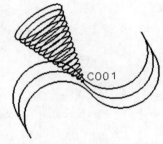

图 12-30　"点面副"示意图

12.5　载　　荷

在机构分析中可以为两个连杆间添加载荷，用于模拟构件间的弹簧、阻尼、力或力矩等。在连杆间添加的载荷不会影响机构的运动分析，仅用于动力学分析中的求解作用力和反作用力。在系统中常用载荷包括弹簧、阻尼、力、扭矩、弹性衬套、接触等。

12.5.1　弹簧

弹簧力是位移和刚度的函数。弹簧在自由长度时，处于完全松弛状态，弹簧力为零，当弹簧伸长或缩短后，产生一个正比于位移的力。执行弹簧命令，主要有以下两种方式。

☑ 菜单：选择"菜单"→"插入"→"连接器"→"弹簧"命令。

☑ 功能区：单击"主页"选项卡"连接器"组中的"弹簧"按钮 。

执行上述方式后，弹出如图 12-31 所示的"弹簧"对话框。依次在屏幕中选择连杆一、原点一、连杆二和原点二，如果弹簧与机架联接，则可不选杆件二。根据需要设置好"弹簧刚度"参数及弹簧名称，系统默认弹簧名称为 S001。

图 12-31　"弹簧"对话框

12.5.2　阻尼

阻尼是一个耗能组件，阻尼力是运动物体速度的函数，作用方向与物体的运动方向相反，对物体的运动起反作用。阻尼一般将连杆的机械能转化为热能或其他形式能量，同弹簧相似阻尼也提供拉伸阻尼和扭转阻尼两种形式元件。阻尼元件可添加在两连杆间或运动副中。执行阻尼命令，主要有以下两种方式。

☑ 菜单：选择"菜单"→"插入"→"连接器"→"阻尼器"命令。

☑ 功能区：单击"主页"选项卡"连接器"组中的"阻尼器"按钮 ✐。

执行上述方式后，弹出如图 12-32 所示的"阻尼器"对话框。

添加阻尼的操作步骤和弹簧相似。用户根据需要设置阻尼系数及阻尼名称。

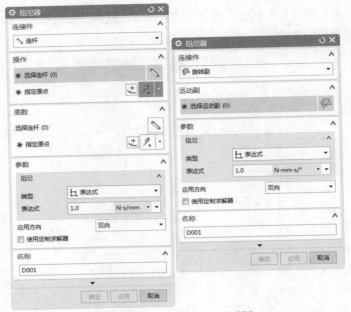

图 12-32　"阻尼器"对话框

12.5.3　标量力

标量力是一种施加在两连杆间的已知力，标量力的作用方向是从连杆一的一指定点指向连杆二的一点。由此可知标量力的方向与相应的连杆相关联，当连杆运动时，标量力的方向也不断变化。标量力的大小可以根据用户需要设定为常数也可以给出一函数表达式，系统默认名称为 F001。执行标量力命令，主要有以下两种方式。

☑ 菜单：选择"菜单"→"插入"→"载荷"→"标量力"命令。

☑ 功能区：单击"主页"选项卡"加载"组中的"标量力"按钮 ▟。

执行上述方式后，弹出如图 12-33 所示的"标量力"对话框。依据选择步骤在屏幕中选择第一连杆。选择标量力原点，选择第二连杆，选择标量力终点（标量力方向由起点指向终点）。设置"幅值"参数。单击"确定"按钮，完成标量力创建操作。

12.5.4　矢量力

矢量力与标量力不同，它不光具有一定大小，其方向在用户选定的一个坐标系中保持不变。执行矢量力命令，主要有以下两种方式。

☑ 菜单：选择"菜单"→"插入"→"载荷"→"矢量力"命令。

☑ 功能区：单击"主页"选项卡"加载"组中的"矢量力"按钮 ▟。

图 12-33　"标量力"对话框

执行上述方式后，弹出如图 12-34 所示的"矢量力"对话框。用户根据需要可以为矢量力定义不同的力坐标系。在绝对坐标系中用户应分别给定 3 个力分量，可以是给定常值也可以给定函数值。用户定义坐标系中用户需给定力方向。系统给定默认力名称为 G001。

图 12-34　"矢量力"对话框

12.5.5　标量扭矩

标量扭矩只能添加在已存在的旋转副上，大小可以是常数或一函数值，正扭矩表示绕旋转轴正 Z 轴旋转，负扭矩与之相反。执行标量扭矩命令，主要有以下两种方式。

☑ 菜单：选择"菜单"→"插入"→"载荷"→"标量扭矩"命令。

☑ 功能区：单击"主页"选项卡"加载"组中的"标量扭矩"按钮 。

执行上述方式后，弹出如图 12-35 所示的"标量扭矩"对话框。用户为扭矩输入设定值，系统默认的标量扭矩名称为 T001。

12.5.6　矢量扭矩

矢量扭矩与标量扭矩主要区别是旋转轴的定义，标量扭矩必须施加在旋转副上，而矢量扭矩则是施加在连杆上的，其旋转轴可以是用户自定义坐标系的 Z 轴或绝对坐标系的一个或多个轴线。执行矢量扭矩命令，主要有以下两种方式。

12-35　"标量扭矩"对话框

☑ 菜单：选择"菜单"→"插入"→"载荷"→"矢量扭矩"命令。

☑ 功能区：单击"主页"选项卡"加载"组中的"矢量扭矩"按钮 。

执行上述方式后，弹出如图 12-36 所示的"矢量扭矩"对话框。选择连杆，选择原点。单击"矢量对话框"按钮，选择合适的方位。设置"幅值"参数。系统默认的矢量扭矩为 G001。

图 12-36 "矢量扭矩"对话框

12.5.7 弹性衬套

弹性衬套用来定义两个连杆之间弹性关系的对象。有两种类型的弹性衬套供用户选择，圆柱形弹性连接和一般弹性连接。圆柱形弹性连接需对径向、纵向、锥形和扭转 4 种不同运动类型分别定义刚度和阻尼两个参数，常用于由对称和均质材料构成的弹性衬套。

常规弹性连接衬套需对 6 个不同的自由度（3 个平动自由度和 3 个旋转自由度）分别定义刚度、阻尼和预装入 3 个参数。

"预装入"参数表示在系统进行运动仿真前，载入的作用力或作用力矩。

执行衬套命令，主要有以下两种方式。

☑ 菜单：选择"菜单"→"插入"→"连接器"→"衬套"命令。

☑ 功能区：单击"主页"选项卡"连接器"组中的"衬套"按钮 ●。

执行上述方式后，弹出如图 12-37 所示的"衬套"对话框。在"类型"中选择"常规"选项。根据"选择步骤"在屏幕中依次选择第一连杆、第一原点、第一方位、第二连杆、第二原点、第二方位。完成以上设置后，单击"刚度""阻尼"和"执行器"标签，如图 12-38 所示，设置参数选项，用户可以直接输入参数。单击"确定"按钮，如图 12-39 所示表示弹性衬套。系统默认衬套名称为 G001。

图 12-37 "衬套"对话框

图 12-38 "常规弹性衬套"对话框

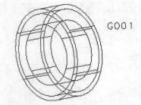

图 12-39　"弹性衬套"示意图

12.5.8　3D 接触

3D 接触通常用来建立连杆之间的接触类型,可描述连杆间的碰撞或连杆间的支撑状况。执行 3D 接触命令,主要有以下两种方式。

☑ 菜单:选择"菜单"→"插入"→"接触"→"3D 接触"命令。

☑ 功能区:单击"主页"选项卡"接触"组中的"3D 接触"按钮 。

执行上述方式后,弹出如图 12-40 所示的"3D 接触"对话框。

"3D 接触"对话框中的选项说明如下。

☑ 刚度:刚度用来描述材料抵抗变形的能力,不同材料具有不同的刚度。

☑ 力指数:定义输入变形特征指数,当接触变硬时选择大于 1,变软是选择小于 1。对于钢通常选择 1~8.3。

☑ 材料阻尼:定义材料最大的黏性阻尼,根据材料的不同定义不同的取值,通常取值范围在 1~1000,一般可取刚度的 0.1%,对于刚通常选择 100。

图 12-40　"3D 接触"对话框

☑ 最大穿透深度:输入碰撞表面的陷入深度,该取值一般较小,在国际单位值中常取 0.001m。一般为保持求解的连续性,必须设置该选项。

对于有相对摩擦的杆件,根据两者间是否有相对运动,分别设置以下参数。

☑ 静摩擦系数:取值范围在 0~1,对于材料钢与钢之间取 0.08 左右。

☑ 静摩擦速度:与静摩擦速度相关的滑动速度,该值一般取 0.1 左右。

☑ 动摩擦:取值范围在 0~1,对于材料钢与钢之间取 0.05 左右。

☑ 动摩擦速度:与动摩擦系数相关的滑动速度。

对于不考虑摩擦的运动分析情况,可在"库仑摩擦"选项中设置关。3D 接触副的默认名称为 G001。

12.5.9　2D 接触

2D 接触定义组成曲线接触副间两杆件接触力,通常用来表达两杆件间弹性或非弹性冲击。执行 2D 接触命令,方式如下。

☑ 菜单:选择"菜单"→"插入"→"接触"→"2D 接触"命令。

执行上述方式后,弹出如图 12-41 所示的"2D 接触"对话框。根据选择步骤依次选择第一平面曲线,第二平面曲线。设置各参数选项,单击"确定"按钮,完成创建过程。

在选择平面曲线过程中，若选择曲线为封闭曲线，则激活反向材料侧选项，该选项用来确定实体在曲线外侧或内侧。

图 12-41　"2D 接触"对话框

在"2D 接触"对话框中大部分参数同 3D 接触中的参数相同，最多接触点数表示两接触曲线最大点数目，取值范围在 1～32，当取值为 1 时，系统定义曲线接触区域中点为接触点。

12.6　模型编辑

主模型和运动仿真模型之间具有关联性，当用户对主模型进行修改会直接影响运动仿真模型。但用户对运动仿真模型进行修改不能直接影响到主模型，需进行输出表达式操作才能达到编辑主模型目的。执行编辑尺寸命令，主要有以下两种调用方式。执行编辑主模型尺寸命令，主要有以下两种方式。

☑ 菜单：选择"菜单"→"编辑"→"主模型尺寸"命令。

☑ 功能区：单击"主页"选项卡"设置"组中的"主模型尺寸"按钮 。

执行上述方式后，弹出如图 12-42 所示的"编辑尺寸"对话框。在编辑尺寸中选择需编辑的特征，在"特征表达式"中选择"描述"选项。

选择要编辑的特征，在如图 12-42 对话框下部的输入值中输入新值。单击"用于何处"选项，弹出如图 12-43 所示的"信息"对话框。单击"确定"按钮，完成对模型尺寸的编辑操作。

图 12-42　"编辑尺寸"对话框

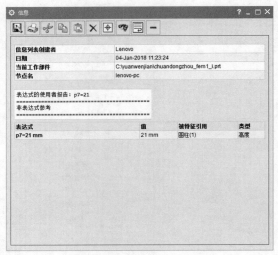

图 12-43　"信息"对话框

如图 12-42 所示"编辑尺寸"对话框上半部分列出了模型包含的各项特征。中间部分通过尺寸描述特征，有两种表达方式：一是通过表达式，分别给出特征名称，尺寸代号和尺寸大小；二是通过描述，直接给出尺寸形式和大小，后者更直观而前者给出内容比较详细。

12.7　标　　记

标记和智能点一般和运动机构分析结果相联系，例如在机构模型中希望得到一点的运动位移，速度等分析结果，则在进行分析解算前通过标记或智能点确定用户关心的点，分析解算后可获取标记或智能点所在位置的机构分析结果。

与智能点相比，标记点功能更加强大。在创建标记点时应当注意标记点始终是与连杆相关的，且必须为其定义方向。标记的方向特性在复杂的动力学分析中特别有用，例如分析一些与杆件相关的矢量结果问题——角速度，角加速度等。标记系统默认名称是 A001。执行标记命令，主要有以下两种方式。

- ☑ 菜单：选择"菜单"→"插入"→"标记"命令。
- ☑ 功能区：单击"主页"选项卡"机构"组中的"标记"按钮。

执行上述方式后，弹出如图 12-44 所示的"标记"对话框。用户可以通过直接在屏幕中选择连杆对象，或在弹出的点坐标对话框中输入坐标生成标记点。在后续的指定方位步骤中用户根据需要调整标记点的坐标方位，完成标记点方向的定义。单击"确定"按钮，完成标记创建操作。

图 12-44　"标记"对话框

12.8 封 装

封装是用来收集用户感兴趣的一组工具。封装有 3 项功能：测量、跟踪和干涉检查。分别可以用来测量机构中目标对象间的距离关系；跟踪机构中目标对象的运动；确定机构中目标对象是否发生干涉。

12.8.1 测量

测量功能用来测量机构中目标对象的距离或角度，并可以建立安全区域，若测量结果与定义的安全区域有冲突，则系统会发出警告。执行测量命令，主要有以下两种方式。

☑ 菜单：选择"菜单"→"工具"→"封装"→"测量"命令。

☑ 功能区：单击"分析"选项卡"测量"组中的"测量"按钮 ▭▭▭。

执行上述方式后，弹出如图 12-45 所示的"测量"对话框。

图 12-45 "测量"对话框

"测量"对话框中的选项说明如下。

☑ 阈值：设定两连杆间的距离。系统每作一步运动都会比较测量距离和设定的距离，若与测量条件相矛盾，则系统会给出提示信息。

☑ 测量条件：包括小于、大于和目标 3 个选项。

12.8.2 追踪

追踪功能用来生成每一分析步骤处目标对象的一个复制对象。执行追踪命令，主要有以下两种方式。

☑ 菜单：选择"菜单"→"工具"→"封装"→"追踪"命令。

图 12-46　"追踪"对话框

☑ 功能区：单击"分析"选项卡"运动"组中的"追踪"按钮 。
执行上述方式后，弹出如图 12-46 所示的"追踪"对话框。

"追踪"对话框中的一些选项说明如下。

☑ 目标层：用来指定放置复制对象的层。

☑ 参考框：用来指定跟踪对象的参考框架，当在绝对参考框架
中，表示被跟踪对象作为机构正常运动范围的一部分进行定
位和复制；当在相对参考框架中，系统会生成相对于参考对
象的跟踪对象。

12.8.3　干涉

干涉主要比较在机构运动过程中是否发生重叠现象。执行干涉命
令，主要有以下两种方式。

☑ 菜单：选择"菜单"→"工具"→"封装"→"干涉"命令。

☑ 功能区：单击"分析"选项卡"运动"组中的"干涉"按钮 。
执行上述方式后，弹出如图 12-47 所示的"干涉"对话框。

"干涉"对话框中的选项说明如下。

☑ 类型：当机构发生干涉时，系统根据用户选择可以产生高亮显
示和创建实体两种动作。当选择高亮显示，若发生干涉，则会
高亮显示干涉连杆，同时在状态行也会给出提示信息。当选择
创建实体，若发生干涉，系统会生成一个相交实体，描述干涉
发生的体积。

图 12-47　"干涉"对话框

☑ 参考框：参考框包括绝对、相对于组 1、相对于组 2、相对于两
个组和相对于选定的。当选择绝对参考帧时，重叠体定位于干
涉发生处，当选择相对参考帧时，重叠体定位于干涉连杆上。
用户可以通过相对参考帧将重叠体和连杆作布儿减操作，达到
消除干涉现象的目的。

12.9　解算方案和求解

当用户完成连杆，运动副和驱动等条件的设立后，即可以进入解算方案的创建和求解，进行运动
的仿真分析步骤。

12.9.1　解算方案

解算方案包括定义分析类型，解算方案类型，以及特定的传动副驱动类型等。用户可以根据需求
对同一组连杆，运动副定义不同的解算方案。执行解算方案命令，主要有以下两种方式。

☑ 菜单：选择"菜单"→"插入"→"解算方案"命令。

☑ 功能区：单击"主页"选项卡"解算方案"组中的"解算方案"按钮 。
执行上述方式后，弹出如图 12-48 所示的"解算方案"对话框。

图 12-48 "解算方案"对话框

"解算方案"对话框中的选项说明如下。

☑ 常规驱动：这种解算方案包括动力学分析和静力平衡分析，通过用户设定时间和步数，在此范围内进行仿真分析解算。

☑ 铰链运动驱动：在求解的后续阶段通过用户设定的传动副，及定义步长进行仿真分析。

☑ 电子表格驱动：用户通过 Excel 电子表格列出传动副的运动关系，系统根据输入电子表格进行运动仿真分析。

与求解器相关的参数基本保持默认设置，解算方案默认名称：Solution_1。

12.9.2 求解

完成解算方案的设置后，进入系统求解阶段。对于不同的解算方案，求解方式不同。常规解算方案，单击"主页"选项卡"解算方案"组中的"求解"按钮，系统直接完成求解。

铰链运动驱动和电子表格驱动方案，需要用户设置传动副，定义步长和输入电子表格完成仿真分析。

12.10 运 动 分 析

运动分析模块可用多种方式输出机构分析结果，如基于时间的动态仿真，基于位移的动态仿真，输出动态仿真的图像文件，输出机构分析结果的数据文件，用线图表示机构分析结果以及用电子表格输出机构分析结果等。在每种输出方式中可以输出各类数据。例如，用线图输出位移图，速度或加速度图等，输出构件上标记的运动规律图，运动副上的作用力图。利用机构模块还可以计算构件的支承反力，动态仿真构件的受力情况。

本节主要对运动分析模块各功能做比较详细的介绍。

12.10.1　动画

动画是基于时间的机构动态仿真，包括静力平衡分析和静力/动力分析两类仿真分析。静力平衡分析将模型移动到平衡位置，并输出运动副上的反作用力。执行动画命令，主要有以下两种方式。

☑ 菜单：选择"菜单"→"分析"→"运动"→"动画"命令。

☑ 功能区：单击"分析"选项卡"运动"组中的"动画"按钮。

执行上述方式后，弹出如图 12-49 所示的"动画"对话框。

"动画"对话框中的选项说明如下。

☑ 滑动模式：包括"时间"和"步数"两选项，时间表示动画以时间为单位进行播放，步数表示动画以步数为单位一步一步进行连续播放。

☑ 动画延时：当动画播放速度过快时，可以设置动画每帧之间间隔时间，每帧间最长延迟时间是一秒。

☑ 播放模式：系统提供 3 种播放模式包括播放一次，循环播放和返回播放。

☑ 设计位置：表示机构各连杆在进入仿真分析前所处在的位置。

☑ 装配位置：表示机构各连杆按运动副设置的连接关系所处在的位置。

☑ 封装选项：如果用户在封装操作中设置了测量，跟踪或干涉时，则激活打包选项。

　　➢ 测量：选中此复选框，则在动态仿真时，根据封装对话框中所做的最小距离或角度设置，计算所选对象在各帧位置的最小距离。

图 12-49　"动画"对话框

　　➢ 跟踪：选中此复选框，在动态仿真时，根据封装对话框所做的跟踪，对所选构件或整个机构进行运动跟踪。

　　➢ 干涉：选中此复选框，根据封装对话框所做的干涉设置，对所选的连杆进行干涉检查。

　　➢ 事件发生时停止：选中此复选框，表示在进行分析和仿真时，如果发生测量的最小距离小于安全距离或发生干涉现象，则系统停止进行分析和仿真，并会弹出提示信息。

☑ 追踪整个机构和爆炸机构：该选项根据封装对话框中的设置，对整个机构或其中某连杆进行跟踪等。包括跟踪当前位置，跟踪整个机构和机构爆炸图。跟踪当前位置将封装设置中选择的对象复制到当前位置；跟踪整个机构将跟踪整个机构所有连杆的运动到当前位置；爆炸视图用来创建，保存作铰链运动时的各个任意位置的爆炸视图。

12.10.2　生成图表

生成图表，当用户通过前面的动画或铰链运动对模型进行仿真分析后，用户还可以采用生成图表方式输出机构的分析结果。执行作图命令，主要有以下两种方式。

☑ 菜单：选择"菜单"→"分析"→"运动"→"XY 结果"命令。

☑ 功能区：单击"分析"选项卡"运动"组中的"XY 结果"按钮 。

执行上述方式后，弹出如图 12-50 所示"XY 结果视图"面板。

图 12-50　"XY 结果视图"面板

"XY 结果视图"面板中的选项说明如下。

1. "名称"面板

"XY 结果视图"中显示出关于运动部件的绝对和相对的位移、速度、加速度和力。用户根据需要，选择正确的位移、速度、加速度和力的分量结果。

2. 绘制结果视图

当在选择好需要进行绘制结果视图的分量后，单击鼠标右键，弹出如图 12-51 所示的快捷菜单。快捷菜单中有绘图、叠加、创建图对象和设为 X 轴。

☑ 绘图：绘制分量结果视图。

☑ 叠加：在已绘制好的结果视图中绘制同轴类分量的结果视图。

☑ 设为 X 轴：将选择的分量设置为 X 轴。

选择"绘图"命令，弹出如图 12-52 所示的"查看窗口"对话框，接着选择绘图区域，得出结果视图。

图 12-51　快捷菜单

图 12-52　查看窗口

12.10.3　载荷传递

载荷传递是系统根据基于对某特定连杆的反作用力来定义加载方案功能，该反作用力是通过对特定构件进行动态平衡计算得来的。用户可以根据需要将该加载方案由机构分析模块输出到有限元分析模块，或对构件的受力情况进行动态仿真。执行载荷传递命令，主要有以下两种方式。

☑ 菜单：选择"菜单"→"分析"→"运动"→"载荷传递"命令。

☑ 功能区：单击"分析"选项卡"运动"组中的"载荷传递"按钮。

执行上述方式后，弹出如图 12-53 所示的"载荷传递"对话框。单击"选择连杆"图标，在屏幕中选择受载连杆。单击"播放"按钮，系统生成如图 12-54 所示反映仿真中每步对应的载荷数据电子表格。

通过电子表格，用户可以查看连杆在每一步的受力情况，也可以使用电子表格中图表功能编辑连杆在整个仿真过程中的受力曲线。

图 12-53 "载荷传递"对话框

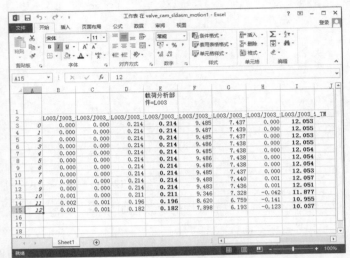

图 12-54 电子表格

在"载荷传递"对话框中，用户可以根据自身需要创建连杆加载方案。

扫码看视频

12.11 冲床模型

12.11 综合实例——冲床模型

本小节将使用 3 个连杆，创建 4 个运动副组成冲床模型，如图 12-55 所示。主运动设置为旋转运动由电动机模型供给，从运动为周期性的线性运动，使用两个滑动副和一个旋转副获得。

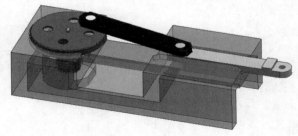

图 12-55 冲床模型

操作步骤如下。

1. 装入机架

（1）启动 UG NX 12.0，单击"新建"按钮，弹出"新建"对话框。

（2）选择模板为装配，在名称文本框输入 punch。

（3）单击"新建"对话框的"确定"按钮，退出"新建"对话框。自动进入装配模块，并弹出"添加组件"对话框。

（4）单击对话框中的"打开"按钮 ，打开随书附赠资源 yuanwenjian/12/punch/1.prt。"组件预览"窗口如图 12-56 所示。

（5）单击"装配位置"下拉列表框，选择"绝对坐标系-工作部件"类型，如图 12-57 所示。

（6）单击"添加组件"对话框的"确定"按钮，完成机架的装配。

2. 装配电动机

（1）单击"主页"选项卡"装配"组中的"添加"按钮 ，打开"添加组件"对话框。

（2）单击对话框中的"打开"按钮 ，打开随书附赠资源 yuanwenjian/12/punch/2.prt。"组件预览"窗口如图 12-58 所示。

图 12-56 "机架"预览窗口　　图 12-57 "添加组件"对话框　　图 12-58 "电动机模型"预览窗口

（3）在"放置"选项组选择"约束"，如图 12-59 所示。

（4）在"约束类型"选项组选择"接触对齐"类型。

（5）在"方位"下拉列表框中选择"自动判断中心／轴"选项。

（6）选择电动机中心孔和机架弧面，使用它们的轴心重合，如图 12-60 所示。

（7）单击"添加组件"对话框的"应用"按钮，完成轴心重合。

（8）在"方位"下拉列表框中选择"接触"选项。

（9）选择电动机底面和机架电动机槽底面，使两面贴合，如图 12-61 所示。

（10）单击"添加组件"对话框的"确定"按钮，完成轴心重合。

Note

图 12-59 "添加组件"对话框

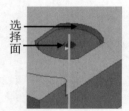

图 12-60 选择面

3. 装配转轮

（1）单击"主页"选项卡"装配"组中的"添加"按钮 ，弹出"添加组件"对话框。

（2）单击对话框中的"打开"按钮 ，打开随书附赠资源 yuanwenjian/12/punch/3.prt。"组件预览"窗口如图 12-62 所示。

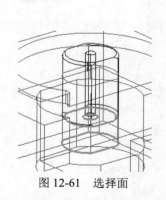

图 12-61 选择面

图 12-62 "电动机模型"预览窗口

（3）在"放置"选项组选择"约束"，在"约束类型"选项组选择"接触对齐"类型。

（4）在"方位"下拉列表框中选择"自动判断中心／轴"选项。

（5）选择转轮轴和电动机中心孔，使用它们的轴心重合，如图 12-63 所示。

（6）单击"添加组件"对话框的"应用"按钮，完成轴心重合。

（7）在"方位"下拉列表框中选择"接触"类型。

（8）选择转轮端面和机架电动机槽底面，使两面贴合。

（9）单击"添加组件"对话框的"确定"按钮，完成转轮装配，如图 12-64 所示。

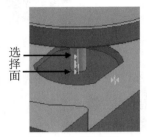

图 12-63　选择面

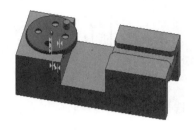

图 12-64　转轮装配

4. 装配冲头

（1）单击"主页"选项卡"装配"组中的"添加"按钮，弹出"添加组件"对话框。

（2）单击对话框中的"打开"按钮，打开随书附赠资源 yuanwenjian/12/punch/5.prt。"组件预览"窗口如图 12-65 所示。

（3）在"放置"选项组选择"约束"，在"约束类型"选项组选择"接触对齐"。

（4）在"方位"下拉列表框中选择"接触"选项。

（5）选择冲头侧面和槽侧面，使两面贴合，如图 12-66 所示。

（6）单击"添加组件"对话框的"应用"按钮，完成两侧面的约束。

图 12-65　"组件预览"窗口

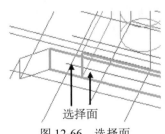

图 12-66　选择面

（7）按照相同的步骤，使冲头底面和槽底面贴合，如图 12-67 所示。

5. 装配连杆

（1）单击"主页"选项卡"装配"组中的"添加"按钮，弹出"添加组件"对话框。

（2）单击对话框中的"打开"按钮，打开随书附赠资源 yuanwenjian/12/punch/4.prt。"组件预览"窗口如图 12-68 所示。

（3）在"放置"选项组选择"约束"，在"约束类型"选项组选择"接触对齐"。

（4）在"方位"下拉列表框中选择"自动判断中心／轴"选项。

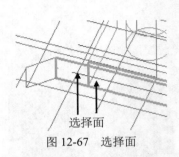

图 12-67　选择面

图 12-68　"组件预览"窗口

（5）选择连杆孔和转轮凸台，使用它们的轴心重合，如图 12-69 所示。

（6）单击"添加组件"对话框的"确定"按钮，完成轴心重合。

（7）按照相同的步骤，使连杆孔另一孔和冲头凸台轴心重合，完成的装配，如图 12-70 所示。

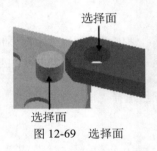

图 12-69　选择面

图 12-70　完成的冲床模型装配

6. 新建仿真

（1）单击"应用模块"选项卡"仿真"组中的"运动"按钮，进入运动仿真界面。

（2）在资源导航器中选择"运动导航器"，右击运动仿真 punch 图标，选择"新建仿真"命令，如图 12-71 所示。

（3）选择新建仿真后，软件自动打开"新建仿真"对话框，单击"确定"按钮，打开"环境"对话框，如图 12-72 所示。默认各参数，单击"确定"按钮。

图 12-71　运动导航器

图 12-72　"环境"对话框

（4）打开"机构运动副向导"对话框，如图 12-73 所示，单击"取消"按钮。

图 12-73　"机构运动副向导"对话框

7. 创建连杆

（1）单击"主页"选项卡"机构"组中的"连杆"按钮，弹出"连杆"对话框，如图 12-74 所示。

（2）在视图区选择转轮为连杆 L001。

（3）单击"连杆"对话框的"确定"按钮，完成连杆的创建。

（4）按照相同的步骤完成连杆 L002、连杆 L003 的创建。

8. 创建旋转副 1

（1）单击"主页"选项卡"机构"组中的"接头"按钮，弹出"运动副"对话框，如图 12-175 所示。

（2）单击"选择连杆"选项，在视图区选择转轮连杆 L001。

（3）单击"指定原点"选项，在视图区选择转轮圆心点为原点，如图 12-76 所示。

图 12-74　"连杆"对话框

图 12-75　"运动副"对话框

图 12-76　指定原点

（4）单击"指定矢量"选项，选择转轮端面，如图 12-77 所示。

（5）单击"驱动"标签，打开"驱动设置"选项卡，如图 12-78 所示。

（6）在"旋转"下拉列表框中选择"多项式"类型。在速度文本框输入 1800，如图 12-79 所示。

（7）单击"运动副"对话框的"确定"按钮，完成转轮旋转副的创建。

9. 创建旋转副 2

（1）单击"主页"选项卡"机构"组中的"接头"按钮 ，弹出"运动副"对话框。

（2）单击"选择连杆"选项，在视图区选择连杆 L002。

图 12-77　指定矢量

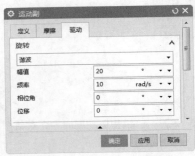

图 12-78　"运动副"对话框

图 12-79　"旋转"选项卡

（3）单击"指定原点"选项，在视图区选择转轮凸台圆心点为原点，如图 12-80 所示。

（4）单击"指定矢量"选项，选择连杆 L002 的上表面，如图 12-81 所示。

（5）在"底数"选项组中选中"啮合连杆"复选框，如图 12-82 所示。

（6）单击"选择连杆"选项，在视图区选择连杆 L001，如图 12-83 所示。

图 12-80　指定原点

图 12-81　指定矢量

（7）单击"指定原点"选项，在视图区选择转轮凸台圆心点为原点。

（8）单击"指定矢量"选项，选择系统提示的坐标系 Z 轴，如图 12-84 所示。

（9）单击"运动副"对话框的"确定"按钮，完成啮合连杆的创建。

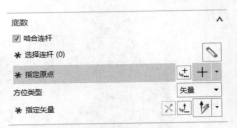

图 12-82　"底数"选项组

图 12-83　啮合连杆

图 12-84　指定原点和矢量

10. 创建旋转副 3

（1）单击"主页"选项卡"机构"组中的"接头"按钮 ，弹出"运动副"对话框。

（2）单击"选择连杆"选项，在视图区选择连杆 L002。

（3）单击"指定原点"选项，在视图区选择连杆 L002 右端圆心点为原点，如图 12-85 所示。

（4）单击"指定矢量"选项，选择系统提示的坐标系 Z 轴，如图 12-86 所示。

（5）在"底数"选项组中选中"啮合连杆"复选框，如图 12-87 所示。

图 12-85　指定原点

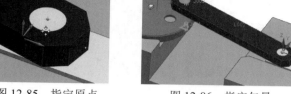
图 12-86　指定矢量

图 12-87　"基座"选项卡

（6）单击"选择连杆"选项，在视图区选择连杆 L003，如图 12-88 所示。

（7）单击"指定原点"选项，在视图区选择连杆 L002 右端圆心点为原点。

（8）单击"指定矢量"选项，选择系统提示的坐标系 Z 轴，如图 12-89 所示。

（9）单击"运动副"对话框的"确定"按钮，完成啮合连杆的创建。

11. 创建滑块副

（1）单击"主页"选项卡"机构"组中的"接头"按钮，弹出"运动副"对话框。

（2）在"运动副"对话框中的"类型"下拉列表框选择"滑块"类型。

（3）单击"选择连杆"选项，在视图区选择冲头连杆 L003。

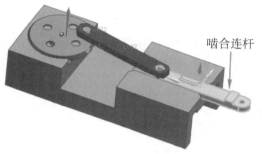
图 12-88　啮合连杆

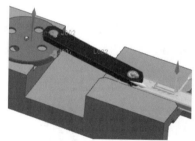
图 12-89　指定矢量

（4）单击"指定原点"选项，在视图区选择冲头任意一点为原点，如图 12-90 所示。

（5）单击"指定矢量"选项，选择系统提示的坐标系 X 轴，如图 12-91 所示。

（6）单击"运动副"对话框的"确定"按钮，完成滑块副创建。

图 12-90　指定原点

图 12-91　指定矢量

12. 动画分析

（1）单击"主页"选项卡"解算方案"组中的"解算方案"按钮，弹出"解算方案"对话框，如图 12-92 所示。

Note

（2）在"解算方案选项"选项组文本框输入时间为10，步数为1000，如图12-93所示。

图12-92　"解算方案"对话框　　　　图12-93　"解算方案选项"选项卡

（3）选中"按'确定'进行求解"复选框，直接解算。

（4）单击"解算方案"对话框的"确定"按钮，完成解算方案。

（5）单击"结果"选项卡"动画"组中的"播放"按钮 ▶，如图12-94所示，冲床运动开始。

（6）单击"主页"选项卡"分析"组中的"求解"按钮 ，完成当前冲床模型的动画。

图12-94　动画结果（1秒、1.5秒、2.3秒）

13. 优化模型

冲床模型的运动建立后，可以进行各种分析后修改模型。本实例以满足冲床最基本的功能来优化模型，本例对模型线性运动的距离进行调整优化。

（1）单击"主页"选项卡"主模型尺寸"按钮 ，或选择"菜单"→"编辑"→"主模型尺寸"命令，弹出"编辑尺寸"对话框，如图12-95所示。

（2）查找和冲床线性运动的距离，最关键的尺寸。

（3）单击 SKETCH_000:草图(5) 图标，特征表达式显示相关尺寸，如图12-96所示。

（4）单击表达式 P12=40，值文本框显示 40，如图12-97所示。此尺寸为凸台到圆心的距离，如果要清楚知道此表达式的用途，单击"用于何处"按钮，打开"信息"窗口，如图12-98所示。

图 12-95　"编辑尺寸"对话框　　　　图 12-96　特征表达式　　　　图 12-97　"编辑尺寸"对话框

（5）编辑此尺寸可以改变冲床线性运动的距离，如输入 30，模型马上更新，如图 12-99 示。再次做动画分析会发现冲头的运动距离加长。

图 12-98　"信息"窗口

图 12-99　原模型、优化的模型

12.12　上机操作

通过前面的学习，相信读者对本章知识已经有了一个大体的了解，本节将通过两个操作练习帮助读者巩固本章的知识要点。

1. 对如图 12-100 所示的减速器进行运动分析。

操作提示：

（1）利用"连杆"命令，创建如图 12-101 所示的连杆。

图 12-100　减速器

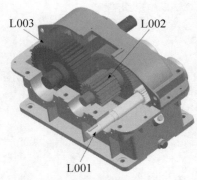

图 12-101　创建连杆

（2）利用"接头"命令，为连杆 1 创建旋转副，指定连杆 1 转轴上的圆心点为原点，柱面为矢量，并设置为旋转恒定类型，初速度为 720。

（3）利用"接头"命令，分别为连杆 2 和连杆 3 创建旋转副，如图 12-102 所示。

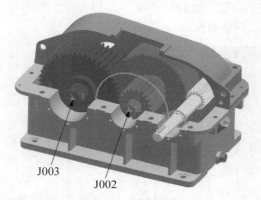

图 12-102　创建旋转副

（4）利用"接头"命令，为旋转副 J001 和 J002 添加齿轮副，比率为 0.24。

（5）利用"接头"命令，为旋转副 J002 和 J003 添加齿轮副，比率为 0.3。

（6）利用"解算方案"命令，创建解算方案，时间为 5，步数为 500。

（7）利用"求解"命令，求解出当前解算结果。

（8）利用"动画"命令，演示运动分析。

2. 对如图 12-103 所示的凸轮机构进行运动分析。

操作提示：

（1）利用"连杆"命令，创建如图 12-104 所示的连杆。

（2）利用"接头"命令，为连杆 1 创建旋转副，指定连杆 1 圆心点为原点，转盘端面为矢量，并设置为旋转简谐类型，幅值为 135，频率为 50，位移为 25。

（3）利用"接头"命令，为连杆 2 创建旋转副，指定连杆 2 上孔的圆心点为原点，旋转连杆 2 的上表面，使 Z 方向指向轴心。

（4）利用"接头"命令，为连杆 3 创建旋转副，指定连杆 3 上的圆心点为原点，选择连杆 3 的柱面，使 Z 方向指向轴心。

（5）利用"接头"命令，为连杆 4 创建旋转副，指定连杆 4 左端圆心点为原点，选择连杆 4 的上表面为轴心，在基本选项卡中选择连杆 3。

图 12-103　凸轮机构

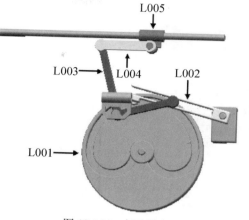

图 12-104　创建连杆

（6）按照相同的步骤完成 J005 的创建，其中 J005 要啮合 L004。

（7）利用"接头"命令，为连杆 5 创建旋转副，指定连杆 5 上的任意一点为原点，选择连杆 5 的柱面，使 Z 方向指向轴心。

（8）利用"点在线上副"命令，选择连杆 2，选择凸轮的圆心点，在视图区选择转盘的 3 条曲线，创建点在线上副。

（9）利用"线在线上副"命令，选择圆上的曲线和连杆 L002 上的直线创建线在线上副。

（10）利用"解算方案"命令，创建解算方案，时间为 10，步数为 1000。

（11）利用"求解"命令，求解出当前解算结果。

（12）利用"动画"命令，演示运动分析。

第13章

有限元分析

导读

本章主要介绍建立有限元分析时模块的选择，分析模型的建立，分析环境的设置，如何为模型指定材料属性，添加载荷、约束和划分网格等操作。本章还介绍了有限元模型编辑功能，主要包括分析模型的编辑，二维网格的编辑和属性编辑器，最后介绍有限元模型的分析和对求解结果的后处理。

精彩内容

- ☑ 有限元模型和仿真模型的建立
- ☑ 模型准备、指派材料
- ☑ 边界条件的加载
- ☑ 单元操作、分析

- ☑ 求解器和分析类型
- ☑ 添加载荷
- ☑ 划分网络、创建解法
- ☑ 后处理控制

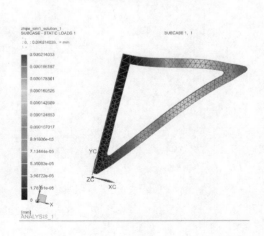

13.1 有限元模型和仿真模型的建立

在 UG NX 建模模块中建立的模型称为主模型，它可以被系统中的装配、加工、工程图和高级分析等模块引用。有限元模型是在引用零件主模型的基础上建立起来的，用户可以根据需要由同一个主模型建立多个包含不同的属性有限元模型。有限元模型主要包括几何模型的信息（如对主模型进行简化后），在前后置处理后还包括材料属性信息、网格信息和分析结果等信息。

有限元模型虽然是从主模型引用而来，但在资料存储上是完全独立的，对该模型进行修改不会对主模型产生影响。

在建模模块中完成需要分析的模型建模，单击"应用模块"选项卡"仿真"组中的"前 / 后处理"按钮 ，进入高级仿真模块。单击屏幕左侧的"仿真导航器 "按钮，在屏幕左侧打开"仿真导航器"界面，如图 13-1 所示。

在仿真导航器中，右击模型名称，在打开的菜单中选择"新建 FEM 和仿真"，或者单击"主页"选项卡"关联"组中的"新建 FEM 和仿真"按钮 ，打开如图 13-2 所示"新建 FEM 和仿真"对话框。

系统根据模型名称，默认给出有限元和仿真模型名称（模型名称：model1.prt；FEM 名称：model1_fem1.fem；仿真名称：model1_sim1.sim），用户根据需要在解算器下拉菜单和分析类型下拉菜单中选择合适的解算器和分析类型，单击"确定"按钮，进入"解算方案"对话框，如图 13-3 所示；接受系统设置的各选项值（包括最大作业时间，默认温度等），单击"确定"按钮，完成创建解法的设置。这时，单击仿真导航器按钮，进入该界面，用户可以清楚地看到各模型间的层级关系，如图 13-4 所示。

图 13-1 仿真导航器

图 13-2 "新建 FEM 和仿真"对话框

图 13-3 "解算方案"对话框

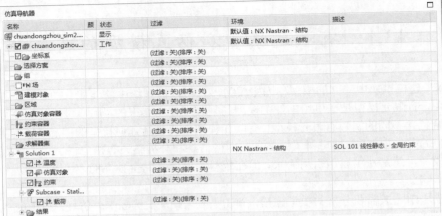

图 13-4　仿真导航器

13.2　求解器和分析类型

在建立仿真模型过程中,用户必须了解系统提供的各项求解器和分析类型。各种类型的求解器在各自领域都有很强的优势,用户只有选择合适的求解器和分析类型才能得到最佳的分析结果。

13.2.1　求解器

UG NX 有限元模块支持多种类型的解算器,这里简要说明主要的 3 种。

☑ NX.Nastran 和 MSC.Nastran:Nastran 是美国航空航天局推出的为了满足航空航天工业对结构分析的迫切需求主持开发的大型应用有限元程序,经过几十年发展,其卓越的功能在世界有限元方面得到注目。使用该求解器,求解对象的自由度几乎不受数量的限制,在求解各方面都有相当高的精度。其中包括 UGS 公司开发的 NX.NASTRAN 和 MSC 公司开发的 MSC.NASTRAN。

☑ ANSYS:ANSYS 求解器由世界上最大的有限元分析软件公司之一 ANSYS 公司开发的,ANSYS 广泛应用于机械制造,石油化工,航空,航天等领域,是集结构、热、流体、电磁和声学于一体的通用型求解器。

☑ ABAQUS:ABAQUS 求解器在非线性求解方面有很高的求解精度,其求解对象也很广泛。

当用户选择了求解器后,分析工作被提交到所选的求解器进行求解,然后在 UG NX 中进行后置处理。

13.2.2　分析类型

UG 的分析模块主要包括以下 5 种分析类型。

☑ 结构(线性静态分析):在进行结构线性静态分析时,可以计算结构的应力,应变,位移等参数;施加的载荷包括力、力矩、温度等,其中温度主要计算热应力;可以进行线性静态轴对称分析(在环境选中轴对称选项)。结构线性静态分析是使用最为广泛的分析之一,UG NX 根据模型的不同和用户的需求提供极为丰富的单元类型。

☑ 稳态(线性稳态分析):线性稳态分析主要分析结构失稳时的极限载荷和结构变形,施加的载荷主要是力，不能进行轴对称分析。

- ☑ 模态（标准模态分析）：模态分析主要是对结构进行标准模态分析，分析结构的固有频率、特征参数和各阶模态变形等，对模态施加的激励可以是脉冲、阶跃等。不能进行轴对称分析。
- ☑ 热（稳态热传递分析）：稳态热传递分析主要是分析稳定热载荷对系统的影响，可以计算温度、温度梯度和热流量等参数，可以进行轴对称分析。
- ☑ 热-结构（线性热结构分析）：线性热结构分析可以看成结构和热分析的综合，先对模型进行稳态热传递分析，然后对模型进行结构线性静态分析，应用该分析可以计算模型在一定温度条件下施加载荷后的应力和应变等参数。可以进行轴对称分析。

"轴对称分析"表示如果分析模型是一个旋转体，且施加的载荷和边界约束条件仅作用在旋转半径或轴线方向，则在分析时，可采用一半或四分之一的模型进行有限元分析，这样可以大大减少单元数量，提高求解速度，而且对计算精度没有影响。

13.3　模型准备

在 UG NX 高级仿真模块中进行有限元分析，可以直接引用建立的有限元模型，也可以通过高级仿真操作简化模型，经过高级仿真处理过的仿真模型有助于网格划分，提高分析精度，缩短求解时间。常用命令在"主页"选项卡中，如图 13-5 所示。

图 13-5　"主页"选项卡

13.3.1　理想化几何体

在建立仿真模型过程中，为模型划分网格是这一过程重要的一步。模型中有些诸如小孔、圆角对分析结果影响并不重要，如果对包含这些不重要特征的整个模型进行自动划分网格，会产生数量巨大的单元，虽然得到的精度可能会高些，但在实际的工作中意义不大，而且会对计算机产生很高的要求并影响求解速度。通过简化几何体可将一些不重要的细小特征从模型中去掉，而保留原模型的关键特征和用户认为需要分析的特征，缩短划分网格时间和求解时间。执行理想化几何体命令，主要有以下两种方式。

- ☑ 菜单：选择"菜单"→"插入"→"模型准备"→"理想化"命令。
- ☑ 功能区：单击"主页"选项卡"几何体准备"组中的"理想化几何体"按钮 。

执行上述方式后，弹出如图 13-6 所示的"理想化几何体"对话框。

图 13-6　"理想化几何体"对话框

13.3.2　移除几何特征

用户可以通过移除几何特征直接对模型进行操作，在有限元分析中对模型不重要的特征进行移除。执行移除几何特征命令，主要有以下两种方式。

☑ 菜单：选择"菜单"→"插入"→"模型准备"→"移除几何特征"命令。

☑ 功能区：单击"主页"选项卡"几何体准备"组中的"更多"库下的"移除几何特征"按钮 。

执行上述方式后，弹出如图 13-7 所示的"移除几何特征"对话框。完成移除特征操作，如图 13-8 所示。

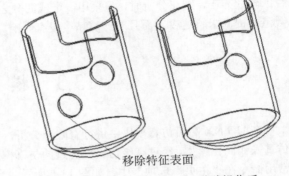

移除特征表面

原模型　　　　　　移除操作后

图 13-8　"移除几何特征"示意图

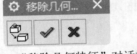

图 13-7　"移除几何特征"对话框

13.4　指 派 材 料

在有限元分析中，实体模型必须赋予一定的材料，指定材料属性即是将材料的各项性能包括物理性能或化学性能赋予模型，然后系统才能对模型进行有限元分析求解。执行材料属性命令，主要有以下两种方式。

☑ 菜单：选择"菜单"→"工具"→"材料"→"指派材料"命令。

☑ 功能区：单击"主页"选项卡"属性"组中的"更多"库下的"指派材料"按钮 。

执行上述方式后，弹出如图 13-9 所示的"指派材料"对话框，在"材料列表"和"类型"选项分别选择用户材料所需选项，若出现用户所需材料，用户即可选中材料，若用户对材料进行删除、更名、取消材料赋予的对象或更新材料库等操作可以单击位于图 13-9 对话框中下部命令按钮。

材料的物理性能分为 4 种：各向同性、正交各向异性、各向异性和流体。

☑ 各向同性：在材料的各个方向具有相同的物理特性，大多数金属材料都是各向同性的，在 UG NX 中列出了各向同性材料常用物理参数表格，如图 13-10 所示。

☑ 正交各向异性：该材料是用于壳单元的特殊各向异性材料，在模型中包含 3 个正交的材料对称平面，在 UG NX 中列出正交各向异性材料常用物理参数表格，如图 13-11 所示。

Note

图 13-9　"指派材料"对话框

图 13-10　各向同性材料常用物理参数表格

图 13-11　正交各向异性材料常用物理参数表格

正交各向异性材料主要常用的物理参数和各向同性材料相同，但是由于正交各向异性材料在各正交方向的物理参数值不同，为方便计算列出了材料在 3 个正交方向（X，Y，Z）的物理参数值，同时也可根据温度不同给出各参数的温度表值，建立方式同上。

☑　各向异性：在材料各个方向的物理特性都不同，在 UG NX 中列出各向异性材料物理参数表格，如图 13-12 所示。

　　各向异性材料由于在材料的各个方向具有不同的物理特性，不可能把每个方向的物理参数都详细列出来，用户可以根据分析需要列出材料重要的六个方向的物理参数值，同时也可根据温度不同给出各物理参数的温度表值。

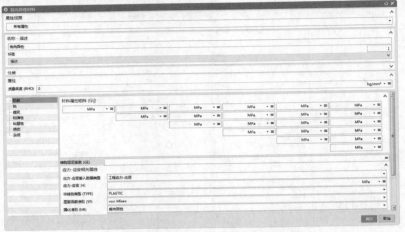

图 13-12　各向异性材料物理参数表格

　　☑　流体：在做热或流体分析中，会用到材料的流体特性，系统给出了液态水和气态空气的常用物体特性参数，如图 13-13 所示。

　　在 UG NX 中，带有常用材料物理参数的数据库，用户根据自己需要可以直接从材料库中调出相应的材料，对于材料库中材料缺少某些物理参数时，用户也可以直接给出作为补充。

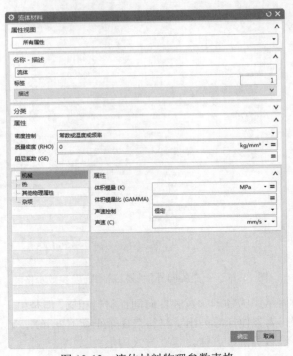

图 13-13　流体材料物理参数表格

13.5　添　加　载　荷

在 UG NX 高级分析模块中载荷包括力、力矩、重力、压力、边界剪切、轴承载荷、离心力等，用户可以将载荷直接添加到几何模型上，载荷与作用的实体模型关联，当修改模型参数时，载荷可自动更新，而不必重新添加，在生成有限元模型时，系统通过映射关系作用到有限元模型的节点上。

13.5.1　载荷类型

载荷类型一般根据分析类型的不同包含不同的形式，在结构分析中常包括以下形式。

☑ 力：力载荷可以施加到点、曲线、边和面上，符号采用单箭头表示。

☑ 节点压力：节点压力载荷是垂直施加在作用对象上的，施加对象包括边界和面两种，符号采用单箭头表示。

☑ 重力：重力载荷作用在整个模型上，不需用户指定，符号采用单箭头在坐标原点处表示。

☑ 压力：压力载荷可以作用在面、边界和曲线上，和正压力相区别，压力可以在作用对象上指定作用方向，而不一定是垂直于作用对象的，符号采用单箭头表示。

☑ 力矩：力矩载荷可以施加在边界，曲线和点上，符号采用双箭头表示。

☑ 加速度：作用在整个模型上，符号采用单箭头表示。

☑ 轴承：应用一个径向轴承载荷，以仿真加载条件，如滚子轴承、齿轮、凸轮和滚轮。

☑ 扭矩：对圆柱的法向轴加载扭矩载荷。

☑ 流体静压力：应用流体静压力载荷以仿真每个深度静态液体处的压力。

☑ 离心压力：离心压力作用在绕回转中心转动的模型上，系统默认坐标系的 z 轴为回转中心，在添加离心力载荷时用户需指定回转中心与坐标系的 z 轴重合。符号采用双箭头表示。

☑ 温度：温度载荷可以施加在面，边界，点，曲线和体上，符号采用单箭头表示。

☑ 旋转：作用在整个模型上，通过指定角加速度和角速度，提供旋转载荷。

☑ 螺栓预紧力：在螺栓或紧固件中定义拧紧力或长度调整。

☑ 轴向 1D 单元变形：定义静力学问题中使用的 1D 单元的强制轴向变形。

☑ 强制运动载荷：在任何单独的六个自由度上施加集位移值载荷。

☑ Darea 节点力和力矩：作用在整个模型上，为模型提供节点力和力矩。

13.5.2　载荷添加方案

在用户建立一个加载方案过程中，所有添加的载荷都包含在这个加载方案中。当用户需在不同加载状况下对模型进行求解分析时，系统允许提供建立多个加载方案,并为每个加载方案提供一个名称,用户也可以自定义加载方案名称。也可以对加载方案进行复制，删除操作。

📢 注意：在仿真模型中才能添加载荷，仿真模型系统默认名称为 model1_sim1.sim。

13.6　边界条件的加载

一个独立的分析模型，在不受约束的状况下，存在 3 个移动自由度和 3 个转动自由度，边界条件即是为了限制模型的某些自由度，约束模型的运动。边界条件是 UG NX 系统的参数化对象，与作用的几何对象关联。当模型进行参数化修改时，边界条件自动更新，而不必重新添加。边界条件施加在模型上，由系统映射到有限元单元的节点上，不能直接指定到单独的有限元单元上。

不同的分析类型有不同的边界类型，系统根据用户选择的选择类型提供相应的类型，常用边界类型有五种：移动 / 旋转、移动、旋转、固定温度边界、自由传导。后两者主要用于温度场的分析。

在用户为约束对象选择了边界条件类型后，系统为用户提供了标准的约束类型。共有以下几类，如图 13-14 所示。

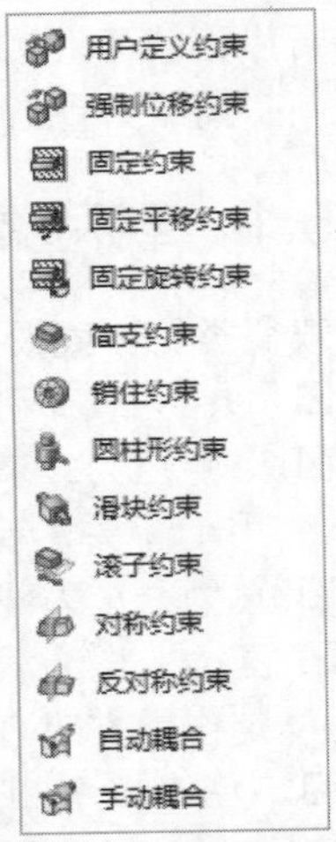

☑ 用户自定义：根据用户自身要求设置所选对象的移动和转动自由度，各自由度可以设置成为固定，自由或限定幅值的运动。

☑ 强制位移约束：用户可以为六个自由度分别设置一个运动幅值。

☑ 固定约束：用户选择对象的六个自由度都被约束。

☑ 固定平移约束：3 个移动自由度被约束，而转动副都是自由的。

☑ 固定旋转约束：3 个转动自由度被约束，而移动副都是自由的。

☑ 简支约束：在选择面的法向自由度被约束，其他自由度处于自由状态。

☑ 销住约束：在一个圆柱坐标系中，旋转自由度是自由的，其他自由度被约束。

☑ 圆柱形约束：在一个圆柱坐标系中，用户根据需要设置径向长度，旋转角度和轴向高度 3 个值，各值可以分别设置为固定，自由和限定幅值的运动。

☑ 滑块约束：在选择平面的一个方向上的自由度是自由的，其他各自由度被约束。

☑ 滚子约束：对于滚子轴的移动和旋转方向是自由的，其他自由度被约束。

☑ 对称约束和反对称约束：在关于轴或平面对称的实体中，用户可以提取实体模型的一半，或四分之一部分进行分析，在实体模型的分割处施加对称约束或反对称约束。

图 13-14　约束类型下拉菜单

13.7　划分网格

划分网格是有限元分析的关键一步，网格划分的优劣直接影响最后的结果，甚至会影响求解是否能完成。高级分析模块为用户提供一种直接在模型上划分网格的工具—网格生成器。使用网格生成器为模型（包括点、曲线、面和实体）建立网格单元，可以快速建立网格模型，大大减少划分网格的时间。

◁» 注意：在有限元模型中才能为模型划分网格，有限元模型系统默认名称为 model1_fem1.fem。

13.7.1　网格类型

在 UG NX 高级分析模块包括零维网格、一维网格、二维网格、三维网格和接触网格 5 种类型，每种类型都适用于一定的对象。

☑ 零维网络：用于指定产生集中质量单元，这种类型适合在节点处产生质量单元。

☑ 一维网格：一维网格单元由两个节点组成，用于对曲线，边的网格划分（如杆、梁等）。

☑ 二维网格：二维网格包括三角形单元（三节点或六节点组成），四边形单元（四节点或八节点组成），适用于对片体，壳体实体进行划分网格，如图 13-15 所示。注意在使用二维网格划分网格时尽量采用正方形单元，这样分析结果就比较精确；如果无法使用正方形网格，则要保证四边形的长宽比小于 10；如果是不规则四边形，则应保证四边形的各角度在 45°和 135°之间；在关键区域应避免使用有尖角的单元，且避免产生扭曲单元，因为对于严重的扭曲单元，UG NX 的各解算器可能无法完成求解。在使用三角形单元划分网格时，应尽量使用等边三角形单元。还应尽量避免混合使用三角形和四边形单元对模型划分网格。

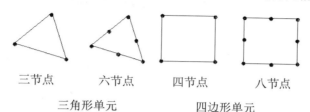

三节点　　　六节点　　　四节点　　　八节点

三角形单元　　　　　　四边形单元

图 13-15　二维网格

☑ 三维网格：三维网格包括四面体单元（四节点或十节点组成），六面体单元（八节点或二十节点组成）如图 13-16 所示。十节点四面体单元是应力单元，四节点四面体单元是应变单元，后者刚性较高，在对模型进行三维网格划分时，使用四面体单元应优先采用十节点四面体单元。

☑ 连接网格：连接单元在两条接触边或接触面上产生点到点的接触单元，适用于有装配关系的模型的有限元分析。系统提供焊接、边接触、曲面接触和边面接触四类接触单元。

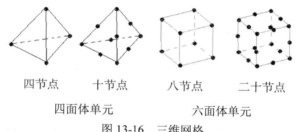

四节点　　　十节点　　　八节点　　　二十节点

四面体单元　　　　　　六面体单元

图 13-16　三维网格

13.7.2　零维网格

零维网格用于产生集中质量点，适用于为点、线、面、实体或网格的节点处产生质量单元。执行 0D 网格命令，主要有以下两种方式。

☑ 菜单：选择"菜单"→"插入"→"网格"→"0D 网格"命令。

☑ 功能区：单击"主页"选项卡"网格"组中的"0D 网格"按钮 。

执行上述方式后，弹出如图 13-17 所示的"0D 网格"对话框。选择现有的单元或几何体，在"单元属性"栏下选择单元的属性，通过设置单元大小或数量，将质量集中到用户指定的位置。

13.7.3　一维网格

一维网格定义两个节点的单元，是沿直线或曲线定义的网格。执行 1D 网格命令，主要有以下两种方式。

☑ 菜单：选择"菜单"→"插入"→"网格"→"1D 网格"命令。

图 13-17　"0D 网格"对话框

☑ 功能区：单击"主页"选项卡"网格"组中的"1D 网格"按钮 。

执行上述方式后，弹出"1D 网格"对话框，如图 13-18 所示，选择好符合分析要求的"类型"，"网格参数"和"合并节点公差"等各选项，选择要创建网格所需的曲线，单击"确定"按钮，完成创建一维网格操作。

图 13-18　"1D 网格"对话框

☑ 类型：一维网格包括梁、杆、棒、带阻尼弹簧，两自由度弹簧和刚性件等多种类型。

☑ 网格密度选项：各选项说明如下。

➢ 数目：表示在所选定的对象上产生的单元个数；

➢ 大小：表示在所选定的对象按指定的大小产生单元。

13.7.4　二维网格

对于片体或壳体常采用二维网格划分单元。执行 2D 网格命令，主要有以下两种方式。

☑ 菜单：选择"菜单"→"插入"→"网格"→"2D 网格"命令。

☑ 功能区：单击"主页"选项卡"网格"组中的"2D 网格"按钮 。

执行上述方式后，弹出如图 13-19 所示的"2D 网格"对话框。

☑ 类型：二维网格可以对面，片体以及对二维网格进行再编辑的操作，生成网格的类型包括三节点三角形板元，六节点三角形板元，四节点四边形板元和八节点四边形板元。

☑ 网格参数：控制二维网格生成单元的方法和大小，用户根据需要设置大小。单元设置得越小，分析精度可以在一定范围内提高，但解算时间也会增加。

☑ 网格质量选项：当在"类型"选项中选择六节点三角形板元或八节点四边形板元时，"中节点"选项被激活。该选项用来定义三角形板元或四边形板元中间节点位置类型，定义中节点的类型可以是线性的、弯曲的或混合的 3 种，"线性"中节点（见图 13-20）和"弯曲"中节点（见图 13-21）。两图中片体均采用四节点四边形板元划分网格，图 13-20 中节点为线性，网格单元边为直线，网格单元中节点可能不在曲面片体上，图 13-21 中节点为弯曲，网格单元边成为分段直线，网格单元中节点在曲面片体上，对于单元尺寸大小相同的板元，采用中节点为弯曲的可以更好为片体划分网格，解算的精度也较高。

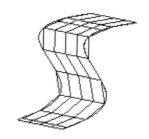
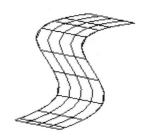

图 13-19　"2D 网格"对话框　　图 13-20　"线性"中节点　　图 13-21　"弯曲"中节点

☑ 网格设置：控制滑块，对过渡网格大小进行设置。

☑ 模型清理选项：可设置"匹配边"，通过输入匹配边的距离公差，来判定两条边是否匹配。当两条边的中点间距离小于用户设置的距离公差时，系统判定两条边匹配。

13.7.5　三维四面体网格

三维四面体网格常用来划分三维实体模型。不同的解算器能划分不同类型的单元，在 NX.NASTRAN，MSC.NASTRAN 和 ANSYS 解算器中都包含四节点四面体和十节点四面单元，在 ABAQUS 解算器中三维四面体网格包含 tet4 和 tet10 两单元。执行 3D 四面体网格命令，主要有以下两种方式。

☑ 菜单：选择"菜单"→"插入"→"网格"→"3D 四面体网格"命令。

☑ 功能区：单击"主页"选项卡"网格"组中的"3D 四面体"按钮。

执行上述方式后，弹出如图 13-22 所示"3D 四面体网格"对话框。其示意图如图 13-23 所示。

☑ 单元大小：用户可以自定义全局单元尺寸大小，当系统判定用户定义单元大小不理想时，系统会根据模型判定单元大小自动划分网格。

☑ 中节点方法：包含混合、弯曲和线性 3 种选择。

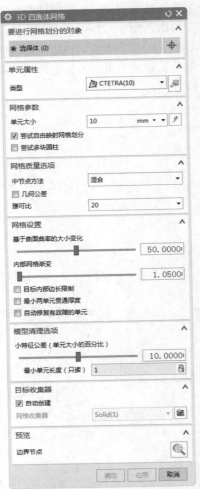

图 13-22 "3D 四面体网格"对话框

四节点划分网格　　　十节点划分网格

图 13-23 划分网格

13.7.6 三维扫描网格

在 UG NX 高级分析模块中，若实体模型的某个截面在一个方向保持不变或按固定规律变化，则可采用三维扫描网格为实体模型划分网格。系统在进行网格扫描时，先在选择的实体面上划分二维平面单元，再按拓扑关系向各截面映射单元，最后在实体上生成六面体单元。执行 3D 扫掠网格命令，主要有以下两种方式。

☑ 菜单：选择"菜单"→"插入"→"网格"→"3D 扫掠网格"命令。

☑ 功能区：单击"主页"选项卡"网格"组中的"3D 扫掠网格"按钮 ⬦。

执行上述方式后，弹出如图 13-24 所示"3D 扫掠网格"对话框。其示意图如图 13-25 所示。

3D 扫掠网格有两种网格类型，八节点六面体单元和二十节点六面体单元，一般来说网格单元越密，节点越多相应的解算精度就高。用户可以通过源元素大小自定义指定面上的扫掠单元大小，该尺寸也粗略地决定扫掠实体模型产生的单元层数。

图 13-24　"3D 扫掠网格"对话框

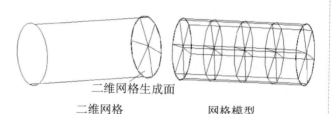

二维网格　　　　　网格模型

图 13-25　"3D 扫掠网格"示意图

13.7.7　接触网格

接触网格是在两条边上或两条边的一部分上产生点到点的接触。执行接触网格命令，主要有以下两种方式。

☑ 菜单：选择"菜单"→"插入"→"网格"→"接触网格"命令。

☑ 功能区：单击"主页"选项卡"连接"组中的"更多"库下的"接触网格"按钮 ▦。

执行上述方式后，弹出如图 13-26 所示"接触网格"对话框，生成如图 13-27 所示接触单元。

图 13-26　"接触网格"对话框

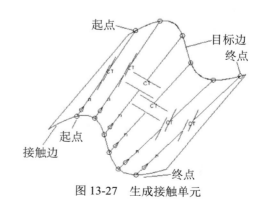

图 13-27　生成接触单元

☑ 类型：在不同解算器里有不同的类型单元。在 NX. NASTRANH 和 MSC.NASTRAN 解算器中，只有"接触"一种类型。在 ANSYS 解算器中包含"接触弹簧"和"接触"两种类型，在 ABAQUS 解算器中包含一种 GAPUNI 单元。

☑ 单元数：用户自定义在接触两边中间产生接触单元的个数。

☑ 对齐目标边节点：确定目标边上的节点位置，当选中该选项时，目标边上的节点位置与接触边上的节点对齐，对齐方式有两种，分别是按"最小距离"和"垂直于接触边"方式对齐。

☑ 缝隙公差：通过缝隙公差来判断是否生成接触网格，当两条接触边的距离大于缝隙公差时，系统不会产生接触单元，只有小于或等于接触公差，才能产生接触单元。

13.7.8 面接触

面接触网格常用于装配模型间各零件装配面的网格划分。执行表面接触命令，主要有以下两种方式。

☑ 菜单：选择"菜单"→"插入"→"网格"→"面接触网格"命令。

☑ 功能区：单击"主页"选项卡"连接"组中的"更多"库下的"面接触"按钮。

执行上述方式后，弹出如图 13-28 所示的"面接触网格"对话框。

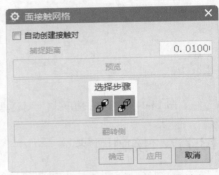

图 13-28　"面接触网格"对话框

☑ 选择步骤：在生成曲面接触网格时，用户可以通过"选择步骤"选择操作对象。

☑ 自动创建接触对：选中该复选框时，由系统根据用户设置的捕捉距离，自动判断各接触面是否进行曲面接触操作。不选中该复选框时，选择步骤选项被激活，"翻转侧"选项表示转化源面和目标面的关系。

13.8　解　算　方　案

13.8.1　解算方案

进入仿真模型界面后（文件名为*.sim）。执行解算方案命令，主要有以下两种方式。

☑ 菜单：选择"菜单"→"插入"→"解算方案"命令。

☑ 功能区：单击"主页"选项卡"解算方案"组中的"解算方案"按钮。

执行上述方式后，弹出如图 13-29 所示的"解算方案"对话框。

根据用户需要，选择解法的名称、求解器、分析类型和解算类型等。一般根据不同的求解器和分析类型，"解算方案"对话框有不同的选择选项。"解算类型"下拉列表框有多种类型，一般采用系统自动选择最优算法。在"SOL 101 线性静态-全局约束"下拉框中可以设置最长作业时间、估算温度等参数。

用户可以选定解算完成后的结果输出选项。

图 13-29　"解算方案"对话框

13.8.2　步骤–子工况

用户可以通过该步骤为模型加载多种约束和载荷情况，系统最后解算时按各子工况分别进行求解，最后对结果进行叠加。执行步骤-子工况命令，主要有以下两种方式。

☑ 菜单：选择"菜单"→"插入"→"步骤-子工况"命令。

☑ 功能区：单击"主页"选项卡"解算方案"组中的"步骤-子工况"按钮 ＆。

执行上述方式后，弹出如图 13-30 所示的"解算步骤"对话框。

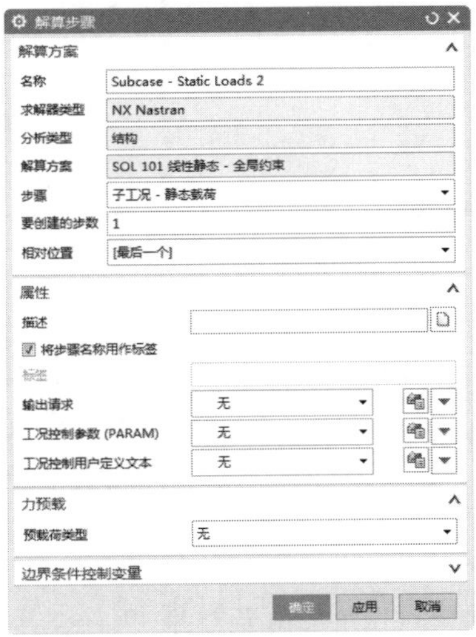

图 13-30　"解算步骤"对话框

不同的解算类型包括不同的选项，若在仿真导航器中出现子工况名称，可以激活该项，便可以在其中装入新的约束和载荷。

13.9 单 元 操 作

对于已产生网格单元的模型，如果生成网格不合适，可以采用单元操作工具栏对不合适的单元和节点进行编辑，及对二维网格进行拉伸、旋转等操作。单元操作包括拆分壳、合并三角形、移动节点、删除单元和单元创建、单元复制、平移等，如图 13-31 所示。该功能是在有限元模型界面中操作完成的（文件名称为*_fem1.fem）。

图 13-31　单元操作

13.9.1　拆分壳

拆分壳操作将选择的四边形单元分割成多个单元（包括 2 个三角形、3 个三角形、2 个四边形、3 个四边形、4 个四边形和按线划分多种形式）。执行拆分壳命令，主要有以下两种方式。

☑ 菜单：选择"菜单"→"编辑"→"单元"→"拆分壳"命令。

☑ 功能区：单击"节点和单元"选项卡"单元"组中的"更多"库下的"拆分壳"按钮。

执行上述方式后，弹出如图 13-32 所示的"拆分壳"对话框，选择分割类型，选择要分割的单元。如图 13-33 所示为四边形拆分为两个三角形单元。

图 13-32　"拆分壳"对话框

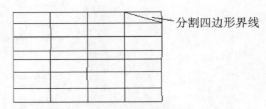

图 13-33　生成三角形单元

13.9.2　合并三角形

合并三角形操作将模型两个临近的三角形单元合并。执行合并三角形命令，主要有以下两种方式。

☑ 菜单：选择"菜单"→"编辑"→"单元"→"合并三角形"命令。

☑ 功能区：单击"节点和单元"选项卡"单元"组中的"更多"库下的"合并三角形"按钮。

执行上述方式后，弹出如图 13-34 所示的"合并三角形"对话框，按"选择步骤"依次选择两相邻三角形单元，单击"确定"按钮，完成操作。

图 13-34 "合并三角形"对话框

13.9.3 移动节点

移动节点操作将单元中一个节点移动到面上或网格的另一节点上。执行移除节点命令，主要有以下两种方式。

☑ 菜单：选择"菜单"→"编辑"→"单元"→"移动节点"命令。

☑ 功能区：单击"节点和单元"选项卡"节点"组中的"更多"库下的"移动"按钮 。

执行上述方式后，弹出如图 13-35 示"移动节点"对话框。根据"选择步骤"依次在屏幕上选择"源节点"和"目标节点"。单击"确定"完成移动节点操作，如图 13-36 所示。

图 13-35 "移动节点"对话框

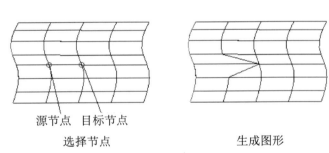

源节点 目标节点

选择节点　　　　　　　　生成图形

图 13-36 "移动节点"示意图

13.9.4 删除单元

系统对模型划分网格后，用户检查网格单元，对某些单元感到不满意，可以直接进行删除单元操作将不满意的单元删除。执行删除单元命令，主要有以下两种方式。

☑ 菜单：选择"菜单"→"编辑"→"单元"→"删除"命令。

☑ 功能区：单击"节点和单元"选项卡"单元"组中的"更多"库下的"删除"按钮。

执行上述方式后，弹出如图 13-37 所示的"单元删除"对话框，选择需删除操作的单元，单击"确定"按钮完成删除操作。

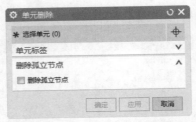

图 13-37　"单元删除"对话框

对于网格中的孤立节点，用户也可以选中对话框中的删除孤立节点选项，一起完成删除操作。

13.9.5　单元创建

单元创建操作可以在模型已有节点的情况下，生成零维、一维、二维或三维单元。执行单元创建命令，主要有以下两种方式。

　　☑ 菜单：选择"菜单"→"插入"→"单元"→"创建"命令。

　　☑ 功能区：单击"节点和单元"选项卡"单元"组中的"单元创建"按钮 。

执行上述方式后，弹出如图 13-38 所示的"单元创建"对话框。在对话框中"单元族"下拉菜单中选择要生成的单元族和单元属性，依次选择各节点，系统自动生成规定单元，单击"关闭"按钮，完成创建单元操作。

图 13-38　"单元创建"对话框

13.9.6　单元拉伸

单元拉伸操作对面单元或线单元进行拉伸，创建新的三维单元或二维单元。执行单元拉伸命令，主要有以下两种方式。

　　☑ 菜单：选择"菜单"→"插入"→"单元"→"拉伸"命令。

　　☑ 功能区：单击"节点和单元"选项卡"单元"组中的"拉伸"按钮 。

执行上述方式后，弹出如图 13-39 所示"单元拉伸"对话框。在"单元拉伸"对话框里"类型"下拉菜单中选择"单元面"，选择屏幕中任意一二维单元，在"副本数"选项中输入需要创建的拉伸单元数量；在"方向"下拉菜单中选择拉伸的方向。在"距离"选项中选择"每个副本"，输入距离值。扭曲角表示拉伸的单元按指定的点扭转一定的角度，指定点选择圆弧的中心点，角度值输入值。拉伸示意图如图 13-40 所示。

☑ 每个副本：表示单个副本的拉伸长度。

☑ 总数：表示所有副本的总拉伸距离。

图 13-39 "单元拉伸"对话框

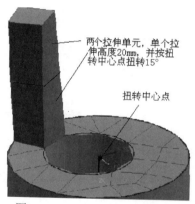

两个拉伸单元，单个拉伸高度20mm，并按扭转中心点扭转15°

扭转中心点

图 13-40 "单元拉伸"示意图

13.9.7 单元旋转

单元旋转操作对面或线单元绕某一矢量旋转一定角度，在原面或线单元和旋转到达新的位置的面或线单元之间形成新的三维或二维单元。执行单元旋转命令，主要有以下两种方式。

☑ 菜单：选择"菜单"→"插入"→"单元"→"旋转"命令。

☑ 功能区：单击"节点和单元"选项卡"单元"组中的"旋转"按钮。

执行上述方式后，弹出如图 13-41 所示的"单元旋转"对话框。选择"单元面"类型，选择屏幕中任意一个二维单元，在"副本数"选项中输入需要创建的拉伸单元数量；指定矢量，选择圆弧中心点为旋转轴位置点。在"角度"选项中选择"每个副本"，输入角度值。单击"确定"按钮，完成单元旋转操作，如图 13-42 所示。

13.9.8 单元复制和平移

单元复制和平移操作完成对零维、一维、二维和三维单元的复制平移。执行单元复制和平移命令，主要有以下两种方式。

☑ 菜单：选择"菜单"→"插入"→"单元"→"复制和平移"命令。

☑ 功能区：单击"节点和单元"选项卡"单元"组中的"平移"按钮。

执行上述方式后，弹出如图 13-43 所示的"单元复制和平移"对话框。选择"单元面"类型，选择屏幕中任意一个二维单元，在"副本数"选项中输入需要创建的复制单元数量；在"方向"选项中选择"有方位"，"坐标系"选项中选择"全局"坐标系，在"距离"选项中选择"每个副本"，设置参数。单击"确定"按钮，完成单元复制操作。

图 13-41　"单元旋转"对话框

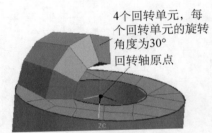

4个回转单元，每个回转单元的旋转角度为30°

回转轴原点

图 13-42　"单元旋转"示意图

图 13-43　"单元复制和平移"对话框

13.9.9　单元复制和投影

　　单元复制和投影操作完成对一维或二维单元在指定曲面投影操作，并在投影面生成新的单元。

　　目标投影面选项中的曲面偏置百分比表示：将指定的单元复制投影到新的位置距离与原单元和目标面之间距离的比值。执行单元复制和投影命令，主要有以下两种方式。

　　☑ 菜单：选择"菜单"→"插入"→"单元"→"单元复制和投影"命令。

　　☑ 功能区：单击"节点和单元"选项卡"单元"组中的"投影"按钮 ⬚。

　　执行上述方式，弹出如图 13-44 所示的"单元复制和投影"对话框。在对话框里"类型"下拉菜单中选择"单元面"，根据选择步骤选择下底面为投影目标面；在"方向"选项中选择"单元法向"，并单击"反向"按钮，使投影方向矢量指向投影目标面。单击"确定"按钮，完成单元复制和投影操作，如图 13-45 所示。

图 13-44　"单元复制和投影"对话框

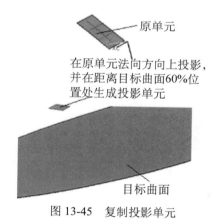

图 13-45　复制投影单元

右侧标注：
原单元
在原单元法向方向上投影，并在距离目标曲面60%位置处生成投影单元
目标曲面

13.9.10　单元复制和反射

　　单元复制和反射操作完成对零维、一维、二维和三维单元的复制反射，操作过程和上述复制、投影相似，用户可自行完成操作。

13.9.11　节点 / 单元信息

　　节点 / 单元信息操作将模型中的节点或单元以用户定义方式显示出来。执行节点 / 单元信息命令，主要有以下两种方式。

　　☑ 菜单：选择"菜单"→"信息"→"前 / 后处理"→"节点 / 单元"命令。

☑ 功能区：单击"节点和单元"选项卡"检查和信息"组中的"节点/单元"按钮 。

执行上述方式后，弹出如图 13-46 所示的"节点/单元信息"对话框。

"节点/单元信息"对话框中的一些选项说明如下。

☑ 类型：包含单元和节点两种。列出信息包括选择的节点或单元的类型、网格 ID、网格集合 ID、与之相邻的节点或单元等。

☑ 格式：以表格的形式和一般列表的形式显示信息。

图 13-46　"节点/单元信息"对话框

13.10　分　析

在完成有限元模型和仿真模型的建立后，在仿真模型中（*_sim1.sim）用户就可以进入分析求解阶段。

13.10.1　求解

执行求解命令，主要有以下两种方式。

☑ 菜单：选择"菜单"→"分析"→"求解"命令。

☑ 功能区：单击"主页"选项卡"解算方案"组中的"求解"按钮 。

执行上述方式后，弹出如图 13-47 所示的"求解"对话框。

"求解"对话框中的选项说明如下。

☑ 提交：包括"求解""写入求解器输入文件""求解输入文件""写、编辑并求解输入文件"4 个选项。在有限元模型前置处理完成后一般直接选择"求解"选项。

图 13-47　"求解"对话框

☑ 编辑解算方案属性：单击该按钮，打开如图 13-48 所示的"解算方案"对话框，该对话框包括"常规""文件管理""执行控制""工况控制""模型数据"等 5 个选项。

☑ 编辑求解器参数：单击该按钮，打开如图 13-49 所示的"求解器参数"对话框。该对话框为当前求解器建立一个临时目录。完成各选项后，直接单击"确定"按钮，程序开始求解。

图 13-48 "解算方案"对话框

图 13-49 "求解器参数"对话框

13.10.2 分析作业监视器

分析作业监视器可以在分析完成后查看分析任务信息和检查分析质量。执行分析作业监视器命令，主要有以下两种方式。

☑ 菜单：选择"菜单"→"分析"→"分析作业监视"命令。

☑ 功能区：单击"主页"选项卡"解算方案"组中的"分析作业监视"按钮 。

执行上述方式后，弹出如图 13-50 所示的"分析作业监视"对话框。

"分析作业监视"对话框中的一些选项说明如下。

☑ 分析作业信息：在如图 13-50 对话框中选中列表中的完成项，单击"分析任务信息"按钮，打开如图 13-51 所示的"信息"窗口。

☑ 在信息列表中列出有关分析模型的各种信息包括日期、信息列表创建者、节点名，若采用适应性求解会给出自适应有关参数等信息。

☑ 检查分析质量：对分析结果进综合评定，给出整个模型求解置信水平，是否推荐用户对模型进行更加精细的网格划分。

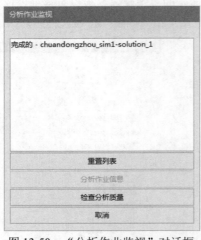

图 13-50　"分析作业监视"对话框

图 13-51　"信息"窗口

13.11　后处理控制

后处理控制对有限元分析来说是重要的一步，当求解完成后，得到的数据非常多，如何从中选出对用户有用的数据，数据以何种形式表达出来，都需要对数据进行合理的后处理。

UG NX 高级分析模块提供较完整的后处理方式，在求解完成后，进入后处理选项，就可以激活后处理控制各操作。在后处理导航器中可以看见在 Results 下激活了各种求解结果，如图 13-52 所示。选择不同的选项，在屏幕中出现不同的结果。

图 13-52　求解结果

13.11.1　后处理视图

视图是最直观的数据表达形式，在 UG NX 高级分析模块中一般通过不同形式的视图表达结果。

通过视图，用户能很容易识别最大变形量、最大应变、应力等在图形的具体位置。执行后处理视图命令，方式如下。

☑ 功能区：单击"结果"选项卡"后处理视图"组中的"编辑后处理视图"按钮 。

执行上述方式后，弹出如图 13-53 所示的"后处理视图"对话框。

图 13-53 "后处理视图"对话框

"后处理视图"对话框中的选项说明如下。

☑ 颜色显示：系统为分析模型提供 9 种类型的显示方式：光顺、分段、等值线、等值曲面、箭头、立方体、球体、流线、张量。图 13-54 用例图形式分别表示 7 种模型分析结果图形显示方式。

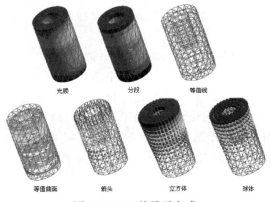

图 13-54 7 种显示方式

Note

☑ 变形：表示是否用变形的模型视图来表达结果。

☑ 显示于：有 3 种方式，分别为切割平面、自由面和空间体。

切削平面选项定义一个平面对模型进行切削，用户通过该选项可以参看模型内部切削平面处数据结果。单击后面的"选项"按钮，打开"切割平面"对话框，如图 13-55 所示。对话框各选项含义如下。

☑ 剪切侧：包括正的、负的和两者选项。

    ➢ 正的：表示显示切削平面上部分模型

    ➢ 负的：表示显示切削平面下部分模型

    ➢ 两者：表示显示切削平面与模型接触平面的模型。

☑ 切割平面：选择在不同坐标系下的各基准面定义为切削平面或偏移各基准平面来定义切削平面。

如图 13-56 所示，按照轮廓-光顺下，并定义切削平面为 XC-YC 面偏移 60mm，且以"两个皆是"的方式显示视图。

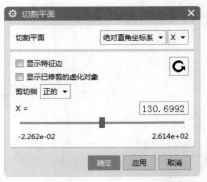

图 13-55　"切割平面"对话框

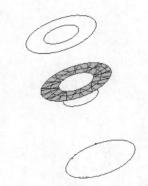

图 13-56　定义 XC-YC 为切削平面

13.11.2　标识（确定结果）

通过标识操作，可以直接在模型视图中选择感兴趣的节点，得到相应的结果信息。

执行标识命令，主要有以下方式。

☑ 菜单：选择"菜单"→"工具"→"结果"→"标识"命令。

☑ 功能区：单击"结果"选项卡"工具"组中的"标识结果"按钮 ？。

执行上述方式后，弹出如图 13-57 所示的"标识"对话框。在"节点结果"下拉菜单中选择"从模型中选取"，在模型中选择感兴趣的区域节点，当选中多个节点时，系统就自动判定选择的多个节点结果最大值和最小值，并做总和与平均计算，并显示最大值和最小值的 ID 号。单击"在信息窗口中列出选择内容"按钮 ⓘ，可以打开"信息"窗口，该信息窗口详细显示各被选中节点信息，如图 13-58所示。

图 13-57　"标识"对话框

图 13-58 "信息"窗口

13.11.3 动画

动画操作模拟模型受力变形的情况，通过放大变形量使用户清楚地了解模型发生的变化。执行动画命令，主要有以下方式。

☑ 菜单：选择"菜单"→"工具"→"结果"→"动画"命令。

☑ 功能区：单击"结果"选项卡"动画"组中的"动画"按钮 。

执行上述方式后，弹出如图 13-59 所示"动画"对话框。

图 13-59 "动画"对话框

动画依据不同的分析类型，可以模拟不同的变化过程，在结构分析中可以模拟变形过程。用户可以通过设置较多的帧数来描述变化过程。设置完成后，可以单击动画设置中的播放按钮 ▶，此时屏幕中的模型动画显示变形过程。用户还可以通过单步播放、后退、暂停和停止对动画进行控制。

Note

13.12　综合实例
——支架有限元分析

本实例为支架的有限元分析，可以直接打开已经建立好的模型，然后为模型指定材料进行网格的划分，之后为支架添加约束和作用力就可以进行求解的操作了。求解之后进行后处理操作，导出分析的报告。

操作步骤如下。

1. 打开模型

（1）启动 UG NX 系统，单击"快速访问"工具栏中的"打开"按钮 或选择"菜单"→"文件"→"打开"命令，弹出"打开"对话框。

（2）在"打开"对话框中选择随书附赠资源 yuanwenjian/13/zhijia.prt。在 UG NX 系统中打开目标模型支架，如图 13-60 所示。

2. 进入高级仿真界面

（1）单击"应用模块"选项卡"仿真"组中的"前 / 后处理"按钮，进入高级仿真界面。

（2）单击屏幕左侧"仿真导航器"，进入仿真导航器界面并选中支架

图 13-60　支架

模型名称，单击右键，在打开的快捷菜单中选择"新建 FEM 和仿真"，弹出"新建 FEM 和仿真"对话框，如图 13-61 所示，接受系统各选项，单击"确定"按钮，打开如图 13-62 所示的"解算方案"对话框。采用默认设置，单击"确定"按钮。

图 13-61　"新建 FEM 和仿真"对话框

图 13-62　"解算方案"对话框

（3）单击屏幕左侧"仿真导航器"，进入仿真导航器界面并选中 zhijia_fem1 节点，单击右键，在

打开的快捷菜单中选择"设为显示部件",进入编辑有限元模型界面。

3. 指派材料

（1）选择"菜单"→"工具"→"材料"→"指派材料"命令或单击"主页"选项卡"属性"组中的"更多"库下的"指派材料"按钮 ，弹出如图 13-63 所示的"指派材料"对话框。

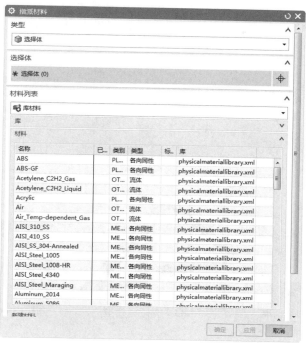

图 13-63　"指派材料"对话框

（2）根据需要在材料列表中选择材料,单击"确定"按钮。若材料列表中无需求的材料,则可以直接在材料对话框中设置材料各参数。

（3）在屏幕上选择模型,将在如图 13-63 中选择的材料赋予该模型,单击"确定"按钮,完成材料设置。

4. 创建 3D 四面体网格

（1）选择"菜单"→"插入"→"网格"→"3D 四面体网格"命令,或者单击"主页"选项卡"网格"组中的"3D 四面体"按钮 ,弹出如图 13-64 所示的"3D 四面体网格"对话框。

（2）选择屏幕中需划分网格模型,选择单元属性"类型"为 CTETRA(10),输入"单元大小"为 16.6,"雅可比"为 10,其他采用默认设置。

（3）单击"确定"按钮,开始划分网格。生成如图 13-65 所示有限元模型。

5. 施加约束

（1）单击屏幕左侧"仿真导航器",进入仿真导航器界面并选中 zhijia_fem1 节点,单击右键,选择"显示仿真"子菜单中的 zhijia_sim1,进入仿真模型界面。

（2）单击"主页"选项卡"载荷和条件"组中的" 约束类型"库下的"固定约束 ",弹出如图 13-66 所示的"固定约束"对话框。

（3）选择支架一直角边面为固定约束,单击"确定"按钮,完成约束的设置。

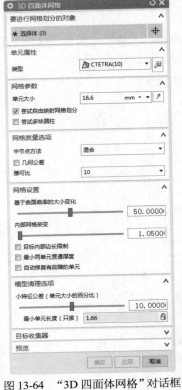

图 13-64 "3D 四面体网格"对话框

图 13-65 有限元模型

图 13-66 "固定约束"对话框

6. 添加载荷

（1）在仿真导航器中右键单击"载荷容器"选项，在弹出的快捷菜单中选择"新建载荷"→"力"命令，弹出如图 13-67 所示"力"对话框。

图 13-67 "力"对话框

（2）选择支架圆柱面为受力面。

（3）在对话框中选择"分量"类型，在"幅值"下拉列表中选择"表达式"，输入 Fx 为 12.361，Fy 为 23.899。

（4）单击"确定"按钮，完成载荷的设置。

7. 求解

（1）选择"菜单"→"分析"→"求解"命令，或者单击"主页"选项卡"解算方案"组中的"求解"按钮 ，弹出如图 13-68 所示的"求解"对话框。

图 13-68　"求解"对话框

（2）单击"确定"按钮，打开 Solution Monitor 对话框，如图 13-69 所示。

（3）单击"关闭"按钮，完成求解过程。

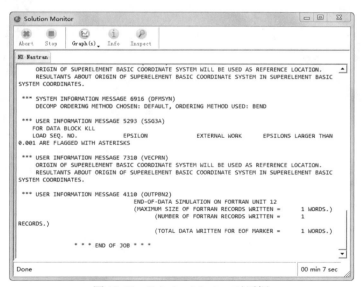

图 13-69　Solution Monitor 对话框

8. 后处理

（1）单击后处理导航器，在打开的后处理导航器中选择"已导入的结果"，单击右键，在弹出的快捷菜单中选择"导入结果"命令，弹出"导入结果"对话框，如图 13-70 所示，在硬盘中选择结果文件，单击"确定"按钮，系统激活后处理工具。

Note

图 13-70　"导入结果"对话框

（2）在屏幕右侧后处理导航器中"已导入结果"选项，选择"位移-节点的"，单击右键，在弹出的快捷菜单中选择"绘图"命令，云图显示有限元模型的变形情况，如图 13-71 所示。

（3）在屏幕右侧后处理导航器中"已导入的结果"选项，选择"应力-单元-Von Mises"，单击右键，在弹出的快捷菜单中选择"绘图"选项，云图显示有限元模型的应力情况，如图 13-72 所示。

（4）选择"菜单"→"工具"→"创建报告"命令，或者单击"主页"选项卡"解算方案"组中的"创建报告"按钮📄，系统根据整个分析过程，创建一份完整的分析报告。至此整个分析过程结束。

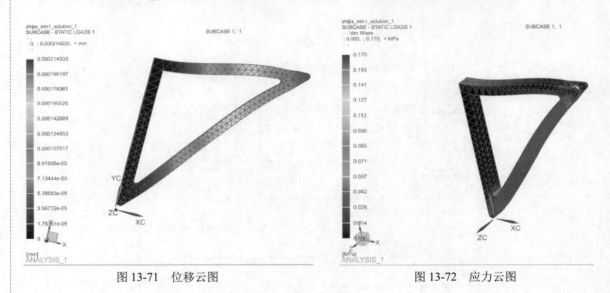

图 13-71　位移云图　　　　　　　　　　　　　　图 13-72　应力云图

13.13　上机操作

通过前面的学习，相信读者对本章知识已经有了一个大体的了解，本节将通过一个操作练习帮助读者巩固本章所学的知识要点。

对如图 13-73 所示的吊座进行结构分析。

（1）进入仿真环境，采用默认的解算方案。

（2）利用"指派材料"命令，对吊座指定 Steel 材料。

（3）利用"3D 四面体"命令，设置单元属性类型为 CTETRA（10），大小为 30，雅可比为 30。

（4）利用"固定约束"命令，选择吊座底面为需要施加约束的模型面。

（5）利用"力"命令，选择孔的内表面为施加力的对象，输入力为 600000N，选择"-YC"轴为力的方向。

（6）利用"求解"命令，对模型进行求解。

（7）在后处理导航器中选择"已导入的结果"，创建应力云图，如图 13-74 所示。

图 13-73 吊座

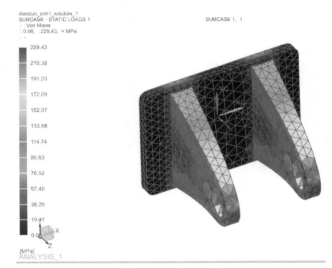

图 13-74 应力云图